北樺太石油コンセッション
1925-1944

Kita-Karafuto(Northern Sakhalin)
Oil Concession 1925-1944

村上 隆
Takashi Murakami

北海道大学図書刊行会

扉：オハ油田の 1284 号ポンプ

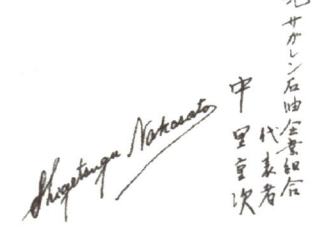

北サガレン石油企業組合
代表者中里重次の契約書
サイン

コンセッション契約調印式(1925年12月14日, モスクワ)

北樺太石油株式会社初代社長：中里重次(左)，
2代目社長：左近司政三(右)

北樺太石油株式会社本社職員(1936年)

夏のオハ油田

鉱区境界を挟み対峙する日ソ両国の坑井

鉱区境界の標識

オハ鉱区画定鉱区境界の伐開線（1926年）

第Ⅳ試掘区1号井杭打ち作業
第Ⅴ試掘区1号井の準備

第Ⅳ試掘区1号井に至る軽便軌道
海岸と鉱区間の軌道

第Ⅲ試掘区2号井の給水場

カタングリ鉱区

オハ油田最古のゾートフ記念1号井
(1995年著者撮影)

積雪のなかで運転する採油装置ポンピングパワー

ロータリー式掘削機械

送油海底パイプラインの敷設作業

オハ停車場での機関車集合

食堂炊事場
食堂大広間

洗濯場
食堂喫茶部

食堂外景

ソ連人従業員の施設

オハ無線通信所

写真は著者撮影分を除き、全て『北樺
太石油株式会社創立十周年記念写真帖』
(北海道立図書館北方資料室蔵)による

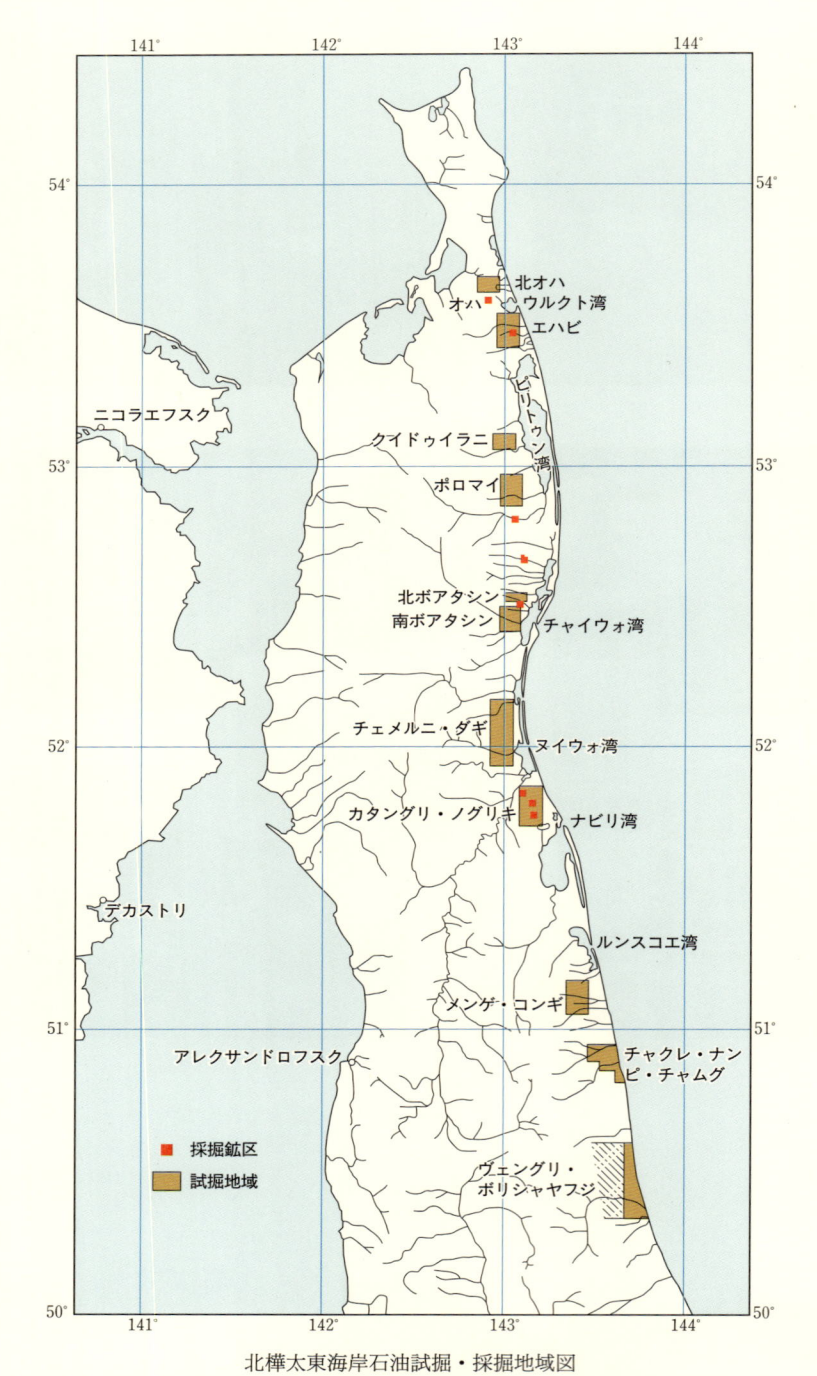

北樺太東海岸石油試掘・採掘地域図

注) オハ・北オハ・エハビとカタングリの拡大図はそれぞれ図7-2, 7-3参照
出所) 中里重次『回顧録』其二(1937年)に基づいて作成

結婚以来，わがままな私に尽くし続けてくれた妻に感謝し，
心を込めて本書を贈る

まえがき

　21世紀に入って，北サハリン北東部大陸棚の石油・ガス開発が注目されている。1年間のおよそ半分を氷に閉ざされる厳しい海象条件の下で，外国投資家によって海洋石油開発が開始されたのは1999年7月のことであった。サハリン～IIと呼ばれる生産物分与(Production Sharing)形態による開発プロジェクトの始動である。それからおよそ5年，難交渉の末やっとサハリン産天然ガスの購入者が決まったことで，いよいよ北東アジア最大の一大石油・ガス供給基地の誕生が現実のものとなり，ロシアの周辺諸国に期待が集まっている。もちろん，サハリン石油・ガス開発プロジェクトが軌道に乗るには，今後幾多の困難をともなうものと思われるが，プロジェクトを推進させる上で最も重要とされた天然ガスのユーザーの一部が決まったことで，重大な関門を突破することができた。これは大きな前進である。

　筆者は，1998年以来5年間，サハリン大陸棚の石油・ガス開発と環境保全の問題を，主として北海道大学の自然科学，社会科学および人文科学の分野の同僚と共に研究してきた。研究の過程で絶えず頭をよぎったのは，繊細なオホーツク海の海洋環境保全に細心の注意を払いながら，果たして石油・ガス開発を進展させて，豊かな市民生活を約束することができるのだろうかという問題であった。この開発と環境の二律背反の問題を克服して，厳しい自然，気象条件の下で共存できる可能性は限られているように思える。開発には予想以上にコストがかかるし，環境面では一度生態系が壊されると，簡単には復元できないという問題を抱えているからである。

　思えば，環境問題に全く関心が寄せられなかったおよそ100年前から，日本をはじめ外国の投資家が北サハリン（北樺太）陸上部の石油埋蔵量に注目していた。その後，幾つかの開発計画が外国資本の参加の下に進められたが，結局成功するには至らなかった。

日本軍部による石油調査を皮切りとして，1910年代後半には久原鉱業の北樺太石油探鉱を受け継いだ北辰会の活動，日ソ基本条約による日本軍の北樺太からの撤兵の補償として獲得した北樺太の石油コンセッション（利権），戦後1960年代末の日本による北サハリンの天然ガス輸入計画，1970年代半ばのシベリア開発協力プロジェクトの一環としてのサハリン大陸棚石油・ガス探鉱開発プロジェクト，そして現在進行中あるいは計画中のサハリン大陸棚におけるサハリン～ⅠからサハリンーⅥまでの海洋開発プロジェクト計画と，日本は深いかかわりをもちながらも，基本的には大きな成功をおさめるまでには至らなかった。最近の海洋開発プロジェクトがやっと日の目をみつつある状況にある。石油・ガスの豊かな埋蔵量が確認されていながら，何故北サハリンの開発がこれまで成功しなかったのであろうか。開発プロジェクトが浮かんでは沈む姿をみるにつけ，北サハリンの石油開発にはある種の宿命的な因縁すら感じさせられる。

　成功しなかった最大の原因はソ連の対外政策，とりわけ外国資本に対する方針にあり，その方針を日本政府や投資家が十分に理解していなかったことにある。

　ロシアの石油・ガス産業は，ソ連の時代から鉱工業の中核的な役割を担っており，外貨獲得面でも伝統的に最も貢献度の高い分野であった。その構造はいまも変わりはない。陸上における石油・ガスの開発にあたってはソ連独自の技術が開発され，人材が養成され，裾野を広めてきた。この点では後進的な資源保有国と事情を異にする。一般に，一部の国を除いて石油・ガス資源保有国は，自国内に開発技術や人材を欠いており，外国の石油メジャーに開発を全面的に委ねている。

　石油・ガス大国ソ連もソヴィエト政権誕生後の新経済政策（ネップ）の時期や全く海洋開発の経験のなかった1970年代半ばには，当然のことながら独自で開発を進めることができず，先進国の技術と資本を導入せざるを得なかった。頼みは外国資本であった。前者の時期には革命後の混乱期において疲弊しきった国内経済を復興させるために，一時的に外国資本によるコンセッションを認め，後者の時期には初めての海洋開発にあたって外国資本に

よる資金と技術の導入に踏み切ったのである。2つの時期の事情は異なるが，外国資本の受け入れをやむを得ないものとして，いずれ経済が立ち直り，開発技術を吸収すれば，外国資本に制限を加え，排除しようとする点においては共通点があった。もちろん，現在進行中の開発プロジェクトは始まったばかりであり，ソ連の時代とは異なり，市場経済化の道を歩むロシアの時代に進められているわけであるが，経済的，文化的，政治・外交的風土はそう簡単には変わらない。事実，サハリン大陸棚石油・ガス開発プロジェクトは外国投資の一形態として世界的に普及している生産物分与形態で進められているが，主として外国資本を規制する生産物分与法と呼ばれる国内法は，年を経るにしたがって修正され，外国資本に制限を加える方向に動いている。ソ連におけるこの1世紀の石油・ガス部門への外国資本の受け入れは，外国投資家にさまざまな教訓を残した。

　本書が取り上げている北樺太石油コンセッションはこのような石油部門への外資導入問題に答えられる要素を内包している。本書の目的は，北樺太石油コンセッションに焦点をあてて，石油部門への外資導入に関するソ連の政策と実践，それに対する日本の対応と取り組みを総合的に考察することにある。

　本研究の特徴は，日本とソ連の文書館の未公刊史料を駆使して，両方の史料から北樺太石油コンセッションがどのような経緯で誕生し，実際の会社経営がどのように営まれ，どのようにして解消せざるを得なかったのかをケーススタディーとして総合的に分析することにある。ロシア側の史料の柱となるのはロシア国家経済文書館所蔵の史料で近年機密解除された省別文書，サハリン州国家文書館所蔵の北樺太石油コンセッション文書であり，日本側の史料のそれは外務省外交史料館所蔵の未公刊北樺太石油利権関連史料である。日本におけるロシア革命後の戦間・戦中期の日ソ関係の研究はもっぱら外交面からの研究が重視されており，しかもその多くが日本の史料に依拠している。北樺太石油コンセッションは外交の取引材料として重要な役割を担ったにもかかわらず，これまで光があてられることはなかった。筆者の知る限り，北樺太石油株式会社のOBで構成される白樺会による『北樺太に石油を求め

て』，会社による小冊子『北樺太石油利権史』および中里重次社長の『回顧録』程度であり（いずれも非売品），北樺太石油コンセッションの日ソ外交面での役割については，外交問題の研究書や日ソ外交史のような通史のなかで言及されているにすぎない。研究論文としては，経営学の立場から阿部聖氏の論文「北樺太石油株式会社の設立とその活動について（上・下）」が際立っている程度である。

　北樺太石油コンセッションの実態を外交的，経済的，政治的視点から総合的に分析すれば，ロシアが外国投資をどのように位置づけ，具体的にどのような方策を実施してきたかを解明することができるように思える。

　1920年に日本人700名の虐殺という悲劇を生んだニコラエフスク（尼港）事件を契機に，日本軍は北樺太を占領したが，1925年の北京における日ソ基本条約の調印によってソ連との国交が樹立され，日本軍は北樺太から撤兵し，事実上尼港事件の補償として北樺太における45年間の石油コンセッションを獲得した。

　コンセッションの日本側契約当事者は民間企業とはいえ，政府間による日ソ基本条約の附属文書で民間企業を設立させることが規定されていたため，経営には石油燃料供給源を確保したい日本海軍の強い意思が働いた。しかし，北樺太石油株式会社が順調に発展したのは初期の数年間であり，1930年代に入ると日ソ関係の悪化とソ連側のコンセッション企業に対する締め付けによって，次第に経営難に陥ることになる。日本政府は戦争への突入と莫大な軍事費投入によって，会社に十分な支援を行うことができなくなってゆき，会社は取り残された。激寒の地，北樺太の採掘現場でソ連関係当局の圧迫によって苦労を強いられたのは現地に送られた労働者・職員たちであった。一方では，年間最大3000名におよぶ日本人労働者の雇用は，当時の日本国内の深刻な失業状況にあっては魅力的であり，高額の給与を支給され，こぞって僻地の開発現場に出掛けていった。

　結局，1970年まで操業するはずであったコンセッションは，日ソ中立条約の秘密文書扱いとされた松岡書簡によってソ連側から解消を求められ，第2次世界大戦中の1944年春に終止符を打つことになった。

資源開発にあたっての外国投資の導入形態には，一般には請負，合弁，コンセッション（利権），生産物分与の4形態がある。ソ連時代のネップ期に採用されたコンセッション契約形態は，ネップ終末のソ連の第1次5カ年計画期までに北樺太の石油，石炭コンセッションを除いてほとんど消滅した。結局，コンセッションはソ連経済に局所的な貢献しかしなかった。

　筆者は，サハリンにおける大陸棚石油開発方法としての生産物分与法を研究する過程で，1925年から北樺太において日本人の手によってコンセッション形態で石油開発が実施されていたことにある種の感慨を覚え，同時にこの2つの外資導入方法に対するソ連側の政策と法制面，それらの適用に共通点の多いことに関心をもった。

　これらの最大の問題は，外国資本が社会主義経済制度の下で生産活動を行うことになじまないという点にある。ソ連国内の外資による企業活動は国内法で規制される。一般に産油国は外資を受け入れる場合，国内法を遵守することを義務づけているが，ソ連の場合には国内法の詳細な規定と複雑な手続き，法律の間の不整合，外資に対する優遇制度の不十分さ，官僚主義的な運用，労働協約等，外資にとっては投資の魅力的要素が乏しかった。

　現在進行中のサハリン～IIは，1994年6月に外国資本の出資する開発会社のサハリン・エナジー社とロシア政府との間に生産物分与契約を調印し，サハリン～Iは，外国資本とロシア国内石油会社から成るコンソーシアムとロシア政府との間に1995年6月に生産物分与契約を結んだ。ロシアにおいて生産物分与法が連邦法として発効したのは1996年初めのことである。上記2つのプロジェクトにはグランドファーザー条項が定められており，当事者間の契約はこの連邦法に優先することが明示されている。したがって，厳密な意味ではこれら2つは生産物分与形態による外資の導入とはいいがたい。

　ロシア政府は資源開発部門への外資導入をもくろんで生産物分与に関する連邦法を導入したものの，実際には今日までこの法律に基づいて外資がロシア市場に進出したケースは，実質的には皆無に等しい。ロシアの石油・ガス部門はロシア経済の中核的な産業であり，この産業の弱点を外資導入によって強化しようとしており，外国投資家からみれば石油という国際商品を担保

にできるにもかかわらず，ほとんどその期待に応えていない。ロシアが外国投資家に十分な投資魅力を提供していないからである。その原因は，ソ連時代からの経済的，文化的，自然・気象的要因に根ざしており，外資導入の過去の経験を分析すれば，問題点を明らかにすることができよう。

　北樺太石油コンセッションは，このような外資の導入による開発問題にとどまらず，日ソ間の歴史的展開に重要な課題を提供している。さまざまな視点からこの北樺太石油コンセッションを把握することが可能である。

　第1は外交的アプローチである。1925年の日ソ基本条約にあたっては，北樺太石油コンセッションは中心的役割を演じた。ソ連を承認する趨勢にあった当時の国際環境にあって，日本政府は海軍の強い希望を受け入れて，尼港事件の補償という大義名分の下にソ連との国交を成立させるにあたって，北樺太の石油コンセッションを提供するように交渉した。日ソ基本条約調印に至る難交渉のプロセスは第4章に詳細に述べている。いずれはソ連の領域から締め出される運命にあるコンセッションに日本が執念を燃やしたのは何故か，何故ソ連側があくまでも日ソ基本条約の本文に盛り込むことを拒否し，日本側は最終的に附属文書(乙)に極めてあいまいな形で表記することにしたがったのかなどの疑問があり，ソ連の外交的勝利に終わった条約調印はコンセッション契約の将来に禍根を残すこととなった。筆者は，本書ではふれなかったが，むしろ日ソ漁業条約の調印に日本の最大の関心があったのではないかと思っている。

　第2は日本の当時の軍部の政策的アプローチである。石油資源の乏しい日本は将来的に増大する石油消費を満たすために，外国からの輸入に依存せざるを得なかった。その主な供給源は米国であったが，新たな供給源のひとつを北樺太に求めたのである。とくに，北樺太の石油を渇望したのは海軍である。第5章は日本の石油需給の逼迫する事情を明らかにし，海軍の熱心な北樺太石油の獲得策を分析している。

　第3は，北樺太石油コンセッションに対するソ連の国内政策とその実践の問題である。ソ連が北樺太石油コンセッションに対して，どのような対応をしてきたかを分析すれば，現在進行中の生産物分与法による開発の問題と外

資によるプロジェクトへの運用面におけるロシアの姿勢について，示唆に富んだ回答を得ることが可能になるだろう。

　この問題は本書の中核をなす部分であり，戦間・戦中期の日ソ関係は特殊な状況にあったとはいえ，コンセッション企業を合法的に締め出すソ連の方法は普遍性をもっている。第7章では日本が得た1000平方ヴェルスタ試掘区域の作業にあたって，試掘区域から採掘区域への編入，試掘に対する考え方の相違，試掘区域の地積変更，試掘期間の延長等，日ソ間の対立の構造を明らかにしている。ソ連側は北樺太石油株式会社の試掘作業に対する不熱心さに苛立ちを覚え，一方，会社は資金不足のためにできるだけ好条件の試掘区域のつまみ食いを考えており，両者の間に思惑のずれがあった。労働者の雇用・労働問題は会社を経営する上で最も先鋭化した問題であった。コンセッション契約に定められたソ連人と日本人との雇用比率はソ連関係当局によって厳しく監督された。労働者の募集・採用手続きは手数がかかり，書類準備，面接，極東における高度技術者の不在，限られた航行時期の労働者の輸送等の問題を抱え，常に双方の紛争の対象となった。北樺太の現地での生活インフラは極度に悪く，労働者の雇用にあたっては高額の賃金と労働者に対する食料品・日用品の供給，宿舎の確保が必要であり，会社の経営上の負担となった。これらの事情を第8章で詳細に分析している。

　ソ連にとって北樺太の石油開発はどのような意味をもつのであろうか。1920年代後半にはソ連はまだ国内の新規油田開発の必要性を痛感しているわけではなく，伝統的なバクー，グロズヌイ，エンバの開発を継続させることに甘んじていた。新たな油田地帯として1930年代に開発に着手したのはウラル・ヴォルガ地域の石油開発である。この油田地帯は，その後第2バクーと呼ばれるようにソ連の中心的な石油採掘地域に成長することになる。

　ソ連は北樺太の石油を連邦的な意義として位置づけているのではなく，いずれは極東の石油需要を地元の油田開発によって満たし，それによってバクーからはるばる極東に輸送する負担を軽減化させることを考えていた。北樺太の石油に関しては，現実にはこのような経済的な動機にもかかわらず，コンセッション企業が居座っていることに不満をもっており，当初，コン

セッション契約に定められた碁盤目状分割方式によって確保していたソ連所有の鉱区の石油が，隣接のコンセッション企業の鉱区開発で吸い取られてしまうといった危機意識から独自開発に踏み切ったのである。ソ連の石油産業に対する関心は東の最果てにはおよばなかったし，石油部門投資は他の産業部門に比べて少なかった。したがって，ソ連は自らの鉱区で生産した石油をコンセッション企業に売却することによって外貨を獲得し，しかも100％前渡金で受け取ることで外国から開発に必要な機資材を調達して，開発基盤を整備していったのである。ソ連の国内石油企業を育成する段階ではコンセッション企業と協力して作業を進め，石油販売によって外貨を稼ぐことが重要な意味をもっていた。しかし，ソ連独自で開発が可能になり，また極東における石油需要を満たす必要性が高まると，もはやコンセッション企業は厄介者となったのである。この間の事情は第9章および第10章で分析している。

　日本とソ連との関係悪化は北樺太の石油開発現場にも深い影を落とすこととなった。もともとソ連はコンセッション企業をめざわりな存在と思っていたから，1936年の日独防共協定の締結はコンセッション企業を経営難に陥れる格好の材料となった。ソ連関係当局の圧迫は日に日に激しさを増し，輸送関係や生産施設への圧迫によって極度の生産不振に追い込み，労働者の雇用については雇用人数を極端に制限したり，意図的に雇用手続きを遅らせて夏場の労働力の必要な時期に間に合わなくさせたりした。生活インフラの面でもソ連の基準を満たしていないとして，その改善を執拗に求めた。労働規律違反，防火違反に対しては監督を厳しくし，刑罰も辞さなかった。1937年のスターリンの大粛清はコンセッション現場にもおよび，外国企業に働く労働者を震え上がらせた。

　コンセッション企業が異国の地で順調な発展を遂げたのは初期の数年間でしかなく，ほとんどの時期はソ連関係当局による圧迫の歴史であったといっても過言ではない。そのために現場は円滑な作業を進めるために，多くの時間をソ連関係当局との調整に費やさなくてはならなかったのである。このようなソ連の圧迫は第11章で詳述している。

　結局，北樺太の開発上の最大の難点は，実質4カ月しか労働力や機資材を

運べない厳しい自然・気象条件にソ連の社会制度では円滑に対応できなかったことと，極東地方の石油消費量が，モスクワからみれば，とるにたらないものであったことによる。やがてハバロフスクに製油所が建設され，東部地域で軍事力が強化されてくるようになると状況は一変する。

　最後にコンセッション企業の撤退問題にふれよう。松岡外相の中立条約交渉は，ソ連の北樺太石油コンセッション解消を条件とするという強い姿勢によって暗礁に乗り上げていた。日ソ間の歴史的に重大な交渉時にもコンセッション問題は核心的な役割を担っていたのである。松岡は，最終的には書簡に「利権ノ整理ニ関スル問題ヲ数ヶ月内ニ解決スル様和解及相互融和ノ精神ヲ以テ努力スヘキコトヲ閣下ニ陳述スル」と述べ，条約の附属書簡として扱うことで中立条約が調印されたが，この松岡書簡は公開されなかった。第12章ではコンセッション解消のプロセスとその影響を分析している。

　本書は，現在進行中のサハリン大陸棚における石油・ガス開発プロジェクトを念頭において，過去の苦渋に満ちた北樺太石油コンセッションの経験を分析したものであり，筆者はこの分野における外国資本の進出に教訓を提供できるものと信じている。

目　　次

まえがき

第1章　1910年代末〜20年代のコンセッション …………… 1

第1節　コンセッションの採用 …………………………………… 1
1　コンセッション供与の発端　1
2　クラーシンの英国訪問　4
3　コンセッションの布告　5
4　国際舞台でのコンセッション問題　10

第2節　コンセッション事業の展開とその問題点 ……………… 13
1　1920年代前半のコンセッション事業　13
2　1920年代後半のコンセッション事業　18
3　コンセッションが抱える問題点　20

第2章　ソ連の石油部門におけるコンセッション ………… 29

第1節　革命前の石油生産状況と外国資本 ……………………… 29
第2節　石油国有化と国際石油会社の対応 ……………………… 32
第3節　1920年代の外国資本による石油コンセッション …… 37
第4節　5カ年計画によるソ連の石油開発と石油精製 ………… 43

第3章　1920年代半ばまでの北樺太における石油調査 …… 53

第1節　1917年革命以前の石油調査 ……………………………… 53
第2節　米国石油企業，シンクレア社の北樺太進出 …………… 58
第3節　日本企業，北辰会の設立 ………………………………… 66
1　北樺太への日本の民間企業進出　66
2　北辰会の設立　68
3　北辰会の試掘活動と石油鉱床の地質　70

第4章　北樺太石油コンセッション獲得交渉 ……………… 81

第1節　北樺太石油コンセッション取得までの過程 …………… 81
1　ニコラエフスク事件による北樺太占領　81
2　大連会議　84

	3	長春会議　89
	4	後藤・ヨッフェ非公式会談　91

第2節　川上・ヨッフェ非公式交渉 ……………………………………… 93
第3節　北京カラハン・芳沢会談 ………………………………………… 97
第4節　コンセッション契約締結交渉とその論点 ……………………… 104
　　1　北樺太石油コンセッションの契約当事者　104
　　2　契約交渉の対立点　107

第5章　日本の北樺太の石油への関心 ……………………………… 115

第1節　海軍の北樺太石油コンセッションに対する方針 …………… 115
第2節　1920～30年代における日本の石油需給 ……………………… 120
　　1　日本の石油生産　120
　　2　原油および石油製品の輸入　122
　　3　石油製品の需要　122
　　4　海軍の燃料獲得策　126

第6章　北樺太石油会社の事業展開 ………………………………… 133

第1節　北樺太石油会社の経営 ………………………………………… 133
第2節　オハ油田における生産活動 …………………………………… 153

第7章　1000平方ヴェルスタの試掘作業 …………………………… 177

第1節　試掘区域の作業進捗状況 ……………………………………… 177
第2節　1000平方ヴェルスタ試掘作業の争点 ………………………… 182
　　1　採掘鉱区への編入問題　182
　　2　試掘ミニマムの考え方の相違　184
　　3　試掘区域の地積変更問題　187
　　4　試掘期間延長問題　190
　　5　試掘鉱区への補助金問題　192
　　6　試掘延長期間(1937～41年)における試掘状況　194

第8章　北樺太石油会社の雇用・労働問題 ………………………… 199

第1節　雇用形態 ………………………………………………………… 199

　　　　1　契約に定められた雇用形態　199
　　　　2　労働力の採用手続き　201
　　　　3　労働者の採用　203
　　　　4　雇用比率の遵守　210
　　　　5　ヨーロッパ部からの高資格労働者　212
　　第2節　雇用上の問題点 …………………………………………… 215
　　　　1　組織上の問題　215
　　　　2　短い募集期間と募集方法の問題　217
　　　　3　季節労働者の採用重視　218
　　　　4　トラストの労働力吸収　219
　　第3節　労働者の待遇問題 ………………………………………… 220
　　　　1　団体協約―賃金問題　220
　　　　2　食料品・日用品の供給問題　225
　　　　3　労働者の住宅問題　228

第9章　トラスト・サハリンネフチによる石油開発 ………… 237
　　第1節　トラスト・サハリンネフチの設立 ……………………… 237
　　　　1　初期のトラストの生産活動　241
　　　　2　トラストの年度計画と実績　245
　　　　3　1930年代半ば以降のトラストの生産活動　248
　　第2節　オハ油田における会社とトラストの生産比較 ……… 250
　　第3節　カタングリ鉱床における会社とトラストの生産活動 …… 255
　　第4節　エハビ鉱床における会社とトラストの生産活動 ………… 259

第10章　トラスト・サハリンネフチによる石油供給 ………… 265
　　第1節　北樺太石油会社のソ連からの石油購入 ……………… 265
　　　　1　原油購入の契機　265
　　　　2　購入条件交渉　267
　　第2節　サハリン原油によるハバロフスク製油所の稼働 …………… 271
　　　　1　製油所設立の経緯　271
　　　　2　極東の製油所建設　273
　　　　3　原油輸送方法とその供給能力　274

第11章　ソ連当局による北樺太石油会社への圧迫 ……… 279
　第1節　ソ連当局の圧迫の基本的要因 ……………………… 279
　第2節　輸送関係における圧迫 ……………………………… 283
　第3節　生産関連施設における圧迫 ………………………… 290
　第4節　生活インフラ関連への圧迫 ………………………… 296
　第5節　労働関連の圧迫 ……………………………………… 299
　第6節　裁判，ゲーペーウー関連による圧迫 ……………… 301

第12章　北樺太石油コンセッションの終焉 ……………………… 331

資　　料 …………………………………………………………………… 347
　　1　尼港事件陳謝ニ関スル公文　349
　　2　株式会社北辰会定款　349
　　3　日ソ基本条約　351
　　4　日ソ基本条約附属議定書(甲)　354
　　5　日ソ基本条約附属議定書(乙)　355
　　6　日ソ基本条約附属議定書添付資料　357
　　7　在支「ソヴィエト」連邦大使ヨリ帝国公使宛来翰　359
　　8　在支帝国公使ヨリ「ソヴィエト」連邦大使宛往翰　360
　　9　コンセッション契約　361
　10　利権契約追加協定書　382
　11　コンセッション契約追加協定　385
　12　日ソ基本条約附属議定書(乙)及交換公文所載ノ期間延長ニ関スル告示　390
　13　北樺太石油株式会社定款　390
　14　日ソ中立条約および共同声明　393
　15　北樺太利権移譲議定書　394
　16　移譲議定書適用条件　395
　17　石油製品輸入契約書　397

引用・参考文献 ……………………………………………………………… 403
あとがき ……………………………………………………………………… 415
索　　引 ……………………………………………………………………… 421

凡　例

本書で使われる諸単位間の関係は次の通りである。

(1)　距　離
　　1 サージェン сажень＝2.134 m
　　1 ヴェルスタ верста（露里）＝1.067 km＝500 サージェン

(2)　面　積
　　1 デシャチーナ десятина＝1.09 ha＝0.0109 km²
　　1 平方ヴェルスタ＝113.8 ha＝1.138 km²＝104.2 デシャチーナ

(3)　石油の重量・容積
　　1 t＝7.33 バレル＝1.16 kl＝6.44 石＝61.05 プード
　　1 バレル barrel＝0.136 t＝159 l＝0.88 石＝8.33 プード
　　1 kl＝0.863 t＝6.29 バレル＝5.56 石＝52.6 プード
　　1 石＝10 函＝0.155 t＝1.135 バレル＝180 l＝9.5 プード
　　1 プード пуд＝16.38 kg(0.01638 t)＝0.12 バレル＝19 l＝0.11 石

第1章　1910年代末〜20年代のコンセッション[1]

第1節　コンセッションの採用

1　コンセッション供与の発端

　ソヴィエト政府が外国に対して公式的にコンセッション（利権）供与を提案したのは，外国貿易人民委員のクラーシン Красин, Л. Б. がツェントロサユース Центросоюз（消費組合中央連合会）の代表としてロンドンを訪問した1920年5月のことであるとされる[2]。しかし，それ以前から実際にはコンセッション供与の動きがさまざまな形でみられた。

　ソヴィエト政府が描いていたコンセッションのおおよその姿は，クラーシンの公式的な提案から2年さかのぼる1918年4月のレーニンの「ソヴィエト権力の当面の任務」という報告に描かれている。ここではコンセッションという言葉を直接使用していないが，知識や技術や経験を資本主義国の専門家から学ばなければ，ソヴィエト国家は社会主義に移行できないことが述べられており，そのための「貢ぎ物」を資本家に支払うのも過渡期的な妥協としてやむを得ないと判断しているのである[3]。その具体的な「貢ぎ物」とは自然資源のことであった。外国の干渉と内戦とによって荒廃した国土を復興させ，未曾有の飢饉を克服するには，国内の豊富な自然資源の開発を外国資本家に委ねるしかなかった。資本主義国から国家として承認されない段階では外国からの借款や商品供給を期待できないからである。

しかし，ソヴィエト政府指導部の一部（いわゆる左翼反対派）はレーニンの考えるような外国資本の受け入れ方針を好まなかった。資本主義国の技術力と物的手段の導入をもたらす外国からのコンセッションを受け入れることが，果たしてロシアを復興させる上で必要であるかどうかをめぐって激しい議論が展開された。たとえば，ロモフ Ломов, Г. И. は 1918 年 9 月，「コンセッションはロシアの社会主義憲法と両立し得ない」とする左翼反対派の見解に強く反対する報告書を最高国民経済会議に提出している[4]。

　米国実業界の大立者で，鉱山業の経営者として財をなし，比類なき地位を確保していたトンプソン Thompson, W. B. は，1917 年 6 月に組織されたロシア支援のための米国赤十字委員会のメンバーとして，同年 7 月初めにロシアを訪問した。赤十字委員会委員長はシカゴの医師フランク・ビリング Billing, Frank 博士であったが，トンプソンが資金提供者であったことや赤十字の任務の背後には政治的な活動が必要であったことから，実力のあるトンプソンが事実上委員長の役目を果たした[5]。トンプソンはペトログラードに向かう皇帝列車の窓から広大なシベリアの空間を見ながら，本来の鉱山経営者として，戦後の投資の可能性を心に描いていたのである。しかし，実際にペトログラードでロシア側からコンセッションを提案されると，はやる心を抑え，「儲け主義根性」と呼ばれて赤十字ミッションの名を汚したくなかったためにこれを断ったという[6]。

　連合国の封じ込め策に楔を打ち込んで活路を見出したいソヴィエト政府は，米国との通商関係をうち立てるために，最高国民経済会議の名の下に 1918 年 5 月 12 日までに米国との広範な経済関係拡大計画を作成した。5 月 14 日，レーニンは帰国するロビンス Robins, Raymond 中佐にこの計画を米国政府に手渡すように託したのである[7]。この計画にはソヴィエト政府が米国に供給できる商品の詳細なリストが含まれており，レーニンはロビンスに通商・経済関係の発展に関するソヴィエト政府の提案を米国政府に伝えるように要請したのであった。また，この計画の附属文書には輸入される商品の支払いとして，米国資本に対して提供し得るコンセッションも示されていた。それらには東シベリアの炭鉱その他鉱山開発，水資源開発，シベリアおよびロシ

ア・ヨーロッパ北部の鉄道・内陸水路建設が含まれており，とくにエニセイ Енисей 川と北部海洋航路を結びつける運河建設の必要性やシベリアとヨーロッパ部の内陸水路の改修が強調されていた[8]。帰国したロビンスは，ソヴィエト政府との通商関係の発展の必要性を述べた「米国のロシアとの経済協力」という題の自らの筆による報告書も国務省に提出し，とくにソヴィエトの革命リーダーとの協力が行える経済委員会をつくることを強く主張したのである。ところが，米国政府はロビンスの報告書にもソヴィエト政府の両国間通商・経済発展計画にも強い関心を示さなかった。米国政府にはソヴィエトに対する経済封鎖の政策を変更する気はなかったのである。

1918年3月にブレスト・リトフスク条約(Brest-Litovsk treaty)が結ばれたドイツとの関係については，ラデック Радек, К. Б. は，1918年5月，通商交渉に臨むにあたって作成されたガイドラインを，第1回最高国民経済会議全ロシア大会で報告した[9]。報告にはドイツに対するコンセッション供与を許容する内容が盛り込まれていた。ソヴィエトは今後数年間，貿易収支の赤字を避けがたく，したがって外国からの借款を通じてしかソヴィエト国内の生産に必要な外国の物資を獲得できない。しかし，借款が制限されているからには，ソヴィエトのまだ利用されていない資源を組織的に開発するために必要な新しい企業を創設する必要があり，これはコンセッションを供与することで可能になるというのである。

但し，ラデックは，ソヴィエトにおいて外国政府の影響力を行使できるような領域にコンセッションを供与すべきではなく，ウラル Урал，ドネツ Донец，クズネツク Кузнецк およびバクー Баку 地域を除外すべきであると述べている。また，コンセッション投資家はソヴィエトの法律にしたがうことや，ソヴィエト政府は市場価格でその製品の一部を受け取り，5%を超える利益が生まれた場合には利益の分け前を受け取るということなど，この時点で，すでに将来におけるコンセッション政策の重要な輪郭の一部が描かれていることは注目してよいだろう。

1918年5月のモスクワでのドイツとの経済委員会会議でブロンスキー Бронский, М. Г. はソヴィエト政府とドイツ政府との間の通商・経済協力発

展計画案を公表した。ソヴィエト政府の経済政策に干渉しないこと，外国貿易および銀行の国有化を認めること，ソヴィエト政府とウクライナ，沿バルト，カフカースとの経済関係を妨げないこと，ソヴィエト政府にクレジットを供与することなどを条件として，ドイツに対して森林開発をはじめとするさまざまな分野でコンセッションを提供することが合意された[10]。

2 クラーシンの英国訪問

ソヴィエト政府と英国政府との間で最初の通商交渉が開始されたのは1920年5月31日のことであり，クラーシンが英国の代表との会見で具体的なソヴィエト・英国通商発展計画を提案したことに始まる[11]。英国がツェントロサユースを通じて貿易を行うことを許可したことによって実現したものであり，クラーシンが表向きツェントロサユースの代表をつとめ，団員にはノギン，ロゾフスキー，クルィシュコ等が加わった。時の首相ロイド・ジョージ Lloyd George, D. の招待によるものであり，英国政府はソヴィエト政府との通商関係回復に並々ならぬ意欲をみせ，一方クラーシンも資本主義国との経済交流の突破口として英国を重視していたのである。英国政府は，ツェントロサユースの仲介を通してソヴィエト国民との貿易関係を復興させることを決め，そのために全ロシア株式会社「アルコス Arkos, All Russian Cooperative Society Limited」のロンドン設立を認めたのであった[12]。当時，連合国でソヴィエトとの交易に最も強い関心をもっていたのは英国であった。

代表団のメンバーからもうかがえるように，クラーシンは実際にはソヴィエト政府を代表する外国貿易人民委員部の長としての重責を担っていた[13]。双方の通商関係正常化の意欲にもかかわらず，両国間の貿易再開交渉は順調には進まなかった。長い交渉を経て，翌1921年3月16日にやっと英国・ソヴィエト通商協定が締結されることになる。ヨーロッパとの経済関係樹立の突破口として英国を選んだクラーシンは，英国向けに金，木材，亜麻を，アルコスを通じて英国市場で販売できるように手土産を準備して，交渉に臨んだ。ところがクラーシンがもちかけた金はロシア国立銀行の所有物であり，

もともと英国から没収したものであった。英国にすればそのまま受け入れられる性格のものではなかった[14]。1920年6月7日の会議で，英国側は協定への3つの条件，すなわち敵対行為および敵対的プロパガンダの中止，戦争捕虜全員の帰還，私的個人に対する債務の原則的承認，を提案して，ソヴィエト政府の出方を見守った[15]。英国政府は決して交渉を急がなかった。6月30日になってやっと「敵対行為の相互禁止および貿易関係の復活に関する協定」を締結する用意がある旨のメモをソヴィエト政府に提出するにとどまっていたのである[16]。

通商協定の締結によって両国間の貿易は，表1-1にみるように復活した。とくに，1921年にヨーロッパを襲った未曾有の経済不況を考えれば，双方にとって貿易の果たす役割は重要であった。そればかりか，この協定の締結によって英国は事実上ソヴィエト国家を承認したわけであり，政治的にも意味のあるものとなった。協定によって双方は敵対行為や敵対的プロパガンダを控えることが義務づけられた。また，ソヴィエト政府は，ソヴィエト政府に属しているが英国に償還され得る金，財産および商品を差し押さえるような一方的な行動をとらないことが表明された。

英国議会は，調印4カ月前の1920年11月18日にソヴィエト政府との通商協定を締結するように商務省に委任することを決定しており，ソヴィエト政府のヨーロッパにおける通商の糸口が見え始めていた。おりしも，同年11月23日にはソヴィエト政府はコンセッション供与の布告を採択したのである。クラーシンはこの布告に先駆けて，コンセッション供与というお土産をひっさげて英国との通商交渉に臨んだが，この点ではさしたる成果を得られなかった。英国側のコンセッションへの具体的な照会に対して，ソヴィエト側には知識がなく，クラーシン以外は誰も答えられなかったし，モスクワに問い合わせても何ら具体的な答えを得られなかったからである[17]。

3　コンセッションの布告

1920年11月23日，ソヴィエト人民委員会議は「コンセッションの一般的な経済的・法的条件」を布告した。この布告によってコンセッションの一

表1-1 ロシア・ソ連の主要国との貿易推移(1913〜27/28年)

(単位 百万ルーブリ)

	1913	1918	1919	1920	1921	1921/22	1922/23	1923/24	1924/25	1925/26	1926/27	1927/28
輸出総額	1,520.0	8.0	0.1	1.4	20.0	63.0	134.0	373.0	578.0	703.0	807.0	792.0
構成比(%)	100.0	100.0	100.0	100.0	100.0	100.0	100.0	100.0	100.0	100.0	100.0	100.0
ドイツ	453.6	0.6			1.7	8.3	43.3	66.4	87.4	111.6	175.5	193.6
構成比(%)	29.8	7.5			8.5	13.2	32.3	17.8	15.1	15.9	21.7	24.4
英国	267.8	2.0			9.3	18.0	28.9	83.6	193.3	220.7	220.6	155.8
構成比(%)	17.6	25.0			46.5	28.6	21.6	22.4	33.4	31.4	27.3	19.7
米国	14.2	0.7			0.0	0.0	0.6	7.2	28.3	30.7	23.4	28.0
構成比(%)	0.9	8.8			0.0	0.0	0.4	1.9	4.9	4.4	2.9	3.5

	1913	1918	1919	1920	1921	1921/22	1922/23	1923/24	1924/25	1925/26	1926/27	1927/28
輸入総額	1,375.0	105.0	3.0	29.0	211.0	271.0	149.0	234.0	723.0	756.0	714.0	946.0
構成比(%)	100.0	100.0	100.0	100.0	100.0	100.0	100.0	100.0	100.0	100.0	100.0	100.0
ドイツ	653.1	0.4	0.3	6.4	54.4	83.8	61.5	45.2	102.7	176.1	161.6	248.5
構成比(%)	47.5	0.4	10.0	22.1	25.8	30.9	41.3	19.3	14.2	23.3	22.6	26.3
英国	173.0	12.0	0.0	6.0	61.8	53.1	37.2	49.0	110.7	129.6	101.1	47.5
構成比(%)	12.6	11.4	0.0	20.7	29.3	19.6	25.0	20.9	15.3	17.1	14.2	5.0
米国	79.1	14.3	0.0	1.0	40.4	44.0	4.4	51.0	201.8	122.2	145.9	187.8
構成比(%)	5.8	13.6	0.0	3.4	19.1	16.2	3.0	21.8	27.9	16.2	20.4	19.9

出所) Внешняя торговля СССР за 1918-1940 гг., М., 1960, с. 21-37.

般的な経済的・法的条件とコンセッション供与の対象が発表されたが，具体的なコンセッション供与リストはこの布告では明らかにされていない[18]。

コンセッション布告の目的は，戦時中に壊滅的になったソヴィエトの生産力の復興を加速させるために外国企業を誘致することにあった。とりわけ自然資源の利用に関するコンセッションが重視され，当面のところ石油資源，森林資源，土地利用がその対象とされた。しかし，コンセッション提供の対象が厳格に定められていたわけではなく，たとえばトラクター耕作用遊休地や個々の工業企業に対するコンセッション供与も条件によっては考慮されていたのである。

布告は，次の6項目を定めている。

① コンセッション投資家に対して，契約に基づいて製品の一定割合の報酬が支払われ，外国に輸出する権利がある。

② 特別の大規模技術改善を取り入れる場合には，コンセッション投資家に機械の調達，大型発注に対する特別契約など取引上の特典が与えられる。

③ コンセッションの性格と条件によっては，リスクとコンセッションに投入される技術手段に対してコンセッション投資家の完全な償還を保証するために，長期のコンセッション期間が認められる。

④ 企業に投資したコンセッション投資家の財産が国有化・没収・接収の危険にさらされないことをソヴィエト政府は保証する。

⑤ コンセッション投資家にはソヴィエト領域にある自己の企業のために労働者・職員を雇用する権利が与えられる。その際，労働法典あるいは彼らの生活と健康を保護する一定の労働条件遵守を保証した特別契約を守らなくてはならない。

⑥ ソヴィエト政府は，政府の何らかの指令や布告によってコンセッション契約条件を変更しないことを，コンセッション投資家に対して保証する。

以上の布告の内容はコンセッション供与の大枠を定めているものであり，具体的なコンセッション提案に対してどのように適用されるのかは個々の案

件に委ねられた。この布告から読みとれることの第1は，資源コンセッションはソヴィエトの経済復興を加速させるばかりか，世界経済の利益にも貢献できるというソヴィエト政府の互恵の主張である。しかしながら，実態はレーニンも指摘しているように，外国が投資しやすい天然資源を切り札にして国内経済の困窮を救おうとしているのであり，それ以外には外国資本を誘致できる手だてはなかった。第2は労働者重視である。当時，破局的な経済状態にあって，コンセッションによる雇用創出と労働者・職員の待遇改善は重要な政府の政策であった。とくに争議の激しい地域ではコンセッションが労働者にとっても有益であるという考えを定着させる必要があった。コンセッションで働く労働者のインセンティブを高めるために，コンセッション企業で働く労働者の生活に必要な物資を外国から輸入し，原価に諸掛かりを加えた価格で労働者に販売することがコンセッション投資家に求められた[19]。さらにソヴィエト政府はこの方法を拡大し，コンセッション投資家がコンセッション企業で働く労働者のために輸入した商品の量のさらに50～100%を政府に引き渡す義務を課し，その代金は生産物の一部で支払うことを定めたのである。これによってソヴィエト政府の商品販売収入が獲得された。

第3は，外国のコンセッション投資家が抱いているソヴィエト政府に対する不安解消が重視されたことである。せっかくソヴィエト市場に進出しても，国有化によって接収・没収されるのではないかという危惧があり，布告ではこの点にもその心配のないことをうたっている。

コンセッション供与にあたって，個々の契約条件を明らかにすることは史料不足で困難であるが，1920年12月21日の第8回ソヴィエト大会ロシア共産党代議員団会議で，レーニンはコンセッションについて，布告後に起きている「自国の資本家を追い出しながら，他国の資本家を入れようとしている」というコンセッション反対派の懸念を排除するために，ロシアを取り巻く国際情勢を説明し，コンセッションは「経済の復興に必要な用具と手段を確保することにより，自立できる」手段として，ある程度譲歩するのはやむを得ないことを強調している[20]。

レーニンは，国内の懸念を払拭するために不本意ながらもコンセッションを受け入れざるを得ないことをしばしば述べているが，1921年4月11日の全ロシア労働組合中央評議会共産党グループ会議でコンセッションについてのまとまった報告を行った[21]。

コンセッション契約の基本原則を条項に沿って整理してみれば，レーニンが強調したのは次のような点である。

① コンセッション投資家は労働者の生活状態を外国の労働者並に上げる義務がある。
② ソヴィエトの労働者の生活条件の向上にともなって，彼らの労働生産性も上昇する。
③ コンセッション投資家は，コンセッション企業で働く労働者に必要な物資を外国から取り寄せ，彼らに販売する義務がある。
④ 上記輸入量に加えてさらに50〜100％を輸入し，同じ価格でソヴィエト政府に引き渡す義務がある。
⑤ コンセッション投資家は，ソヴィエトの法律を遵守し，労働条件や支払い期限等の法律を守ると共に労働組合と協約を結ぶ義務がある。
⑥ コンセッション投資家は，ソヴィエトおよび外国の科学技術上の諸規則を守る義務がある。
⑦ コンセッション投資家によって外国から輸入された設備資材を，自己利用とは別にさらに一定量を輸入する義務がある。
⑧ コンセッション企業に働く労働者の賃金の支払い通貨は，それぞれの契約で決める。
⑨ 外国人熟練労働者および事務職員の雇用は自由協約に委ねる。
⑩ コンセッション契約者がソヴィエトの高級熟練専門家を雇う場合には政府諸機関の同意が必要である。

上記の内容からわかるように，労働者の生活改善を最も重視しており，労働者の憲法でもある団体協約は，コンセッション投資家からみれば厳しい協約であり，協約に定められたさまざまな規則がその後のコンセッション企業の発展の足かせになるのである。

レーニンは1920年12月の第8回全ロシア・ソヴィエト大会でのコンセッション報告にあたって，具体的な3つのコンセッション形態，すなわち極北の森林コンセッション，食糧コンセッションおよびシベリアの鉱山コンセッションについて解説している[22]。極北の森林資源は全くの手つかずの状況にあり，この莫大な価値をもっている木材を資本主義国の生産手段で開発すれば経済的に好都合であるし，辺境の地であるので政治的にも好都合であるという。なかでも，北欧ロシアのことがレーニンの念頭にあり，開発にあたって森林を碁盤目状の配置でコンセッション投資家に提供するという考え方を打ち出している[23]。食糧コンセッションの主体は遊休農地の開拓であり，ロシア・ヨーロッパ部やウラル・ヴォルガ地域に広がる広大で，肥沃な未耕作地をコンセッションに提供し，コンセッション投資家からトラクターを供給させて保有台数を増やそうとするものである。鉱山コンセッションではシベリアに眠る膨大な資源の開発をコンセッション投資家に委ねるものであるが，非鉄金属資源の一部は人口稠密な地域にあることから，政治的に利用されないようにと，慎重な姿勢をのぞかせている。

4　国際舞台でのコンセッション問題

　ヴェルサイユ条約調印(1919年)以後，ソヴィエト政府にとって，国家を承認しない資本主義国と正常な外交関係を樹立させるには，まずヨーロッパとの間に経済関係を樹立させることがとりわけ重要であった。そのための有力な手段のひとつとして考えられたのはコンセッション供与である。コンセッションを梃子として連合国に対する講和交渉を実務的に進めようとした最初の試みは，1919年のプリンキポでの会議開催の画策である。連合国は旧ロシア領土内で組織されているあらゆるグループに対してこの会議への参加を呼びかけていた。この会議に臨むソヴィエト政府は係争中の問題を解決しようとする積極的な態度をとっていた。1919年2月4日付回答では，ソヴィエト政府は連合国の国民である債権者に対して財政的債務を認めることを拒まない，その債務の利子支払いを一定量の原材料で支払うことを保証するように提案する，連合国の国民に鉱山・木材・その他コンセッションを喜

んで与えること，をうたっている[24]。この回答は，ソヴィエト政府がコンセッションを布告する1年半以上前のことであり，革命後の内戦と飢饉の状況のなかで何としても連合国側からの支援を取り付けたい気持ちのあらわれであり，レーニンのいう「貢ぎ物」を捧げることを連合国にアピールした最初であった。しかし，この提案はフランスの反対にあって，失敗した。

1921年10月28日，ソヴィエト政府は，英国，フランス，イタリア，日本および米国の各政府に覚書を送り，最終的な全面講和を条件に「1914年までに帝国政府によって締結された国家債務について，他国およびその市民に対してソヴィエト政府に義務があることを認める用意があり，その際これら義務の実際的な実現可能性を保証する特恵条件を提起する」ことを声明した[25]。債務返還問題は，かねてから連合国側から出されており，ソヴィエト政府はこの問題を解決するために，なるべく早く国際会議を招集するように要請した。

これを受けて実現したのが1922年1月6日開催のカンヌ会議である。この会議で，イタリアのジェノヴァにおいて全ヨーロッパの経済・金融会議を開催することが決まり，イタリア政府はレーニン自ら出席するように正式の招待状を送った。ソヴィエト政府は，政情不安の状況ではレーニンを派遣させるわけにはいかず，仕事に忙殺されて派遣できなくなっても代表団の権限と権威はレーニン参加の場合と変わりない旨伝えて，招請を受け入れさせた。これによって，ヴェルサイユ体制下で膠着状態にあったソヴィエト政府と連合国との間にようやく話し合いの場がもたれることとなった。ジェノヴァ会議は34カ国の参加の下で1922年4月10日から開かれた。政治，経済，金融，運輸の4つの委員会のうち，ソヴィエト問題を議題に取り上げたのは政治委員会であった。全体会議の冒頭でのチチェリンЧичерин, Г. В.の演説は，ソヴィエトの極めて豊富な天然資源を外国資本家との経済協力で開発すれば，ソヴィエトの経済復興のみならず世界的な経済復興にも貢献できるという実務的な経済協力の重要性を強調した内容であった[26]。委員会では解決の糸口のないまま議論が続いたが，その間，英国首相ロイド・ジョージは代表団を別荘に招いて非公式会談を行った。連合国の要求は，戦時債務，帝政ロシ

ア時代の債務および国有化した企業の元の持ち主への返還であった。これに対してソヴィエト政府側は，戦時債務について外国干渉と封鎖によって蒙ったソヴィエトの損害を償うように逆提案を突きつけたのである。その額は，390億4500万ルーブリと見積もられた[27]。

　帝政ロシア時代の債務については，すでに1919年2月にその存在を認めてはいたが，それを解決するには連合国がソヴィエト政府に対しクレジットを提供するか，それを保証するかがなければ要求に応じられないという態度をとった。国有化された企業の返還問題に対しては，ソヴィエト側はコンセッション供与で所有権問題を回避しようとした。しかし，フランスおよびベルギーは財産の補償を求めてこれに強硬に反対した。

　ジェノヴァ会議の最中の1922年4月16日，参加国の代表団を驚愕させる出来事が起こった。ソヴィエト・ドイツ間のラパロ条約の調印である。ヴェルサイユ条約で孤立させられ，ソヴィエトに対しても何ら請求権をもたなかったドイツと連合国から国家としての承認を得られないソヴィエトが歩み寄ったのである。密かに仕掛けたのはソヴィエト側であった。

　条約の内容には，ソヴィエトとドイツは，お互いに軍事支出と軍事的・非軍事的損失の補償を放棄する，両国は外交・領事関係を直ちに回復する，相互の通商・経済関係の安定のために最恵国待遇の原則を行使する，ことが盛り込まれた。実務的な経済関係の展開にあたっては，両国政府は，お互いに好意的な精神で両国の経済的要求を促す，この問題を国際的な舞台で基本的に解決する場合には，お互いの間で事前の意見交換に入る，ドイツ政府は，最近，私企業によって計画された契約合意に可能な支援を与え，それらが活動できるように準備することを表明する，ことがうたわれている[28]。この表現は排他的な2国間の経済関係を樹立させることを意味しており，条約が経済的に重要な役割を果たした。

　ラパロ条約によって，ソヴィエトはジェノヴァ会議のソヴィエトに対する経済封じ込め策に風穴を開けることに成功した。結局，ジェノヴァ会議の課題は，1922年6月のハーグ会議に持ち越された。

　ハーグ会議の私有財産小委員会の冒頭で，リトヴィーノフ Литовинов, М.

M. はコンセッション問題の説明を行い，国民経済全分野にわたる詳細なコンセッション・リストを提示した[29]。しかし，このコンセッション提案は連合国の関心を全く引かなかった。代表団のひとりがコンセッション供与およびその活動の条件，国家とコンセッション投資家との関係，コンセッション獲得にあたって以前の所有者に何らかの優先権が与えられるのかという問題を切り出した。これに対するリトヴィーノフの答えは，以前の所有者が優先権を利用することになろうという，通り一遍の素っ気ない魅力の乏しいものであった。以前の所有者の絶対的優先権を認めさせようと執拗に迫った連合国側を失望させる回答であったのである。

第2節　コンセッション事業の展開とその問題点

1　1920年代前半のコンセッション事業

さて，このように外国との通商の突破口として提示されたコンセッションはどのような道を辿ったのであろうか[30]。コンセッション布告によって，外国資本を呼び込めるものと期待されたが，実際にはレーニンが告白したように布告から1年余りの間には1件も契約されなかった[31]。ソヴィエトの西側世界からの孤立，ソヴィエト政府の一方的な国有化，政権の不安定さ，国内経済の破綻状況といった内外の環境ではコンセッションが実らないのも無理からぬことではあった。

コンセッション布告に前後して，活発な契約交渉相手となったのはドイツである。1920年にはドイツ最大の化学企業との間にソヴィエトにおける塗料生産の一連の工場の操業開始に関する交渉が始まった[32]。1920年8月9日に最高国民経済会議はこのコンセッション契約案を承認し，同年秋にはドイツ企業に手渡したが，その後交渉は途切れた。1922年春になってやっと交渉が再開され，1924年まで続いたが，結局，肯定的な結果を得られなかった[33]。

1920年9～10月にかけて米国の百万長者ヴァンダーリップ Vanderlip, W. B. がソヴィエト政府とカムチャツカ Камчатка のコンセッションの交渉を行い，合意に達した。その内容は，カムチャツカおよび東シベリアにおける漁区の操業，石油・石炭の試掘・採掘のために60年間のコンセッションをヴァンダーリップ・シンジケート Vanderlip Syndicate に提供するというものであった[34]。この交渉は政治的な反響を呼び起こした[35]。日本の干渉軍が駐留している極東の遠隔の地において経済発展を目的に米国資本が導入されれば，日米が対立してソヴィエトに対する日本の攻撃の力が弱まるとみていたからである。

　当時，ソヴィエトは米国の援助に大きな期待を寄せており，ラーリンは1917～18年の冬の間に，米国に対して商品およびローンの見返りにカムチャツカのコンセッションを供与する通商協定の枠組みを打ち出したほどであったが，当時，真面目に取り合ったのはラデックだけだったと述べている[36]。

　1921年末になってやっと最初のコンセッション，ボリショイ・セヴェル電信会社 Большое северное телеграфное общество，ソヴィエト・ドイツ合弁の航空便会社デルルフト Дерулуфт およびソヴィエト・ドイツ倉庫・輸送会社デルトラ Дерутра が契約された[37]。本来，コンセッションは外国資本を導入して経済活動に活力を与える性格のものとして考えられたが，契約の段階で帝政ロシア時代の債務を転嫁させるという別の性格が生まれた。ボリショイ・セヴェル電信会社のコンセッション契約にあたっては，会社に対して実際にロシア帝国政府の革命前の債務となっている600万フランを償還させたのはその典型例である[38]。

　1922年に入ってコンセッションはやっと新たな局面にさしかかることとなる。上述の契約からもわかるように，ドイツがコンセッション契約の突破口となった。ラパロ条約が調印される少し前，駐ドイツ・ソヴィエト通商代表部のレーニン宛書簡に，ドイツが希望するコンセッション・賃貸のリストが打電されている[39]。それによると，ドイツから採取産業39件，加工産業42件，輸送9件，商業19件，ホテル2件，ソヴィエト企業の賃貸14件が

申請されており，1922年2月28日時点で契約されているのは4件になっている[40]。

　実務家としても有能なクラーシンは，1922年1月には，駐英国ソヴィエト通商代表部からチチェリン宛に打電し，ドイツのクルップが提案しているドン Дон 県サリスク Сальск 地区における約5万デシャチーナの耕地の24年間のコンセッション供与はソヴィエトにとって政治的にも実務的にも最も関心の高いものであり，できるだけ早く締結することが英国その他ヨーロッパと現在行われている交渉を最大限前進させることになると早期締結を促した。この契約は翌1923年1月16日には承認され，1934年10月まで実施された[41]。レーニンは，「クルップとの契約はわれわれにとってジェノヴァ会議の前に絶対必要であり，もちろんひとつでも締結されることが重要だが，ドイツの企業との間に幾つかのコンセッション契約を結ぶことが望ましい」とドイツとの実務協定の実績が必要であることを吐露している[42]。

　1921年6月初め，ロンドンではレスリー・アーカート Urquhart, Leslie とクラーシンとの間にコンセッション契約交渉が始まった[43]。10月革命までアルタイ，ウラル，カザフで銅・鉛・銀・石炭等の大型鉱山企業を所有していたロシア・アジア統合会社の社長であったアーカートは，以前に彼が所有していた企業に対してコンセッションを供与するようにソヴィエト政府と交渉を行った[44]。しかしながら，1922年9月9日にクラーシンがアーカートと調印したコンセッション暫定協定はソヴィエト政府によって承認されなかった[45]。英国との正常化交渉がさまざまな困難に直面していたからである。

　コンセッション契約を進展させる上でソヴィエト国内の制度面でも改編がみられた。組織上の重複を避けるためにそれまで1921年2月22日設置のゴスプラン Госплан（国家計画委員会）に従属していたコンセッション委員会 Концессионный комитет при Государственной общеплановой комиссии と労働・国防会議に従属していた合弁会社に関する委員会 Комитет по смешанным обществам при Совете труда и обороны とを廃止して，1922年4月4日付人民委員会議決定でコンセッションおよび合弁会社問題についての委員会

本部 Главный Комитет が労働・国防会議の下に設置され，この場であらゆる形態のコンセッション計画を審議し，株式会社の定款案を審議することとなった。

　さらに翌1923年3月8日付で全ロシア中央執行委員会および人民委員会議の布告が廃止されたことによって，ソ連政府は，1923年8月23日付で人民委員会議附属としてコンセッション委員会本部 Главный концессионный комитет を設置している。ソ連を構成する共和国レベルの人民委員会議附属としてもコンセッション委員会が設置されているが，最終的なコンセッション契約のサイン権はコンセッション委員会本部にある。また，外国企業と直接交渉を行うために外国にあるソ連通商代表部にもコンセッション委員会を設置できるが，その権限はコンセッション委員会本部にある。これらを定めているのが「ソヴィエト社会主義共和国連邦人民委員会議附属コンセッション委員会本部設立について」の人民委員会議布告である。

　コンセッションの制度上の問題が整備されるにともなって，コンセッション委員会に申請される件数も増加するようになった。1922年にコンセッション委員会本部に申請されたコンセッションは338件であり，国別にみればドイツが124件と3割強を占める（表1-2）。商業，加工産業，鉱山業および農業分野での申請が多かった（表1-4）。しかし，ソヴィエト政府があてにしていた信頼できるしっかりした大企業からのコンセッション申請は20件程度であり，多くはコンセッション打診レベルの中小企業の申請が目立った。

表1-2　コンセッション委員会本部に申請された
国別コンセッション数（1922～26年）

（単位　件数）

国　名	1922	1923	1924	1925	1926
ドイツ	124	216	99	54	216
英　国	40	80	33	17	35
米　国	45	45	35	28	42
フランス	29	53	19	24	36
その他	100	213	125	130	177
計	338	607	311	253	506

出所）РГАЭ, ф. 5240, оп. 18с, д. 542, л. 54.

表1-3 国別コンセッション契約数(1922～26年)
(単位 件数)

国　名	1922	1923	1924	1925	1926
ドイツ	6	12	3	7	11
英　国	3	6	7	6	1
米　国	4	5	1	3	2
フランス	―	1	―	2	2
ポーランド	―	―	1	2	3
オーストリア	―	2	―	―	3
日　本	―	1	―	4	1
その他	3	18	14	6	5
計	16	45	26	30	28

出所) 表1-2に同じ。

　このうち，実際に契約されたのは16件であり，ドイツ6件，米国4件，英国3件である(表1-3)。比較的大きなコンセッションとしては，農業コンセッションのドルザグ Друзаг がドイツ企業との間で，林業コンセッションのドゥヴィノレス・リミテッド Двинолес-лимитед が英国企業との間で調印された[46]。この年の注目される出来事はアーカートのコンセッション交渉が10月に決裂したことである。アーカートの旧所有権に対してソヴィエト政府はこれを認めない決定を下したのである[47]。

　1923年はコンセッション申請数の最も多い年となった。旧所有者の復権を求めるコンセッション申請も多く，これが認められるケースもあった。商業のコンセッション申請が全体の4分の1を占めている。しかし，契約に至ったのは45件にすぎず，しかもこのうち17件は設立後まもなく活動を停止した。この年の特徴は4件の林業コンセッションが契約されたことである(表1-5)。このうち，ソ連・オランダ林業合弁会社のルスゴランドレス Руссголландолес およびソ連・ノルウェー林業合弁会社のルスノルヴェゴレス Русснорвеголес に対しては外国企業の旧所有者への一部返還を認め，この企業に属する資産は合弁会社設立の払い込みとして扱われることになった[48]。

　1924年はコンセッション企業の目立たない年であった。申請数311件のうち契約成立は26件であり，ヨーロッパ，とりわけドイツの経済不況に

よって申請数が激減した。鉱山業のハリマン Гарриман とのコンセッション交渉が暗礁に乗り上げ，国有化の問題でソ連政府の譲歩を待ちかまえている時期でもあった。

2　1920年代後半のコンセッション事業

1925年にソ連政府は低調なコンセッション事業の再生を図るために，コンセッションの役割の再評価を行い，6月16日にはロシア共産党中央委員会は改善策の決定を承認した。1925年後半にはコンセッション委員会本部

表1-4　コンセッション委員会本部に申請された
分野別コンセッション数(1922～26年)

(単位　件数)

	1922	1923	1924	1925	1926
加工産業	66	126	73	80	269
商　業	71	152	95	65	112
鉱山業	63	89	37	29	30
農　業	46	87	34	16	15
運輸・通信	39	46	24	17	17
林　業	24	34	17	15	13
手工業	7	11	6	12	13
その他	22	62	25	19	37
計	338	607	311	253	506

出所）表1-2に同じ。

表1-5　分野別コンセッション契約数(1922～26年)

(単位　件数)

	1922	1923	1924	1925	1926
加工産業	—	8	7	8	18
商　業	4	14	10	6	2
鉱山業	4	3	5	9	4
農　業	3	5	—	2	—
運輸・通信	4	5	2	1	—
林　業	1	4	1	—	—
手工業	—	3	1	1	1
その他	—	3	—	3	3
計	16	45	26	30	28

出所）表1-2に同じ。

の再編成が行われ，①契約推進部，②契約履行監督部，③経済情報部，④法務部，⑤業務管理部の5部門が誕生した[49]。このような編成替えは潜在的コンセッション投資家に対して情報がほとんど提供されていなかったことや審査に時間がかかりすぎ，監督も不徹底であったことの反省から生まれたものであった。

　この年に，年末にかけて幾つかの大型のコンセッションの提案があった。フランス石油会社の石油パイプライン建設，国際マッチ会社のマッチ製造の独占権，スウェーデンのダイナモ生産，日本の極東での林業，フランスのプラスチック生産などはその例である。交渉中のレナ・ゴールドフィールズ Лена Гольдфильдс，ハリマン，テチューヘ Тетюхе といった大型の鉱業コンセッションが成立した[50]。北京条約に基づいて北樺太の石油，石炭コンセッションが契約されたのもこの年である。1925年のコンセッション契約総額は最高水準になった。

　1926年に入ってからもコンセッション提案の大型化が目立つようになり，米国のアルミニウム・コンセッション，冶金コンセッション，鉄道建設コンセッション，フォードのトラクター製造に関するコンセッション，英国の綿紡績コンセッションなどの提案があった。1926年には506件の申請中，契約に至ったのは28件である（表1-4，1-5）。

　ソ連人民委員会議は，1925年8月18日の決定によって，同年12月1日までに可能なコンセッション対象の全体計画を作成するようにゴスプランに委任した[51]。政府のコンセッションに対する基本認識は，コンセッションは国際関係のなかで非常に積極的な役割を演じたこと，にもかかわらずコンセッションは小さな成功しかおさめなかったこと，これを成功させるには現実的な対応が必要であること，という点にあった。委任を受けたゴスプランは，1926年6月「コンセッション計画作成のための基本規定」を人民委員会議に提出した。総則では，作成される有望なコンセッションリストは指針であって，これに拘束されるものではないことがうたわれているが，同時に，ゴスプランの作成する国民経済発展計画に合致していることが求められている。コンセッション供与の地理的側面では，経済開発の遅れている地域を対

象に特典を付与して優先的にコンセッションを提供すべきであり，パイオニア的意味をもつものとされている。反面，コンセッション投資家が政治的な力をもつ可能性があり，地域の特性を十分檢討して個別に解決すべきであるとしている。コンセッション対象と将来の経済発展計画とを一致させる問題では，相対的に国内の物的資源に限界があるために，計画遂行にはある程度外資の誘致が必要であることを認めている。そのことは，全面的にコンセッションを展開するのではなく，重要な産業を強化・発展させる手段としてコンセッション投資家に資源を開放することを意味している。産業部門にどの程度コンセッションを採用するかは，個々の分野で決めなくてはならないとされている。実は，ここがコンセッション規定の準備段階で争点となった点であり，当初案では，国有企業(工業，輸送，銀行，商業，外国貿易等)の定款資本の10～15%とされていた。シェアが小さすぎるという意見や，分野によってはコンセッションがないから，高すぎるといった意見などまちまちであった[52]。外国資本の導入は，第1に技術進歩を促進させるコンセッションが重視される。また，非鉄金属の極度の不足を考慮して，この分野のコンセッションが優先される。コンセッション企業と国家との関係では，規制問題が重要であり，近い将来製品の自由販売権が与えられなくてはならないとされている。原料を輸入しなくてはならないようなコンセッションは例外的にしか認められない。もちろん，極めて逼迫した外貨事情の下では外貨持ち出しも厳しく制限された。

3 コンセッションが抱える問題点

1920年代後半のコンセッションに関する統計データは限られている。ユゴフ Югов, А. によれば1927年1月になって，やっとまともな統計データが公表された[53]。1927年初め現在のコンセッション契約数は144件であり，国別にみればドイツとのコンセッションが27.9%，英国とのそれが15.3%，米国は10.4%，フランスは3.5%であった。分野別では加工産業は41件(全体の28.5%)，商業36件(25%)，鉱業24件(16.6%)，運輸・通信12件(8.4%)，農業10件(6.8%)，林業および漁業各6件(4.2%)，建設3件

(2.1%)，その他6件(4.2%)となっている。

　この7年間でコンセッション投資家による投資額は5800万ルーブリ，商品クレジットは3200万ルーブリにすぎなかった[54]。商品クレジットの4分の3は商業機関に入り，工業部門にはわずか1300万ルーブリであった。コンセッションによる国家収入も小さく，平均年間500万ルーブリであった。

　レーニンの鳴り物入りで進められたコンセッションではあったが，さしたる成果をあげ得なかった。何故，ソヴィエト政府が期待していたような成果をあげ得なかったのだろうか。

　すでに指摘してきたように，コンセッション政策は革命後の外国の干渉と内戦の渦中で，一寸先は闇という政治的・経済的状況でとられた緊急避難的措置であった。このような最悪の環境で外国資本がロシアに投資することなどほとんど見込みのないことであった。外国資本が最大の関心を示したのは革命以前に外国企業に属していた資産を国有化による没収からいかにして取り戻せるかであった。商業コンセッションの申請の多くが，混乱期に乗じて投機的うま味をもくろんでいたことにソヴィエト政府が目を光らせていたことも契約にブレーキをかけた。1922～26年の5年間に495件の商業コンセッションの申請があったが，実際に契約までにこぎ着けたのは，その10分の1以下の36件にすぎなかった。

　世界で初めて誕生した社会主義経済体制に外国は戸惑いを感じ，どう対応すべきか暗中模索状態にあった。外国企業に対するコンセッション供与の甘い誘いに当初，外国企業も用心深くソヴィエト市場に接近していったのである。コンセッション企業を設立するにあたって，情報が乏しく，不明確なために，コンセッション投資家とソヴィエト政府当局の間にさまざまな解釈が生じ，紛争の原因となった。双方で採用された義務の達成時期が迫ってくるとお互いの誤解から衝突が生じる。設備の輸入およびその据え付け，生産計画の達成，一定割合の控除の期間，コンセッション契約期限失効後のコンセッション施設の引き渡し，などしばしば双方の紛争に持ち込まれた[55]。

　国家機関の官僚主義的な対応が，コンセッション投資家との間に軋轢を生んだ例も少なくない。政府によって採用された義務の遂行にあたって，一般

に狭い省庁の縄張りの観点からしかみない傾向がある。コンセッション投資家に工場の施設を譲渡する場合，たとえばドルザグはヤクチンスク・ソフホーズからそれらを譲渡されるはずであったが，少しでも価値のある資産は全て持ち出されていたし，レナ・ゴールドフィールズの場合は幾つかの工場資産の一部も譲渡されなかったし，財産目録すら引き渡されなかった。とくに，居住者のいる住居のコンセッション投資家への引き渡しのトラブルが多く，しかも簡単には解決しなかった。セメントおよび石灰粉砕機を製造するドイツとのコンセッションであるレオ Лео，ユンケロ Юнкеро，ランドマン Ландман などはその例である[56]。

コンセッション企業に対して厳しい外貨規制がとられていることが，おそらく外国資本の誘致を妨げる最も大きな原因のひとつであろう。一般に，外国投資家はコンセッション企業が得た収入を外国に送金することによって利益をあげるのが，外国での投資目的である。ソヴィエト政府は外貨の持ち出しを厳しく制限した。コンセッション投資家は，ソヴィエトに持ち込んだ外貨を交換レートが人工的に低く抑えられた国内通貨に交換することを義務づけられた。10月革命直後から1920年までの4年間はソヴィエトの外国との貿易は全くない状況にあり，国内の外貨事情は極度に逼迫し，あらゆる局面で外貨の持ち出しが封じ込められた。貴重な外貨獲得源の穀物輸出は1923/24年に輸出総額の37%を占めていたが，その後急激に外貨獲得能力を縮小させた[57]。それに代わる手段としてコンセッション企業による輸出に期待がかけられたのである。穀物の輸出シェアが27%まで落ちた1926/27年のコンセッション企業による輸出をみれば，鉱業および林業コンセッションで2700万ルーブリ，商業コンセッションで3275万ルーブリであり，これらを合わせても穀物輸出の8.9%でしかない。鉱業コンセッションのレナ・ゴールドフィールズ，北樺太石油，北樺太鉱業，ハリマン，テチューヘ，林業コンセッションのルスノルヴェゴレス，ドゥヴィノレス，レポラ・ヴード Репола Вууд は完全にかあるいは一部かを輸出することを認められたコンセッション企業である[58]。外貨使用の制約は，コンセッション企業が使用する原料，中間財，設備の外国からの調達を制限し，雇用面でもソ連国内で

は確保できない専門家や有資格者を外国から招くにあたっては複雑な手続きが求められた。

　自由な雇用が制限されたこともコンセッション企業のソ連への進出意欲を阻害させた。コンセッション企業はソ連の労働法典を遵守し，個別に毎年労働組合と契約を結ぶことが義務づけられている。労働組合との契約更新には膨大な時間を費やし，しかも基本的には労働組合側の要求をしぶしぶ飲まざるを得ないような環境にあった。賃金額とその支払いや，労働者・職員の雇用や解雇問題でしばしば紛糾した。レナ・ゴールドフィールズ，ガゾアキュムリャートル Газоаккумулятор，モロゴレス Мологолес はその典型例である[59]。

　コンセッション企業の大部分は自社製品を国内でも外国でも直接販売する権限が与えられなかった。販売にあたっては自社製品を固定価格で国家機関あるいはツェントロサユースに提供しなくてはならない。コンセッション契約によってあらかじめ双方の利益条件が定められているようにみえるが，実際にはこの硬直的なシステムのために，巨額の投資をつぎ込んだ企業は価格に転嫁できずに，赤字を抱えることになった。さすがに，この方法に対する批判が強くなり，1927年の改訂では自由な販売権が認められるようになった。

　この他，商道徳の違い，国内での原料取得のための果てしない時間浪費，信じがたいほどの緩慢な輸送システム，さまざまな事務手続きの複雑さなどコンセッション企業を取り囲む環境の悪さは枚挙にいとまないほどである。

　それでもなお，外国資本がそれなりに進出したのは，過去の所有権の復権か外国市場で売れる金，マンガン，木材などの原料であるか，投機的な商業企業であるかであった。原料品は市況に大きく左右されており，外国で深刻な経済不況があれば，ソ連への進出意欲をたちまちにして失ってしまう。

　ソ連政府は上述のような問題点を解決しようと，1926年の「コンセッションの基本規定」では，製品の自由な販売権，優遇税制，労働者雇用の優遇措置，外貨持ち出しの緩和策などを導入した。しかし，この規定は結局，日の目をみなかった。

1) コンセッションが採用された時期は，ネップ（新経済政策）採用の時期にほぼ合致する。しかし，ネップは主として国内経済復興のための国内経済政策の一時的な資本主義的要素の導入であり，コンセッションや合弁会社の積極的な導入によって国内経済の復興を図るものではなかった。もちろん，ソヴィエト政府は外資導入による効果に期待を寄せたが，一般にその導入には慎重であり，ネップの柱のひとつになるような成果はみられなかった。
2) Орлов В. И. Концессионная практика СССР//Социалистическое хозяйство. 1923. No. 6-8. c. 108. クラーシンは 1870 年生まれ。1919 年から外交活動開始。当時，外国に最も精通していた人物。ツェントロサユースは 1917 年に再編成。ソ連国民の物質的・文化的生活向上を基本目標として，国際的な貿易活動を重視した。
3) Ленин В. И. Сочинения. т. 27. 1949. c. 252.
4) Carr, E. H., *The Volshevik Revolution, 1917-1923*, vol. 3, London, 1953, p. 281. ロモフは 1888 年生まれ。1903 年にボリシェヴィキに入党。経済学者でもあり文学者でもある。
5) ケナン，ジョージ著，村上光彦訳『ソヴェト革命とアメリカ―第一次大戦と革命』現代史双書 1，みすず書房，1958 年，50 頁。皇帝列車は米国のルート・ミッションをウラジオストクに送った帰りにトンプソン一行を乗せた。
6) Ганелин Р. Ш. Россия и США 1914-1917. Л., 1969. c. 325. 但し，これらのコンセッションは米国だけに提供されたものではなかった。
7) Громыко А. А., Пономарев Б. Н. (ред.) История внешней политики СССР 1917-1985. т. 1. М., 1986. c. 123.
8) Экономическая жизнь СССР: хроника событий и фактов 1917-1965. кн. 1. М., 1967. c. 22.
9) 注 4) に同じ，vol. 2, p. 130. ラデックは国際的な革命家。1885 年ポーランド生まれ。ブレスト・リトフスク講和交渉に参加。若い頃ドイツを活動の舞台とし，10 月革命にボリシェヴィキに入党。1920〜24 年にはコミンテルンの書記をつとめる。
10) 注 7) に同じ，c. 82-83.
11) 注 7) に同じ，c. 123.
12) Внешняя торговля СССР с капиталистическими странами. М., 1957. c. 19-24. 1920 年設立。1927 年 5 月 27 日，アルコス事件で国交断絶，通商協定が破棄された。1930 年通商協定復活。
13) Энциклопедия советского экспорта. т. 1. Берлин, 1928. c. 54. 外国貿易人民委員部ナルコムブネシトルグ は 1920 年 6 月 11 日に商業・工業ナルコムを改組したもの。
14) *The Times Weekly Edition*, 1920. 6. 4.
15) 注 4) に同じ，vol. 3, p. 163.
16) 注 7) に同じ，c. 123.
17) 通商交渉は長丁場になり，クラーシンはロンドンを離れることも多く，コンセッション照会に対応できる人物がいなかった（注 2) に同じ，c. 108）。コンセッションの

第 1 章　1910 年代末〜20 年代のコンセッション　25

条件を全く明らかにしないまま，英国実業家の関心を引きつけるためにコンセッションのリストを提示したにすぎなかったといえよう。
18) Решения партии и правительства по хозяйсвенным вопросам. т. 1. 1917-1928 годы. М., 1967. с. 181-183.
19) 注 3) に同じ，т. 32, с. 283. 原案では原価プラス 10% 上乗せを予定されたが，最終的には 10% は削除された (注 3) に同じ，т. 32, с. 282)。
20) 注 3) に同じ，т. 31. с. 455.
21) 注 3) に同じ，т. 32. с. 280-294.
22) 注 3) に同じ，т. 31. с. 449.
23) 注 3) に同じ，т. 31. с. 449-450. この碁盤目状の開発形態は，1925 年に契約された北樺太石油コンセッションに取り入れられており，これによってコンセッション投資家の技術を利用できると共にコンセッション投資家の軍事行動のような集団行動を押さえ，利益面でも一定の制限を加えることができるという巧妙な方法であった。
24) 注 4) に同じ，vol. 3, pp. 110-111.
25) Документы внешней политики СССР. т. 4. М., 1964. с. 447.
26) ソビエト科学アカデミー編，江口朴郎ほか監訳『世界史』現代 3，東京図書，1960 年，669 頁。チチェリンは 1872 年タンボフ県生まれ。外交官。ブレスト・リトフスクの交渉に参加。1930 年まで外務人民委員。
27) 注 25) に同じ，т. 5, с. 295.
28) 注 25) に同じ，т. 5, с. 224.
29) 注 25) に同じ，т. 5, с. 491. リトヴィーノフは 1876 年生まれ。外交官。10 月革命後，駐英国ソヴィエト代表。1921 年以降，外務人民委員代理，チチェリンの後任。
30) Декреты советской власти. т. 4. М., 1968. с. 618-619. コンセッション布告が出される以前の 1919 年 2 月 4 日，人民委員会議は，芸術家ボリソフおよびノルウェー人エドワルド・ガンネヴィク Эдвард Ганневик による大北部鉄道ヴェリーキー・セヴェルヌイ Великий Северный (オビ Обь〜コトラス Котлас〜ソロク Сорок 区間およびコトラス〜ズヴァンカ Званка 区間) のコンセッション提案を審議した。この決定で，外国資本の代表者にコンセッションを提供することが承認され，最終的なコンセッション契約の審議を最高国民経済会議附属として設置された委員会に委ねることとなった。
31) 注 3) に同じ，т. 32. с. 278.
32) Советско-германские отношения от переговоров в Брест-Литовске до подписания Рапалльского договора. т. 2. 1919-1922 гг. М., 1971. с. 251. 1925 年にトラスト "IG Farbenindustrie" に再編された。
33) 注 32) に同じ，с. 251-252.
34) また，ソヴィエトの買付のために金融を扱うソヴィエトの代理店を米国内に設置する案がヴァンダーリップとソヴィエト政府との間で交渉された。米国・ソヴィエト関係の正常化の保証が効力発生の基本的条件であったために，米国の銀行家や米国政府

の支援を得られなかった。注 4) に同じ, vol. 3, pp. 282-283.

35) 注 4) に同じ, vol. 3, pp. 284-285. E. H. カーによれば, 実はこのヴァンダーリップなる人物は鉱山技師で, ソヴィエトはどうやら同名の有名な銀行家と間違えたらしいが, そのまま押し通したという。

36) 注 4) に同じ, vol. 2, p. 131. ラーリンは 1882 年生まれ。経済学者。1917 年 7 月ボリシェヴィキに入党。党およびソヴィエト組織で要職を歴任する。

37) РГАЭ, ф. 5240, оп. 18с, д. 542, л. 49.

38) РГАЭ, ф. 5240, оп. 18с, д. 542, лл. 49-57.

39) 注 32) に同じ, лл. 433-437.

40) 注 32) に同じ, лл. 433-437. デルトラはハンブルグ～米国間海上輸送会社。デルルフトは 1921 年 11 月に設立されたドイツ～ソヴィエト間航空輸送会社で, 資本金 500 万ドルをソヴィエトとドイツの Aero-Union で折半している。1930 年代に活動を停止した。この他, ドイツ・ソヴィエト金属利用会社デルメタル Деруметалл とヴォルガのドイツ人入植者に対する支援会社が設立された。デルメタルの事業目的はソヴィエトの鋼塊を輸入することである。オルロフによれば, 1921 年に雑多な性格の合計 5 件のコンセッション企業が契約された。

41) 注 33) に同じ, c. 421.

42) 注 41) に同じ。

43) 注 4) に同じ, vol. 3, p. 431. アーカートはソヴィエトにおける最大の鉱山所有者で金融家。

44) 注 6) に同じ, c. 91.

45) 注 7) に同じ, c. 183.

46) РГАЭ, ф. 5240, оп. 18с, д. 794, лл. 816-82. ドルザグは 1922 年 10 月 24 日契約調印。対象は北カフカースのアルマヴィル Армавир 地区およびサリスク地区の 1 万 9000 デシャチーナ, コンセッションの投資額は 23 万 2000 ルーブリ。ドゥヴィノレス・リミテッドはドゥヴィナ地区 (ヨーロッパ部北部) の木材の調達と外国における木材販売を業務として, 1922 年 9 月 27 日に調印された。期間 5 年。投資額 49 万ルーブリ。

47) РГАЭ, ф. 5240, оп. 18с, д. 542, л. 51.

48) РГАЭ, ф. 5240, оп. 18с, д. 542, л. 51б. ルスゴランドレスは 1923 年 3 月 27 日契約調印。期間 20 年。対象面積 140 万デシャチーナ。投資額 67 万ルーブリ。ルスノルヴェゴレスは 1923 年 10 月 10 日契約調印。期間 20 年。対象面積 197 万デシャチーナ。投資額は 150 万ルーブリ。

49) РГАЭ, ф. 5240, оп. 18с, д. 542, л. 96.

50) РГАЭ, ф. 5240, оп. 18с, д. 794, лл. 31-34, および л. 79б. レナ・ゴールドフィールズは英国企業によるシベリア, アルタイおよびウラルにおける金, 銅, 非鉄金属およびその他有用鉱物の試掘・採掘を行う。期間 30 年。1925 年 8 月 11 日調印。テチューヘ (英国企業) は 1924 年 7 月 8 日調印, 追加協定 1926 年 5 月 8 日。極東沿海地

域の銀，亜鉛その他鉱石の試掘・採掘。期間35年。500万ルーブリの建設費を投じ，最低30万プードの亜鉛精錬を見込まれていた。マンガン鉱の試掘・採掘を目的とするハリマン(米国企業)は年間800tの生産量を確保するために1000万ルーブリの支出が義務づけられた。1925年6月9日調印。期間20年。対象鉱区はカフカース・クタイシ Кутаиси 地域のチアトゥラ Чиатура 鉱床。

51) РГАЭ, ф. 5240, оп. 18с, д. 794, л. 1.
52) РГАЭ, ф. 5240, оп. 18с, д. 794, лл. 52-66б. 10〜15%では少なすぎて何も与えられない，工業部門によっては高くなる，コンセッションは工業にとって脅威ではないので制限は必要ない，計画は実際に実現されないから10%を超えない，など人民委員会議では意見が分かれた。
53) Югов А. Народное хозяйство Советской России и его проблемы. Берлин, 1929. с. 156. 原出所は Иоффе А. Итоги концессионной политики СССР//Плановое хозяйство. No. 1. 1927. 1927年10月27日付「連邦および共和国的意義のある稼働中のコンセッションリスト」によれば，連邦レベルで意義のあるコンセッションは64件，共和国レベルのそれは53件となっている(ソ連人民委員会議書記署名，РГАЭ, ф. 5240, оп. 18с, д. 2621, лл. 4-6)。
54) 注53)に同じ, с. 157.
55) РГАЭ, ф. 5240, оп. 18с, д. 542, л. 90.
56) РГАЭ, ф. 5240, оп. 18с, д. 542, л. 90.
57) Внешняя торговля СССР за 1918-1940 гг.: статистический обзор. М., 1960. с. 84.
58) РГАЭ, ф. 5240, оп. 18с, д. 2623, лл. 10-11.
59) ドイツ企業のコンセッション，モロゴレスは1923年9月12日調印。期間25年。ペトログラード地域の鉄道駅周辺の工場建設のための森林伐採を目的とする(РГАЭ, ф. 5240, оп. 18с, д. 794, л. 81б)。

第2章　ソ連の石油部門におけるコンセッション

第1節　革命前の石油生産状況と外国資本

　ロシアにおける石油生産の本格的な開始の時期は，バクーで2基の採掘井が初めて操業を開始した1872年のことであった[1]。それ以前には，利用権を得た個人が手掘りで石油を汲み出していたが，1870年に入ってロシア帝国政府が独占を放棄したことから，石油事業への外国投資家の関心が急激に高まり，個々の石油鉱区の利用権が実質的には恒久的な賃貸として商業機関に引き渡されたのである。その結果，バクーの産油量は急激に伸び，1872年の2万6100tから翌年には6万6600tへと3倍に増えた。1873年末までに採掘井も16基まで増え，採掘井の増加によって生産量も1875年の約10万tから，1890年には374万t，さらに1901年には1098万tに達し，同年の世界の石油生産量の51％を占めるまでに発展した。このような増産の担い手は外国資本であった。最初にバクーにやってきたのはノーベル3兄弟の長男ロバートである。ロシア政府からライフル銃製造の大量注文を受けていたノーベル社は銃床に使う木材を調達するために，1873年3月にロバートをバクーに送り込む[2]。

　化学者でもあったロバートは石油発見に沸くバクーの魅力にとりつかれた。早速，製油所を手に入れた。これがノーベル一家の石油事業参入の始まりとなった。1878年には早くも採掘井7基(当時の全ロシアの保有基数は301

基)を保有し，鉱区からカスピ海の港までの石油パイプライン，製油所および世界初のタンカーを傘下に収めるまでに成長する[3]。1874年から78年の5年間は，ロシアの石油生産が最も急激に伸びた時期であった。これはノーベルの進出に負うところが大きい。

　1890年代のバクーにおける石油生産の急増は，比較的規模の大きな企業の開発によるものである。たとえば，1900年には160の会社が操業していたが，このうちの1000万プード以上の生産量をもつ企業は16社であり，これら企業でバクーの石油総生産量の約65％，採掘井の55％のシェアを確保していたのである[4]。とくに，外国企業の進出が目立っている。そのひとつ，フランスのロスチャイルド家は，バクーからバトゥミ Батуми（黒海東海岸）までの鉄道建設に資金を援助し，その担保として製油所を手に入れた。これを契機にバクーの油田開発に参入することになる。この鉄道建設は，もともとノーベルのカスピ海北上，ヴォルガ川通行によるロシア国内市場への輸送ルートに対抗して，ブンゲ Бунге とパラシュコフスキー Палашковский の2人の開発業者が帝政ロシア政府から許可を得て，石油を外国に輸出するために着手したものであった。しかし，着工中に資金難に陥り，ロスチャイルド家に身売りすることとなった。1886年になるとロスチャイルドは「カスピ・黒海石油会社（ブニート БНИТО）」を設立し，本格的な西欧への石油供給に取り組むことになる。

　こうして，実際にはロシアの石油会社の大部分は外国からの直接投資や国際石油会社の支配下にあった。

　リャシチェンコ Лященко, П. И. は，外国資本とロシア石油会社との系列を次のように区分している[5]。

1) ロシア・ジェネラル石油会社 Русская генеральная нефтяная корпорация（略称「オイル Ойль」，英国・フランス資本）

　　　ロシア企業：①マンタショフ Манташев
　　　　　　　　②カスピ会社 Каспийское общество
　　　　　　　　③ネフチ Нефть
　　　　　　　　④リアノゾフ・コンツェルン Лианозов концерн

　　　　⑤ミルゾエフ兄弟 Братья Мирзоевы
　　固定資本：1億3100万ルーブリ
　　原油生産量(1913年)：1億2100万プード
2) シェル Шелл(英国・オランダトラスト)
　　ロシア企業：①カスピ・黒海会社 Каспийское-Черноморское общество
　　　　　　　②ロシア石油工業会社
　　　　　　　　　　　　　　　Русское нефтепромышленное общество
　　　　　　　③ロシア・グロズヌイ・スタンダード
　　　　　　　　　　　　　　　Русский Грозненский стандарт
　　固定資本：5170万ルーブリ
　　原油生産量(1913年)：7980万プード
3) ノーベル兄弟組合 Товарищество братьев Нобель
　　固定資本：4000万ルーブリ
　　原油生産量：7880万プード

　さらに外国金融資本によるロシア石油産業への参入が進み，とくに1900〜13年にかけて，強力な外国の石油会社の援助，資本の整理統合，ロシア石油会社の外国金融資本による支配，大規模な株式の購入を通じてロシアの個々の会社が統合された。1900年には英国の投資会社の活動のために英国石油会社アングロ・ラシアン・マクシモフ会社 Anglo-Russian Maximoff Company が設立された。1912年には金融資本の典型的な会社として，1)に挙げたロシア・ジェネラル石油会社が設立され，中小の石油会社が統合された。

　カフカース地域でも統合が進んだ。マイコップ Майкоп 鉱床の石油開発では資本統合は英国のアングロ・マイコップ会社 Anglo-Maikop Cooperation によって進められ，4つのマイコップにおける石油会社が一本化されたのである。

　こうした外国資本による支配が進む一方では，バクー油田の生産量は1901年の約1100万tをピークとして減産の道を歩むことになる。1900年代初めのバクー油田の減産は，ひとつにはこの地域の武力衝突を含む労働争議

によって生産施設や製油所が破壊され，操業に大打撃を与えたことによる。いまひとつは，バクー油田の採掘井の1坑井当たり生産性が落ちたことである。1坑井当たりの平均月間産油量は1894年には6万5999プードであったものが，1900年には3万2749プードにまで下がり，1908年になると2万326プードまで落ち込んだ[6]。この間に3分の1にも低下したのである。自噴井は1893～1900年にバクーの全生産量の21％を占めていたが，1906～10年には3％まで下落した。バクー地域で原油の枯渇が始まり，減産の流れを外国資本さえも止めることができなかった。

第2節　石油国有化と国際石油会社の対応

ソヴィエト政府の布告によって石油産業の国有化が決まったのは1918年6月1日のことである。石油産業の国有化の方針は，1917年9月のレーニンの演説「シンジケートの国有化」で石油事業の例を挙げて，「石油事業はこれまでの資本主義の発展ですでに大規模に「社会化」されている。……石油産業の国有化はすぐにも可能である。……石油王や株主に宣戦し，石油事業の国有化の引き延ばしや所得や報告書の隠蔽，生産のサボタージュ，生産向上対策の拒否に対しては財産の没収と懲役に課することを布告しなくてはならない」と述べている[7]。

1917年暮れから石油産業の国有化布告までの時期に，国有化案をめぐってソヴィエト政府内で議論が展開された。最高国民経済会議の当初案は国有石油企業設立であり，直ちにバクーおよびグロズヌイ Грозный の遊休油田の採掘を組織することがうたわれ，そのためには私企業を国有化するまでの間，これらの会社の資本，技術力，知識と経験を最大限に利用することであった。私企業が最高国民経済会議の課した義務を回避する場合には反抗的な企業とみなされ，これを没収し，その資金を国有石油企業に入れる権利を強化することが，うたわれた。これらの作業は全て地域の労働機関の統制下におかれることが予定された。石油産業の国有化の考え方は，社会主義企業

の創設計画と結びついており，新たな社会秩序に向けて漸進的で，過度の破壊をともなわない移行が想定されていたのである。ところが，主要な油田地帯では政治的緊張が一層高まり，対外面でも，ブレスト・リトフスク条約が結ばれたもののドイツの脅威は静まらなかった。このような状況でソヴィエト人民委員会議は石油企業問題を検討したが，最高国民経済会議案は採用されなかった。一方，ナルコムフィン Наркомфин（財務人民委員部）も別途，石油企業の国有化案を準備していた。ナルコムフィンの案の特徴は，国有化にあたっては国庫によって受け入れられた動産・不動産を現行価格で所有者に償還することにあった[8]。たしかに，10 月革命までは個人の鉄道や施設を国家が買い取ったことがある。しかし，人民委員会議としてはナルコムフィンのこのような解決法は受け入れがたかった。

1918 年 6 月 1 日には石油企業の国有化に関するアゼルバイジャン人民委員会議の布告が，同年 6 月 20 日には石油産業の国有化に関するロシア人民委員会議布告となって宣言された。これによって石油の採掘から販売までの企業の国有化が布告された。しかし，主として石油販売に従事する零細石油企業はこの布告から除外された[9]。

しかし，実際には直ちには国有化に取りかかれなかった。戦争が激しくなったからである。1918 年 9 月 15 日，まずトルコ軍がバクーを占領した。2 カ月後には英国がバクーに入り，以前の石油産業の所有者を復帰させ，バトゥミに駐屯して，石油輸送路を確保した。その後，1920 年 4 月 28 日，ボリシェヴィキはバクーを解放し，アゼルバイジャン・ソヴィエト社会主義共和国が樹立された。それにともなって再び国有化されることとなった。

1920 年初めにはウラル・エンバ Урал-Эмба 油田が赤軍によって解放され，同年 3 月にはグロズヌイ油田（カフカース地域）が，4 月にはバクー油田がそれぞれ解放された。外国の干渉と内戦によって石油施設は破壊され，輸送網は分断された。そのために多くの油田の開発は一時休止状態に陥った。世界最大規模のバクー油田の生産量は 1910 年代に入って年間 700 万 t 台を維持していたが，1920 年には 1910 年の 3 分の 1 まで減少した。同時期にグロズヌイ油田も 30％ 減少した。しかし，1920 年 11 月にはバクーの党中央委員

会によってバクー石油産業復興計画が作成され，翌年にはバクー油田は生産回復に向かった[10]。グロズヌイ油田もソヴィエト政府の必死の復興作業によって，増産に転じた。しかし，依然として鉄道による消費地への輸送ルートが確保できなかった。

　国有化に対して，以前の石油資産所有者が一方的な無償接収に動揺し，反発したのも無理からぬことであった。ソヴィエト政府がその懐柔策としてコンセッションの提供を考え出したといってもよいだろう。石油コンセッションについては，1921年2月1日，人民委員会議はバクーおよびグロズヌイの石油コンセッションに関する決定を出している[11]。この決定ではバクー，グロズヌイおよびその他の操業中の鉱区での石油コンセッションの供与を原則的に認め，壊滅的な生産状況と石油生産の確保方法とを調査するために石油事業の権威で構成される委員会をバクーおよびグロズヌイに派遣した。また，人民委員会議は，スターリンに対してバクーやグロズヌイの労働者に経済復興とソヴィエト体制の強化のために，コンセッションが必要であることを現地で説明するように求めた。人民委員会議は，3週間以内にコンセッションによる石油地域の開発条件を作成し，提出するように指示した。

　この決定のもつ意味は労働者の不満を抑えることにあり，バクーおよびグロズヌイの石油労働者はコンセッション供与には批判的であったから，このような措置が是非とも必要であった。レーニンはロシア共産党第10回大会での政治活動についての報告(1921年3月8日)のなかで，コンセッション供与の問題は「ある種の論争なしではすまされなかった。グロズヌイおよびバクーに対するコンセッション供与は誤りであり，労働者の間に反対を呼び起こしかねないと同志諸君には思われた」と指摘し，経済危機を乗り越えるには外国からの設備，技術援助が必要であるという見地に立てば，コンセッション供与に不満を引き起こさないだろうと述べている。そして，「おそらく最大の帝国主義的シンジケートにより広範な方式でコンセッションを与えることができる。すなわち，バクーの4分の1，グロズヌイの4分の1，われわれの最良の森林資源の4分の1を与えることができる」[12]。3月16日の党大会閉会の辞にあたって，レーニンはバクーとグロズヌイのコンセッショ

ン問題にふれ,「残りの4分の3の部分で先進的資本主義の先端技術に追いつくために，この供与を利用しよう。これ以外にそれを成し遂げる力がない」として，コンセッションを与えずには資本主義国から設備，先端技術，知識をあてにすることができないことを強調している[13]。

レーニンの主張する資源切り売りのコンセッションは，予期に反して1921年には1件もまとまらなかった。

では，バクーやグロズヌイに進出していた外国の石油会社はどのような態度をとったのであろうか。1910年代のバクーの石油生産は，革命の嵐のなかで停滞を続け，輸出は大幅に落ち込んだ。ロシアの石油権益を維持し続けてきたノーベルは，ロシアにほとほと嫌気がさしていた上に，革命で家族は外国に逃れるという事態にまで追い込まれた。ノーベル家の石油事業を全て売却したいという望みは，ニュージャージー・スタンダード石油会社 Standard Oil Company (New Jersey) によってかなえられた。国有化表明から2年後の1920年7月に交渉が成立したのである。売却価格は頭金650万ドル，追加分で750万ドル支払うという格安の買い物であった[14]。

それにしても国有化による接収という極めて高いリスクの下でスタンダードのとった行動は無謀ともいえるものである。スタンダードにしてみれば，ボリシェヴィキの革命は当時成功するとは思われなかったし，うまくすればソヴィエトの総産油量の少なくとも3分の1，精製量の40%，ソヴィエトの国内市場の60%を確保できるのであるから，ソヴィエトおよびヨーロッパの市場で支配権を握ることが可能になる。

以後，局面は旧所有者に対する補償と代替案としての石油コンセッションに移ることになる。ロイヤル・ダッチ・シェル Royal Dutch/Shell Group of Companies は，バクーおよびグロズヌイからの石油製品輸出の独占権と未開発石油地域のコンセッション供与に関する提案を行った。人民委員会議管理部ゴルブノフ Горбунов, Н. П. からこのことを知らされたレーニンは，「このような問題は重要であり，ソヴィエト最高国民経済会議議長のサインをもらうには指令の正確なテキストを準備しなくてはならない」と慎重な姿勢をとった[15]。最高国民経済会議幹部会は1月24日審議し，バクーおよび

グロズヌイから最大1億プードの石油製品輸出権を提供することについてロイヤル・ダッチと交渉に入る希望が承認された。その際の条件は，輸出に必要な輸送手段の大部分をロイヤル・ダッチに提供してもらうことと，コンセッションによる新たな石油地域の開発権をロイヤル・ダッチに供与することであった。最高国民経済会議幹部会は，ロイヤル・ダッチから必要な石油鉱区用設備を獲得すること，ならびにロイヤル・ダッチの資金で石油パイプラインを敷設することを承認し，人民委員会議で正式に決定されたのである。

　1922年から始まったジェノヴァからハーグに至る国際経済会議の舞台裏では，石油生産者の財産の旧所有者への返還をめぐって，激しい駆け引きが展開された。ロイヤル・ダッチとスタンダードとがソヴィエトの石油地帯を支配しようとしてしのぎを削っていたときのことである。両者はかつてのロシアの石油会社の株式を大量に購入して，ソヴィエト政府に石油コンセッションを提供するように迫った。しかし，補償の権利主張をめぐっては，両者に大きな差異がある。スタンダードは国有化以後にノーベル一家から譲り受けたからである。

　ハーグの会議でも石油事業家は舞台裏で積極的に活動した。その中心的存在は，ジェノヴァ会議と同様，ロイヤル・ダッチとスタンダードであった。

　ソヴィエト政府が国有化された資産の補償で西側を納得させる条件を提示しない限り，ソヴィエト政府を世界の石油市場から閉め出すという方法がとられた。この補償が取引の切り札となった。1922年9月には，英国，米国，フランス，オランダ，ベルギー参加の12の石油企業がソヴィエトの石油を世界市場からボイコットするためのブロックを形成した。個別に石油取引を行わないことのほかに，国有化された資産の補償を求めていくことも約束された。ところが，このような経済制裁は長続きしなかった。1923年3月，ロイヤル・ダッチが若干量のソヴィエト石油を輸入したことによって終わりを告げることになる。競争相手のスタンダードもバクー油田のコンセッション取得の方向を模索し始めたのである。

第3節　1920年代の外国資本による石油コンセッション

　国内経済復興の有力な手段のひとつとして，豊かな自然資源の開発を外国企業にコンセッションとして委ねるという方針がとられた。しかし，膨大な埋蔵量を有する石油については厳しい管理体制が採用され，例外であった。石油の採掘，販売にあたっては国家の独占支配が貫かれたのである。石油分野で外国資本によるコンセッションおよび合弁会社の設置が認められたのは，ソ連独自では開発が困難であるような石油鉱床であったり，輸送面がボトルネックとなっていた石油パイプラインの建設であった。とくに，1920年代に入って増産に転じたバクー油田およびそれに隣接するグロズヌイ油田の鉱区を，外国資本にコンセッションとして提供することはたとえ一部でも認められなかった。唯一，合弁会社の設立が認められ，大型トラスト・アズネフチ Азнефть（アゼルバイジャン石油トラスト）およびグロズネフチ Грознефть（グロズヌイ石油トラスト）のなかに合弁会社として外国資本の参加が可能であったのである。合弁会社の場合，国家の優先権が堅持され，外国企業の資本参加は25〜30％に制限され，外国市場での販売にあたってはソ連の石油シンジケートを経由し，合弁会社独自による原料の持ち出しは禁止された。投資額にも制限が加えられ，投下資本は1億〜1億5000万ルーブリの枠内と定められた。また，バクー，グロズヌイおよびパイプラインの最終地点での製油所の発展のためのパイプライン建設にあたって，合弁会社の設立は可能であるとされ，外国資本の参加は資本金の49％以下，約5000万ルーブリの枠が設けられた。

　上記2油田以外の埋蔵量の未確認油田で，近い将来開発の予定にない鉱床をコンセッションに委ねることはしない。探査済み鉱床のみコンセッションに提供することが合理的であると判断している。石油の調査・試掘権の提供にあたっては探査済み鉱区の分割，すなわち折半か碁盤目状分割の条件で可能であるとみなされた。碁盤目状分割方式は北樺太石油コンセッションで実

現済みであり，この例にならったものとみられる。

　1925年8月18日付ソ連人民委員会議の決定に基づいてコンセッションに提供できる対象が明らかにされたが，石油分野では以下が挙げられた[16]。

1) エンバ地域(ドッソル Доссор, マカト Макат 石油鉱区)。開発投資額2000～2500万ルーブリ。産油規模2500～3000万プード。バクーあるいはグロズヌイ経由パイプラインの建設にあたってコンセッションが参加の可能性がある(コンセッション委員会本部の決定は1923年4月)。

2) チェレケン Челекен (カスピ海)。生産規模は小さく，600～800万プード。投資額は600～800万ルーブリ。

3) クバン・チョルノモール Кубано-Черномор 鉱区
ネフチャノ・シルヴァンスコ・ハドゥイジェンスク Нефтяно-ширванско-хадыженск 地区(年産1000～1200万プードが可能)およびカルージュスク Калужск 鉱床(小規模生産中，年産500～600万プードの生産可能)。

4) 探査済み小規模埋蔵量および工業的採掘のない地区
　①ザカフカージエ Закавказье (チフリス Тифлис から75～80ヴェルスタのチャトマ Чатма 地区およびゲラン・ザク Геран-Зак 鉄道駅近く)
　②タマンスキー Таманский 半島(多くの油兆を有し，工業規模の採掘可能性がある)
　③ケルチェン Керчен 半島(背斜構造に油兆が認められる)，ベリケイスク Берикейск 鉱床(カスピ海沿岸)
　④ザカスピ州 Закаспийская область のフェルガナ地区(500～600万プードの産油量可能)
　⑤ザカスピの個々の鉱床

5) サハリン島(碁盤目状分割によるソ連側に属する鉱区をコンセッションの対象とする)

6) カムチャツカ(石油・ガスの油兆が確認されており，工業採掘の可能性がある)

その後，1927年にソ連人民委員会議で決定された鉱業・燃料部門のなかでゴスプランがコンセッションの対象として挙げたのは以下であった[17]。

1) ウラル・エンバ地区　投資額2500〜3000万ルーブリ，生産量年産2500〜3000万プード。コンセッション提供鉱区はドッソルおよびマカト。
2) カスピ地域　カスピ海チェレケン，投資額600〜800万ルーブリ，生産量年産600〜800万プード。
3) ザカフカージエ　シラクツキー・チャトマ川(チフリス県)
4) 中央アジア　ネフチ・ダグ Нефте-Даг，バヤ・ダグ Бая-Даг，ケイマル Кеймар 地区
5) カムチャツカ

　1921年5月，クラーシンと米国の石油会社インターナショナル・バルンスドール・コーポレーション International Barnsdall Corporation との間にコンセッション契約交渉が開始され，アゼルバイジャンのアズネフチとの間にバクーの油田開発に関する2つのコンセッション契約が成立した[18]。第1は1922年9月22日調印のバラハニ鉱区の採掘である。初年度坑井40基用，次年度坑井60基用の設備を納入し，稼働させる(サービス・コントラクト)。コンセッション企業が自由に使用できるのは産油量の15%と定められた。コンセッション供与期間は15年半であり，期間終了と共にあらゆる設備をアズネフチに引き渡すという条件であった。第2の契約は，同じ契約日であり，バラハニ鉱区で新たな石油掘削を組織化することが義務となった。コンセッション企業側は産油量の20%を受け取ることになった。

　しかしながら，これら2つのコンセッション事業は順調に進まず，米国の会社が設備を導入しなかったために，1924年半ばに活動は一方的に停止された。バルンスドールとの関係が深く，米国で強い影響力のあるシンクレア社ヨーロッパ代理店のメイソン・デイ Мейсон Дей は，1924年2月初め，コンセッション委員会本部とバクー，グロズヌイのコンセッションおよび2億1600万ドルの債務に関する交渉を行った[19]。その際，バルンスドールの問題をどう解決するかが議論された。設備が供給されないのはアズネフチが機械・設備の代金を支払っていないためであることが，バルンスドール側から明らかにされた[20]。その後の1926年2月初めの米国とのコンセッションの報告では，試掘および採掘のコンセッションは契約義務を果たせず解消さ

れた[21]。

　ドイッチェ・バンクは，1921年11月になってバクー，グロズヌイの両油田のうち，以前に私的所有のなかった地域を石油コンセッションとして取り組むことを表明した[22]。ドイッチェ・バンクは1923年になると石油コンセッションから請負契約に方針を転換した。その提案内容はおよそ次のようなものであった[23]。掘削作業を5基から始め，その後30基に増やす。まだ採掘されていない鉱区を対象とする。ソヴィエト側は石油による開発費の支払い以外に一般管理費として25%の割増料を払う。双方の投資額に対する支払いは石油でカバーし，利益配分はドイツ側が45%，ソヴィエト側が55%とする。採掘機資材の輸入，製品の輸出は無税とする。契約期間は35年。しかし，この交渉は成功しなかった。

　英国のグーリエフ Гурьев 石油会社は，1922年2月，米国およびフランスの石油実業家と共同でグロズヌイ〜ノヴォロシースク間石油パイプライン建設およびグロズヌイ鉱区の石油コンセッションを提案した[24]。パイプラインを完全に操業できる状態でソヴィエト政府に引き渡し，建設コストは石油の出荷量に一定の料率を付加して回収される。政府の支払い保証としてノーヴァヤ・アルダ Новая Арда 鉱区がコンセッションとして提供されることになった。1923年3月になって，グーリエフは従来のグロズヌイ〜ノヴォロシースク石油パイプラインの建設をグロズヌイ〜トゥアプセに変更したい旨ソヴィエト側に申し入れた[25]。その後，1924年9月になってグロズネフチと最高国民経済会議はノーヴァヤ・アルダ鉱区をコンセッションに提供することに強く反対し，代案を出してきたことや，コンセッションとしてパイプライン建設を行うことに反対したためにコンセッション契約は成立しなかった。最終段階で英国のセンチュリー・トラスト Сентюри Трест Лтд. がこれを引き継いだ。ところが，1923年7月26日付コンセッション委員会本部の決定によってノーヴァヤ・アルダ鉱区はいかなる場合でもコンセッションに提供できないことがわかって，センチュリーは交渉を続けることが不可能になったのである[26]。フランスとの間では1922〜23年の間に幾つかの石油コンセッションの交渉が行われた。ほとんどが，バクーあるいはグロズヌイに

おける石油を開発し、これら油田から黒海まで石油パイプラインを敷設するという内容であった。ソヴィエト政府が輸送路を確保することを条件としたからである。しかし、いずれも成立しなかった[27]。オムニウム・インターナショナル・ド・ペトロールスは、1923年に交渉を開始したが、結局実を結ばなかった。この他、フランス企業のソシエテ・アンノニウム Cocиete Аннонимы дю Гранд Антреприз Мериодиональ、フランセス・ド・ペトローリ、デリ・プロポスト、ベー・ザイド Б. Зайд などである。ドイツ企業ストックヴィス Стоквисс はグロズヌイの石油開発と黒海までのパイプライン建設を1924年初めに提案したが、センチュリー・トラストとグロズネフチおよび最高国民経済会議との交渉決裂に関連して、この交渉も打ち切られた。

　米国の鉱山技師フォレマン Фореман, X. C. は、1922年末コンセッション委員会本部に対して北部ペルシャからバクー、バクーからバトゥミへの石油パイプライン建設および北部ペルシャ石油開発を提案した。彼は米国石油企業に開発計画を持ち込んだが、支援を得られなかったために、交渉は中止された。

　1923年4月14日のコンセッション委員会の決定によって、エンバ地域（カスピ海北部）の開発が決定された[28]。この地区では1915年からドッソル鉱区、1917年からマカト鉱区の生産が開始されており、生産力増強は緊急の課題であった。当時、ソヴィエト政府はこの地区の埋蔵量が豊富であるとみており、鉱区のコンセッションと鉄道コンセッションを結びつけた開発が計画されていたのである[29]。

　外国企業はバクー、グロズヌイにおいてコンセッション事業を推進したい強い希望をもっていたにもかかわらず、ソヴィエト政府はコンセッション事業家を開発から遠ざけるようになった。直接的な原因は、外国の力を借りなくてもバクー、グロズヌイを独自で開発できるようになったからである。外国の干渉と内戦とによって壊滅的な打撃を受けた石油産業の復興は早かった。アゼルバイジャンは復興に総力をあげた。バクー油田では、1920/21年までに革命前の水準の30％（246万t）まで落ち込んだ原油生産量は、1921/22年には回復基調に向かい、その後、毎年着実に増産を記録していった。グロズ

ヌイ油田はこれより1年早く増産に転じた。これら2つの油田の生産量は1920/21年にはバクー油田が全ソヴィエトの64.2%，グロズヌイ油田のそれは31.3%，両油田で全体の95%強を占めており，これらの油田の採掘動向がソヴィエト全体の鍵を握った。

軌道に乗り始めた鉱区をわざわざ外資に委ねるようなことはしない。ソヴィエト政府はこれら油田のコンセッション供与に次第に難色を示すようになる。とくに，外国資本は何かにつけ旧所有者への油田の返還を求めていたからなおさらのことである。

1925年8月，ソ連人民委員会議は，コンセッションを対象とする全体計画の作成を決定し，同年末までにこの全体計画を作成するようにゴスプランに委任した[30]。これに応えたゴスプランの報告では，石油コンセッションを与える場合には，採掘および石油製品の国内および輸出取引については国家の手に委ねることを基本的な条件としなくてはならないとされている。とくに重要なことは，バクー，グロズヌイおよびそれらの隣接地域の油田は，全面的であれ部分的であれ独立したコンセッションの対象ではあり得ないということである。バクー，グロズヌイをコンセッションとして外国に引き渡すことは許されないが，ソ連政府が支配株をもち，外資が参加した合弁会社であれば認められる。その場合，石油シンジケートを通じて製品の販売を行い，原料の輸出は禁止される。これらの地域でコンセッションに許されるのは石油パイプラインの建設である。バクー，グロズヌイは輸送ルートが隘路となっており，外国向け輸出量を増やすには黒海のバトゥミ，トゥアプセ，ノヴォロシースクまで石油パイプラインを建設しなくてはならない。しかし，当時の国際情勢下では長期クレジットを受けるのは絶望的であり，ソ連にとってはコンセッションが頼みの綱になっていたのである。

外国資本がソ連市場で自由に活動できない状況で，ソ連の石油開発に深く関与するための残された手だてはソ連産石油の輸入である。貿易の国家独占システムをとるソ連は，外国企業がソ連産石油を購入する場合，石油シンジケートと契約して輸入することになる。外国企業は，当然のことながらソ連産石油の独占販売権の獲得を目指し，そのための輸入会社を設立させた。ス

タンダード石油は，1926年12月，ロンドンでソ連の石油シンジケート代表セレブロフスキー Серебровский, А. と石油の独占輸入契約交渉を行った。その際，スタンダードはクレジットを供与すること，ソ連産石油の供給量を拡大すること，パイプラインの建設費(1500万ドル)の見返りに15万tの石油および潤滑油を供給するという内容が盛り込まれた。ソ連は独占輸入権の提供を拒否した[31]。この他，幾つかの外国資本によって，ソ連産石油の独占契約の提案がソ連に持ち込まれたが，ソ連は独占契約を認めなかった。

第4節　5カ年計画によるソ連の石油開発と石油精製

ソ連の第1次5カ年計画期(1928〜32年)の主要任務は，社会主義経済の基礎をつくることであった。計画では重工業部門が重視され，それによってソ連の経済力と国防力を強化し，ソ連のあらゆる経済部門を技術的に装備することができるとしている。第1次5カ年計画期には工業製品の急成長が予定され，新規工業部門や最新の機械・設備で装備された巨大な工業企業の創設，国の東部における新たな工業地域の形成が見込まれた。第1次5カ年計画期には合計約1500の工業企業の建設が予定され，とくに，機械製作分野が重視された。

5カ年計画期以前の時期の石油精製部門への投資は，他の工業部門よりかなり遅れていた。1925年までは，革命前まで外国が所有していた設備でソ連が接収した設備能力が，供給原油の量を幾分上回っていた。そのために設備の増強に関心が払われなかったからである。石油部門は革命前の遺産を引き継いでおり，ソ連の国民経済の他分野に先駆けて発展しており，革命前の生産能力を維持するだけで事足りたのである。石油を開発していたのはアズネフチ，グロズネフチおよびエンバネフチの3大国営トラストであり，これら3企業でソ連の産油量の99%を占めていた。製油所もこれら開発地域の近くあるいは積出港付近に設置されていたのである。アズネフチでは1925年までは老朽化した採算性の低い古い製油所がそのまま持ち越されて，新設

は1件もなかった。既存工場の精製能力の改善措置も全くとられなかった。こうした状況に対して決定的な転機が訪れたのは1925/26年からの石油開発の状況である。精製能力が隘路となって石油増産にブレーキをかけ始めたのである。精製能力の強化という手段を回避するために，製油所の負担を軽くする軽質油を埋蔵する油田採掘が進められた。とくに軽質油を産出する豊かな油層（第5スラハヌィ層 Сураханы）の生産開始によって増産された。アズネフチにおける軽質油の生産量と精製量の関係を示したのが表2-1である。この表から1926/27年を例外として精製によって90％以上の軽質油が獲得されていることがわかる。

　1920年代前半の製油所の強化はもっぱら既存設備の大修理によって実施された。その場合でも工場に導入されている古い設備と同じ型の装置を組み立てる方法や蒸留装置の組み立てで古いボイラーが使われ，各種装置の能力を増強することによって生産力を強化する方法がとられた。

　表2-2は3大トラストの1925～28年間の製油所設備の増強による稼働開始状況を示したものである。この表からも明らかなように，1925～26年間にはほとんど新たな稼働開始がなかった。1927年になってやっと大型製油所が建設されるようになり，設備は著しく強化された。港湾における製油設備の建設は1928年10月以降に行われているので，この表には含まれていない。

　最初の大型設備の建設のひとつは，1924/25年に着工したバクーの潤滑油工場である。当時，バクーのガソリンはまだあまり頼りにされておらず，潤

表2-1　アズネフチの軽質油および精製油の生産量

(単位　千t)

	1924/25	1925/26	1926/27	1927/28
軽質油生産量	3,262	3,820	4,974	5,295
精製油	3,116	3,472	4,018	4,914
精製油のシェア(％)	95.5	90.9	80.8	92.8
残渣油	146	348	957	381
残渣油のシェア(％)	4.5	9.1	19.2	7.2

出所）Индустриализация СССР 1926-1928 гг. (История индустриализации СССР 1926-1941 гг.). М., 1969. с. 197.

表 2-2　製油所への設備投資量　（単位　t）

	1925	1926	1927	1928
1) アズネフチ				
灯油装置	3,700	3,740	4,740	5,500
（1925＝100）	100	101	127	148
潤滑油装置	792	940	1,265	1,295
（1925＝100）	100	119	160	164
2) グロズネフチ				
灯油装置	2,300	2,800	3,030	3,605
（1925＝100）	100	122	132	157
3) エンバネフチ				
灯油装置	1,640	1,640	2,630	2,631
（1925＝100）	100	100	160	160

注）各年10月1日現在。
出所）表2-1に同じ, c. 198.

滑油としての価値が評価されており，アズネフチにとって最大の輸出商品であった。当時の輸出市場でははなはだ好都合の商品であったから，工場新設に踏み切ったのである。しかしながら，建設作業は遅滞し，1927年末になって不完全ながらもやっと終了した。しかし，発電所をはじめとする附帯設備が完工していなかったために，設計能力まで到達できなかった。工場は年産25万tの重油処理量を予定されたが，建設の遅れのために実績は計画を大幅に下回った。

　最も早い時期における新設工場のひとつはグロズヌイのパラフィン工場である。この工場の建設は1924/25年に着工されたが，完工したのは1927年のことである。当初のパラフィン40万プード設計能力に対して30万プード能力だけが確保され，費用も見積もり価格の245万ルーブリに対してその1.8倍の430万ルーブリが投入された。この理由は，全く新しい施設建設の準備が十分でなかったことやソ連が外国に発注した設備の一部の納品が遅れたことによる。パラフィンのソ連への輸入価格は非常に高かったために，この工場の収益は年間140万ルーブリと計算されており，国内工場の建設によって貴重な外貨を消費しなくて済むものと期待された。

　ソ連でもこの時期には灯油装置建造にあたって，蒸留装置の代わりにパイ

プスチルの装置を導入する方向にあった。このような装置は，米国で広く採用されており，当時の製油所の革命的な技術革新といえるものであった。その利点は，より容量が小さく，加熱表面がより小さく，用地も少なくて済む。その結果，蒸留装置に比べて蒸気の消費が少なく，燃料消費も少なくて済む。この技術を採用した最初の試みは，旧バクニット Бакунит 工場における灯油・ガソリン工場(総能力 32 万 7600 t)の建設であった。設備はアズネフチの補助工場で，アズネフチの資金で建造され，そのコストは 89 万ルーブリであった。このような国産設備とは別にグロズネフチやアズネフチはドイツからこの時期にパイプスチルを 4 基輸入しており，合計設計能力は 66 万 t，その価格は約 250 万ルーブリと見積もられた。さらに，米国からも年産 2500 万プード能力のパイプスチルが発注された。

パイプスチル以外でも新たな蒸留装置の建設が続けられ，グロズヌイでは，1927 年 11 月に稼働開始する予定であったが，作業は遅れた。この原因は外国で発注した設備の一部の納品が遅れたためである。工場の見積もり価格は 85 万ルーブリであったが，実際にはその倍以上の 181 万ルーブリかかっている。

アズネフチではさらに No. 2/1 工場グループで蒸留装置が建造され，その能力は年産 2000 万プードであった。グロズネフチでは 1925/26 年と 1926/27 年に旧式の蒸留装置が新規のそれに置き換えられた。

エンバネフチのコンスタンチノフスク Константиновск 工場では 1926/27 年に新規灯油装置が設置され，生産能力が 600 万プードからその倍の 1200 万プードまで増強された。

バクー地域では工場建設計画を実施したことによって石油処理量を 3 億 7000 万プードまで拡大することが可能になった。これによってバクー産の軽質油を全量処理する能力が生まれた。また，グロズヌイでは建設中の工場の完工によって工場から旧式設備を取り除くことができた。

パイプスチルタイプの採用以外の技術革新によって，ガソリンを抽出する目的で重油クラッキング設備が導入されており，その目的は重油をガソリンに代えて輸出力を高めることにあった。

この時期のソ連の石油産業で大幅な遅れがみられたのはバトゥミやトゥアプセの港湾都市の大型製油所の建設である。これらの港までバクー〜バトゥミ間およびグロズヌイ〜トゥアプセ間幹線石油パイプラインが重要な役割を担った。これらの港湾に位置する製油所の建設は輸出を指向しているものであったが，1920年代後半には輸出の収益が必ずしもあがらず，鉄道輸送費が高いために商品によっては赤字にさえなっている。バクーから運ばれる石油製品の平均プード当たり鉄道料金は約16カペイキであるのに対し，パイプラインによる輸送費はプード当たり5.0〜5.5カペイキとなっている。この価格差問題とは別に，鉄道輸送力は限界にあり，増大する輸出商品量をさばききれない状況にあった。

トゥアプセの製油所では，政府の計画によれば1928年10月1日までに生産態勢がとれるはずであったが，1929年4月初めまで延期された。もともと建設計画に無理があり，建設案が最高国民経済会議で承認されたのは1927年2月から3月にかけてのことであり，同年5月になってやっと建設が開始されたのである。1928年10月までの17カ月間で建設を完了することは無理なことであった。工場の建設費は，計画案承認の時点では266万ルーブリであったものが，1年後には10%増の294万ルーブリに達している。

トゥアプセの製油所は7200万プードの生産能力を有しており，1928/29年の拡大によって9000万〜1億プードまで増大させる予定であった。第1期分は蒸留装置1基，パイプスチルタイプ1基から成り，灯油，ガソリン，燃料の生産を予定された。

バクー〜バトゥミ間幹線石油パイプラインは1929年10月までに建設が準備されることとなった。バトゥミの工場は1928年10月初めまでに部分的に操業開始し，政府の計画にしたがって5000万プードを処理することになっていた。しかし，建設作業は遅れ，予定の期間までに完成できなかった。バトゥミの製油所は最終的には年間246万tの石油処理量を見込んでおり，1928年10月初めまでに最初の灯油装置(年産82万t)，1929年10月初めまでに2基の灯油・潤滑油装置(年産164万t)の建設が予定された。バトゥミ

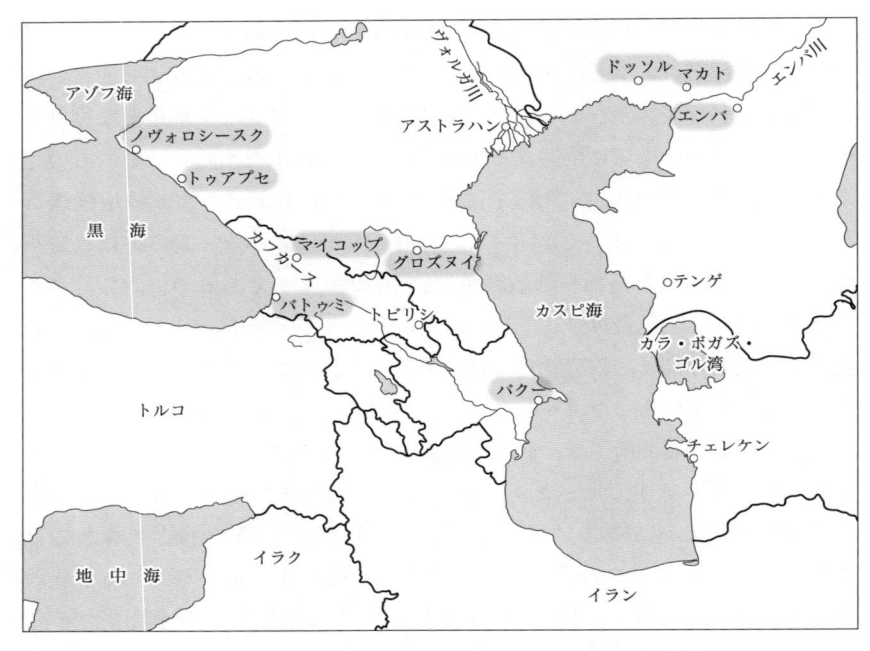

図 2-1　カフカースおよび中央アジアの石油・ガス開発地域

の製油所強化によってアズネフチの採油能力を強めることが可能になり，バクーの石油産業は既存製油所の遊休設備を活用して，重質油の処理という問題を事実上解決できるとみられていた。しかし，重質油の白油化率を高める技術は遅れており，困難な課題であった。

　第1次5カ年計画期の石油産業に課せられた計画目標は他の重工業部門よりも早く，2年半で達成された。これは，石油産業が上述のように5カ年計画の開始以前に準備されており，新たな技術導入にも取り組んでいたことや関連産業との関係が薄いことによって説明される。

　この5カ年計画期にはソ連の石油産業は，精製部門で製油能力合計1510万tにおよぶパイプスチル27基，蒸留装置5基が新設された[32]。この他，年産能力300万tのクラッキング24基，110万tの製油所，カーボンブラック，コークス工場などが新設された。

第2次5カ年計画期に入ると，石油産業は一転して不振部門となった。産油量は1932年の2232万tから1937年には3049万tまで増加したものの，計画目標の4620万tには遠くおよばず，計画達成率は66％にすぎなかった[33]。同時期に工業生産全体では2.8％増，生産財生産が20.8％増，機械製作・金属加工業が43.1％増と比較すれば，石油産業の不振ぶりが一段と鮮明になる。もっとも，第2次5カ年計画期には電力生産96％，石炭生産83.3％とエネルギー部門はいずれも不振であった。

　新規開発地域における産油量のシェアは1932年の2.45％から1937年には12.3％まで増大する計画であったが，実際には9.1％にとどまった[34]。新規地域のなかで最も開発が促進されたのはバシキール自治共和国であり，その産油量は1932年の4600tから1937年には98万3600tに拡大した。カザフ共和国でも産油量は同時期に24万9000tから49万3000tに増産された。また，極東では同じ時期に18万3000tから35万6000tに増加した。

　第2次5カ年計画期の重要な政策のひとつは，東部における新規工業基盤の創設と産業の地域的な不均衡の是正であり，地下資源の埋蔵地域に隣接し，軍事的な見地からみても前線基地から遠隔の地にある場所が選ばれた。最も重視された開発地域はウラル地域である。ウラルの鉄鉱石と石炭を基盤にウラル・クズネツクコンビナート計画を実施した地域であり，第2次5カ年計画期にはこの計画は第2期工事に入った。ウラル地域では国内第2の石油生産基盤が創設された。通称第2バクーと呼ばれる。ソ連の辺境地域の工業化は，とりわけ現地での燃料採取とその利用を最大限に強化することにおかれた。東部の新規開発地域として重視されたのはシベリア，カザフ共和国である。これらの東部地域の工業成長は，とりわけ石炭産業，石油産業，鉄鋼業およびこれらのエネルギー基盤の広範な発展に基盤をおいている。

　次に第3次5カ年計画期に完工するか建設中の製油所は，スイズラニ Сызрань 製油所(年産設計能力400万t)，オヴェリャンスク Оверянск 製油所(同200万t)，ウファ Уфа 製油所(同400万t)，オルスク Орск 製油所(同300万t)，ハバロフスク Хабаровск 製油所(同50万t)，ソ連中央部の製油所(同300万t)，サマルカンド Самарканд 製油所(同100万t)およびトルク

メン Туркмен 製油所(同50万 t)の8カ所であった[35]。

1) Дьяконова И. А. Нефть и уголь в энергетике царской России в международных сопоставлениях. М., 1999.
2) ノーベルはペトログラードの自社工場からロシア帝国軍に対して武器,軍装品を供給した(注1)に同じ, c. 51；ヤーギン,ダニエル著,日高義樹・持田直武訳『石油の世紀—支配者たちの興亡』上,日本放送出版協会,1991年,85頁)。
3) 注1)に同じ, c. 51.
4) Лященко П. И. История народного хозяйства СССР. т. 2. Капитализм. М., 1948. с. 238, c. 339. 石油産業の会社は1903年には167となったが,生産量はほとんど減少していないのに,操業していない会社は1900年の2社から1903年には17社に増大した。
5) 注4)に同じ, c. 338-339.
6) 注1)に同じ, c. 73-75. バクー油田で生産される4つの鉱区(バラハニ Балаханы, サブンチ Сабунчи, ロマニ Романы, ビビ・エイバト Биби-Эйбат)の平均掘削深度は1896年の127.9サージェンから1900年には139.8サージェン, 1913年には182サージェンへと深くなった。
7) Ленин В. И. Сочинения. т. 25. М., 1949. с. 312.
8) Журавлев В. В. Декреты советской власти 1917-1920 гг. как исторический источник. М., 1979. с. 204-207.
9) Гладков И. А. (ред.) Национализация промышленности в СССР: сборник документов и материалов 1917-1920 гг. М., 1954. с. 323-326. 零細企業除外の根拠と手続きについては,その作成を石油委員会本部に委ねている。国有化議論の過程では除外される石油開発企業は1916年に500万プード以下の石油を生産する企業を対象にしている(с. 209)。
10) Советская экономика в 1917-1920 гг. М., 1976. с. 292-293. 1919年にはバクー油田の操業中の井戸数は1913年に比べて4分の1,採掘井は90%,精製量は95%減少した。操業中の井戸数はバクー油田では1913年の3500基に対して,戦争終結頃にはおよそ960基であった。
11) Декреты советской власти. т. 13. М., 1989. с. 308-310.
12) Ленин В. И. Сочинения. т. 32. М., 1949. с. 158.
13) Ленин В. И. Сочинения. т. 32. М., 1949. с. 242.
14) 注2)に同じ,ヤーギン,400頁。
15) Ленин В. И. Сочинения. т. 52. М., 1949. с. 53.
16) РГАЭ, ф. 5240, оп. 18с, д. 794, лл. 66-69.
17) РГАЭ, ф. 5240, оп. 18с, д. 2577, л. 159б.
18) Документы внешней политики СССР. т. 5. М., 1961. с. 759.

19) РГАЭ, ф. 5240, оп. 19, д. 184, л. 118.
20) ГАСО, ф. 413, оп. 5, д. 915, л. 118. 1923年にはシンクレアとソ連はバクー油田開発にあたって期間49年の合弁会社を設立したが，シンクレアはその翌年ティーポット・ドーム事件 Teapot Dome Scandal に連座し，契約は無効となった（イーベル，R. 著，奥田英雄訳『ソビエト圏の石油と天然ガス―その将来の輸出能力を予測する』石油評論社，1971年，11頁）．
21) РГАЭ, ф. 5240, оп. 18с, д. 542. л. 117.
22) ГАСО, ф. 413, оп. 5, д. 915, л. 41.
23) ГАСО, ф. 413, оп. 5, д. 915, л. 183.
24) ГАСО, ф. 413, оп. 5, д. 915, л. 80. 鉱区の生産量は年間最大3000万プード．パラフィン工場の建設もコンセッション事業に付け加えられた．
25) ГАСО, ф. 413, оп. 5, д. 915, л. 74.
26) ГАСО, ф. 413, оп. 5, д. 915, л. 53.
27) ГАСО, ф. 413, оп. 5, д. 915, л. 4. オムニウム・インターナショナル・ド・ペトローリ Омниум интернасиональ де Петроль （スタールイ・グロズヌイの100デシャチーナの鉱区および黒海までのパイプライン建設，期間25年），フランセス・ド・ペトロール Франсез де Петроль （バクー～バトゥミ間パイプライン建設），デリ・プロポスト Дель-Пропосто （グロズヌイ～ポチ間，バクー～ポチ間パイプライン建設，期間15～20年）などである．
28) РГАЭ, ф. 913, оп. 5, д. 915, л. 8.
29) РГАЭ, ф. 5240, оп. 18с, д. 542, л. 155. ゴスプランによれば2500～3000万ルーブリの投資があれば，年間2500～3000万プードの生産規模が可能であるとしている．しかし，実際には増産が難しく，1920年代を通じて年間25万t程度の生産規模に甘んじていた．
30) РГАЭ, ф. 5240, оп. 18с, д. 794, л. 18.
31) РГАЭ, ф. 5240, оп. 18с, д. 794, л. 176.
32) ロークシン，エ・ユ著，野中昌夫訳『ソビエト工業史Ⅰ』商工出版社，1958年，167頁．
33) РГАЭ, ф. 4372, оп. 92, д. 83, л. 39.
34) РГАЭ, ф. 4372, оп. 92, д. 83, л. 44.
35) РГАЭ, ф. 4372, оп. 92, д. 81, л. 224.

第3章　1920年代半ばまでの北樺太における石油調査

第1節　1917年革命以前の石油調査

　北樺太（北サハリン）に石油があることが知られるようになったのは1880年のことである。ヤクート人で狩人であったフィリップ・パヴロフ Павлов, Филипп はニコラエフスク Николаевск（尼港）のロシア人毛皮商人イワノフ Иванов, A. E. を訪ねたときに，そこでサハリンで見た同じような液体を発見した。それは大陸では灯油 керосин（ケロシン）と呼ばれているものであった。パヴロフは，原住民が「燃える水」と呼んでいるケロシンを瓶に詰め，イワノフにこれを手渡した。

　石油の価値を知っているイワノフは，1880年6月に沿海州軍務知事に対し，石油の試掘・採掘のために1000デシャチーナの鉱区を割り当ててくれるように請願書を提出したが，許可が遅れている間に，彼は翌81年に病没した。イワノフの未亡人による督促後，1882年7月22日になってやっと沿海州軍務知事は，東部シベリア総督府に鉱区分割に関する請求を提出したのである。

　翌83年になって沿海州庁はデシャチーナ当たり10ルーブリを毎年支払うという条件で1000デシャチーナのオハ鉱区を許可したのである。このような賃貸料は相続人にとっては負担が重かったために，83年にはこれを断ることとなった。

その後，2年半ほど誰もサハリンの石油に関心を抱かなかった。1886年にはアレクサンドロフスク Александровск（亜港）の管区長であったリンデバウム Линдеваум, Ф. П. はイワノフの妻が手を引いたのを知って，自分の名で申請しようと決意し，1886年3月には犬橇を使ってその場所に出掛けた。ポムリ Помрь（現在のネクラソフカ Некрасовка）に住むニブヒがオハ Оха 川の石油の源を案内したのである。激寒にもかかわらず雪の裂目から石油が露出しており，リンデバウムはこれを掘り起こして，数プードの石油を採取し，それをペテルブルグの帝立ロシア技術協会実験室に送った。同様の目的で夏には日本のスクーナー「日光丸」をチャーターしてオハ川地区に向かったが激しいストームで果たせなかった。1887年8月にはサハリン島北部に出掛け，石油の新たなサンプルを持ち帰った。これを汽船「ロシア」でウラジオストクまで運び，そこからペテルブルグの実験室に運送した。良好な分析結果を得たとき，リンデバウムはすでに退職していたが，サハリン北東部の5地域，各2平方ヴェルスタを割り当ててくれるように請願書を提出した。

リンデバウムの島の北部訪問と申請書の提出をイワノフの娘婿で退役海軍大尉ゾートフ Зотов, Г. И. が知ることとなった。競争者があらわれたことは，それまで帝政ロシアの役人としてサハリンの石油に関心を抱いていたゾートフを駆り立たせ，1888年には石油試掘のためにオハ川流域区間の利用に関する許可を得たのである[1]。1889年2月23日，ゾートフは国家資産省 Министерство государственных имуществ と1000デシャチーナの鉱業権契約を結び，契約の1項にはゾートフに割り当てられた区域での試掘・採掘のために別の組織を招いてもよいことになっていた。1889年初めにはサハリン石油工業ゾートフ組合 Сахалинское нефтепромышленное товарищество Г. И. Зотов и Ко が設立された。サハリンで直接試掘作業に入る前に，ゾートフは著名な地質技師バツェヴィチ Бацевич, Л. Ф. とハバロフスクで会い，ウスーリスク Уссурийск 地方およびプリアムーリエ Приамурье の傑出した地質学者マルガリートフ Маргаритов, В. П. をともなって，最初の地質調査隊をオハ石油鉱床に送り込んだ。これが，専門の地質学者がサハリンの石油鉱床の存在を確認した最初である。バツェヴィチはここで最初の地質的記述

を行い，ゾートフはこの地域で初めて地図を作製した。1890年にはバツェヴィチの率いる第2次地質調査隊がカタングリ Катангли，ナビリ Набиль，ノグリキ Ноглики を調査，数本を掘削し，石油鉱床が発見された。1892〜1900年にオハでは8坑が掘削された。第3次地質調査隊（ゾートフおよびマスレンイコフ）は，1892年にノグリキを調査した。44 m および 96 m の2本の坑井が掘削されたが，石油は発見されず，将来に暗い影を落とすこととなった。おりしも，1893年にはサハリン石油工業ゾートフ組合が破綻した。

　資金的な行き詰まりを打開するために，ゾートフは英国に出掛けカウドレー卿を説得して，1903年にはチャイウォ付近に地質調査隊（地質技師ノーマン・ボッタ Ботта, Норман）を派遣したが，よい結果が得られなかった。ゾートフは少ない自己資金でノグリキに新たな地質調査隊を派遣し，第1坑の掘削を 137 m まで続けたが，油兆はみられなかった。

　何故，ゾートフはオハ，カタングリおよびノグリキの3鉱区を選んだか。その大きな理由として，この地域は比較的居住地域に近く，水運による交通手段が比較的よいことが挙げられる。

　オハ油田の出油によって，1904年9月25日に採掘権を獲得したゾートフは資金調達の都合で，キジギレイと組んで1906年7月，ハルビンで資本金25万ルーブルのサハリン石油工業ゾートフ組合を結成し，試掘の再興を図ったが，ゾートフはまもなく病気で死亡した。ゾートフ没後の1909年9月，キジギレイはゾートフの相続人等と共にサハリン石油工業ゾートフ相続人組合 Сахалинское нефтепромышленное товарищество насле-дники Г. И. Зотов и Ко を設立した。1909年8月には鉱山技師アンドレイ・ミンドフ Миндов, А. В. の指揮する調査隊をオハに派遣した。道路，家屋を建設して，越年作業に従事し，深度 100 m 余で油層を発見，ここで初めて石油の噴出をみたのである。これが，現在記念として残っているいわゆるゾートフ1号井である。しかし，この組合は資金が枯渇し，鉱区税も払えない状況になって，1914年になって前年の半期分未納のために行政処分を受け，鉱区が差し押さえられた。ゾートフ鉱区は没収され，官有鉱区になったのは1915年

のことである。キジギレイは1914年頃ハルビンで客死したと伝えられる。

　ゾートフがサハリンで最初の試掘を行っていた頃，サハリンの石油に関心をもっていた人物がいた。当時，石油大手ロイヤル・ダッチはサハリンの石油の噂に関心を示し，シンガポールのロシア人商人シュテグマンを通じて，1892年にドイツ人技師クレイ Klej, F. F. をサハリン東海岸に派遣した。現地住民から石油の露出を耳にしたクレイは，チャイウォ湾で掘削作業を開始した。外国人であるとして申請を却下されたために，ロシア人の国籍を取る申請をし，許可後，試掘作業実施のためにヌトウォ Нутво で10鉱区，ボアタシン Боатасин で5鉱区，ナビリで3鉱区の合計18鉱区の割当許可を獲得した。

　ロイヤル・ダッチはサハリンに石油の存在は認められるものの，採掘が容易ではないとして手を引いたが，クレイは止めなかった。1899年5月19日にヌトウォ川付近，ボアタシン川付近およびナビリ湾南岸に各1カ所，さらに1900年4月29日現在，ヌトウォに5カ所，ボアタシンに2カ所，ナビリ湾南岸に2カ所の鉱区を獲得し，息子のクレイも1905年4月11日にヌトウォに4カ所，ボアタシンに2カ所の鉱区を獲得した。

　1902年にはロンドンに資本金10万ポンドのサハリン・アムール鉱山工業シンジケートを設立し，翌年夏には地質学者ノーマン・ボッタの指揮の下に調査隊をサハリンに派遣した。1907年までにオハ，ノグリキ，ナビリ，ヌトウォ，ボアタシンの5鉱区で調査が行われた。1908年には鉱区の画定にともない，天津に支那石油会社(資本金1500万ルーブリ)を設立し，ヌトウォおよびボアタシンで作業を開始した。1910年1月にはボアタシンで第1号井を開坑し，8月中旬には掘削作業は深度460尺に達したが，作業困難のために中止に至った。同年8月には第2号井，さらに1号井の機械を移動して1911年2月に新たに開坑したが，いずれも採掘には至らなかった。また，ヌトウォでも2坑井が掘削された。しかし，事業として軌道に乗らず，資金難に陥り，1912年にクレイが死亡，息子のクレイが事業を受け継いだが，1914年になって税金未納のため没収され，翌15年には全ての財産が没収処分された。

1906年になると，ロシアの最も進歩的な社会団体の下にある鉱山部は鉱山技師トゥリチンスキー Тульчинский, К. Н. を長とする新たな国家調査隊をサハリンに派遣した。サハリンの石油調査はまだまだ不十分であることを考慮して，島の北東部の全般的な地質調査を基礎に，将来のより詳細な調査計画をつくることがこの調査隊の課題であった。調査隊は，「サハリンの鉱業発展の対策について」という議題の会議を招集したが，その結論は悲観的なものであった。トゥリチンスキーは時間が限られていたために，ヌトウォ鉱区だけを調査した。トゥリチンスキーは調査終了後，「サハリン北東部の石油の工業埋蔵量をできるだけ早く明らかにしなくてはならない。1907年夏から着手する必要がある」として，調査隊はさらに5カ月間調査を続行した[2]。1907年までに，オハ，ノグリキ，ナビリ，ヌトウォ，ボアタシンの5カ所で調査が実施された。

20世紀の初めから一連の国では地質研究組織が誕生しているが，ロシアでも誕生し，1907年初めには調査隊の組織化と活動計画の作成は，商工業省地質委員会に委ねられた。技師アネルト Анерт, Э. Э. の指揮の下にこの地質委員会として最初のサハリン調査隊を1907年に派遣した。アネルトの調査隊はサハリンで1カ月半調査を行った。それまでサハリンでは5カ所の石油鉱床が発見されていたが，アネルトはさらにピリトゥン Пильтун，オドプト，エハビ Эхаби をこれらに加えた。

翌1908年にはポレヴォイ Полевой, П. И. サハリン調査隊が組織され，アカデミー会員のシュミット Шмидт, Ф. В. がこれに参加した。この調査隊の目的は，北樺太の石油鉱床における石油の成層条件を明らかにすることであった。ポレヴォイとチホノヴィチ Тихонович, Н. Н. の2隊が1908年7月半ばに派遣され，ポレヴォイ隊は北緯50度の日ロ国境地点からオドプト湾までの東海岸を，チホノヴィチ隊はシュミット半島およびオハ地区を調査した。ポレヴォイ隊はヌトウォを，チホノヴィチ隊はオハをとくに詳細に調査した。これらの結果に基づいて，1914年にはペテルブルグで最初の「ロシアのサハリン地図」が出版された。しかし，その後1925年5月に北樺太がソ連政権に引き渡されるまではここでは国家地質調査機関は何もしなかった。

代わりに登場したのが個人資本である。

　サハリン石油工業ゾートフ相続人組合の鉱山技師クズネツォフ Кузнецов, В. А. は1908年にゾートフの相続人になり，翌年にこの会社を設立し，オハで試掘作業を復活させている。

　1909年8月22日，ブリネル・クズネツォフ会社 Бринер, Кузнецов и Кº は鉱山技師ミンドフの指揮の下に汽船「チフ Чифу」で大掛かりな調査隊をオハに派遣し，1909～10年の冬期に作業を行い，85mまで掘削した。

　1908年にはドイツ・中国会社とサハリンの石油鉱床の探査のための資金供給契約を結んだが，ドイツ・中国会社の代表ケイペル Кейпер はヌトウォとボアタシンを訪れてみて，工業採掘には巨額の資金が必要という結論に達し，クレイとの関係は断ち切れた。1910年3月にはクレイは支那石油会社と新たな契約を結びサハリン東海岸に労働者を送り込んだが期待は裏切られ，1914年までにヌトウォおよびボアタシンの石油鉱床の試掘作業は中止された。

　山師たちはそれでもなおサハリンへの投機に関心を示し，1910年にはペテルブルグ・サハリン石油工業・石炭会社が設立され，ウラジオストク・サハリン調査隊を組織した。1912年初めまでに313件の申請書が出され，このうち会社からは204件，調査隊からは103件，その他6件であった[3]。

　革命前のサハリンの石油開発の歴史はロシア人を中心とする地質学研究者，技師，外国資本の誘致者の間での石油資源獲得競争の歴史であったが，サハリンでは結局，石油産業は誕生しなかった。

第2節　米国石油企業，シンクレア社の北樺太進出

　北樺太を保障占領し，この地の石油開発に執着していた日本軍部を脅かしていたのはロシア人ではなく，石油資源を求める外国石油会社であった。当時のアジア地域の油田は外国石油会社に支配されており，唯一彼らの手が伸びていなかったのは北樺太だけであった。シンクレア石油会社の登場によって，にわかに緊迫した状況となる。シンクレア・コンソリデーティド・オイ

ル・コーポレーション Sinclair Consolidated Oil Corporation を率いるハリー・F・シンクレア Sinclair, H. F. は米国の支配的な石油会社スタンダード Standard Oil of California に対抗する人物としてにわかに注目されるようになった。

　この新興石油業者が急速に成長を遂げたのは1910年代初頭に米国オクラホマ州の油田開発に成功してからである。シンクレアは，投機的な性格をもつ会社になり，将来を洞察する力と機敏な行動，政治家とのつながりをバックに世界の油田地帯で名門スタンダードに対して攻撃を仕掛けていったのである。米国およびメキシコで足場を固めていったシンクレアは，なかでも北ペルシャおよびソヴィエト領内への積極的な進出を図った。ロシアの伝統的な産油地帯にとどまらず，北樺太にも食指を動かしたのである。その時期はいつであったのか明らかではないが，シンクレアは1920年代初めに北ペルシャにおいてコンセッションを獲得し，バクーでもスタンダードに対抗してコンセッション獲得にやっきになっていた。シンクレアは北樺太においては，この時期に強い関心を示していたものとみられる。

　1921年4月頃，シンクレア副社長ワッツ Veatch, A. C. はニューヨーク駐在の西巖商務官を訪ね，日米共同で資本金約2000万ドル程度の出資金による日米折半の石油会社を設立し，石油を東洋諸国に供給販売すると共に樺太，シベリアおよび中国方面の油田開発を行いたい，ついては，出資相手を選定，斡旋してくれないかともちかけた。紹介を受けた鈴木商店ニューヨーク支店長柏は本社の意向にしたがって西に仲介を依頼したのである。ところが，日本海軍および外務省はこの計画に当然のことながら乗り気ではなく，1921年6月3日，内田外務大臣は「シンクレアノ東洋侵入ハ従来極東方面ニ雄飛セルスタンダード及ローヤル，ダッチノ勢力ヲ殺クニルコトナクシテ却テ石油界ヲ紛糾セシメ我カ邦人石油業者ヲ圧迫スルニ止ラス北樺太ハ目下我カ軍ノ占領ニ属シ新権利ノ取得ヲ禁シ居ルト又同地ノ鉱業権ニ関シ外国人ト関係ヲ結フハ面白カラサルヲ以テ此ノ際話ヲ進メサルヲ可トス」という訓令を伝送した[4]。しかし，鈴木商店はシンクレアとの協力の希望をもっており，交渉を進めていた。1921年7月になってシンクレアは極東共和国との間に北

樺太の石油コンセッションに関する契約調印に成功したことを伝え，日米合弁の石油開発会社設置をもちかけてきたのである。その出資内容も，日本側は利益の35％を取得し，そのために1200万ドルを出資する，シンクレアはソヴィエト政府に鉱区税を支払うので，利益の65％を確保する，石油販売は補助会社を設置し，日本側の出資割合を増やしてもかまわない，コンセッションはシンクレアに属し，その実施にあたっては日・米・極東共和国3者の協定に基づくとされた。この内容は当初条件とは根本的に異なるものであり，鈴木商店はこれ以上商談を進める余地がないと判断して，交渉を停止したのであった。

北樺太のコンセッション獲得を進めたのは，シンクレアの子会社のシンクレア・エクスプロレーション・カンパニー Sinclair Exploration Company である。シンクレアはかつて北樺太の石油調査を実施したことがあり，その埋蔵量が有望であると判断して，コンセッション獲得のために北京において極東共和国の公式代表と数カ月間にわたって交渉を重ねた結果，1921年になって極東共和国と仮調印したのである。シンクレアは北樺太が日本軍による保障占領下にあることを承知しており，日本の企業との合弁会社設立の方が紛糾を処理しやすいと判断したのであろう。しかし，日本側は会社設立に同意しなかった。そこで，シンクレアは極東共和国と直接交渉にあたった。ソヴィエト国家の緩衝国である極東共和国は政治的にも影響力のあるシンクレアにコンセッションを与えることによって，米国政府を揺さぶり，米国にソヴィエト政府を承認させる手助けになってもらおうと考えたであろうし，日本の北樺太の保障占領に楔を打ち込みたかったであろう。日本の参加なしでは，コンセッション契約が最終段階で紛糾する可能性があったために，シンクレアは米国政府に対し北樺太のコンセッションが重要であり，これが米国の利益にも会社の利益にもかなうので，複雑な利害の対立する時期に行動することで米国政府が困惑しないように，シンクレアに対しアドバイスや提案をしてくれるように頼んだ[5]。しかし，米国政府はつれなかった。米国は極東共和国を承認していないこと，現在の状況が不安定であることから米国国務省はコンセッションの最終的結論に到達するように後押しできないとし

て断ったのである。シンクレアが極東共和国の正式代表と北樺太の石油を試掘・採掘する契約を調印したのは1922年1月7日のことである。契約は北樺太の暫定調査，石油の採掘と販売権，シンクレアと極東共和国との間の利益配分を盛り込んでおり，附属協定が添付されている。具体的な協定の内容は以下の通りであった[6]。

① 期　限　1958年1月7日まで

② 条　件

シンクレアは20万ドル(40万金ルーブリ)を投資して，1928年1月7日までに現地を調査し，28万1000エーカー(1000平方ヴェルスタ)の鉱区を選定する。1925年1月7日までに現場に掘削機械を少なくても1基設置し，その後3年以内に1基増設する。

③ 保　証

手付金10万ドルを在ロンドン・ロイド銀行の国立銀行(ゴスバンク)勘定に供託し，ソヴィエト政府は年3分5厘の利子を支払い，元金は満期時に償還する。この他，シンクレアは1924年1月7日までに40万ドルの債券を提供し，1928年1月7日にこれと引き換えに150万ドルの担保付債券を提供する

④ 納税の義務

シンクレアは販売開始後，鉱区税および鉱産税として年産500万バレル以下の場合6分3厘(但し，販売開始後または1928年1月7日以後最低年額5万ドルを納付)，500万バレル以上5000万バレル以下の場合1割2分6厘7毛，5000万バレル以上1億バレル以下の場合は1割3分7厘1毛を納付する。また，産出量が確実になったときから1エーカーにつき19銭の賃貸料を支払う。

⑤ 特　典

シンクレアは北樺太東海岸の2地域に築港する権利をもつがこれらはソヴィエト政府に属し，その支配の下におかれる。シンクレアは食料品，衣服の輸入税およびその他一切の輸入税ならびに輸出税を免除される。現行の証券印紙税のほか新税を課せられない。

⑥　契約取り消し

ソヴィエト政府は本契約締結後1年以内は自由に解約できる。それ以後，以下の場合にはソヴィエト政府は電信通告でいつでも本契約を取り消すことができる。

a．1927年1月7日までに米国が他国とソヴィエトの領土保全もしくは主権を保全もしくは主権を侵害するような取り決めを結び，または米国自身がソヴィエトに対し敵対行為に出た場合。

b．前記期間内に米国がソヴィエトに対し法律上の承認を与えなかった場合。この場合，両国政府はシンクレアに対し法律上，道義上の責任を負わない。但し，供託金を返還し，シンクレア所有の財産，設備を北樺太から搬出できる。

米国資料によれば[7]，附属協定第1条には米国政府がコンセッション契約の履行にあたってシンクレアを支援しないことを米国政府の法律あるいは布告から確信する場合，政府は附属協定調印日(1922年1月7日)の初年度の間にコンセッション契約を破棄する権利を有する，と規定されている。しかし，シンクレアはこの時期に積極的な開発に向けてのいかなるステップも踏み出すことができなかった。このことが，その後モスクワにおける裁判でシンクレアの敗北する決定的な理由となったのである。

1922年11月，極東共和国はロシア共和国に合併されることになり，コンセッション契約は1923年1月23日，ロシア共和国政府によって承認され，同年8月20日に調印された。契約の下では1年以内に試掘作業を開始することが義務づけられている。これを実行することが焦眉の課題となった。気象条件が厳しく，通信手段も制限されている状況では，試掘作業を解氷時期の1923年6月に実施する必要があった。

しかし，調査隊の派遣は思うようにいかなかった。北樺太は日本軍によって占領されている。シンクレアは，米国政府が日本政府に対して今夏の調査隊派遣を通告し，米国が友好関係を維持している国において米国市民に与えている通常の保護を求めた。しかし，米国政府は日本が保障占領しているという特殊な状況にあり，さらにシンクレアは米国政府が承認していない国家

と契約を結んでおり，米国政府はシンクレアの要求に応えて日本政府に要請する立場にないとしてこれを拒んだ。シンクレアの重なる要請に対して同じ回答しか与えられなかった。

シンクレアは契約に基づいて北樺太の試掘調査を実施するために，地質技師マカロフ Makarov, J. およびマクラクリン McLaughlin, D.，ロシア人通訳ヤロスラフツェフ Ярославцев, И. を派遣した。彼らは，ウラジオストク，ニコラエフスクを経由して橇で北樺太西海岸のポギビ Погиби に 1924 年 2 月 6 日到着した。アレクサンドロフスクのクンスト・アルベルス商会に投宿し，東海岸の調査希望を日本政府当局に申し出た。日本政府にとって試掘調査を認めることは外国企業とのコンセッションを容認することになり，是が非でも試掘調査を目的とする調査隊の受け入れは拒否しなくてはならなかった。これより先，シンクレアの調査員の北樺太派遣の情報を入手した日本政府は，1923 年 4 月 24 日の閣議で以下のような決定を行った。

① 今夏，シンクレアは油田調査隊を北樺太油田地帯に派遣すると伝えられるが，日本の占領地内に一切他の権力を認めないので，シンクレアのロシア共和国政府とのコンセッション契約を認めない。北樺太に試掘等を目的とする調査隊を派遣する場合にはこれを拒絶する。単なる視察を目的とする場合でもなるべく思いとどまらせるが，先方が強く希望する場合にはこれを禁止するとかえって不利な結果を招くこともあるので，時の情勢において日本政府が判断する。

② すでに本期議会でこの方針を声明しており，今回好ましくない影響をおよぼす可能性があるので改めて声明を出さない。但し，機敏な措置をとるように出先機関に訓電する。

このような閣議決定をみても，日本政府がシンクレアの北樺太への調査隊派遣によって外交問題に発展しないように慎重に対応しようとしている姿勢がよく読みとれる。

シンクレアがなるべく現場を調査しないように，丁重にしかも断固とした態度をとった。技術上の目的であれば世界中旅行できる旨記載のヒューズ Hughes, Charles Evans 国務長官発行の旅券および在ニューヨーク日本領事

によってヴィザが発行されていたにもかかわらず，油田地帯の調査を実施できなかった。そればかりか，軍事的監視下におかれた。井上一次サハリン州派遣軍司令官と会見し，晩餐をふるまわれ，体よく軍艦大泊で小樽に追い返されたのであった。小樽到着は1924年3月1日のことであり，その後一行は東京，神戸を経由し，北京に向かった。シンクレアは調査隊が厳重な監督下におかれたことに対する不満をマスコミに語ったし，当然のことながら日本政府に抗議するように米国国務省に要請したのである[8]。

外務人民委員チチェリンも，5月20日松井外相宛にこの問題に関し抗議を寄せた。本来，ソ連の領土が日本軍に占領されている地域への入国を認めないことに抗議するのは当然のことであり，この抗議もかなり形式的なものであった。おりから，北京ではソ連側代表カラハン Карахан, Л. М.と日本側代表芳沢謙吉が日ソ基本条約交渉を継続しており，モスクワの外務大臣宛抗議はこれを無視した行為であると，芳沢から抗議を受けたカラハンは，これは単なる形式的なものであり，シンクレア側には契約違反があり，コンセッション契約は多分破棄されるだろうと語った[9]。この言葉を証明するかのように，最高国民経済会議は，1924年5月21日，今後6カ月の猶予期間中に契約に記載された約束を果たすようにシンクレアに警告を発したのである。シンクレアは米国政府に対し北樺太で油田調査を行えるように日本政府に要請してくれるように頼んだが，ヒューズ国務長官は従来の姿勢を変えなかった。ヒューズは対抗馬のスタンダード寄りであり，スタンダードの利害関係の深かったカフカースの石油問題を重視しており，北樺太には関心を示さなかったといわれる。スタンダードはソ連圏内のシンクレアの動きに敏感であり，北樺太においてもシンクレアの動きを警戒していたのである。1923年5月22日付でスタンダードは国務省宛に，北樺太の油田地帯は帝政時代にロシア政府から法的に獲得した特許の範囲内にあり，シンクレアのように極東共和国ともいかなる関係もないので，日本政府の許可も得やすいから調査隊の派遣を支援して欲しい旨の書簡を送った[10]。これに対して国務省は日本政府との直接交渉を妨げないとしながら，特別支援もしなかった。

1925年2月，ソ連最高国民経済会議はシンクレアのサハリンのコンセッ

ション契約の解消に関するモスクワ州裁判所の判決を承認した[11]。判決の理由としてシンクレアが契約に定められた期限内に試掘作業を開始しなかったこと，および作業に関連した技術的準備の契約量を実施しなかったことを挙げている。シンクレアは国務省に対し和解の斡旋をしてくれるように要請した[12]。シンクレアの主張は，日本は商業活動に対する機会均等をうたったワシントン会議に違反している，日本とソ連とはすでに北京条約を調印しており日本軍の撤退をうたっており，日本の占領下にないということを根拠にしていた。しかし，国務省は外交上ソ連を承認していないこと，コンセッションがワシントン会議における日本の声明に違反しているかどうかは疑問であるとしてソ連に抗議することを拒否した。

こうして北樺太の外国企業のコンセッション計画は崩れ去った。この時期には日本とソ連との間に軍の撤退とコンセッション供与のせめぎあいが続いており，ソ連はシンクレアにコンセッションを供与することで米国政府のソ連承認を取り付けるためにこれを利用しようとしたが，米国政府を動かすには至らなかった。

1922年4月，シンクレアの運命を決定させる事件が起きる。米国ワイオミング Wyoming の油田のティーポット・ドームの賃借をめぐるフォール Fall, A. B. 内務長官の贈賄発覚のいわゆるティーポット・ドーム事件である。シンクレアの追い落としを狙うスタンダード側の策略という噂が流布されたが，この事件当時の閣僚でシンクレアの支援者であったデンビーとドゥハーティの2人の閣僚も連座，北ペルシャやバクーのコンセッションで莫大な資金を必要としたシンクレアは信用を失い，金融支援が得られず，これらの事業からも撤退せざるを得なくなったのである。

北樺太におけるシンクレアの敗北は日ソ間のこの地における問題解決の余分な紛糾材料を取り除くことになった。では，北樺太における他の外国企業の動きはどのようなものであったのだろうか。

第3節　日本企業，北辰会の設立

1　北樺太への日本の民間企業進出

　日本が北樺太の石油の存在に関心を示したのは，日露戦争終結直後に日本軍が北樺太を占領し，樺太軍政署および樺太民政署が設置された時期のことである。日露間の南北国境画定の際，日本側国境画定委員長大島健一陸軍少将を訪ねたクレイは，北樺太の油田の有望なことを説いたのであった。その後，1909年に樺太庁竹内事務官が欧州出張中に，英国人著述による北樺太調査書を発見し，有望な油田のあることを確信するに至った。

　日本国内でもロンドンから北樺太の石油開発に関する情報が伝えられたこともあって，大隈重信，押川方義，桜井彦一郎等は石油事業の重要性を認識し，北樺太の石油の有望なことを説いたのである。この時期，石油開発に関心のある日本の要人に接触したのはロシア企業イワン・スタヘーエフ商会の総支配人バトゥーリンであった[13]。彼は，英国企業に与えた北樺太の油田鉱区の権利が1918年までに全て消滅する機会を捉えて，1918年5月来日し，大隈重信に日露合弁石油事業の設立を申し出た。当時から石油開発に関心を抱いていた大隈は久原鉱業社長の久原房之助に仲介し，両者の間に合弁事業に関する契約覚書が取り交わされたのである。その主な内容は，①スタヘーエフは北樺太において自己負担で石油特許権または石油鉱区を獲得する，②久原鉱業はスタヘーエフが獲得した石油特許権あるいは石油鉱区を自費で試掘する，③その結果がよければ共同で株式会社を設立する，というものであった[14]。1918年8月3日より同年11月末までにスタヘーエフが出願した試掘鉱区は革命後の混乱のために鉱業法発布に至らず，久原は約2年間何ら回答を得られなかった[15]。

　1918年，久原鉱業は成富道正，地質技師日下部全隆，測量技師内藤梅太郎，通訳梨木祐臣から成る北樺太第1回調査隊を派遣し，東海岸のナビリか

らピリトゥンに至る油田地帯を調査した。その結果，1918年10月，オハ油田を調査した宮本機関中佐の調査結果とあわせて，北樺太の油田が有望であると判断されたのである。

この時期，北樺太の油田開発に強い関心を抱いていた海軍は，久原鉱業1社の事業としてこれを進めるよりはむしろ広く有力な民間企業を結集させて組合を組織し，事業を促進させることが適当であるとして，1919年5月1日付をもって北辰会という組織を設立させたのである。その背後には，久原1社に試掘を任せるには軍部としても不安があるという事情があった。コルチャーク提督のオムスクOмcк政府は1919年2月7日，試掘，採掘に関する新たな出願を禁止し，ロシア帝国の法律では閣議で許可されない限り外国人が北樺太における石油鉱業会社の株主にはなれないという規定があり，久原としても投資を行うことに躊躇していたのであった。このような事情から，政府が全面的に支援する北辰会は海軍省の意向を強く反映している。1919年4月1日の閣議決定では北樺太の石油および石炭開発が艦艇，飛行機，自動車および漁業等の燃料供給源として絶対に必要であり，当時北樺太への進出を企図していた外国資本を締め出すためにも日本が結束して組合を組織し，対応する方針がとられたのである。同日の閣議決定では「露領北樺太ニ於ケル油田炭田ノ経営及其ノ他ノ固定的企業ニ関シテハ日露共同ノ経営者ハ我資本ニ拠ルコトトシ日露以外ノ資本ヲ入レサルノ主義ヲオムスク政府ヲシテ認メシムルノ手段ヲ執ルコト」とした[16]。

翌1920年に起こったニコラエフスク（尼港）事件は北樺太に急を告げる。スタヘーエフは当時，まだ鉱区の試掘許可を得ていなかったが，日露合同の事業を進めるために当該地方当局の了解を得て，1919年6月従業員200名を北樺太東海岸のチャイウォおよびヌイウォ地域に派遣し，それぞれ1カ所の綱掘式機械による掘削作業に着手した。また，海軍省は北辰会の作業を支援するために北樺太に5班から成る調査隊を派遣した。北辰会が激寒の冬の作業に初めて着手していたその時期に，ニコラエフスクの過激軍は1920年1月14日，対岸北樺太のアレクサンドロフスクを占領した。アレクサンドロフスクからの電信を受けた成富は熟慮の末東海岸を南下し，日本領散江を

目指して引き上げる道を選択する[17]。1月22日，先発隊319名とボアタシンを出発した従業員200名は厳しい冬の最中，人里離れた東海岸100ヴェルスタを徒歩で二十数日を費やし，2月21日南樺太散江に到着した。

　1920年4月22日に多門尼港救援隊がアレクサンドロフスクを占領後，成富はソヴィエト当局の鉱務署長を説き，スタヘーエフが出願していた試掘鉱区535中394鉱区の開発許可を同年4月26日付で取り付けた[18]。残る141鉱区はすでに極東工業会社の試掘期間が終了していたが，公示されていなかったためにすぐに許可が下りず，交渉の結果，同年5月1日に認められた。

2　北辰会の設立

　海軍の強力な後押しで設立された北辰会は，久原鉱業，三菱鉱業，日本石油，宝田石油，大倉鉱業の5社によって組織され，久原鉱業の保有する一切の義務を継承することになった。久原鉱業と北辰会との間で交わされた1919年5月19日付協定覚書では，①北辰会は1918年5月21日に久原鉱業がスタヘーエフとの間で締結した北樺太油田開発に関する協定に基づき，久原鉱業に属する一切の権利義務の提供を受け，これを継承する，②北辰会は，1916年以降久原鉱業が北樺太油田開発で支出した実費を補償する，という内容が盛り込まれた。これによって北辰会は文字通り久原鉱業の事業を継承することになる。

　同日付の北辰会規約では，その目的を北樺太油田に関する権利を獲得し，調査および採掘を行うこととし，北辰会会員および持ち分を以下のように定めた。

　　久原鉱業株式会社　　4分の1
　　三菱鉱業株式会社　　4分の1
　　日本石油株式会社　　6分の1
　　宝田石油株式会社　　6分の1
　　大倉鉱業株式会社　　6分の1

　但し，三菱鉱業の持ち分の権利義務は内規により久原鉱業が当分の間代行する。

規約第3条ではスタヘーエフと久原との間で締結された協定のうち，久原の保有する一切の権利義務を北辰会が継承することがうたわれ，第4条ではスタヘーエフを支援して，彼に属する石油鉱区を完全に保有させ，獲得するようにすることが述べられている。また，第5条では北辰会の事業範囲を北樺太石油地域全域とし，スタヘーエフに属する鉱区以外についても権利獲得のためにソヴィエト政府当局と交渉し，北辰会に提供するようにする。第7条は調査の結果によっては北辰会がスタヘーエフと合同で事業会社を設立する用意があることを述べている。そして，北辰会の専務理事には，久原鉱業の田辺勉吉，理事には日本石油の田中次郎，宝田石油 (1921年，日本石油に合併) の津下紋太郎，大倉鉱業の門野重九郎，参与として桜井彦一郎，北樺太鉱場総監督には成富道正が就任した。

北辰会は久原の事業を引き継いで，北樺太東海岸のボアタシンおよびノグリキの2カ所で試掘に着手したが，軍部の北樺太保障占領後は軍政の管理下で試掘作業を実施した。開発を急ぐ日本海軍は，組織上さまざまな不備をもつ北辰会を組合組織から会社組織に改め，1921年5月30日に会社定款を定め，同年7月18日に登記するに至った。その定款によれば，営業目的は石油その他鉱物の採取，精製，販売，関連化学工業および附帯業務とされ，資本金500万円，株式は10万株 (1株50円) とされた。

取締役会長には日本石油橋本圭三郎が就任し，取締役に日本石油の中野鉄平，津下紋太郎，久原鉱業の田辺勉吉，三菱鉱業の島村金治郎，大倉鉱業の林幾太郎の5氏が就いた。1921年夏になると北辰会とは別に鈴木商店および高田商会が政府に対しオハ方面の開発を請願したが，1919年4月1日付閣議決定を理由にこれらを受け付けず，北辰会に加入するように仕向けたのである。高田商会は請願を撤回したが，当時，石油開発事業に関心をもっていた三井鉱山株式会社を勧誘し，鈴木商店と共に新たに北辰会の株主となった。

1921年7月現在の北辰会の持ち株およびその代表者は，巻末資料2「株式会社北辰会定款」の通りである。払い込み資金は額面の4分の1とされ，その額は125万円であった。

久原鉱業とスタヘーエフとの間に締結された協定の有効期限は1922年7月であり，久原を受け継いだ北辰会は1922年9月7日にスタヘーエフと新たな契約を結んだ[19]。

3　北辰会の試掘活動と石油鉱床の地質

日本軍の保障占領後，北辰会が北樺太で事業を展開するには政府の支援が必要であった。

政府は1920年7月，臨時軍事費油田調査費として60万円を計上した。同年7月14日付「臨時軍事費油田調査費ニ関スル覚」によれば，できるだけ早く北樺太油田の価値を確定させる必要があり，1921年秋までに北樺太油田の全体の調査を完結させるために1919年度の事業を引き続き実施すること，油田の試掘は1920年度にはボアタシンおよびノグリキでそれぞれ1坑井，1921年度にはヌトウォ，ピリトゥンおよびオハ方面で各1坑井の掘削に着手すること，鉱区の処置に関しては海軍次官の主宰する関係各省局長会議で決定する，ことが定められた。この覚えの追加として，本調査費は北辰会に対して補助するものとし，さらに同年8月12日の「北樺太油田試掘工事委託ニ関スル覚」では試掘事業を海軍の直営事業とし，工事の施行を北辰会に請け負わせる，工事施行に必要な諸材料用具は海軍が調達する，作業員の給料，工賃等は毎月末北辰会に支払う，ことが定められた[20]。

尼港事件の余波による中断後，北辰会が事業を再開したのは1921年9月のことであった。スタヘーエフが保有する鉱区以外でも試掘作業を展開したが，事業は困難を極めた。1923年になってやっと試掘に成功し，日産150〜200石の産出をみるに至った。産出された石油は自家消費されたが，1924年になってやっと日本に輸送されるようになったのである。

北樺太東海岸における石油鉱床は全て第三紀層で構成され，この第三紀層は上部と下部に区分される。上部は砂岩および礫岩，下部は頁岩およびそれを挟む砂岩から成る。第三紀層は南北に層向をもち，この方向に延びている背斜層または向斜層を形成している。南のナンピ川付近から北のオハに至るまで7条の背斜軸が走っており，北からオハ，エハビ，ポロマイ Поромай，

クイドゥイラニ Кыдыланьи，ヌトウォ，ウイニイ，カタングリ，コンギ Конги の各背斜軸を形成している。これらの背斜軸に沿って石油が埋蔵している。北樺太の石油鉱床は，北からオハ，エハビ，ポロマイ，クイドゥイラニ，ピリトゥン，ヌトウォ，ボアタシン，ウイニイ，ヌイウォ Ныйво，カタングリ，コンギの各石油鉱床(以下，単に鉱床とも記す)などである。これらの試掘状況をみれば以下の通りである[21]。

(1) オハ石油鉱床

オハ背斜軸はウルクト湖の北西に位置し，オハ川本流の北方に向けて延長4 km に広がる。総面積は 925 デシャチーナ。この背斜軸を構成するのは砂質頁岩および暗灰色頁岩層であり，その中に砂岩，礫岩を挟んでいる。

オハ石油鉱床については 1880 年にイワノフによって発見されて以来ゾートフの流れを汲む支那石油会社が掘削したものの成功せず，1921 年に北辰会は上総掘りで 3 坑を掘削した。背斜軸の西翼に上総掘り 1 号井(K No. 1)を 1921 年 6 月 25 日掘削開始し，同年 8 月 8 日に終了した。掘削の深さは 20 間 5 尺。1921 年には日産 20〜30 プードの重質油を採油した。

上総掘り 2 号井(K No. 2)は 1 号井と同時期に掘削を開始し，終了している。掘削の深さは 51 間。1921 年 8 月から日産 100 プードの重質油を採取した。しかし，それから 3 年 6 カ月後の 1925 年 2 月からは噴出量は日産 50 プードに低下した。この減産は 8 カ月間掃除をしなかったために穴が塞がれたことによるものであった。

上総掘り 3 号井(K No. 3)は 1921 年 8 月 25 日に掘削を開始し，同年 9 月 14 日に完了した。掘削の深さは 15 間 2 尺。その後，砂岩に向かって掘り下げられ，1925 年 2 月 9 日には 57 間 1 尺に到達した。含油層は，深さ 14 間 2 尺，38 間 1 尺，54 間 4 尺，57 間 1 尺でそれぞれ発見され，1921 年の掘削による噴出量は日産 100 プードであった。1925 年 2 月からの掘削による噴出量は日産 50 プードである。採掘は後者に移行し，ポンプによって原油汲み出しが行われた。

上総掘り 4 号井(K No. 4)は 1922 年 8 月 1 日に掘削を開始し，同年 10 月 10 日に完了した。掘削の深さは 30 間 3 尺。含油層は 21 間 3 尺〜23 間で発

見されている。上総掘りはその後，綱式に移行している。

　1923年に入るとオハ油田では綱式掘削が開始され，綱式1号井(C No. 1)は1923年8月8日に掘削を開始し，同年12月28日に終了した。掘削の深さは167間。この綱式掘削には25馬力の蒸気機械が使われている。前記上総掘りではみられなかった水が，採掘8カ月後の1924年9月に出現し，採掘は一時休止された。この鉱区は実験室をもっていなかったために，水の分析は行われていない。油兆は48間から164間までの7層でみられたが，上部から4番目の砂岩層(108間2尺〜120間)で水が浸入する以前には日産1200プードの噴出をみた。残りの流入量は調べられなかった。

　綱式2号井(C No. 2)は1923年8月25日に掘削を開始し，1924年1月18日に作業を終えた。5カ月間の掘削の深さは103間1尺である。1昼夜当たりの掘削速度は1〜3間。最初の水の進入は深さ85間3尺〜85間4尺であらわれ，2回目は100間〜101間3尺にあらわれた。水は坑井の入り口まで達し，時には溢れた。セメントモルタルで塞ぐ試みを行ったが，成功しなかった。

　綱式3号井(C No. 3)は1923年9月27日に掘削を開始し，1924年3月26日に終了した。最初の水の流入は44〜45間にあらわれた。2番目のそれは深さ96間5尺〜116間1尺にあらわれ，坑井をオーバーフローした。日産噴出量は1500プード。水は塞がれなかった。含油層は深さ64間3尺〜74間5尺の暗灰色頁岩層にみられた。

　綱式4号井(C No. 4)は1924年5月29日に掘削が開始され，同年9月4日には終了した。3カ月間の掘削の深さは131間5尺であった。掘削時に2カ所(24間3尺〜27間1尺および116間〜118間5尺の深さ)で水の浸入に遭っている。水の流入を防ぐ試みが行われたが成功しなかった。

　ロータリー式掘削法は1922年9月15日に1号井(P No. 1)で採用され，同年10月13日に終了した。ほぼ1カ月間である。1922年10月13日から1923年4月1日までの5カ月半は激寒期のため掘削作業は行われなかった。1923年4月1日から同年5月1日まで試験的な採油が行われ，その後，掘削が行われた。この坑井の掘削期間は約2年におよんだが，実際の掘削には

1カ月,停止が4.5カ月,試験採油が1カ月,ボーリングパイプの引き上げ,引き下げ作業に17カ月を要した。30馬力の機械が使われ,1昼夜当たりの掘削速度は25間程度であった。

ロータリー式2号井(P No.2)は1924年4月4日に掘削開始され,同年9月20日に終了した。5.5カ月の間に500間5尺掘削された。1昼夜当たりの掘削速度は25間であり,油層は28〜222間までの層厚に7層存在する。222間以深からはいかなる油兆も認められなかった。

次に鉱山技師アバゾフ Абазов, Н. С. の報告[22]を中心にオハ油田の採掘井の状況をみてみよう。

北辰会によるオハ油田の石油生産量とその自家消費量を示したのが表3-1である。1923年からまずロータリー式1号井で本格的な生産が開始され,同年には6万1000プードを生産した。しかし,そのほとんどは自家消費に向けられた。1924年には綱式坑井が以下にみるように次々と採掘に移行したために,生産量が増え,同年に74万プードを記録した。しかし,翌年には4月以降,綱式1号井の度々の休止に大きく影響されて生産量は41万プードまで減少した。

北辰会の活動時期に採掘井に移行したのは,綱式1号井(C No.1),綱式2号井(C No.2),綱式5号井(C No.5),ロータリー式1号井(P No.1)の4本であった。

綱式1号井(C No.1)は1924年1月に採掘を開始し,日産噴出量は同年9

表3-1 オハ油田の北辰会による石油生産量と自家消費量(1923〜25年)

(単位 プード)

	生産量	自家消費量	消費量の割合(%)
1923	61,000	59,000	96.7
1924	740,000	140,000	18.9
1925	410,000	75,000	18.3
計	1,211,000	274,000	22.6

出所) Сахалинская горно-геологическая экспедиция 1925 года// Абазов Н. С. (ред.) Технико-экономический обзор японских работ на нефтяных месторождениях восточного берега о. Сахалина, Л., 1927. с. 374.

月までは1200プードに達していた。9月以降，徐々に水の量が増え，日産量が減少し始めた。1924年9月から1925年2月まで水と共に汲み上げられ，その際の原油量は700プードまで低下した。坑井は深部86間にポンプが設置され，汲み上げられたが，坑井を維持するためにセメント注入法が採用された。

綱式2号井（C No. 2）は，2カ月間の採掘後，セメント注入が行われ，1924年2月18日から同年4月18日まで石油の日産量は500プードまで低下した。坑井の清掃後の同年4月18日から5月1日までは若干水を含んでいたものの日産1500プードまで回復した。しかし，5月1日以降，徐々に水が増えるようになり，含水分は20～30％に達している。

綱式5号井（C No. 5）は最初のセメント注入後1924年10月6日に採掘に移行した。石油は43間3尺～44間3尺および54間～67間4尺の2層で得られた。日産噴出量は600プードであったが，2度目のセメント注入後は，2番目の油層が塞がれ，日産量は160プードに減少した。

ロータリー式1号井（P No. 1）では，採掘開始後1カ月の間に日産2000プードに達した。1923年4月から同年5月までの1カ月間はサンドポンプで石油が汲み出された。その後生産量は減少したが，同年8月21日に新たなポンプが導入され，日産970プードの石油を生産するようになった。

(2) エハビ石油鉱床

エハビ石油鉱床の面積は592デシャチーナ。ウルクト湾南の方向13kmのエハビ湾の海岸から4km内外に位置する。油層は砂岩を挟む暗灰色頁岩層であり，背斜軸に並行してその両翼に2条の断層がある。1921年に北辰会が作業を開始する以前には，1889年に初めてバツェヴィチ調査隊が入り，その後トゥリチンスキー，アネルト，チホノヴィチ等が調査したことがある。

北辰会は背斜軸の西翼および軸上に3本を上総掘りで試掘し，少量の出油をみたが，工業採掘に移行するには不十分であり，より深部の掘削が必要であったが，北辰会は以下の3本で作業を中止した。

上総掘り1号井（K No. 1）の掘削は1921年7月28日に開始され，同年9月24日に終了した。掘削の深さは113間2尺。深部24間5尺～25間3尺

表 3-2 北辰会の鉱床別坑井掘削方式 (単位 坑)

	手掘り式	ダイヤモンド式	綱　式	ロータリー式	計
オ　ハ	4	—	5	2	11
エハビ	3	—	—	—	3
ピリトゥン	2	1	—	—	3
ヌトウォ	2	—	—	1	3
ボアタシン(チャイウォ)	—	—	1	—	1
ヌイウォ(ノグリキ)	1	—	1	—	2
ウイグレクトゥイ	1	1	—	—	2
カタングリ	3	—	—	2	5
計	16	2	7	5	30

出所) 表3-1に同じ, c. 393.

表 3-3 北辰会の鉱床別・掘削方式別掘削深度 (単位 間／尺)

	オハ	エハビ	ピリトゥン	ヌトウォ	ボアタシン(チャイウォ)	ヌイウォ(ノグリキ)	ウイグレクトゥイ	カタングリ	計
ロータリー式	871.4	—	—	500.2	—	—	—	744.1	2,116.1
綱　式	677.0	—	—	—	123.2	169.3	—	—	969.5
ダイヤモンド式	—	—	113.3	—	—	—	98.5	—	212.2
手掘り式	161.0	201.3	85.0	87.4	—	40.1	23.0	73.2	671.4
計	1,709.4		198.3	588.0	123.2	209.4	121.5	817.3	3,970.0

注) 原文のまま。合計は一致しない。
出所) 表3-1に同じ, c. 395.

で油層にあたった。

上総掘り2号井(K No. 2)は1921年7月31に掘削開始され，同年9月24日に終了した。深部6間で油兆が認められた。

上総掘り3号井(K No. 3)の掘削は1922年8月7日に開始され，同年9月14日に終了した。掘削の深さは37間5尺であり，深部26～31間で油兆がみられた。

(3) ピリトゥン石油鉱床

ピリトゥン石油鉱床の面積は444デシャチーナであり，その位置はピリトゥン湾から13 kmのピリトゥン川上流にある。ポロマイおよびクイドゥイラニ石油鉱床に隣接する。この石油鉱床を構成するのは砂質頁岩および暗灰色頁岩であり，1921年に北辰会によって初めて試掘された。北辰会は背

斜軸の西翼にダイヤモンド式1本と上総掘り2本の合計3本で試掘した。

ダイヤモンド式1号井(Д No. 1)は1921年8月23日に掘削開始，同年10月6日に終了した。この1ヵ月半の間に113間3尺が掘削された。25～35間および78～83間および105間の層に油兆がみられた。ダイヤモンド機による掘削は壊れやすい岩石には適していないことが明らかになって，これ以上の作業は停止された。

上総掘り1号井(K No. 1)の掘削は1921年7月25日に開始され，同年9月22日に終了した。掘削の深さは51間。油兆は深部13～15間に認められた。上総掘り2号井(K No. 2)の掘削は1921年7月23日に始められ，同年9月22日に終了した。掘削の深さは34間。深部30間で油兆が認められた。K No. 2はK No. 1と同様，この石油鉱床の地質調査の目的のためだけに例外的に掘削されている。北辰会はピリトゥンで肯定的な結果を得られなかった。さらに深部の探査が必要になると判断された。

(4) ヌトウォ石油鉱床

ヌトウォ石油鉱床の面積は925デシャチーナ。この鉱床は湾から4 kmのヌトウォ川とマールイ・ゴロマイ Малый Горомай 川の間に位置する。石油鉱床はヌトウォ背斜軸およびその東の小背斜軸に沿って2ヵ所にあり，新鉱場および旧鉱場と呼ばれている。これらを構成するのは砂岩礫岩層および砂質頁岩層であり，ヌトウォ背斜軸の西翼において45度西方，東翼では40～70度東方に傾斜している。

この石油鉱床には強いガスを含んだ軽質油が埋蔵しているといわれたことから多くの調査隊の関心を引きつけてきた。支那石油会社が掘削機2基で試掘した。手掘り1号井は背斜軸の東側に位置し，キール池中にあり深さは216尺(36間)，深部100尺で12時間に約1石の石油が得られたという。手掘り2号井は1号井の東方約40間に位置し，深さ332尺に達したが，途中228尺で多量の出油をみた。その後は少量の石油しか湧き出ていない。

北辰会は，これら2坑井の近くのキール池に2本の上総掘りと背斜軸の西翼にロータリー式1本を掘削した。

上総掘り1号井(K No. 1)の掘削は1921年8月2日に開始され，同年9

月22日に終了した。掘削の深さは32間2尺であり，深部7間で油兆がみられた。

上総掘り2号井(K No. 2)の掘削開始は1921年8月2日であり，同年8月22日には早くも終了している。掘削の深さは55間2尺。深部12〜14間で油兆がみられた。42〜45間の深さで水に遭遇した。

ロータリー式1号井(P No. 1)の掘削は1922年8月25日に開始され，1923年9月27日に終了した。冬期には労働者が日本に戻っており，掘削は中止された。油層は深部500間2尺にあり，ロータリー式と綱式で掘削された。石油は深部5〜16間，84〜117間，175〜181間，293間，322〜336間，409間，482〜487間にみられた。

(5) ボアタシン(チャイウォ)石油鉱床

この石油鉱床の面積は444デシャチーナであり，ボアタシン川上流に位置し，チャイウォ湾から約4km西方に位置している。日本人がこの石油鉱床を掘削する前に，ペテルブルグの会社が1坑井を，またクレイによって組織された支那石油会社が3坑井を掘削している。北辰会は綱式で1坑井を掘削し，2本目をロータリー式で掘削し始めたが，2間を掘削したところで解体され，掘削機は深部掘削のためにヌトゥォに運ばれた。

綱式1号井(C No. 1)の掘削開始は1919年9月16日であり，1920年1月から同年9月5日までサハリンで起こったパルチザンの事件のために停止した。1920年9月5日から掘削が再開され，7月10日に終了した。坑井の掘削の深さは123間2尺である。油兆は23間4尺〜23間24尺，28間3尺〜28間4尺の層でみられた。

(6) ヌイウォ(ノグリキ)石油鉱床

この石油鉱床はカタングリ背斜軸の北端に位置するノグリキおよびウイグレクトゥイ両河川に跨る地域をさしている。上総掘りと綱式の2つの坑井がある。

上総掘り1号井は1921年5月31日に掘削開始，同年8月12日には終了した。掘削の深さは40間1尺である。35〜40間の層に重質油が認められた。

綱式1号井(C No. 1)の掘削開始は1920年11月4日であり，1921年9月

24日に終了した。掘削の深さは169間3尺。石油層としては35～42間の層1カ所だけであった。

(7) ウイグレクトゥイ石油鉱床

ウイグレクトゥイ石油鉱床はノグリキ川とウイグレクトゥイ川の間のカタングリコンセッション地から5kmに位置する。手掘りとダイヤモンド掘りの計2本が掘削された。

上総掘り1号井(K No. 1)の掘削は1922年9月1日に開始され，同年9月22日に終了した。22日間で平均1日1間の割合で23間掘削され，20～23間の層で油兆がみられた。

ダイヤモンド掘り1号井(Д No. 1)の掘削は1922年7月20日に開始，同年10月12日には終了している。掘削の深さは98間5尺である。掘削にはダイヤモンド機が使われ，スウェーデンから専門の技術者が招かれた。油兆は深部18～21間でみられた。ダイヤモンド式の作業はかんばしくなく，将来掘削機としては採用しないとされ，また夏だけ作業が行われた。

(8) カタングリ石油鉱床

石油鉱床はカタングリ湖から西方1kmに位置する。総面積は592デシャチーナ。全体としてロータリー式2坑井，手掘り3坑井が掘削された。

ロータリー式1号井(P No. 1)の掘削作業は1922年7月20日に開始され，1923年6月5日に終えた。11カ月間の掘削の深さは381間4尺である。掘削は1922年12月5日から1923年4月20日まで停止された。強いマロース(激寒)のために蒸気ボイラーおよび掘削用の水がなかったからである。油兆は17間2尺～25間3尺に1カ所だけみられた。

ロータリー式2号井(P No. 2)の掘削開始は1924年4月20日であり，同年9月20日には終了した。5カ月間の掘削の深さは362間3尺であった。深部39間1尺～56間に石油層が発見され，石油は62間の深さでも得られた。

上総掘り1号井(K No. 1)の掘削は1921年8月11日，その終了は同年9月23日であった。16間から2カ所で油兆がみられた。工業採掘に必要な量の水が得られず，否定的な結果しか得られなかったために，掘削は中止され

た。

　上総掘り2号井(K No. 2)の掘削の深さはわずか4間5尺にとどまった。この坑井の掘削データはない。

　上総掘り3号井(K No. 3)の掘削開始は1923年3月23日，終了日は同年4月15日であった。油層があることははっきりしているが，データはない。ポンプによって日産50プードの石油を汲み上げた。上総掘り2号井および3号井から得られる石油は蒸気ボイラーの加熱用に使用された。

1) サハリンでの最初の掘削井がゾートフ名称で呼ばれているように，彼は北サハリンの石油開発の創始者とみなされている。ゾートフは際立った個性の持ち主で，5人の兄弟の4番目としてセバストポリ Севастополь に生まれた。シベリア艦隊(ニコラエフスク)に勤務，海軍の基地がウラジオストクに移った1873年に退役した。
2) Сахалинский нефтяник, 1998. 5. 13.
3) Советский Сахалин, 1998. 6. 27.
4) 「其ノ三　軍占領事ノ渉外油田事項」外務省外交史料館『帝国ノ対露利権問題関係雑件　北樺太石油会社関係』1928年1〜12月。
5) "Papers Relating to the Foreign Relations of the United States," 1923, vol. 2, Washington, 1938, p. 798.
6) 注4)に同じ。
7) 注5)に同じ，p. 802.
8) 1924年3月17日付ファー・イースタン・タイムス紙(吉村道男『増補日本とロシア』日本経済評論社，1991年，397頁)。米国政府への要請は1924年10月15日付シンクレアの国務省への書簡，注5)に同じ，p. 678. この書簡は調査隊への妨害に対する抗議ではなく，日本が油田開発を行っているのに米国企業が機会を与えられていないのはワシントン会議に違反するという内容であった。これに答えて，米国国務省はソ連を正式に認めていないために，日本政府に抗議する立場にないと断っている。
9) 注8)に同じ，397頁。
10) 注5)に同じ，p. 809.
11) 注4)の外務省史料ではコンセッション委員会本部が提訴していた契約違反は3月24日に無効の判決となっているが，注5)の米国史料(1925, vol. 2, p. 697)によれば，ラトヴィアの大臣から米国国務省に宛てた文書(1925年2月27日付)に裁判所の判決が伝えられている。外務省史料によれば，判決内容にはシンクレアがおさめた保証金20万ルーブリをソ連政府は没収してはならないと述べられている。
12) 注5)に同じ，1925, vol. 2, p. 698.
13) 「イワン，スタヘーエフ商会」，注4)に同じ，1928年1〜12月。イワン・スタヘー

エフ商会は穀類貿易，農牧業，鉱業，林業，織物業，銀行業その他商業を営むロシアの総合企業であり，傘下企業は75にのぼる。石油業ではウラル地域のエンバにおいて油田開発事業に着手し，事業を広げた。

14) 注8) に同じ，387頁。
15) 「其ノ三　露国極東工業会社，サハリン，エキスペジション其他関係会社」，注4) に同じ，1928年1～12月。
16) 「覚書　大正八年四月一日閣議決定　露領北樺太ニ於ケル企業ニ関スル件」，注4) に同じ，1928年1～12月。
17) 辛苦の逃避行の模様は，神代龍彦『嵐のサハリン脱出記』(神代ゆかりの会，1988年)に詳述されている。元樺太庁通訳成富道正は神代の叔父にあたる。
18) 「覚書　大正九年七月十六日海，陸，外，農四省協定　露領樺太ニ於ル油田及炭田ニ関スル件」，注4) に同じ，1928年1～12月。
19) その内容は，1922年11月末日までの北辰会の支出を出資額とし，油田を提供するスタヘーエフの現物支給を同額とみなし，有望な油田が発見された段階で共同出資による株式会社を設立するというものであった。「北辰会規約」，注4) に同じ，1928年1～12月。
20) 注4) に同じ。
21) 海軍省編『北樺太東海岸産油田調査報告』海軍省，1926年，63頁。
22) Абазов Н. С. (ред.) Технико-экономический обзор японских работ на нефтяных месторождениях восточного берега о. Сахалина. Л., 1927. с. 349-374. ロシア側が日本の計量単位を使用しているのは，北辰会の試掘作業が先行しており，ロシア側は当初これを利用したためである。

第4章　北樺太石油コンセッション獲得交渉

第1節　北樺太石油コンセッション取得までの過程

1　ニコラエフスク事件による北樺太占領

　ロシア革命後，ソヴィエト政府は国際社会に国家として認知してもらうために，正常な政治・経済関係の樹立を求めて積極的な外交政策を展開してきた。日本に対しても例外ではなく，早くも1917年12月，ソヴィエト政府の外務人民委員部はペトログラード駐在の日本大使(内田康哉)との間に半公式的な交渉に入った[1]。この交渉で人民委員部は新たな通商・経済協定と極東および太平洋沿岸の状況に関する協定を結ぶことを提案したのである。ソヴィエト政府のこの提案は，日本大使によって本国政府に伝えることも約束されたが，日本本国からは何の回答も得られなかった。この種の提案は1918年春に再び上田領事を通じて伝達され，同年5月にヴォログダ Вологда (ヨーロッパ部)駐在の丸毛日本代理大使の仲介を通じて行われた。東京への伝達を約したが，同様に梨の礫に終わった。当時，日本としてはソヴィエト政府との間に経済交流を発展させる意思はなかったのである。
　1919年1月26日，原内閣は「対露政策方針」によって列国協調の立場からオムスク政府支持を表明した。連合国に対してオムスク政府を共同で承認する提案を行った日本政府は，その交換条件に北樺太の石油と石炭資源の獲得，東支鉄道の南部線購入，漁業協定の締結などを要求した[2]。

1920年1月に入ると，米国の一方的なシベリア撤兵通告，さらには日本国内におけるマスコミ・政界によるシベリア出兵批判，さらにこの動きは労働団体にまで広がり，国内世論はシベリア撤兵一色となり，シベリアから兵を引くことが避けがたい情勢となった。

　こうした空気のなかでニコラエフスク（尼港）事件が起きる。1920年3～5月のソヴィエトの「過激派」による日本人約700名の虐殺（石田副領事の死亡をはじめ守備隊約330名，海軍約40名，居留民約350名）は，ソヴィエトに対する批判を一挙に高めた。生存者が少ないためにこの事件の真相があいまいなままで残される状況下で，マスコミはこぞってこの悲惨な事件をソヴィエトのせいだと書きたて，そのことが反ソ感情を一段と高める結果となった。この事件を好機と捉えたのは日本政府と軍部である。約700名の命の代償を御旗に，世論の後押しを受けて，北樺太の保障占領が始まる。サハリン州内の地点占領が官報で告示されたのは，1920年7月3日のことである。そこには次のように述べられている。

　「本年3月12日以来5月末ニ亘リ「ニコライエフスク」港ニ於テ帝国守備隊領事館員及在留臣民約七百名老若男女ノ別ナク同方面過激派ノ為虐殺セラル其ノ状誠ニ悲惨ヲ極ム帝国政府ハ国家ノ威信ヲ全ウセムカ為必要ナル措置ヲ執ラサルヘカラス然ルニ目下実際上交渉シ得ヘキ政府ナク如何トモスルコト能ハサル情況ニ在ルニ依リ将来正当政府樹立セラレ本事件ノ満足ナル解決ヲ見ルニ至ル迄薩哈連州内ニ於テ必要ト認ムル地点ヲ占領スヘシ」[3]

　700名の虐殺に対する責任を追及するにも，交渉すべき「正当政府」がない。このために将来正当な政府が樹立されて満足な解決が得られるまで，サハリン州を保障占領するというものである。この占領に対して，米国は同年7月16日，国務長官名で駐米幣原大使宛に抗議文書を寄せた[4]。「露国ニ正当政府成立シ3月12日ヨリ5月末日ニ至ル間ニ「ニコライエフスク」ニ発生シタル事件ノ満足ナル解決ヲ見ルニ至ル迄薩哈連州ノ某々地点ヲ占領セントスル貴国政府ノ決定ニ関シテハ米国政府ハ該地ニ於テ無規律不逞ノ匪徒カ日本軍隊竝居留民ニ対シ加ヘタリト認メラルル暴虐行為ヲ慨嘆スルモノナリト雖モ之ト同時ニ是等ノ悲惨ナル出来事ト今回日本政府ノ声明セラレタル決

定トノ間ニ連鎖ヲ発見スルコト能ハサル旨忌憚ナク貴大使ニ通報セサルヲ得サル次第ニ有之候」と記し，事件の暴力行為は慨嘆に堪えないが，ニコラエフスクで発生した事件のために何故対岸のサハリン州の地点を占領するのか，そのつながりを見出すことができない，と日本軍の膨張主義を批判したのである。日本軍が占領した範囲は，北樺太および当時の行政区画上サハリン州に属する対岸の虐殺の現場であったニコラエフスクおよびそこへの交通確保上必要なデカストリ湾周辺であった。米国に対する日本側の説明は，行政区画上同一であることと，ニコラエフスクの気候・位置の点から確実に占領するために，間宮海峡の両岸にわたるサハリン州の重要地点を占領しておく必要があるというものであった。米国は抗議を執拗に繰り返すことをしなかった。日本政府の目的は，領土的要求にあるのではなく，尼港事件の賠償を求めるための担保と日本人の生命財産に対する保障とにあったのである。当時，北樺太には日本人が居住し，石油開発をはじめ，漁業，石炭，林業などの分野で生産活動に従事していた。

　この大義名分の背後には軍の野心が隠されていた。7月23日の陸軍省の外務省宛文書「薩哈連州ニ於ケル経済的施設ニ就テ」では，北樺太の経済活動を円滑適正にし，将来障害を起こさないために各省の分担を提案している[5]。

　それによれば，①油田・炭田およびそれら関連運輸機関の諸施設に関する計画・実施にともなう諸問題の立案・審議は海軍省，②鉱山・森林・水産等に関する諸方針の計画・実施にともなう諸問題の立案・審議は農商務省，③海軍省および農商務省は必要な経費を直接大蔵省と協議し，支出を受ける，④業務を円滑にするために陸軍省で関係諸官の合同会議を行う，⑤海軍省および農商務省は①，②について陸軍省および外務省に内儀を必要とするものは閣議決定を経て，実行にあたっては陸軍省が派遣軍の措置をとる，などであった。保障占領とほぼ同時に手回しよく軍部は分掌を決めており，尼港事件に名を借りて，北樺太の居留民の安全確保の名目の下に，かねてから石油確保に目をつけていた軍部に石油を支配する口実を与えることとなった。北樺太の保障占領は日本軍部による石油確保を狙ったものという見方が生まれ

るゆえんでもある。

　そして，同年7月27日，閣議決定で戦時占領に関する国際法規を準用して，日本占領軍は自己の権力を一定の範囲内で行使するために軍政を施行することを決定したのである。

2　大 連 会 議

　1920年4月6日，緩衝国としてセレンガ Селенга 川以東に樹立された極東共和国(チタ政府)は，日本に対して軍隊の撤退を再三呼び掛けると共に日本との通商を求めてきた。同年12月になると駐ウラジオストク・チタ政府外務次官のコジェブニコフは菊池ウラジオ派遣軍政務部長に対して日本と通商条約を調印したい旨再三述べ，日本側の具体的な条件を提示するように要望した。1921年3月にコジェブニコフは重ねて通商条約締結の希望を表明した。日本がシベリア・極東に軍を駐留させているこの時期に，内外の情勢はソヴィエトに有利に展開し始めていた。コジェブニコフの要請は，ソヴィエト政府が英国との間に1921年3月16日，暫定通商協定を締結したことに力を得たものであった。ドイツとも同年5月6日，通商協定を結んだ。また，イタリア，スウェーデン，ノルウェー，ベルギー，トルコ，モンゴル，中国とは通商協定の締結交渉に入っていたし，フランスや米国もソヴィエト政府およびチタ政府に接近しつつあった。日本が硬直的な姿勢をとり続ければシベリアへの経済進出に遅れをとるばかりか，国際的に孤立しかねない状況にあった。また，内にあっては次第にシベリア出兵に対する批判が強まり，国内の経済恐慌を反映してソヴィエト政府との通商関係樹立の機運が高まりつつあった。このような内外の情勢に鑑み，原内閣は7月12日の閣議で極東共和国との通商問題の交渉という形で非公式交渉を開始し，将来の両国民の親善とシベリアにおける経済発展の基盤をつくることによる利益に期待して，極東共和国の申し入れを受けることを決定したのである[6]。

　この時点での交渉条件は数点挙げられたが，そのなかで尼港事件の善後策は他日に譲るとして，この事件を交渉の舞台には乗せないというのが日本政府の方針であった[7]。非公式交渉は，コジェブニコフと島田副領事との間で，

ハルビンにおいて6月8日から7月20日まで行われた。この会談で極東共和国が示した希望事項は，①両国は相互宣伝を行わないこと，②日本人に対し主要都市において約60年の土地租借権を供与する，③漁業協約の改訂，④森林および北樺太におけるコンセッション許与，⑤松花江および黒龍江の日本人所有船舶のチタ側買収，⑥日本からの借款獲得，⑦駐日露国公館および財産船舶の引き渡し，⑧日本の撤兵，であった。これらの事項が日本政府の交渉方針に近いものと判断し，政府は松島ウラジオ派遣軍政務部長を大連に出張させ，外務大臣ユーリンとの間に8月26日より本会議が開始された。ここで本章の趣旨である北樺太のコンセッションを取り上げてみれば，この時点で極東共和国側が北樺太におけるコンセッションを日本に許与する用意のあることを表明していることは注目に値する。しかし，日本側はチタ側提案の各種コンセッションを日本人に譲与する申し出を交渉から切り離し，撤兵後において日本人居留民が生命財産を脅かされることなく経済発展を為しえることと日本に対する脅威を取り除くことについての相当の保障を得た上で撤兵することを主眼とした。

　チタ政府代表は，9月1日からユーリンに代わり首席代理のペトロフ Петров, А. И. となった。9月6日にはチタ側から29条から成る案が出され，同月20日には日本側から17条の対案が示された。極東共和国案は，両国の内政不干渉，旅行・居住の自由，職業の自由，宗教・政治の自由，外交，裁判，航海，関税などを定めており，先の希望事項に盛り込まれていたコンセッション許与については，第21条に「極東共和国政府ハ門戸開放主義ヲ認メ両締約国ノ為有利ナルヘキコトヲ原則トシ法令ニ依リ日本起業家ニ「コンセッション」ノ提供上十分ナル援助ヲ与フヘシ」とうたわれ[8]，日本に対する具体的な特別規定を含まない，かなり後退した表現となった。これに対する日本側の修正案は，極東共和国案第21条において「「コンセッション」提供ヲ掲ゲタルハ我方交渉ノ方針ニ反ク次第ナリ依テ之ヲ削除シ産業及商業ニ関スル制限撤廃等一般原則ノ規定ヲ以テ之ニ代フルコトトセリ」として[9]，この条項を切り捨ててしまった。北樺太のコンセッションという視点からみれば，第21条は日本の「交渉ノ方針ニ反ク」重大な問題を内包していたの

である。日本政府の大連会議に望む一貫した姿勢は,「尼港事件善後問題ハ之ヲ他日ニ譲コト」であり,尼港事件の解決とその保障を結びつけている日本としては別途協議する目論見であった。しかし,会議の途中で重要なことに気づく。

ウラジオ派遣軍参謀長は,チタ政府の第21条提案に対する軍の意見を松島政務部長に指示した[10]。そのなかで,「先方ハ樺太ヲモ包含セシメアルニ対シ尼港事件ハ別問題トシ旧樺太州ニ関シテハ除外タルヘキコトヲ明カニスル等ノ注意ヲ必要トス」として,注意を促している。松島は9月10日の内田外務大臣宛電報のなかで,「本交渉中樺太駐留軍ニ関シテハ双方一語モ言及セザリシ処先方ハ同軍ヲモ含マセ話ヲ為シ居ル積リナルヤモ知レザルニ付適当ノ機会ニ於テ当方ヨリ同軍ハ本交渉ノ外ニ置クコトヲ云ヒ出ス必要アリト信ズルモ尼港事件ノ全責任ヲ知多政府ニ於テ負フヤト問ハバ先方ハ不能ト云フベキハ勿論ニ付樺太軍ノ問題ハ除外シ得ベシト思考ス」と述べ[11],チタ政府側の撤兵問題には樺太を含んでいるのではないかという懸念をあらわした。この懸念は的中した。

9月12日の第11回本会議において,松島はサハリン州駐屯の日本軍についてはこれまで交渉でふれることがなかったが,日本軍のサハリン州への派兵は尼港事件の結果であり,この事件は日本と極東共和国のみでは解決できない性質のものである,本会議においては尼港事件にふれることはなく解決を後の日に譲りたい,したがってそれまでは日本軍はサハリン州に駐屯する。以上のことを述べた。これに対して,ペトロフは「本問題ハ一般極東共和国領土ヨリノ撤兵問題中ニ含ムモノト解シ居リタリ」と応じた[12]。

そして私見として断りながらも今後の解決方法として,①極東共和国との間で解決するか,②本会議にソヴィエト政府を参加させて解決するか,③時期を定めて三者間の会議にするかの3つの方法を提案してきた。松島は,①極東共和国は尼港事件に対して全責任を負うことができないので本会議の問題として扱わない,②本会議の目的は両国の関係を定めることにあり,第三者の参加を希望しない,③日本がソヴィエト政府と特殊問題に関し交渉に入る意向があるかどうかは不明であるので,後日適当な時機に交渉に入りたい,

と述べた[13]。

　その後,本会議は極東共和国との通信事情が悪いために中断され,9月26日に第12回本会議が開催された。日本軍撤退および尼港事件の問題について双方の立場が説明された。ペトロフは極東共和国全域から撤兵しなければ両国の親善関係樹立は望めずこの際尼港事件を解決したい,解決困難ならまず撤兵して,徐々に解決の途を講ずればよいと述べた。これに対して松島は,尼港事件は両国のみで解決すべき問題ではない,極東共和国がこの事件に全責任を負うにしても,チタ政府には解決する力がない,事件の解決を後日に譲って軍を撤退させれば虐殺行為に対する日本国民の声を納得させられないと反論した。ペトロフは日本軍に殺戮されたロシア人の数は日本人の数に劣らないし,尼港事件の首魁はすでに処罰されており解決されているとみても差し支えないと本音を吐露したのである。

　サハリン州からの撤兵問題は両者の主張が平行線を辿ったままであった。ペトロフは「斉多政府ハ尼港事件ニ関シ倫理的責任ハ之ヲ負フ能ハザルモ若シ全責任ヲ負フト云フコトガ結局賠償問題ニ帰スルモノトセバ問題ノ解決ハ難事ニ非ザルベシ歴史的事実ノ調査ノ如キハ今次其必要ナカルベキニ付本会議ニ於テ審議スル為日本政府ノ提案アランコトヲ希望ス」[14]と述べ,揺さぶりをかけてきた。

　尼港事件をもともと本会議の議題からはずしてきた日本側は,この問題の審議は特別委員会を設けて後日に解決を委ねた方がよいとし,尼港事件が全部解決しない限り撤兵はできないという主張を繰り返すだけであった。しかし,先方が主張を固持して理由のある提案をしてきた場合どう対応すべきか,松島はその回訓を求めざるを得なくなった。

　11月14日の第14回本会議でペトロフは日本軍が極東共和国の全領土から撤兵する内容の協約案を提出し,通商その他の問題と共に審議し,調印したい旨を表明した。松島は,尼港事件に関連する駐屯軍は尼港事件が解決しない限り撤兵しないと述べた。これに対して,ペトロフは両国の親善関係樹立には極東共和国の全領土からの撤兵を要求せざるを得ない,日本政府はどのような条件ならば全部の撤兵に応じられるのかと尋ねたのに対し,松島は

「日本ハ代償ヲ求メテ撤兵スルカ如キ卑劣ノ意図ヲ有スル者ニ非ス」として，全部の撤兵を要求するなら，同時にその解決案を提示すべきであると切り返したのである[15]。

　11月16日の第15回本会議において，松島は，基本協定を調印したときに沿海州より撤兵し，尼港事件が解決すればサハリン州から撤兵するという考え方を繰り返した。ペトロフは，チタ政府が撤兵という場合には尼港事件解決という条件付ではない，「日本ハ薩哈連駐兵ト尼港事件トヲ結ビ付クルト同時ニ右解決案ヲ提出セラルルコト無ク我方ニ提出ヲ求メラルルヲ以テ当惑シ居ルナリ」と述べた[16]。これに対して松島は尼港事件解決案を提出する意思があるかどうかを尋ねたところ，ペトロフは政府に問い合わせ中なので即答できないと答えている。松島は，日本の立場を固持し続ければこの会議は決裂することになると懸念し，日本のとるべき態度を日本政府に問い合わせている。

　11月27日の第16回本会議では前回の松島の質問に対するチタ政府の回答を前提とするとしてペトロフは，「尼港事件解決ニ関シ日本ノ希望ヲ承知セザルヲ以テ具体案ヲ提出スルヲ困難トスルモ解決条件中ニ領土ノ割譲ヲ入ルルコトニハ絶対ニ承諾ヲ与フル能ハザルト同時ニ経済的「コンセッション」ヲ提供スルコトニ同意シ得ヘシ（如何ナル地方ニ於テ「コンセッション」ヲ与フルカハ今言明シ能ハズト云ヒタルハ北樺太ニ於テノミ与ヘントスル意向ナルモノト察ス）兎ニ角本問題ノ為ニ特別委員会ヲ組織シ之ヲ審議スルコトト致度シ日本政府ニ於テ大陸ヨリ全部撤兵スルコトニ同意セラレ且右特別委員会ニ於テ尼港事件解決ノ見込付クニ到ラバ基本協約及軍事協定ニ調印シ得ヘシ（北樺太ノ駐兵ハ尼港事件解決迄其儘トスルノ意）尤モ尼港事件解決ノ見込付キタル時期本契約ニ調印スト云フハ我希望ニシテ委員会ノ審議捗ラザル場合ニハ審議中ニ基本協約ニ調印スルコトトナルヘシト思考ス」と述べ，日本側の意見を求めた。ペトロフの質問に対し，「日本政府ノ意向ハ尼港事件解決ニ関シ極東共和国政府ニ於テ提案スルニ於テハ之ヲ考量スヘシト云フニ在リシヲ以テ経済的「コンセッション」ノ提供ニ満足スヘキヤ否ヤ又委員会組織ノ意向アリヤ否ヤ将又基本協約ノ締結ニ依リ大陸全部ヨリ撤兵スルコ

トニ同意スヘキヤ否ヤヲ承知セサルニ付政府ニ報告ノ上何分ノ儀回答スヘシト答ヘ置キタリ」[17]。

　1921年11月には，沿海州でメルクロフ政権は日本軍の支援を受けて極東共和国軍を攻撃した。11月12日に開催されたワシントン会議では，米国務長官ヒューズは日本にとって極めて厳しい軍縮提案を行った。翌年1月23日にはワシントン会議極東問題総委員会が開かれ，シベリア問題の討議を開始した。ヒューズは日本の駐兵継続と北樺太占領を非難し，ロシアの政治的もしくは領土的主権を侵害するような日本の行動を容認できないと主張した[18]。ワシントン会議の状況を眺めながら，チタ政府は大連会議の引き延ばし作戦にでた。1922年に入ってから沿海州におけるメルクロフの攻撃を打ち破ったチタ政府は，4月，日本軍に対してウラジオストク侵入を妨害しないように要請したが，日本陸軍は強硬に反対し，駐屯を続けた。チタ政府はこの要求が受け入れられなければ会議での交渉を打ち切ることを決定した。これによって大連会議は決裂した。1922年4月16日のことである。決裂の原因は，日本が駐屯に固執し，現地軍が日本政府の方針を無視してメルクロフ政権を支援したことにあるとされている。

3　長春会議

　大連会議決裂1ヵ月後の5月20日，チタ政府通信機関ダリタ通信員のアントノフは松平欧米局長を訪問し，チタ政府が日本政府と交渉再開を希望しており，ソヴィエト政府代表の参加および撤兵完了時期の明示を条件に，交渉再開を申し出た。日本政府はかねてより事情が許す限り沿海州からの撤兵を検討してきたが，その後ソヴィエト政府を取り巻く国際環境はジェノヴァ会議における不可侵条約の成立によって，ソヴィエト承認の方向に動き，シベリア駐兵を続ける日本にとって不利となってきた。日本国内においてもシベリア撤兵の要求が強まった。1922年の第45回議会における尾崎行雄の激しいシベリア出兵批判，憲政会正木昭蔵の臨時軍事費廃止要求など政治家の批判ばかりか大衆運動にもシベリア撤兵要求運動が激しくなった。小牧近江の『種蒔く人』に触発された救援活動団体，露西亜飢饉同情労働会の発足，

山川均の雑誌『前衛』による救援カンパ運動，シベリアからの日本兵の即時撤兵，ソヴィエトとの通商貿易開始，飢饉救済を掲げた対露非干渉同盟会の結成，5月メーデーにおけるソヴィエトの承認決議，など撤兵要求を無視して駐屯を続けることはもはや不可能となったのである。

　加藤内閣は，6月23日の閣議決定および翌日の外交調査会の決定にしたがって1922年10月末日までの結氷期前までに沿海州（樺太対岸からも同時に）から撤兵することとし，この撤兵は同年8月15日から開始された。

　この撤兵予定期間にチタ政府と交渉が成立すれば有利であると判断し，先方との協議に入ることとした。日本政府は，第1に大連会議での合意事項に基づいて極東共和国と基本協約を結び，その後に漁業協定や黒龍江および松花江の通行問題，ニコラエフスク問題をソヴィエト政府と交渉するという手順を考えていた。日本側はソヴィエト代表の交渉への参加に難色を示していたが，漁業やニコラエフスクのような特殊な問題についてはソヴィエトとの交渉が必要であることから，協約の形式に変化をきたさないことを前提にソヴィエトの参加を認めたのである。ところが，ソヴィエト代表にはヨッフェ Иоффе, A. A.，極東共和国代表にはヤンソンが任命され，ヨッフェは首席代表と称して，実際にはヤンソンに発言の機会を与えなかった。

　ヨッフェは国際的にも強くなったソヴィエトの立場を生かして，大連会議の交渉を前提とせず，協議の対象をソヴィエト全体とすることを主張した。また，尼港事件解決後に北樺太から撤兵するという方針を繰り返し確認してきた日本としては，ヨッフェが初めて知ったと述べたことに驚きの色を隠せなかった。ソヴィエト側は政府の回訓だとして，①交渉相手の対象をソヴィエトに拡大すること，②尼港事件解決を北樺太撤兵と関連させることには同意できないし，尼港事件に対し責任を負わないこと，③北樺太撤兵時期をその他の地域の撤兵時期と共に基本協約または附属文書で定めること，を主張した。日本側は，サハリン占領は保障占領であり，尼港事件の解決の期限を定めることができない以上，撤兵の期限を定めることはできないと反発した。双方の隔たりを埋めることができず，21日にわたり13回の会議を重ねた長春会議は，早くも9月25日に決裂した。会議決裂の背景には，ヨッフェが

会議中にマスコミを巧みに操作し，日本の世論を利用したこと，沿海州からの日本軍撤兵によってもはや先方にとって軍事的脅威が薄れたこと，などの事情がある。

　1922年10月25日，日本軍はウラジオストク部隊を最後に沿海州からの撤兵を完了した。北樺太対岸からの陸軍撤退は9月27日，ニコラエフスクの帝国駆逐艦は10月11日に引き上げている。10月26日，チチェリン外務人民委員は，極東情勢に関して北樺太問題が有利に解決されない限り，沿海州からの撤兵だけではソヴィエト政府にとって不十分であることを強調した[19]。日本軍の沿海州からの撤兵はすでにスケジュールに載っており，国際情勢がソヴィエトに有利に展開していたことや，日本の世論が撤兵を望んだこと，シベリア出兵による莫大な軍事費が日本を財政難に陥れていたことが撤兵を実現させた背景にある。しかし，北樺太では状況が異なる。尼港事件に対する日本国民のソヴィエトへの反感を政府や軍部が利用して，北樺太の保障占領の口実を不動のものにしていたし，占領の費用もシベリア出兵に比べれば大きな負担ではなかった。

　ところで，長春会議の時期に北樺太のコンセッション問題に変化がみられたのであろうか。長春会議の決裂後の11月11日，ヨッフェは，ソヴィエト政府が日本政府と外交関係をもたないために中国駐在の小幡公使を通じて，日本軍による北樺太の駐兵に抗議するとともに，長春会議ではソヴィエト側代表団は，日本側のサハリン島における経済的利益は他の方法，たとえば，サハリン島北部における日本によるコンセッション獲得によって満たされ得るということを明確に述べたとし，これによる解決を申し入れた[20]。しかし，日本の外務当局は何の回答もしなかった。

4　後藤・ヨッフェ非公式会談

　ヨッフェは，長春会議決裂後，中国との修好条約調印の準備に取りかかった。日ソの国交交渉が遅れ，頓挫している間にソヴィエト政府と中国との交渉が進展するのを恐れていたひとりは当時東京市長で日露協会会頭の後藤新平である。後藤は日ソ交渉の打開策として，加藤首相の黙認を得て，中国で

執務を続けながら病気療養中でもあったヨッフェを病気治療の名目で伊豆熱海に私的に招待した。ヨッフェが上海で査証を受け，横浜に上陸したのは1923年2月1日のことである。後藤のヨッフェ招待は世論の賛同を得たが，内田外務大臣や外務省首脳はヨッフェ受け入れには消極的であった。ヨッフェに訪日を中止するように働きかけた。しかし，ヨッフェが勧告を退けたために，政府当局は滞在中宣伝的行動をとらないことを条件に個人としての入国を許可した。ヨッフェは長春会議でもマスコミ操作で日本国内の世論に影響をおよぼした前科があり，日本政府当局も日本国内におけるヨッフェの行動に神経を尖らさざるを得なかった。上陸時や外出時の荷物検査，暗号電報の使用禁止措置はそのあらわれでもあった。

このような当局による妨害にもかかわらず，国民のソ連との国交樹立への関心は高まり，政界においても革新倶楽部や憲政会がソ連承認を主張した。国内不況で疲弊しきった実業界はシベリア市場に期待を寄せていた。海軍省は外務省に対し北樺太の石油コンセッションを獲得することが緊要であり，そうしなければ米国にコンセッションを奪われてしまうとして，いまが時機であることを強調した。

後藤・ヨッフェ私的会談で，世論に国交樹立の機運が高まっているなか，ヨッフェは，日ソ交渉の条件として，①両国の同権，②ソ連の法的承認，③北樺太からの撤兵期限の明示，の3点を求めた。これに対して，日本外務省は尼港事件の解決と国際義務履行についてソ連が確実に了解する必要があるとして，従来の方針を前進させようとはしなかった。

日ソを取り巻く状況は，日本政府に硬直的な姿勢を堅持させなかった。ソ連政府は，3月2日，日本の泣き所である漁業問題に関し，ソ連成立以前の漁業関連条約を全て無効にすると通告し，3月6日にはウラジオストク入港の鳳山丸乗船日本人の上陸不許可，翌4月13日には駐ウラジオストク日本領事館の暗号電報使用禁止という手段をとり，もはや外交関係の改善なしでは日本人が沿海地方で活動することが不可能な状況に追い込まれていったのである。

4月20日，内田外務大臣は，後藤に大連，長春に続く日ソ交渉の開始に

異存がないと伝え，尼港問題および北樺太問題の解決方法について交渉を始めてもかまわない，ソ連政府承認については尼港事件の解決および国際義務履行について十分な了解が得られれば，承認を考慮しても差し支えないとした。また，ヨッフェの暗号電報の使用も認めた。

後藤は，「非公式日露交渉基礎案」を作成し，加藤首相に提示した。そのなかには北樺太の売却あるいは合弁会社へのコンセッション供与，国際義務履行問題を商人問題と切り離して将来に委ねる，といった内容が含まれていた。

後藤・ヨッフェ会談のもつ意味は，硬直的な日本政府の保守体質に風穴をあけて，日ソ交渉の風通しをよくしたことにある。

後藤・ヨッフェ私的会談は，川上・ヨッフェ会談に引き継がれた。6月16日，ソヴィエト政府外務人民委員チチェリンからのヨッフェをソ連側代表とする旨の電報を受け取った内田外務大臣は，同月21日に川上公使を日本側代表に任命する旨を通知したのである。

第2節　川上・ヨッフェ非公式交渉

非公式予備交渉は，6月28日から東京築地精養軒で開催された。ヨッフェの体調は思わしくなく，ベッドから離れるのも厳しい状況であったが，会議の場所についてホテルの寝室を会議室にすることに対して日本政府は難色を示し，結局，別室で行われることとなった。ヨッフェは日ソ会議開催の予備条件として，ソ連政府の正式承認と北樺太からの撤兵期日明示を求めた。日本政府は，この非公式交渉を予備的意見交換を行うことによって正式交渉の成否を確かめることにおいており，先の後藤・ヨッフェ会談を参考にはするものの，全くの私的な会談であり，何ら拘束を受けないとして，以下の方針でヨッフェとの非公式交渉に臨むことにした。

① 尼港事件の解決条件として，ソ連政府は虐殺に対し陳謝すること，および北樺太を1億5000万円内外で売却するか北樺太およびバイカル湖

以東の露領におけるコンセッションに関し，日本政府あるいは日本会社または日ソ合弁会社に長期コンセッションを許与すること。
　②　尼港事件および国際義務の履行の問題が解決した際にソ連を正式に承認すること。

　第1回正式会見(6月28日)では，川上は尼港問題の解決が先決だとして，北樺太の売却についてのヨッフェの見解を正した。ヨッフェは「すでに後藤子爵宛覚書で述べているように売却には同意するが，売価条件次第では政府においても異議はないと思う。政府において私の報告に基づき専門家による委員会を組織し，経済的評価を行ったところ，その価値はおそらく10億ルーブリ以上になると思われる」と述べた。川上は，日本の専門家の評価ではサハリン島の資源開発には多額の資本が必要であり，1億5000万円内外が相当価格であると述べ，この問題は重要であるので次回にも審議したいとしてヨッフェの同意を得た。北樺太の買収額については，日本外務省は石炭・石油コンセッションがそれぞれ5億円，森林・漁業コンセッションが各5000万円の合計11億円と試算しており[21]，川上の提案額はこの試算を全く無視したものであった。そもそも私有財産を否定するソ連が領土を売却するなどと事情に通じる川上は本当に思ったのであろうか。売却が駄目な場合にはコンセッションを提案するやり方は外交交渉としても稚拙な感じが否めないが，川上は売却案を取り敢えず無理を承知で出してみたのか，あるいは当時の日本側には北樺太買収案が有力であったことを反映したものであろう。

　第2回正式会見(6月29日)では，川上は，売却価格が法外に高すぎるので折り合える価格の提示を求めたところ，ヨッフェは，埋蔵する天然資源価値に加え，政治上・軍事上の価値を加えれば提示価格はむしろ安すぎる，さらに，10億ルーブリといえばジェノヴァ会議で問題となったソ連復興資金の3分の1にあたり，ロシア国民も納得する，売却価格は算定方法によっても大きく異なるし，価格支払い方法も重要な問題であるとして，取り敢えず未決のままとなった。

　北樺太問題の第2案として，川上はサハリン島において日本会社にコンセッションを与えることができるか尋ねたところ，ヨッフェは行政権，警察

権を行使する租借と違って何ら問題はないと述べた。

　第3回正式会見(6月30日)では，川上は北樺太のコンセッションは長期と解釈すると述べたのに対し，ヨッフェは旧極東共和国の法律では36年であるが，ソ連政府の現行法では99年までの期間であると思うと述べた。次に尼港事件に問題を移し，川上は損害賠償を主張し，北樺太を日本に売却するかコンセッションを提供するかを提議したところ，ヨッフェはサハリン問題を尼港問題と関連づけることには同意しないと述べ，売却問題は未解決であること，コンセッション問題についてはサハリン全島における全ての天然資源開発のための日ソ合弁会社にコンセッションを付与するか，何らかの形でソ連政府が参与するコンセッション供与を希望し，シンクレアのコンセッション破棄による違約金を支払うと述べた。これに対し川上は，日ソ合弁会社を希望しない，油田，炭田，森林等の長期開発権を日本政府あるいは日本会社に供与することを求めると回答した。

　第4回正式会見(7月2日)では，ヨッフェがサハリンからの撤兵時期の明示を求めたのに対し，川上は正式交渉の場で決定すべきことであるとした。ヨッフェは買収をもってサハリン問題の解決とみるのか，他の方法もあるのかと尋ねたのに対し，川上は有利なコンセッション提供も解決方法であると述べた。

　第5回正式会見(7月4日)では尼港問題に関する日本側の考え方が述べられ，ヨッフェに対し日本側条件が提示された。尼港問題，国際義務問題その他についての条件のほか，サハリン問題については，ソ連が1億5000万円でサハリンを売却するか，石油，石炭，森林の開発の長期コンセッションを提供するかのいずれかに同意することがうたわれた。

　第6回正式会見(7月9日)では，北樺太の売却に関し本国政府からの通知を受けたが，ヨッフェは，専門家による経済委員会の評価によれば，その評価額は15億ルーブリであり，軍事専門家委員会の評価はこれをさらに上回ると説明した。これに対し，川上はこのような価格は問題にならない，売却問題は打ち切りにすべきだとすると，ヨッフェは延べ払いの方法もあるし，国民に説明するには大きな数字が必要である，日本側の1億5000万円はあ

まりにも小さすぎ，最初冗談と思っていた，しかるべき売価を指定していただきたい，とのことに対し，川上はこれほどの価格差はいかんともしがたいと述べた。これに対し，ヨッフェは「サハリン問題の解決はコンセッション供与の方式しかない。本国に対し，日本は石油，石炭，森林等の資源開発に関する55年ないし99年の長期コンセッションを希望する。コンセッションは日本政府あるいは日本会社名義とする。ソ連の労働法その他の法令を尊重する問題は日本側に知識がないので留保する」ということで本国の意向を確かめるが，それでよいかという問いに対し，川上は期間を99年とすることが望ましい旨回答した。

第7回(7月11日)から第10回(7月20日)までの正式会見では，双方の案が出され，尼港事件に対するソ連政府の陳謝形式の問題が取り上げられた。

第11回正式会見(7月24日)でヨッフェから陳謝文については未解決とし，他の問題に移ることが提案された。ヨッフェはサハリン問題，尼港問題，国際義務問題について自らの立場を説明した。サハリン問題については，ヨッフェは「売却ノ場合露国側ノ評価ハ15億留ニシテ日本側ノ評価ハ1億5000万円ナリコンセッション提供ノ場合露国ハ石炭石油森林等ノ富源開発ニ関シ日本政府又ハ日本会社ニ対シ99ヶ年乃至55ヶ年ノ長期コンセッションヲ与フルコトニ同意ス」と述べた[22]。

ヨッフェはこの会見で突然本日をもって最後としたいと言い，川上は双方で意見が一致していない点をどうするのかと尋ねたところ，後藤との私的会談を含めればすでに6カ月も交渉に時間を費やしており，これ以上譲歩の余地がないとの回答であった。

川上・ヨッフェ予備交渉ではこの他日本側から，バイカル以東のソ連領における森林および鉱山開発に関して日本側にも門戸を開放すること，通商条約締結によって日本人の生命安全，私有財産尊重，商工業の自由を保障すること，両国は有害な宣伝・侵略行為を禁止すること，の3点を提案した。ソ連側にもこれらは受け入れられた。日本側は尼港事件の解決方法と国際義務問題についてさらに意見交換することをソ連側に求めたが，ヨッフェは7月24日で交渉を打ち切りたいと述べ，さらに同月27日に文書で非公式予備交

渉の終了を通告してきた。7月31日，基本的な問題が未解決のままに議事録修正を加え，交渉は打ち切られた。

第3節　北京カラハン・芳沢会談

　1923年9月22日，北京に赴任したカラハン・ソ連全権代表は，駐中国芳沢公使を訪ねて，東京で中断した交渉を再開したいがいかがか，また今回は非公式交渉の形式ではなく正式交渉の方が得策であると判断するがいかがか，日本政府の意向を尋ねた。

　しかしながら，関東大震災による国内復興，虎の門事件による山本内閣総辞職という状況下で，返事は保留されたままであった。その後，1924年3月15日に松井外務大臣は芳沢公使に対し，日ソ間にはまだ多くの懸案事項があり，ソ連を承認する前に解決しておきたい重要な問題があるために，以下の問題の基礎的条件をカラハンに示すように訓令した。

① 尼港事件
・書面をもって遺憾の意を表することが絶対に必要である。
・北樺太およびその他の地方において有利な長期コンセッションを許与するなら物質的賠償を要求しない。

② 国際義務履行
・ポーツマス条約の存続を要求する。
・ソ連の日本に対する債務を取り消すことに承諾しない。但し，ソ連政府が北樺太および東部シベリアにおいて無償長期の重要なコンセッションを提供するならこの限りではない。

③ 在ソ私有財産
・私有財産の返還・賠償の責任をソ連政府が負うべきであるが，日本国民に第三国民より不利な条件を与えないなら，将来の協議に異存はない。

④ 締結予定の通商条約の基礎条件
・日本人の生命の安全，私有財産の保護，通商および産業に従事する自由，

一般的な最恵国待遇の主義を認めることの保障を与えることを希望する。
⑤　安寧・秩序を破壊する宣伝および活動を防止する義務の協定を結ぶことが望ましい。
⑥　上記諸点の完全な了解が成立した上で北樺太の占領を即時終了し，ソ連政府を正式に承認する。

以後，芳沢はカラハンと数回会談を重ねたが，ウラジオストクにおける日本総領事館職権否認問題や在留日本官民の拘束事件などの解決のために本交渉は遅々として進まなかった。

1924年5月5日になって，カラハンから正式会談に入りたい旨の要請があり，日本政府は，ソ連政府を承認するヨーロッパの国々が増え，ソ連政府を取り巻く国際環境が大きく変化してきたこと，北樺太が日本に隣接した地域にあり，政治的，経済的，軍事的に重要な潜在性をもっていること，中国とソ連との関係に先んじて日本政府はソ連との関係を改善したいこと，日本は緊急に漁業問題，邦人拘禁問題など解決しなくてはならない問題に直面していたことなどから正式に交渉に入ることが望ましいと判断され，5月13日芳沢公使に対して委任状が交付された。カラハンもソ連政府から委任状を受け取り，5月15日から正式交渉に入った。

同日，カラハン作成の日ソ間協約草案が提示された[23]。6月7日には芳沢公使から日本側対案が手渡され，審議が行われたが，6月11日に日本の内閣が交替し，加藤高明首相，幣原喜重郎外相が誕生した。芳沢公使は事情聴取のために帰朝を命ぜられ，北樺太の現地を視察し，8月帰任した。そのために，条約交渉は中断した。

条約交渉において日本側が最も重視した問題は北樺太コンセッションであった。ソ連政府との間で北樺太コンセッションにどのような対立点があり，どう克服したかを詳述してみよう。

日ソ基本条約(1925年1月20日締結)は北樺太コンセッションという視点からみれば，3段階に分かれている。まず日ソ基本条約は全7条から成り[24]，コンセッション許与については「両国間ノ経済上ノ関係ヲ促進スル為又天然資源ニ関スル日本国ノ需要ヲ考量シ「ソヴィエト」社会主義共和国連邦政府

ハ「ソヴィエト」社会主義共和国連邦ノ一切ノ領域内ニ於ケル鉱産，森林及其ノ他ノ天然資源ノ開発ニ対スル利権ヲ日本国ノ臣民，会社及組合ニ許与スルノ意向ヲ有ス」と規定している。この条項そのものはソ連が他国にも認めているコンセッションの一般的な規定であり，日ソ基本条約でうたいあげていることを除けば，特定のコンセッションに対して何ら排他的権利を認めているものではない。

　尼港事件の賠償として北樺太コンセッションを要求した日本政府にとって，政府間の条約によって北樺太のコンセッションが保護されることがどうしても必要であった。カラハンとの度重なる厳しい交渉の結果生まれたのが日ソ基本条約と同時に署名された附属議定書（乙）である。さらに，調印以前に日本が北樺太の油田および炭田で行っていた企業の活動を保護するために，「北樺太ニ於ケル油田及炭田ノ作業継続ニ関スル交換公文」が同じ日に調印された。

　これらの法的な裏づけを得て，当事者間でコンセッション契約を調印するという仕組みができあがったのである。

　カラハンは北樺太の石油，石炭コンセッションの許与については，当初から単に長期かつ有利なコンセッションを日本人に許与する規定にとどめ，ごく簡単な条文とすることを主張し，5月15日に提示した案では最終的に採用された日ソ基本条約第6条の内容で十分であると考えており，附属議定書のことなど全く念頭にはなかった。芳沢公使は，5月19日の会議で，「コンセッションニ付テハ其場所，種類，期限其他ノ条件等ニ付多少詳細ノ規定ヲ為スヲ必要トスル所以ハ単ニ漠然タル規定ヲ設クルノ結果後日紛議ヲ生スルノ虞アルニ付之ヲ避クルノ趣旨ニ他ナラサルヲ以テ必スシモ精密ナル細目ニ亘ラストモ稍詳細ナル大綱ニ付附属文書ヲ以テナリトモ之ヲ定メ置ク事相互ノ為ニ得策ナルヲ信ス」と述べ，附属文書で詳しい内容を盛り込むことに執着した。その背景には，北樺太の石油，石炭コンセッションをソ連が勝手に反故にできないように法的に束縛しておく必要があったのである。日本側にとって北樺太のコンセッションは表面上尼港事件と切り離すとしても，尼港事件に対してソ連側は陳謝することと尼港事件の賠償を求めない代わりに有

利な条件でコンセッションを許与することの2項を最も重視しており，これが北京会談の眼目となるとみていることから，条約附属議定書で具体的な取り決めが必要であった。

　これに対して，カラハンはコンセッションに関してはその地理的範囲を東部シベリア，北樺太とし，コンセッションの種類を油田，炭田，森林，金銀鉱山その他の鉱物，漁業等とすることは可能であるが，コンセッションの期限その他の条件を定めるとなると，現在専門家のいない状況では自分としては協議できないとしてこの問題を回避しようとした。

　5月31日の会談において，芳沢は後日の紛争を避けるためにも，北樺太におけるコンセッションについて油田，炭田および森林の地図を示しながら，できるだけ詳細なコンセッション規定を定める必要があると説得した。カラハンはソ連全土における一般的なコンセッションを想定していたから，具体的なこのような提案をモスクワ政府が受け入れるかどうか疑問であるし，この地域について専門的な知識を持ち合わせていないために審議を行うことができないとして今後の交渉に委ねたのである。

　ソ連側は日本側の強い要望にしぶしぶ応じたものの，双方とも簡単には妥協しなかった。交渉に交渉を重ねた問題としてはとくに以下の諸点があり，双方のやりとりを『日本外交文書』(大正十三年第1冊)の資料に基づいて検討してみよう。

(1)　コンセッション提供の地理的範囲

　カラハンは，当初一般的なコンセッション規定にならってコンセッション供与の地理的範囲をソ連領内の東シベリアおよび北樺太とすることで十分であるとみなしたのに対し，芳沢はあくまでも具体的で明確な地理的範囲を定めることを主張した。5月20日，松井外務大臣は「北樺太ノコンセッション獲得ニ関スル地域及条件」を政府の方針として芳沢に指示した[25]。基本条約附属書案として，油田に関しては北樺太を南部，中部および北部の3油田地域に区分し，南部油田の境界は南方界北緯50度30分，北方界北緯52度，東方界海岸線，西方界東海岸線より20ヴェルスタ(露里)，中部油田のそれは南方界北緯52度，北方界北緯53度，東方界海岸線，西方界東海岸線

より30ヴェルスタ，北部油田は南方界北緯53度，北方界北緯53度50分，東方界海岸線，西方界東海岸線より20ヴェルスタを対象とした。つまり，ソ連領北樺太の西海岸を除くほぼ全域を石油コンセッション供与の対象にしているのであり，このような設定は1910年代末から20年代半ばにかけての軍部および民間の地質調査の結果，石油資源がサハリン島北東部東海岸に集中していることに発しているのである。北樺太全域を対象とするような石油コンセッションにカラハンは強く反発した。この案から幾分譲歩した案が提示されたのは7月29日付の基本条約附属議定書案附属議定書(二)である。ここでは，石油コンセッションの地理的範囲として，「北薩哈連東海岸ニ於テ「ビリングヴォ」川口以北「シュミット」半島「トロント」湖以南東海岸線ヨリ幅員30露里ノ地域」として，範囲が狭められた。しかし，北樺太の石油は上記範囲にしか埋蔵していないから，実質的には北樺太の石油を全て日本のコンセッションで押さえることになる。日本側は尼港事件の賠償という含みをもたせて，できるだけコンセッション区域を広げて他国が入り込む隙を与えたくなかったことや，この時期，米国シンクレアが北樺太のコンセッションを獲得しており，これが目の上のこぶ的存在であったからである。カラハンは日本側の要求は極めて広く，北樺太全てを譲渡する感があるとして懸念を表明した。これに対して芳沢は，日本側の要求は譲渡ではなくこの地域の石油，石炭の採掘権にすぎず，その点では広範囲の地域を供与したシンクレアと同等である旨を説明した。しかし，カラハンはシンクレアとの契約では一定年限内に調査を行い，次いで特定の油田の試掘を許可するという二段構えであるのに対し，日本は基本条約が成立すると同時に対象地域で事業を経営することになっており，これを拒否した。

8月22日の会談においても，カラハンは日本の要求する全部を許与することは全く不可能である，ソ連としても石油，石炭資源の一部を自国のために保存しておきたい，区域の指定については専門家に詳細に取り決めてもらうこととし，独占的に日本の手に委ねることはできないと述べた。

9月26日の閣議決定に基づく「北樺太コンセッションニ関スル主義的規定」では「北薩哈連東海岸ニ於テ日本ノ試掘ヲ行ヘル区域ヲ包含スル4000

平方ヴェルスタノ地域ニ於ル油田」という表現がとられる[26]。しかし，カラハンはこの表現は東海岸において日本が要求する全部の地域の面積をあらわしているにすぎず，依然として独占的に油田を獲得しようとしているにすぎないとして批判した。

　コンセッション対象面積の議論が平行線を辿っているなか，現時点で試掘あるいは採掘が行われている作業をどう守り，どう継続させるかという問題があらわれた。ソ連側は，日本の占領のための意図が不明であるとして，日本側に「現業調書」の提出を求めたのである。これをきっかけに，従来のコンセッション対象地域が面積的に大きいか小さいかの議論から，油田の何割をコンセッションのために提供するかという問題に転換されたのである。カラハンは4000平方ヴェルスタに対して試掘のみならず経営権まで日本側は得ようとしており，これは原案と全く同じことである，しかし，モスクワの訓令は「油田ノ一部ヲ与フヘシ」とあり，油田の全部を包含しかねないこの案には反対せざるを得ないと述べた。芳沢は4000平方ヴェルスタは石油埋蔵地域の一部でしかなく，それは誤解であると弁明したが，カラハンは日本の「現業調書」とロシアの地質学者による北樺太の油田調査とを比較してもらった結果，全てが日本の「現業調書」に含まれており，これ以外に油田はない，したがって，私見として「日本側調書中ノ油田ノ2割ヲ提供シ其外1000又ハ2000平方露里ノ範囲内ニ於テ試掘調査ノ権利ヲ認ム」という趣旨の取り決めではどうかと提案してきた。この提案は日本にとって大きな衝撃であり，2割を提供するというのでは今後到底交渉の余地はないとして反発した。「現業調書」に記載されているのはオハ，エハビ，ピリトゥン，ヌトウォ，チャイウォ，ヌイウォ，ウイグレクトゥイ，カタングリの8カ所の油田であった。

　カラハンは調書に記載されている油田の2割という意味ではなく，その他の油田があればそれを合計した2割であると釈明した。

　ソ連政府は9月27日の会談で，①日本側提案の4000平方ヴェルスタを付与することはできない，②すでに判明している油井に関しては日本側に4割を付与する，③ソ連政府は1000平方ヴェルスタを試掘のために提供する用

意があるが，これらが産油地として決定した場合日本側に4割を提供する，但し試掘期間を5年間とする，ことを表明した。4割というのが何を基準とする4割なのか不明であり，芳沢は現に作業中の地域を含む産油地の4割とすれば，日本側の考え方との間に大きな開きがあり，漠然とした規定に基づいた4割案には承諾しがたいと述べ，日ソ交渉は最後の山場にあると感じた。

その後，10月30日，日本案に対するソ連対案に関し，カラハンにより追加的な提案がなされた。

(2) コンセッションの期限

コンセッションの期限については閣議決定で99年とした経緯があるが，前年川上公使が55年でも可能であるという声明を行っている事実があるにもかかわらず，99年で交渉するようにと松井外務大臣からの訓令を受けた[27]。これに対し，芳沢公使は前年55年ということで意思を明らかにしておきながら，いまになってそれ以前の状況にさかのぼって99年とすることをソ連側にどのように説明できるのかと強く反発し，この他の無理な訓令を受けて，もし閣議決定通り大部分を遂行する趣旨ならば，「本使ノ重任ニ耐ヘサルニ付キ至急適当ナル全権委員ヲ選派セラレ本使ト交代セシメラレンコトヲ請ウ」と松井外務大臣に送り，辞任の意思を示した[28]。

その後6月6日の交渉で，カラハンはコンセッションの期間について，「長期有利ナルコンセッションヲ付与ス」という表現であればモスクワ政府は了解するであろうが，99年とするというような具体的な期間を定めることは，コンセッションの種類によって期限や条件が異なるために，将来のコンセッションの取り決めに委ねるべきであるとした。これに対して，芳沢は詳細というのは単に長期有利というのではなく，具体的な時期を設定することにあるとして日本側の主張を述べた。6月16日の会談でも芳沢は単に「長期有利ナル条件」では絶対承諾できない旨を繰り返し強く主張した。7月29日付日本側条約案によれば，北樺太のコンセッション問題は日本にとってとくに重きをおくところであり，ソ連側も態度が強硬であるので，期間については55年とした譲歩案を出すこととなった。9月10日の会議では，カラハンは，最も重要な期間の問題はそもそもコンセッションによって異な

るので前もって固定するべきものではなく，個別コンセッションを付与するときに決めることであるとして期間に幅をもたせて決めることであると述べた。さらに，9月26日の閣議決定「北樺太コンセッションニ関スル主義的規定」が出され，コンセッションの期限については先方の意向を斟酌してできるだけ期限を短縮することとし，「40年乃至50年の期間」という表現がとられた。9月27日の会談で，カラハンは期限を限定するのは将来コンセッション契約の場合不便をきたしかねないので，「30年又ハ25年乃至50年云フカ如ク」その範囲を広めたいとする意見があった。最終的には40年から50年の期間の表現が採用された。

第4節　コンセッション契約締結交渉とその論点

1　北樺太石油コンセッションの契約当事者

日ソ基本条約附属議定書(乙)には，日本の軍隊が北樺太から撤退した日から5カ月以内にコンセッション契約を締結しなくてはならないことが規定されている。日本政府は契約の当事者になれなかったから，政府から推薦された組織体が附属議定書に定められた「日本国当業者」になることとなった[29]。日本軍が撤兵する前まではこの地で北辰会が石油の試掘・採掘作業を進めており，北辰会は日本海軍の支援の下にいわば国策会社として政府資金および公募した株主の出資によって設立された会社であるから，この会社を発展的に解消して，新会社を設立し，コンセッション交渉を進めることが適切であろうと政府は判断し，総理大臣加藤高明は民間の実業家を集めて了解を求めたのであった。

1925年6月，加藤は各分野の実業家約100名を官邸に招待し，関係大臣および次官を列席させて，北樺太石油コンセッションの会社創立に関する懇談会を開催した。この懇談会で会社創立発起人団が承認され，日本石油社長橋本圭三郎は，舞鶴要港部司令官で海軍中将の中里重次をコンセッション契

約交渉の日本側団長および設立予定の北樺太石油株式会社社長に推薦し，満場の賛同を得た。さらに発起人団の決議によって，中里重次，末延道成，橋本圭三郎以下17名の会社創立準備委員が選出された。

同月13日には第1回創立準備委員会が開催され，中里中将をコンセッション契約交渉の代表者に定めて全権を委任し，川上俊彦を顧問とすることとした。

同月25日には北サガレン石油企業組合の名前で，日本政府に対して代表および顧問の認可申請を行った。この組織はいわば中継ぎの組織であり，附属議定書(乙)に規定された「日本国政府ノ推薦スル日本国当業者」として，1925年12月14日に北辰会の事業の譲渡を受けて設立された会社である[30]。この組合の名において中里が代表者となってソ連側とコンセッション契約の交渉が行われた。中里一行は，1925年6月30日に東京を出発し，田中駐ソ大使と共にモスクワ入りしたのは7月14日であった。しかし，ソ連側の都合で容易に会議を開くことができず，最初の石油，石炭連合会議に臨んだのは8月14日のことである。本会議は，8月17日以降コンセッション委員会本部において毎週夜間3回，石油と石炭とを交互に開催することとなった。ソ連側の全権はヨッフェであったが，病気のために石油の会議ではグレーヴィチ次席が代表をつとめた。正式会談24回，技術会議約20回，小委員会十数回を重ねて，12月14日にようやくコンセッション契約を締結することができた[31]。この間，会議は難航し，幾度か決裂の危機に瀕した。中里は海軍省軍需局長の経験を有しており，燃料問題には造詣が深く，北樺太における石油問題と海軍省の立場をよく理解しており，ソ連側にとっては手強い交渉相手であった。その中里をしても，本交渉はすでに北京条約によって大枠が定められており，ソ連政府が他国に認めているコンセッションとは違って，日本側に有利に行われるものと信じていたが，実際にはさまざまな点で双方に大きな見解の違いがあり，予想をはるかに超える難交渉であったことを述懐している[32]。

モスクワ到着後すぐに外務人民委員部チチェリンおよびヨッフェを表敬訪問した際，ソ連側から会議にあたって日本側の希望事項を至急提出して欲し

いという要請を受けて，日本側は急遽準備し提出したが，8月17日の最初の会議ではこの希望事項に基づいて質疑応答が行われた。中里重次『回顧録』其の一によれば[33]，ソ連に提示した希望事項は以下のような内容であった。

1，北樺太ノ如キ僻遠ノ地ニ於テ石油開発ノ遂行上当然伴ウヘキ多大ノ困難ニ鑑ミ企業ヲ堅実ニシ事業ノ遂行ヲ容易ナラシムルヤウ必要ナル法令ノ免除乃至特権ヲ附与セラリタキコト条約ニ規定サレタルコンセッション期限油田地区ノ割方等ハ何レモ最大限トナスコト 1000 平方露里ノ地区ハ此際決定サレタキコトソ側ニ残サレタル地区ハ我方ノ請負事業ニ付サレタキコト報償率算定ノ出発点ヲ 50 万屯トシテ之ヨリ 150 万屯ニ至ルマデ 5 分乃至 1 割 5 分ノ比率トシ自噴井ハ 500 屯乃至 3500 屯ヲ 1 割乃至 4 割 5 分トシテ日産 100 屯以上ノモノトスルコト諸税公課ノ免除従業員ニ対スル諸課税ノ軽減コンセッション地区内外ノ地域ト水面ノ無償使用備林ノ設定森林ノ無償伐採河湖其他ノ浚渫水路ノ開発築港ノ権利船舶ノ自由通航通信網架設特権附帯設備ノ権利等

2，邦人労働者ノ雇用ハ之ヲ自由トシ且日本ノ慣習ニ従イ使役シ得ルコト竝ビニ労農国民其他ノ外国労働者ニ対シ労働法規ヲ緩和シ以テ統制ヲ容易ナラシムルコト

3，北樺太東海岸ニ於ケル海上航海ニ適スル季節竝ビニ労働時間ノ短期間ナルニ鑑ミ従業者ノ出入国物資竝ビニ生産物ノ輸出入ニ関スル一切ノ諸手続ヲ簡易且敏速ナラシムルコト

4，技術上ノ事項ハ我方ノ任意タラシムルコト

上記内容について，日本企業は日ソ基本条約附属議定書（乙）に照らしても妥当な要求であり，しかも議定書には，ソ連政府は「企業ニ対シ一切ノ適当ナル保護及便益ヲ与フヘシ」とうたわれているから，ソ連側がこの程度の要求を基本的に受け入れるだろうと判断していた。しかし，現実は日本側の想像以上に厳しいものであった。しかも，コンセッション契約を日本軍の北樺太からの撤退時期（1925年5月15日）から5カ月以内，つまり同年10月15日以内までに締結することが条件づけられ，ソ連側の厳しい要求を受け入れ

ざるを得ない環境にあった。また，石油と石炭の両方のコンセッション契約問題をそれぞれ別の代表によって同時進行させなければならなかったことは，政府間交渉ではなく，民間との契約交渉ということで，ソ連側の目からみれば日本政府の意向を全面的に反映させることにはならなかった[34]。したがって，彼らの要求は一段と過酷になる。日本側は日ソ基本条約附属議定書（乙）を政府間協定のなかに含めることで，ソ連の一般的なコンセッションとは異なり，さまざまな優遇措置がとられることを望んでいた。しかし，現実の附属議定書の内容は，日本側の当初案を骨抜きにするものであり，それほどリスクヘッジにはならなかった。しかも，コンセッション契約交渉の時点では日本軍は撤兵しており，一民間当事者との契約交渉は困難をともなうであろうことはある程度予測されるものであった。

ソ連側の一貫した姿勢は，外国企業に与えるコンセッションであってもソ連の国内法にしたがう義務があり，コンセッション契約条項はソ連国内法に照らして判断されるということである。石油コンセッション契約も附属議定書で定められているものについてはこれを遵守するが，それ以外の問題は何ら特別の優遇措置が講じられるわけではなかったのである。

日本側の希望事項に関する5回にわたる審議が終了した後，ソ連側からコンセッション契約原案が提出された。全文は47条から成り，法律，権利と義務の関係，地域，報償・課税，輸出入，技術，労働条件，使用料，保険など諸条項を詳細に規定する内容であった。これらの内容は日本側にとって，概して過酷であり，到底簡単には容認できない種類のものであった。とくに，双方の意見が対立したのは以下の点である。

2　契約交渉の対立点

(1) 財産の所有権帰属問題，使用料問題および契約期間満了後の財産引き渡し問題

ソ連側の原案では，①現地にある企業が直接関係するソ連所属の建物および機械器具を，評価額の10％に相当する使用料を毎年支払って，使用する権利がある，②新たな設備を設け，これを使用する権利を認める，③コン

セッション企業がつくり出した財産はコンセッション契約終了後2カ月以内に現状のままソ連政府に引き渡す，ことを規定した。つまり，コンセッション企業は財産の所有権をもたず，ただそれを利用するだけである。このような所有権問題は，直接的にはソ連の「コンセッション法」に根拠をおいたものであるが，私有財産を認めないイデオロギーから発生した考え方であり，この問題は北京条約交渉当初から提起されていた問題であった。既存財産については，日本軍による北樺太占領以前からの北辰会，海軍等の資産であるにもかかわらず，ソ連側は日本軍撤兵後はソ連に属すると主張し，譲らなかった。結局，所有権の帰属問題を両国政府間交渉に委ねることになり，差し当たり原案通りということになった。使用料は4%に減額された。コンセッション企業の活動中，コンセッション企業が設備する機資材および輸入品は，コンセッションが終了すればソ連側に無償で引き渡すことになっており，北樺太油田における財産が全てソ連政府の所有であることは，日本側の全く予期していなかったことであった。

(2) 石油買い上げ問題

　ソ連側契約案では，毎年の営業年度の6カ月前に予告することによって，前年度における総産油量の5割以内の原油をソ連がコンセッション企業から買い上げる特権を有することが提案された。日本側はこのようなことを全く事前に想定していなかった。試掘・採掘地域の5割をソ連側に配分した挙句，さらに生産された石油の半分を買い上げるのであれば，日本への供給量はごくわずかになり，国防上重大な問題となるとして，中里は徹底的に反駁し，撤回を迫った。ソ連側の主張は，この地域の石油需要のためにバクーから石油を輸送するのでは莫大な運賃がかかる，この買い上げを撤回するのは国家の体面上不可能であるとして，この条項を削除しなくても買い上げの割合を減らすことも可能であるし，必ずしも毎年5割を買い上げられるわけでもないとしてこれを認めるようにと譲らなかった。しかし，中里は今回の契約交渉のなかで最大の難関と述べているように，日本側も一歩も譲らなかった[35]。結局，今後の交渉に留保するとしたが，11月30日の最終会議の最後の時点で，ソ連側はこの条項を撤回した。中里が海軍の立場から主張を曲げ

なかったことや田中駐ソ大使がソ連側と強硬に折衝して，その意思を変えさせたことが大きく影響を与えたのであった。

(3) 採掘および試掘期間

基本条約附属議定書(乙)には採掘期間はコンセッションの性格によって異なるために，40年から50年と定められていた。ソ連側提示の原案では石油コンセッションについては40年とされていたが，明らかに交渉上の駆け引きに利用され，結局，中間をとって45年で落ち着くこととなった。

試掘期間は附属議定書(乙)には5年から10年と定められており，ソ連の原案では7年という期限を採用していた。ソ連側は結局10年に譲歩した。

(4) 地域の選定問題

コンセッションの対象となる地域は，北辰会が試掘に従事していた8カ所，つまり北樺太東海岸のオハ，エハビ，ピリトゥン，ヌトウォ，チャイウォ，ヌイウォ，ウイグレクトゥイおよびカタングリであり，議定書(乙)でこれら地域を碁盤目方形に，お互い交互に割り振り，5割ずつを割り当てることが定められていた。しかし，分割によってソ連側の区域にすでに掘削中あるいは作業中の坑井が位置する場合にはこれを日本側に譲らなければならないとされているにもかかわらず，ソ連側はさまざまな理由を持ち出して譲らず，交渉を長引かせた。一区画の面積は，議定書(乙)では15〜40デシャチーナとうたわれていたが，日本側は40デシャチーナを，地図によって決定することを主張した。ソ連側には十分な資料がないことを理由に後日協議したいとしたが，結局日本側の言い分が通った。

1000平方ヴェルスタの試掘地域についてはコンセッション契約調印後1年以内にその地域を選定することが議定書(乙)で定められており，日本側は試掘地域を交渉時のいまの段階で決めたいとしたのに対し，ソ連はこれら地域の調査をまだ行っていないことを理由に反対した。試掘地域の選定にあたっても，日本側は当然コンセッション企業に選択権があると判断したのに対し，ソ連側は自らにあるとみなした。さらに，1000平方ヴェルスタの試掘対象面積について，各所に点在する面積を合計1000平方ヴェルスタと解釈したのに対し，ソ連側はまとまった1000平方ヴェルスタの地域と解釈し

た。結局，この問題はコンセッション契約締結後1年以内に双方で協議し，決定することとなった。

石油試掘地域確定会議において，1年以内にはまとまらず，12月14日を期限としていたが，カラハンは外交手段で円満に解決するよう，期限を1927年2月1日まで延期することを日本側に申し出，日本政府もこれに同意し，1926年12月23日に政府間で公文の交換が行われた[36]。

(5) 報償・課税問題

報償については附属議定書(乙)では，総生産高の5～15％，自噴井の場合は総生産高の最高45％までと，幅をもたせて定められ，その具体的な割合はコンセッション契約で定めることになっていた。

日本側は生産高10万tまでの場合は5％，1万t増す毎に4分の1％を増加させ，50万tでは15％とする案を出したが，ソ連側は2万tまでを基準として1万t増す毎に4分の1％増加させ，42万tで15％という案を提示して，これに固執した。日本側は税，使用料，社会保険料等を考慮して報償問題を検討すべきであり，これら諸費が軽減されるならば，報償率の引き上げも可能であると主張したが，ソ連側は反対の立場をとった。

そこで，日本側は新たに6万5000tまでを5％，1万t増す毎に4分の1％を加え，その納付にあたってはカリフォルニア石油山元値段を基準として金納するという譲歩案を提起した。11月30日に最終的に総生産高3万tまでを5％，それ以上4万t増す毎に1％ずつ増率し，43万tで15％ということで妥結した。

コンセッション料の一切を金納とし，価格設定の基準をボーメ25度以下のものはカリフォルニア石油の山元値段，25度以上のものはメキシコ湾石油の山元値段とすることとなった。

自噴井については，日本側は日産50t以上60t以下を産油量の20％，日産噴出量が10t増える毎に5％増率し，100t以上は45％を主張した。これに対しソ連側は日産50t以下を15％，50t以上を45％とした。交渉を繰り返した結果，日産10t以下は自噴井ではなく普通井とみなし，10t以上50t以下に対しては15％，60t以下は20％，70t以下は25％，80t以下は

30％，90t 以下は 35％，100t 以下は 40％，100t 以上は 45％ に決定した。

　課税問題では，ソ連側はソ連の国営企業と同じ待遇を要求したが，日本側は単一税として 3.84％ を納付し，この他，印紙税，社会保険料を支払うとした。11月 30日の最終会議では課税は単一税とし，生産高の 3.85％ に相当する石油の代償を支払い，その算出方法は報償の場合に準じることで妥結した。

　社会保険料は 1年間の賃金総額の 16％ をソ連側が提案したのに対し，日本側は課税問題と一括し，さらに会社が設備した医療設備に対する料金率を控除するように求めた。最終会議で，結局，ソ連側主張の 16％ を受け入れ，医療設備については別に附属文書を作成することとなった。

⑹　労　働　問　題

　日ソ間で労働に対する考え方が異なっていたために，交渉はもつれ，さらに実際に企業活動が始まると，コンセッション企業にとって労働問題は大きな足かせになった。ソ連側は国籍の如何にかかわらず労働法規を適用するとして，たとえ外国のコンセッション企業でもソ連国内で企業活動を行う限り，これにしたがうことを義務づけた。ソ連人および外国人の雇用比率について，日本側は北樺太という特殊事情から日本人労働者を雇用し，日本の労働条件にしたがってもらうことをソ連側に要求したが，ソ連はあくまでも自国の労働法にしたがうものとして譲らなかった。

　外国人雇用比率は高資格労働者は 50％，中・低資格労働者は 25％ という枠を主張し，最終的に日本側は妥協せざるを得なかった。

　労働者の労働条件は，ソ連政府とコンセッション企業とが結ぶコンセッション契約とは別にコンセッション企業と労働組合との間に毎年団体協約を結ぶことが義務づけられていた。団体協約の締結，しかも有効期限 1年間という条件を，日本側はモスクワでの交渉に入るまでは全く知らず，検討していなかった。コンセッション契約調印後，モスクワに残り交渉が始まった。1926年 1月，最低賃金については日ソ双方の間に依然として大きな開きがあり，結局，最低賃金を決めず，同年 6月 1日まで現在のままで継続し，団体協約調印時に最低賃金を決めることとし，1月 9日には以下の条件で調印

された[37]。

1，労働者ノ賃金食料品其他ノ物資ノ値段住居等ハ1月現在ノ儘変更セサルコト
2，本協定ニ関シ争議発生ノ節ハ「オハ」又ハ「アレキサンドロフスク」労働「インスペクター」ノ最後調停ニ依ルコト
3，露国労働法ヲ実施スルコト
4，之ノ協定ハ3月1日ヨリ実施シ6月1日迄有効トス
5，之ノ協定ノ履行ハ「ハバロフスク」極東鉱山労働組合ノ代表者ニ委任スルコト
6，団体契約ハ5月中ニ協議スルコト

1) Документы внешней политики СССР. т. 2. М., 1958. с. 388.
2) 細谷千博「日本とコルチャク政権承認問題」『法学研究』一橋大学，3，1962年，86頁。
3) 「薩哈連州占領及後具加爾方面撤兵ニ関スル宣言ノ件」外務省編『日本外交文書』大正九年第1冊下巻，1972年，796頁。
4) 「日本軍ノ薩哈連州保障占領ニ対スル米国政府ノ抗議通告ノ件」，注3)に同じ，801頁。
5) 「薩哈連州ノ経済開発ニ関スル各省ノ業務分担方ニ付意見開示ノ件」，注3)に同じ，804頁。
6) 「極東共和国ノ希望ニ応ジ通商問題商議ノ形ニ於テ同国トノ非公式交渉開始ノ方針決定ノ件」外務省編『日本外交文書』大正十年第1冊下巻，1974年，874頁。
7) 注6)に同じ，946-948頁。閣議で決定した交渉条件は，①満鮮に対する脅威と居留民および交通の安全に対する不安が除去されるのを条件に沿海州および満州より撤兵する，②極東共和国の非共産民主制度の確実な実施，③朝鮮および日本内地における過激派の宣伝を絶対行わないことと極東共和国内での朝鮮人の不逞行動を取り締まること，④日本の条約上の権利と日本人の生命財産ならびに既得権を尊重すること，⑤外国人の出入国，居住，営業，産業，交通および沿岸貿易の自由を与え，土地所有権または永祖権を許与すること，⑥要塞的設備を撤廃し，日本に脅威となる軍事施設をつくらないこと，⑦ウラジオストク港を商港とすること，などであった。
8) 「大連会議ニ於テペトロフ提議ノ協約案報告ノ件」，注6)に同じ，928-932頁。
9) 「大連会議ニ関スル極東日本記者大会ノ決議案ニ付報告ノ件」，注6)に同じ，955頁。
10) 「大連会議ニ於ケルチタ側提案ニ対スル軍ノ意見ヲ松島ニ指示シタル件」，注6)に

第 4 章　北樺太石油コンセッション獲得交渉　113

同じ，943 頁。
11)「大連会議第十回会議ニ於テ黒竜江航行権沿岸貿易土地所有権労農露国ノ会議参加日本ノ撤兵ノ諸問題討議ノ模様報告及請訓ノ件」，注 6) に同じ，945 頁。
12)「大連会議第十一回会議ニ於テ尼港事件ノ取扱方等ニ付協議及会議ノ暫時中止ヲ決定ノ件」，注 6) に同じ，947 頁。
13)「大連会議第六回会議ニ於テペトロフヨリ両国親善関係樹立方並日本及労農国間関係等ニ付協議ヲ提案ノ件」，注 6) に同じ，926-927 頁。ソヴィエト政府の本会議への参加については，9 月 4 日の第 6 回会議において，ペトロフは本会議にソヴィエト政府代表者を参加させてはどうかと問い合わせてきた。松島は日本と極東共和国との関係を定める会議にソヴィエト政府を招けば議題が増えて会議の障害となる，ただ，特殊問題，たとえば漁業問題に関し三者間で会議を行う必要が起きればそのための特別委員会を設けることは可能である，と答えている。
14)「撤兵会議地変更及尼港事件取扱方ノ問題ニ関シペトロフトノ折衝経過報告並請訓ノ件」，注 6) に同じ，971-973 頁。
15)「大連会議第十四回会議ニ於ケル撤兵協定基本協約締結問題等ニ関スル討議状況報告ノ件」，注 6) に同じ，994-995 頁。
16)「大連会議第十五回会議ニ於テ日本ノ撤兵問題及該問題ト尼港事件解決ノ関連性等ニ付討議ノ件」，注 6) に同じ，999-1001 頁。
17)「大連会議第十六回ニ於テペトロフ尼港事件日本撤兵問題ニ付チタ政府ノ意向ヲ述ベ次デ基本条約案審議ノ件」，注 6) に同じ，1013-1015 頁。
18) 信夫清三郎編『日本外交史 1853-1972』II，毎日新聞社，1974 年，324 頁。
19) クタコフ，エリ・エヌ著，ソビエト外交研究会訳『日ソ外交関係史』第 1 巻，刀江書院，1965 年，27 頁。
20) Документы внешней политики СССР. т. 5. М., 1957-1971. с. 673.
21) 小林幸男『日ソ政治外交史―ロシア革命と治安維持法』有斐閣，1985 年，231 頁。
22)「日露会議ニ関スル非公式予備交渉議事録(第十一回正式会見)」外務省編『日本外交文書』大正十二年第 1 冊，1978 年，418 頁。
23) カラハン提示の条約案要旨は以下である(鹿島平和研究所編，西春彦監修『日ソ国交問題 1917-1945』日本外交史 15，鹿島研究所出版会，1970 年，85-86 頁)。①条約調印と同時に正常な外交・領事関係を開く，②条約署名直後に北樺太撤兵を開始し，2 週間以内にこれを完了し，領土をソ連に引き渡す，③外交回復後通商条約を締結する，④北樺太および東部シベリアにおける鉱山森林等のコンセッションを供与する，⑤ポーツマス条約および 1907 年の漁業協約の定めた条件で漁業条約を締結する，⑥国家および個人の請求権および債務問題を将来の会議で公正に解決する，⑦第三国との条約で主権および領土権を侵害しまたは安全を脅かすもの全てを無効とする，⑧国家主権を尊重し，内政に煽動，宣伝，干渉を行わない，⑨条約は署名の日より発効する。
24) 日ソ基本条約の正式名称は，「日本国及「ソヴィエト」社会主義共和国連邦間ノ関

係ヲ律スル基本的法則ニ関スル条約」である。調印時の外相であった幣原喜重郎は英語に堪能であり，英語による発想からこのような日本語らしからぬ条約の題名になったといわれる。

25)「日露交渉ノ諸案件ニ関シ政府ノ方針ヲ指示ノ件」外務省編『日本外交文書』大正十三年第1冊，1980年，516-523頁。

26)「北樺太利権ノ主義的規定及ビ債権請求権問題ニ関シ閣議決定ニ基キ訓電ノ件」，注25)に同じ，713-714頁。

27)「権利問題其ノ他交渉上ノ係争点ニ関シ基本方針訓電ノ件」，注25)に同じ，559-600頁。

28)「交渉進捗ニ関スル政府訓令ニ接シ其ノ貫徹極メテ困難ナル情勢ニ鑑ミ寧ロ全権委員ヲ交代スル方可ナラズカトノ意見開陳ノ件」，注25)に同じ，562-563頁。

29)「利権規定ニ関スル日本側ノ新提案ニ対スルカラハンノ反応報告ノ件」，注25)に同じ，718-720頁。

30)「其の四 北辰会ノ解散」外務省外交史料館『帝国ノ対露利権問題関係雑件 北樺太石油会社関係』1928年1～12月。北辰会はその権利義務の一切を北サガレン石油企業組合に譲渡し，1926年1月28日の臨時株主総会で解散することとなった。その際，北樺太東海岸における石油事業を北サガレン石油企業組合に無償貸与する，北樺太石油株式会社設立の場合にはその時期における当企業組合の資産を北樺太石油株式会社に譲渡することが承認された。

31) 中里重次「北樺太石油利権会議に臨みて」『石油時報』1926年2月号，5頁。

32) 注31)に同じ。

33) 中里重次『回顧録』其の一，1936年，20頁。

34) 石炭コンセッションを担当する北樺太鉱業株式会社の顧問も川上俊彦が就任しており，政府系の色彩の濃い民間会社ではあった。

35) 注31)に同じ，7頁。

36)「石油試掘地域決定期間延長ニ先方異存ナク公文交換ヲ了シタル件」外務省編『日本外交文書』大正十五年第1冊，1985年，323-324頁。

37)「労働者ノ待遇等ニ関スル条件ヲ協定シ調印ヲ了セル件」，注36)に同じ，318頁。

第 5 章　日本の北樺太の石油への関心

第 1 節　海軍の北樺太石油コンセッションに対する方針

　1910 年代後半は日本海軍にとって艦船燃料を石炭から石油燃料に転換する重要な時期であった。日露戦争の時期には艦船燃料はもっぱら石炭を使用しており，国産石炭で十分賄える状況にあった。それが，英国海軍の液体燃料への転換に触発されて，日本海軍は液体燃料の重要性を認識するようになり，研究が進められたのである。重油が艦船燃料として正式に登場するのは，海軍最初の重油タンク 6000 t 1 基が横須賀に建設された 1906 年(明治 39 年)のことである[1]。しかし，その重油も第 1 次世界大戦後，物価急上昇，タンカー(油槽船)の極端な不足などのために海軍による国内重油の調達は困難を極めた。国防上液体燃料の調達を国策として実施する必要に迫られ，1918 年(大正 7 年) 1 月，日本海軍は「軍用石油需要の根本策覚」を作成し，増大する石油需要を満たすために，国内石油事業の官営化，国内石油会社の一体化，海軍製油所の創設を掲げた。これは，海軍が液体燃料対策として提案した最初の国策であった。しかし，その内容は国の燃料政策を揺るがす重大な問題を含んでいたために，合意が得られず，閣議決定には至らなかった。時の海相加藤友三郎は「軍事上の必要に基づく石油政策」を立案させた。ここには，海軍が燃料を必要とする理由および我国の石油事情について述べられており，これによって政府要人が燃料問題の重要性を認識した点では成果が

あった。

　日本の石油自給率は極めて低く，海軍の方針は平時用燃料を極力外国産原油に求め，国内油田開発を進めて有事に備えるというものであった。1918年5月末，海軍次官栃内曾次郎は以下のような要望を幣原外務次官に寄せている[2]。

　「軍需石油ノ要求額逐年激増スヘキ形勢ナルモ内国油源ノ供給力遥カニ之ニ及ハサルモノアリ現ニ海軍燃料油ノ大部ハ外国油ニ俟ツノ状況ニ有之候就テハ別紙事項中第1乃至第4[3]ハ今後適当ナル機会アラハ相当ナル方法ニ依リ之カ採掘上ノ利権ヲ帝国ニ獲得シ将来帝国海軍石油供給上ノ保障ニ充ツルヲ以テ軍事上極メテ必要トシ……

　別紙
軍需石油供給源トシテ最重要ナルモノ
1．露領樺太東海岸一円ノ油帯」

　海軍にとって最も重要な石油供給源として北樺太東海岸の油田地帯を挙げており，すでに1918年には海軍がこの地域に重大な関心を抱いていたことがわかる。海軍が北樺太の油田調査に初めて関与したのは1912年のことであり，当時，天津在住の商人山本唯三郎の願いで彼の知人石川貞治を軍艦大和に乗船させ，北樺太東海岸のチャイウォ付近の油田調査に便宜を与えている。しかし，日本の企業の関心を引くには至らなかった。この地域の油田開発にあたって，1917年に海軍は久原鉱業を支援する形でソヴィエトと交渉を開始しており，1918年5月に久原鉱業とソヴィエトのスタヘーエフ商会との間で協同して北樺太石油の開発を行う契約を締結している。これとは別に，日本海軍が自ら北樺太の石油調査に乗り出したのは1918年9月のことである。宮本機関中佐は，商工省技師1名，技官1名をともなってニコラエフスク経由で北樺太に赴き，オハ油田の出油状況を調査し，帰国後海軍大臣に対して北樺太の油田地帯が有望であることを具申したことに始まる。

　第3章第3節でみたように，1919年5月に入ると，海軍指導の下に久原鉱業，三菱鉱業，日本石油，宝田石油，大倉鉱業の5社による北辰会という組織が設立され，この組織がスタヘーエフとの久原鉱業の契約に基づく久原

の保有する一切の権利義務を受け継ぐこととなった。

　日本政府内部でどの省が北樺太の石油を監督するかという問題について，1920年7月16日の海軍，陸軍，外務省および農商務省の4省協定により，石油事業上の指導監督に海軍省があたることになった[4]。

　海軍は，北樺太の油田調査のために，1919年チャイウォに無線通信所を設置し，4班から成る調査隊を派遣した。北樺太東海岸の背斜軸に沿って北からオハ，エハビ，ポロマイ，クイドゥイラニ，ピリトゥン，ヌトウォ，ボアタシン，ウイニイ，ヌイウォ，カタングリ，コンギ，さらに南のナビリ，ルンスコエ Лунское などの含油層を2カ月にわたって調査した結果，有望であることが確認された。

　さらに，1921年6月から1924年10月にかけて，海軍省および北辰会嘱託として，商工技師千谷好之助を代表とする14班から成る調査隊が北樺太の油田および炭田の調査を行った。このうち12班が東海岸の油田調査に従事し，残る2班は西海岸の石炭調査にあたった[5]。

　海軍省の独自の油田調査とは別に，海軍省は北辰会を強化するために1922年5月29日には三井鉱山を，また同年7月3日には鈴木商店をこれに加入させ，北辰会は6社の持ち株会社となった[6]。海軍省が北辰会の梃入れに熱心であった背景には，石油供給源として北樺太を重視していたことに加えて，シンクレア社が北樺太石油開発に大きな関心を払っていたことや日本に近接する北樺太で時のオムスク政府が英米人に採鉱権やアレクサンドロフスク港の築港権を与えようとする動きがあり，これを封じ込める必要があったからである。

　1919年4月には以下の覚書が閣議決定された[7]。

「露領北樺太ニ於ケル油田及炭田ノ開発ニ就テハ本邦実業家ト露国実業家トノ間ニ共同経営ニ関スル相当協約成立シ目下各種調査ノ歩ヲ進メツツアリ其真価如何ハ素ヨリ精査ノ結果ニ俟タサルヘカラサルモ帝国トシテ現下絶対ニ必要ナル艦艇，飛行機，自動車及漁業用等ノ燃料供給問題ノ解決上北樺太油田及炭田ノ開発ニ対シテハ帝国政府トシテ深甚ノ注意ヲ要スル次第ナリ然ル処最近聞知スル処ニ拠レハ米国某々会社ハオムスク政府ヲ擁シテ露国北樺

太ニ投資ヲ試ミント云フ将又近来宣伝セラルル北樺太築港問題ノ如キ何レモ其背後ニ米国資本家ノ活動アルヤノ疑ナキ能ハス叙上ノ如ク米国ノ大資本カ北樺太ニ投セラルルコトハ直接同地方ニ置ケル石油及石炭ノ企業ヲ米国ノ掌理ニ壟断セラルル結果ヲ生シ前述燃料問題ニ対シ耐ユヘカラサルノ打撃ヲ与フルノミナラス延テ米国ノ勢力ヲ同地方ニ固着的ニ扶植スルコトトナルヘシ斯クノ如キハ其名義ノ如何ニ拘ス帝国ノ国防ニ対スル重大ナル脅威ニシテ帝国ノ存立上到底許容スル能ハサル所ナリトス仍テ本件ニ関シテ帝国政府ハ速ニ左記方針ヲ確立シ且之カ実行ノ途ヲ講スルヲ緊要ト認トム

1. 露領北樺太ニ於ケル油田，炭田ノ経営及其他ノ固定的企業ニ関シテハ日露共同ノ経営若ハ我資本ニ擁ルコトトシ日露以外ノ資本ヲ入レサルノ主義ヲオムスク政府ヲシテ認メシムルノ手段ヲ執ルコト
2. 右企業ニ対シテハ本邦企業家ハ能ク協同一致シテ互ニ相訌クカ如キコトナキ様相当ノ方法ヲ講スルコト
3. 露領北樺太ニ於ケル油田及炭田等ノ経営ニ関シテハ帝国政府ハ相当援助及奨励ノ手段ヲ執ルコト」

この閣議決定から米国企業の北樺太進出を何としても食い止めたいとする政府の異常なまでの強い姿勢を読みとることができる。

北辰会に対する海軍省の補助の状況を示したのが表5-1である。1920年7月から1924年4月までの4年間に合計335万円が補助された。1920年から1922年3月までは人夫代および機械購入に使われたが，1922年4月以降は

表5-1 海軍省の北辰会に対する補助金 (単位 円)

時　期	北辰会の支出	海軍省の北辰会への補助金	内　訳：人夫代	機械代
1919.5〜20.6	727,990	—		
1920.7〜21.3	191,510	568,693	268,950	299,743
1921.4〜22.3	228,601	877,353	831,609	45,744
1922.4〜23.3	306,232	887,552	—	—
1923.4〜24.4	194,085	1,013,890	—	—
計	1,648,418	3,347,488	1,100,559	345,487

出所）「北辰会ト海軍省トノ関係」外務省外交史料館『帝国ノ対露利権問題関係雑件　北樺太石油会社関係』1928年1〜12月。

機械購入をやめ，もっぱら人夫代を補助する目的で支出された。この額は北辰会が同時期に支出した金額 165 万円に比べて倍以上であり，実質的には海軍省の委託で掘削作業が行われたに等しい。

　当時，ソ連に対して寛容の態度をとっていたのは日本海軍である。海軍の意向がよく表現されているのは日露国交正常化を望む海軍省側の意見提出であり，1923 年 2 月 22 日に井出海軍次官より田中外務次官宛に「国防上対露方針速決ノ喫緊ニ関スル海軍省意見」を送った。それには次のようにソ連に対して理解のある姿勢を示している[8]。

　「日露関係ノ親善ハ我国ノ経済上並国防上喫緊トスル所ナルヲ以テ之ヲ我外交方針ノ一タラシメンコトハ朝野識者ノ斉シク翹望スル所ナリ然ルニ「シベリヤ」撤兵ノ遅延ハ徒ニ露国民ヲシテ帝国ニ対シ反感ヲ抱懐セシメタルノミナラス今尚保障占領ノ目的ヲ以テスル北樺太駐兵ノ継続ハ愈々対日感情ヲ悪化セシメツツアルハ誠ニ以テ国家ノ遺憾事ニシテ速ニ之ヲ改善セサルヘカラス惟フニ今日ハ我ニ於テ国家百年ノ長計ノ為ニ露国ニ接近ヲ試ムヘキ秋ニシテ此目的ヲ達スルカ為ニハ我ハ露国ニ対シ大ナル襟度ヲ持シ大局ノ為ニ小我ヲ捨ツルノ覚悟ナカルヘカラス唯此心ヲ以テ臨ムモ尚事ノ成敗逆睹スルヲ得スト雖モ今日之ヲ試ムルハ後日ニ於テスルヨリモ一層成算多カルヘシ……日本政府カ保障占領ノ解決トシテ採択シ得ヘキ途ハ要スルニ樺太撤兵ノ交換トシテ北樺太ノ利権ヲ獲得シ且露領沿岸ノ漁業権及林業権ヲ確固ニスル程度ノモノニ過キサルヘシト認ム……帝国ニ在リテハ北樺太ノ採油権ヲ獲得スルコトハ我国防上極メテ必要ナリ飜テ米国ノ挙措ヲ考フルニ米国政府カ我国ノ産出物ニ付テ統計的調査ヲナスコト已ニ多年米国海軍カ日本ニ対スル平時戦略トシテ北樺太油田ノ日本海軍ノ手ニ入ルヲ妨碍スルコトハ当然アリ得ヘキコトト思ハサルヘカラス……対露問題ノ解決遷延ハ益々両国ノ事態ヲ紛糾セシムルノ虞アリ是レ日露親善ノ大局上最モ悲ムヘキノミナラス今日ニ於テ何等カ画策スル所ナク徒ニ曠日弥久センカ樺太駐兵モ又何等ノ得ル処ナクシテ撤兵断行ノ余儀ナキニ陥ルノ日蓋シ遠カラサルヲ虞ル明日ヲ待ツモ事態ノ改善セラルル見込ナキコトハ万人ノ斉シク認ムル処ナルヲ以テ我当局ハ速ニ我対露方針ノ大綱ヲ定ムルト共ニ之カ実行上ノ大障碍タル誤解ヲ一掃スル目的

ヲ以テ一方「ヨッフェ」氏ノ来朝ヲ機トシ之カ利用ニ努ムルト共ニ他方適当ナル朝野ノ人物ヲ欧露ニ派遣シ依テ以テ速ニ日露両国間ノ紛糾ヲ解決スルニ努ムルコト賢明ニシテ且喫緊ノ策ナリト認ム」

　海軍は対露交渉の時間がたてばますます解決が難しくなり，樺太撤兵も何らの得るところがなく撤兵せざるを得ないような危惧さえあるとし，ヨッフェの来日の機会を好機として捉えるとともに，適当な人物をモスクワに派遣する必要性を説いたのであった。ソ連国内が時間の経過と共に落ち着いてくるにつれ，かつてあった北樺太の日本による買収の話も消え，コンセッションですらその提供に慎重になっているという情報に海軍は敏感に反応しているのである。対露交渉に外務省が及び腰であるのに対し，海軍は北樺太の石油利権の獲得に並々ならぬ熱意を抱いていたのである。

第2節　1920〜30年代における日本の石油需給

1　日本の石油生産

　日本の石油自給率は20%弱(1933年)にすぎず，1920年代から30年代にかけてこのような低い自給率が続いた。このことが軍部にとって深刻な問題となり，国内石油の増産のためにさまざまな対策がとられた。しかしながら，国内では石油埋蔵量に基本的に恵まれないことが，結局，軍部を追い詰め，軍事力によって海外に石油を求める無謀な行為に発展していく引き金となった点は否定できないだろう。

　1918年から45年までの日本の産油動向をみれば，1918年の約40万klから年々減少し，45年まで年間20〜30万kl台の水準をかろうじて維持してきた。過去，最高の国内産油量を記録したのは1915年の47万klであり，長期的にみても国内の産油量は政府の増産努力にもかかわらずほとんど大きな成功をおさめなかった。1910年代には秋田石油，大日本石油鉱業，帝国石油，出羽石油など石油会社の新設が続き，石油開発は活況を呈するかにみ

えた．しかし，第 1 次世界大戦の影響で石油掘削用鋼管の輸入が杜絶し，新規油田の採掘作業は大きな打撃を受けたのである．そのために新興石油会社は経営困難に陥った．久原鉱業が国内から北樺太に目を向けたのもこの時期である．

　日本の伝統的な産油地域は新潟と秋田であり，これに北海道が続いている．

　日本の近代石油業は，1871 年(明治 4 年)石坂周造が信州長野に長野石炭油会社を興し，1873 年に外国人技師を招いて，米国式掘削機で信州善光寺および越後尼瀬で試掘を行ったことに始まる．その後，新潟は長い間日本の石油開発の中心となってきた．新潟の主要油田は，西山，新津，東山，大面，尼瀬，高町であった．西山油田は長岡市を中心とする中越平野の西の西山山脈地帯にあり，比較的多量の揮発油を含有している．1928 年から 30 年にかけての日本の産油量増加は，この油田，なかでも高町地区の採掘に負うところが大きい．東山油田は長岡市から東方 8 km の地域に位置する．大面油田は南蒲原郡にあり，1916 年には日産 5000 石に達したこともある．新津油田は新津町の平地および山岳地帯にあり，質のよい潤滑油が得られた．尼瀬油田は三島郡西部海岸地域に位置しており，石油工業発祥の地でもあった．明治から大正の初めにかけて，新潟のこれら油田が日本の産油量を支えていたが，その生産量は年々減少の一途を辿り，1908 年(明治 41 年)には 180 万石を生産し，日本のほぼ全量を産出していたものが，1920 年代にはその生産割合は 50% 程度まで落ち込んでいる．1928 年以降，再び増産に向かい，シェアを高めた．

　新潟に代わって生産量を伸ばしたのは秋田であった．秋田には黒川，濁川，由利，旭川，豊川，道川，院内，小国，響，雄物川，八橋などの油田がある．なかでも秋田市の北 16 km にある黒川油田は，1914 年にロータリー式掘削機による第 5 号井が日産 1 万石の噴出量を記録し，黒川の大噴油はマスコミに大きく取り上げられ，石油株の暴騰を招いた．当時の加藤友三郎海軍中将は「秋田に 1 万石噴出の油井を得たのは，数万噸の軍艦の一時に加わりたるよりも強い」と新聞記者に語るほど，海軍の期待は大きかった[9]．しかし，この油田も 1924〜25 年をピークにその後は減産に向かい，豊川，旭川，濁

川, 由利の各油田も次第に減産となった。これらに代わって新興油田として登場するのが院内, 雄物川, 八橋の各油田開発の成功である。1934 年秋から院内および雄物川両油田の開発が急進展し, 国内産油量はこれらの油田の増産によって 1921 年以来, 久しぶりに 35 万 kl まで回復した。院内は 1932 年に綱式による第 1 号井の掘削成功に始まる。1934 年頃から各坑井が日産 100〜350 石の成績をあげている。八橋油田は, 1934 年に上総掘りによる浅層での採油に始まり, 翌年からは綱式による深度 200 m で大噴出をみた。

北海道で石油が生産されているのは主として厚真および石狩の両油田であった。厚真は 1928 年に生産開始, 石狩は明治時代の後半にさかのぼる。しかし, 北海道の産油量は決して大きなものではない。

上記 3 地域のほか, 国内で石油を生産するのは静岡, 長野および山形である。しかしその生産量はいずれの地域でも年産 100 石程度であった。

2 原油および石油製品の輸入

国内の石油生産が伸び悩んだことと国内石油消費量が急激に増加したことによって, 不足分を輸入に頼らざるを得なかった。いま, 1918 年から 45 年までの時期の原油輸入傾向をみると, 1918 年の 4800 kl から 1929 年には 159 万 kl へと輸入量は急速に増え続けたが, 1930 年になると一転して前年の 3 分の 1 の 57 万 kl まで落ち込んだ。以後, 3 年間原油輸入量は低迷を続けた。1933 年になって 100 万 kl 台を回復し, その後は増大し続け, とくに 1937〜38 年には急激な輸入量増加を記録した。その結果, 油価は暴落した。しかし, その後, 戦争に突入する日本は, 米国の対日石油供給停止措置によって, 輸入量の急激な落ち込みをみることになる。

3 石油製品の需要

石油製品の需要は, 技術革新に左右される。灯油の需要は, 明治 40 年代を境にして電灯が普及したために後退し, これに代わって内燃機関の発達にともなって揮発油と重油の消費量が大正末期から急激に増えてきた。第 1 次世界大戦後の航空機および自動車の長足の進歩と外国航路の船舶の重油燃料

の普及が揮発油と重油の増産を促したのである。

揮発油の供給量(生産＋輸入)は，表5-2にみるように，1920年代半ばから急激に増え，24年には19万kl，25年には21万5000kl，さらに26年には28万6000klへと急増した。このような供給量の急増は国内製油所の揮発油精製能力と輸入量の増大によって補われた。揮発油の輸入量は1930年代に入ってからも急激に伸び続け，30年の34万klから36年には65万5000klへと約2倍の伸びをみせた。1936年の揮発油の見掛け消費量は過去最高であった。その後，揮発油の輸入量は頭打ちとなり，1941年以降は米国からの輸入が杜絶して，戦争の最中にはほとんど輸入されなくなった。

一方，重油の輸入量は，大日本貿易年表によれば，1929年までは不精製原油として計上されており，表5-2の重油輸入として記載されている数量は，

表5-2　日本における揮発油・重油の生産・輸入比較(1907～26年)　(単位　kl)

	揮発油 生産	揮発油 輸入	揮発油 計	重油 生産	重油 輸入	重油 計
1907(明40)	6,450	—	6,450	103,535	—	103,535
1908(明41)	772	—	772	48,208	42,680	90,888
1909(明42)	2,873	—	2,873	51,844	102,566	154,410
1910(明43)	1,851	2,515	4,366	58,713	38,940	97,653
1911(明44)	684	6,040	6,724	52,508	37,403	89,911
1912(大1)	1,640	8,082	9,722	46,273	12,066	58,339
1913(大2)	3,233	1,066	4,299	45,078	12,671	57,749
1914(大3)	8,673	6,430	15,103	57,055	8,910	65,965
1915(大4)	8,205	3,878	12,083	146,448	17,156	163,604
1916(大5)	15,386	2,532	17,918	161,183	9,862	171,045
1917(大6)	20,225	4,103	24,328	112,682	11,674	124,356
1918(大7)	22,682	9,928	32,610	76,140	4,576	80,716
1919(大8)	23,877	9,588	33,465	48,257	9,041	57,298
1920(大9)	24,040	21,982	46,022	42,487	14,967	57,454
1921(大10)	25,431	20,930	46,361	21,659	22,444	44,103
1922(大11)	68,775	42,611	111,386	54,258	21,600	75,858
1923(大12)	73,755	46,239	119,994	124,316	58,352	182,668
1924(大13)	113,366	78,674	192,040	140,145	89,505	229,650
1925(大14)	133,792	81,063	214,855	181,798	116,640	298,438
1926(昭1)	181,232	105,094	286,326	208,488	142,611	351,099

注)　単位「函」をklに換算。重油の輸入はトップド・クルード(不精製原油)。
出所)　日本石油史編集室編『日本石油史』日本石油株式会社，1958年，281頁。

表 5-3　戦前の日本の原油精製能力

(単位　バレル/日)

	合　計	民　間	海　軍
1930(昭5)	26,400	24,500	1,900
1931(昭6)	34,400	30,000	4,400
1932(昭7)	35,400	31,000	4,400
1933(昭8)	37,200	32,800	4,400
1934(昭9)	37,200	32,800	4,400
1935(昭10)	39,100	34,700	4,400
1936(昭11)	45,800	41,400	4,400
1937(昭12)	54,800	50,400	4,400
1938(昭13)	57,300	50,400	6,900
1939(昭14)	63,200	54,400	8,800
1940(昭15)	66,000	57,200	8,800
1941(昭16)	88,100	66,800	21,300

出所）奥田英雄・橋本啓子訳編『日本における戦争と石油 ── アメリカ合衆国戦略爆撃調査団・石油・化学部報告』石油評論社，1986年，23頁。

　実際にはそのほとんどが原油とみても差し支えないものであろう。1930年に日本は日産約2万6000バレルの精製能力を有していたが，1941年には約3倍に拡大した(表5-3)。

　原油はごく少量の生焚きを別にすれば，揮発油，灯油，軽油，重油，潤滑油さらには石油化学原料を目的として精製しなくては消費できない。製油所は国産の原油に頼るか，外国産の原油に依存するかであり，国内産原油量が伸び悩み，国内石油製品の消費量が増えてくると石油会社は外国原油に頼らざるを得なくなってくる。

　外国原油の利用に先鞭をつけたのは浅野総一郎(南北石油社長)であり，1908年(明治41年)，南北石油会社を興して神奈川県程ヶ谷に製油所を設置したことに始まる。これに次いで，ライジングサン石油が1910年に九州西戸崎(福岡県糟屋郡)に製油所を設け，ボルネオ産原油で製油を始めた[10]。

　第1次世界大戦後の世界不況と石油の過剰生産のために，1920年代に入って外国石油会社は海外市場を開拓し，日本にも進出を図った。1921年設立の旭石油はライジングサンの手を経て南方の石油を輸入し，軽油と潤滑

油の生産を開始した。また，秋田の油田開発に従事していた帝国石油は山口県徳山に製油所を建設し，アングロ・ペルシャン石油から原油を購入し，小倉石油も石油の輸入に踏み切った。従来，国内石油に大きく依存していた日本石油も石油業界の動きを傍観視できず，1922年に鶴見に製油所を建設し，輸入原油で精製を行った。このような動きは三菱財閥にも飛び火し，三菱は液体燃料委員会を設置して，外国原油の輸入の研究に取りかかった(1924年)。同じく，三井物産も米国ゼネラル石油と提携し，重油の輸入に従事するようになったのである。

　1925年以降の石油製品の需要動向をおおまかにみてみよう。揮発油の需要は自動車，飛行機の保有台数に左右される。日本の自動車(トラックを含む)保有台数は1916年にはわずか約1000台であったものが，1924年には2万台を超え，1931年には約10万台に達した。一方，航空機も1921年には22機であったものが，1927年には100機を超え，1931年には147機に増加した。飛行距離も1921年の6万5000 kmから1931年には235万 kmへとこの10年間に実に36倍の伸びを示した。石油便覧改訂第5版によれば，主にこれら2つの輸送手段の増加によって揮発油の見掛け消費量は1925〜30年の6年間に3.6倍の伸びを記録した[11]。この数字には政府関係の消費量(軍用その他)および本邦商船が海外で輸入消費した分を含んでいない。1930年の揮発油見掛け消費高1827万函のうち国産原油で精製された揮発油は14％，輸入原油によるそれは27％，揮発油の輸入量は59％であった。

　次に灯油をみれば，ランプから電灯への生活の変化によって灯油の消費量は減少を続けており，その見掛け消費高は1925年の346万函から1930年には288万函へとこの6年間に17％の減少となった(表5-4)。1930年の灯油見掛け消費高のうち，60％を輸入灯油，15％は国産原油から精製した灯油，25％は輸入原油から精製した灯油である。

　軽油についてみれば，1920年代には大きな変化はみられないが，1928年の645万函を最高として徐々に減退する傾向にある。このような減少傾向は，従来軽油を燃料としていた発動機船が次第に大型になり，軽油の代わりに重油を使うようになったからである。軽油そのものは全く輸入しておらず，見

表 5-4　日本における石油製品の種類別見掛け消費高(1925～30年)

(単位 万函)

	合　計	揮発油	灯　油	軽　油	潤滑油	重　油
1925(大14)	2,266	502	346	532	352	534
1926(昭1)	2,589	662	406	494	385	642
1927(昭2)	3,221	917	413	599	449	843
1928(昭3)	3,946	1,274	397	645	452	1,178
1929(昭4)	4,282	1,505	355	579	448	1,395
1930(昭5)	4,914	1,827	288	498	467	1,834

注)　見掛け消費高＝生産高＋輸入・移入高－輸出・移出高
出所)　小林久平『石油及其工業』上巻，丸善，1938年，604-605頁。

掛け消費高の 55% は輸入原油から精製し，残る 45% は国産原油から精製している。

　潤滑油はさまざまな工業の発展にともなって消費量が増えており，1925年から30年の6年間にその消費量は352万函から467万函へと30%の増加となった。この期間に輸入潤滑油は半減しており，国産の潤滑油が倍増した。

　重油は最も消費量の多い石油製品であり，1925～30年の6年間でも3.4倍の伸びを記録した。その見掛け消費高は1930年には1834万函に達している。ディーゼル機関の普及と工業用燃料としての需要が伸びていることに起因している。とくに，比重0.907以下の猟銃油は免税の規定があり，さらに石油価格下落に後押しされて輸入量が増加した。1931年の重油輸入量は1686万函と1925年に比べれば4.3倍の伸びとなり，重油の輸入依存度は90%強に達している。

4　海軍の燃料獲得策

　海軍が液体燃料に関心を抱き始めたのは，1894～95年(明治27～28年)の日清戦争後のことである。重油燃料に注目した海軍は，1900年には石炭調査委員により重油および重油焚燃器の試験を開始し，1903年に石炭調査委員会の改組により誕生した燃料調査委員会によって重油燃料採用の研究が進められ，1905年になると重油を艦艇燃料として採用すべき旨の報告が行われ，翌年10月には海軍で初めて重油燃料による炭油混焼が採用されたので

ある。1906年には海軍最初の重油タンク6000 t 1 基が横須賀に建設され，1909年から海軍への重油の供給が開始された。その後逐次，佐世保，呉および舞鶴においても重油供給が開始された。

　第1次世界大戦によって物価が急上昇し，タンカー不足から重油の調達が難しくなり，国防上の理由から液体燃料の確保を国策として実施する必要に迫られた。本章の冒頭で述べたように，1918年（大正7年）1月には山口鋭艦政局第4課長は，石油官営，官民合同会社設置，統制および海軍の製油所の創設を盛り込んだ「軍用石油需要の根本策覚」を作成し，大蔵省との折衝を提案した。加藤海軍大臣はこの趣旨を認めたが，重大国策に属する問題であると判断し，艦政当局に命じて「軍事上の必要に基づく石油政策」を立案させて，1918年7月，時の寺内総理大臣および閣僚に検討を求めた。その要旨は，軍事上の目的を達成させるためには我国の石油業を民間の経営にのみ委ねるべきではなく，国家本位の石油業とし，平時用燃料を極力外国産原油に求め，内地油田を開発して，これを予備油田として保留し有事に備えるというもので，具体策として第1案は石油事業の一切を官営とし，利益の一部で油田の調査・採掘を行う，第2案は国内石油会社を統一し，政府がこれに関与して石油業の統一を図り，石油専売等の特権を許すとともに，軍用石油の供給および石油業の統一に関し，政府の方針遂行の義務を負わせるというものであった。この国策案は閣議決定には至らなかったが，海軍が液体燃料対策としては初めて提案した国策案であり，政府要人に燃料問題の重要性を喚起した点では効果があった。

　1918年5月にはライジングサン石油との間に年間15万tのボルネオ産重油を購入する長期契約を結び，ライジングサン所有のタンクおよび西戸崎製油所を買収する交渉がまとまりかけた。ところが，第1次世界大戦の終結と物価暴落によって，減価を求めたがまとまらなかった。その一方では，多額の買収費用を支払うよりも海軍独自で製油所を建設した方がよいとする意見が強まった。1918年12月，加藤海軍大臣はライジングサン所有の設備買収と海軍における製油所建設の両案を討議した結果，新規製油所建設に決定したのである。

1920年に呉軍港の南西8kmの江田島の海岸を埋め立て，大型タンク15基を建設し，翌21年4月には山口県徳山の海軍煉炭所の規模を拡大して，この附属設備として給油設備を建設し，年間20万tの重油生産を目標とした。1921年2月には海軍燃料廠令が交付され，徳山燃料廠として発足した。

　1918年作成の海軍による石油政策案を基礎に，1920年6月に大蔵省によって「石油政策に関する調査」が立案された。国策に重点をおく海軍は1920年9月に海軍省の部局として軍需局を設置し，大蔵省を支持したが，当時はまだ閣議提出には至らなかった。大蔵省案によれば，民間の1年間の石油消費量は約50万klと想定され，国内の生産量は37万kl，輸入量は15万klと評価された[12]。海軍における石油所要量は1923年度には平常用30万t，戦時用150万t，1925年度には合計200万t，1926年度には300万t超が想定された[13]。1923年度までに200万tの備蓄が可能になる施設建設を目的とし，現有能力30万tを差し引きした残る170万t能力に必要な費用は，170万t能力タンク建造費4250万円，給油船15隻建造費3000万円，重油170万t購入費1億2000万円の合計1億9250万円の予算が必要であると試算された。

　石油政策に対する海軍の影響力強化は，海軍の農商務省への働きかけやワシントン軍縮会議による質的転換を目指した海軍軍需局の「燃料政策に関する調査」起案の形であらわれた。しかし，石油政策全般にわたる権限は農商務省にあり，国としての液体燃料政策を推進するには関係省庁の協議が必要であった。海軍の省内においても石油官営案および官民合同会社設立の2案は，海軍がその設備を提供してまでこの種の国策を樹立する必要があるのかという議論が生まれ，結局海軍省の決定までには至らなかった。1923年6月から12月にかけて「石油政策に関する調査会」の名の下に農商務省，海軍省，外務省，大蔵省，陸軍省の5省および国勢院等の関係者が集まって，石油需給の根本問題が議論されたのである。この調査会は日本政府が液体燃料政策を審議した最初である。

　1925年5月，財部彪海軍大臣は，次官を委員長とする燃料政策調査委員

会を省内に発足させ，海軍に必要な液体燃料確保の方法を検討した。その方法として，軍需局は従来の石油官営，官民合同会社案を引っ込め，外国のコンセッション獲得を目的とする一企業団を組織し，補助金を交付して対外発展に期待し，また補助金により内国油田の開発を促進させる提案を行ったのである。すでにこの時期，北樺太のコンセッション供与交渉がソ連政府との間に進められており，これを積極的に進めてきた海軍はこれを念頭においていたことは明らかである。

1926年には貴族院の燃料調査機関の設置に関する希望決議に基づいて，閣議決定で燃料調査委員会が設置され，我国の燃料に対する根本策が審議されることとなった。この委員会のもつ意味は，本委員会が国家機関として初めて設立されたことにあり，その委員長には商工次官が就き，委員には商工省鉱山局長，外務省通商局長，大蔵省主計局長，陸軍省兵器局長，海軍省軍需局長が加わった。以後，2年間の審議を経て石油石炭問題の答申を行った。石油に関する方策としては，国内石油資源の開発，輸入・製油・販売全機関の合同による石油企業の改組，海外石油資源の確保・開発，石油代用燃料に関する方策として燃料酒精，石炭液化，石油合成などの研究開発の必要性が挙げられたのである。

1929年5月になると商工大臣の主宰する商工審議会において，燃料に関する具体的国策について意見を求める諮問が行われた。これに対する審議会の答申（1930年6月）は，上記の燃料調査委員会の答申を若干補足改善したものであった。

以上のような計3回にわたる審議は結局実行に移されず，海軍の燃料予算の範囲で手当てするにとどまった。北樺太石油コンセッションに対する補助金額が，開発条件からみれば比較的少額にとどまったのは，国の燃料政策が定まらなかったことによる。

しかしながら，1931年の満州事変勃発を契機として日本を取り巻く燃料供給環境は徐々に緊迫したものとなる。1933年春，柳原軍需局第2課長は商工省を動かし，その主宰によって同年6月に液体燃料問題に関する関係各省協議会を開催した。商工省，海軍省，陸軍省，大蔵省，外務省，拓務省の

6省および資源局の関係部局長が出席した。3カ月，毎週3日半連続審議の結果，同年9月に「燃料国策の大綱」が決定され，閣議決定を経て，法制化されたのである。これは国としては最初の燃料国策である。燃料国策は以下のような重要な内容を含んでいた。

① 製油業者および輸入業者は，前年度に輸入した原油，揮発油数量の半分を備蓄すること。

② 石油業の振興を図るために製油業および輸入業を許可制にし，石油業用機械器具製造に対する助成を行い，関税によって国内石油業を保護すること。

③ 石油資源を確保するために，石油地質調査を完成させ，試掘奨励金を交付し（とくに，北樺太石油については試掘期限が迫っていることから急速かつ十分な採掘のための奨励金），海外油田への進出を図ること。

④ 代用燃料工業の振興のために，燃料酒精工業の振興，石炭低温乾溜の助成（差し当たり石炭処理量，内鮮各年間50万t，南樺太10万tに対する助成），撫順頁岩油の増産，石炭液化工業の試験完成と企業具体案の作成，自動車用木炭ガス発生炉の助成等。

燃料国策大綱では，石油資源確保のために，北樺太石油の試掘作業に対して，日本政府が特別の注意を払っていたことが読みとれる。この燃料国策大綱は，1934年7月の石油業法の制定を皮切りに，戦時下の石油の確保と増産，代替燃料の開発の政策が次々と実施されることとなった。それらの主要なものだけでも，1936年および37年の石油関税引き上げ，1937年の揮発油消費税の新設，同年6月の燃料局の商工省外局としての新設，同年の人造石油事業法，帝国燃料興行会社法，石油資源開発法の成立，1940年の帝国石油会社法の成立，1941年4月の海軍燃料廠令を改め5燃料廠（第1大船，第2四日市，第3徳山，第4新原，第5平壌）設置等が相次いだ。

しかし，石油代替燃料の開発は所期の目的を達成することができなかった。国内への石油供給を窮地に陥れたのは，1939年の日米通商航海条約の破棄と1941年8月の米国の対日石油輸出禁止である。

日本の戦争に備える備蓄努力は1930年代初めから開始されており，その

表 5-5　1942 年初の日本の石油製品備蓄量　(単位：千バレル)

	合　計	陸　軍	海　軍	民　間
航空用ガソリン	4,254	1,700	2,551	3
自動車用ガソリン	1,037	629	88	320
ディーゼル油	619	―	440	179
重　油	21,761	―	21,717	44
潤滑油	533	315	126	92

出所) 表 5-3 に同じ。19 頁。

80% は米国からの輸入であった。その結果，1940 年には在庫量を原油 1990 万バレル，石油製品 2970 万バレルまで増やすことに成功した。しかし，戦時体制の強化による同年の大量の石油消費と翌年の米国による供給停止で，その後日本の備蓄量は減少の一途を辿ることになる。表 5-5 にみるように，航空用ガソリンと重油の備蓄量は飛行機や艦船を保有する海軍に主に備蓄されており，1942 年初め現在の航空用ガソリンは備蓄量全体の 60%，重油のそれはほぼ 100% を占めていた。

1) 燃料懇話会編『日本海軍燃料史』上，原書房，1972 年，67 頁。
2) 吉村道男『増補日本とロシア』日本経済評論社，1991 年，386 頁。
3) 引用文中第 4 とは，「支那四川省重慶方面沿江各府ノ地帯」をさす。別紙には露領樺太以外に，石油自給政策上必要な油源と認めるものとして 3 カ所，平時，戦時の燃料油供給上重要な事項として石油事業経営，パイプライン建設など 7 項目が要求されているが，本章では略す。
4) 「覚書　大正九年七月十六日　露領樺太ニ於ケル油田及炭田ニ関スル件」外務省外交史料館『帝国ノ対露利権問題関係雑件　北樺太石油会社関係』1928 年 1～12 月。
5) 1921 年理学士小林儀一朗はワール，ダギ Даги，ウイニイの油田，理学士門倉三能は西海岸封鎖炭田，理学士植村癸巳男は西海岸ランガリイの油田，マーチの炭田，理学士北条敬太郎はピリトゥン，オドプトの油田，理学士岩崎喜代志，理学士神谷麗六，理学士内藤匡はカタングリ，ヌイウォ，オスソイ(チャイウォ湾に流れ込むオスソイ川とヌトウォ川の分水嶺付近)，ポロマイの油田地域，1922 年に小林はウルクト，ツロンツの油田地域，海軍機関少佐稲石正雄は 9 月 16 日より同 27 日までオハを調査した。1923 年には小林はカタングリ，ノグリキ，ウイグレクトゥイの油田地域，理学士池上隆はヌトウォ，海軍機関少佐福田秀穂はエハビの調査を行った(海軍省編『北樺太東海岸産油地調査第二回報告』海軍省，1926 年，1-26 頁)。なお，調査資料の一部(小林および北条の調査報告書)は関東震災で焼失している。

6) 持ち株の構成は，日本石油 2 万 7500 株 (代表者橋本圭三郎，津下紋太郎，田中次郎)，久原鉱業 2 万 625 株 (代表者田辺勉吉，斎藤浩介)，三菱鉱業 2 万 625 株 (代表者島村金治郎)，大倉鉱業 1 万 3750 株 (代表者林幾太郎)，三井鉱山 5000 株 (代表者牧田環)，鈴木商店 5000 株 (代表者岡和)，発起人 7500 株 (代表者押川方義) となった。なお，1921 年 4 月には日本石油と宝田石油が合併し，北樺太石油の最大の株主になった (「株式会社北辰会定款」，注 4) に同じ)。
7) 「4 月 1 日付閣議決定露領北樺太ニ於ケル企業ニ関スル件」，注 4) に同じ，1928 年 1〜12 月。
8) 「日露国交正常化ヲ望ム海軍省側意見書提出ノ件」外務省編『日本外交文書』大正十二年第 1 冊，1978 年，271-274 頁。
9) 日本石油史編集室編『日本石油史』日本石油株式会社，1958 年，274 頁。
10) アジアチック・ペトローリアム Asiatic Petroleum Co. の傘下にあったライジングサンは 1904 年からロシア灯油の輸入をやめて，主に蘭印灯油を販売した (日本石油株式会社・日本石油精製株式会社社史編纂室編『日本石油百年史』日本石油株式会社，1988 年，115 頁)。
11) 小林久平『石油及其工業』上巻，丸善，1938 年，598 頁。
12) 注 1) に同じ，71 頁。
13) 注 12) に同じ。

第6章　北樺太石油会社の事業展開

第1節　北樺太石油会社の経営

　日ソ基本条約附属議定書(乙)には日本側の契約当事者は「日本国政府ノ推薦スル日本国当業者」であることが規定されており，日本政府自らが契約当事者になることはできなかった。そこで海軍省の監督指導の下に，1920年代前半に北樺太の油田地帯で石油採掘作業に携わっていた北辰会の権利義務一切を譲渡することを前提として，北サガレン石油企業組合が設立され，さらに北樺太石油株式会社(以下，単に会社と表記)が設立されたあかつきには，この企業組合の資産一切を会社に譲渡することが，あらかじめ決められていたのである。このような三段構えの手続きを踏まざるを得なかったのは，コンセッション企業は民間企業であることという契約条件を満たした上で，実質的には日本政府の影響力を強く反映した組織である必要があったためである。さらに，附属議定書では日本の軍隊が完全に撤兵した日から5カ月以内にコンセッション契約を結ぶことが約束されるという時間的制約があった。

　日本政府は，まず1925年3月30日に「条約ニ基ク外国トノコンセッション契約ニ依リ外国ニ於テ事業ヲ営ムコトヲ目的トスル帝国会社ニ関スル法律」を発布し，翌26年3月5日には勅令第9号によって「日ソ基本条約関係議定書(乙)ニ基クコンセッション契約ニ依リ北樺太ニ於テ石油又ハ石炭ノ掘採ニ関スル事業ヲ営ムコトヲ目的トスル帝国株式会社ニ関スル件」が定め

られ，これに基づいて会社が設立されたのである。

したがって会社は民間の一法人ではあっても，日本政府の監督指導を受け，人事面でも，助成金面でも，また原油供給面でも海軍および商工省の影響力が行使され，実態は国策会社であったのである(表6-1)。コンセッション契約交渉にあたったのは北サガレン石油企業組合を代表する中里重次である。

表6-2に示すように，海軍の影響力の強さは会社の人事面にもあらわれており，歴代の取締役社長は海軍中将であったし，常務取締役は松村松次郎を除けば海軍出身であった。鉱業所長にも海軍出身者が含まれている[1]。もっともワシントン軍縮会議以後，海軍縮小の情勢のなかで会社が天下り先となった点は否めない。初代社長の中里重次は元舞鶴要港部司令官であり，1913～16年および1918年以降軍令部第2班長として，また1921年以来軍需局長として燃料問題に従事した経験をもっている。この経験が買われて海軍大臣から社長就任の要請を受けたが，中里は熟慮の結果辞退を表明していた。しかし，周辺の強い希望もあって結局引き受けることとなったのである。中里の回想録から，コンセッション契約の基礎となる日ソ基本条約に不備があることの不満や健康上の理由から就任に難色を示していたことが読みとれる[2]。中里は舞鶴在勤中に日ソ基本条約の発表をみて，「頗る不安と遺憾を観ぜり，特に条約中国内法に律してコンセッションを付与すること，試掘期限の極めて短期にして技術上よりも経済上よりも所謂5年乃至10年間にては到底調査不完結に了り結局一部は空しく還付の止むなきに至るべく，就中

表 6-1　原油販売先明細(1931年度)

販売先	数量(t)	単価(円)	金額(円)
海軍燃料廠	251,761	23	5,790,503.00
日本石油株式会社	8,110	23	186,530.00
三井物産株式会社	8,144	23	187,312.00
小倉石油株式会社	3,216	23	73,968.00
早山製油所	1,527	23	35,121.00
計	272,758		6,273,434.00

出所)　外務省外交史料館『帝国ノ対露利権問題関係雑件　北樺太石油会社関係』1932年1～5月。

表6-2 会社の歴代役員および鉱業所長

【取締役社長】

出　身	氏　名	在任期間
海軍中将	中里重次	1926. 6. 7～1935. 7. 19
海軍中将	左近司政三	1935. 7. 19～1941. 10. 6
海軍中将	荒城二郎	1941. 10. 6～1944. 6. 30

【常務取締役】

出　身	氏　名	在任期間
海軍少将	小泉武三	1935. 7. 19～1941. 6. 23
	松村松次郎	1935. 7. 19～1944. 6. 30
海軍少将	片山清次	1941. 6. 23～1944. 4. 30
海軍中将	佐藤正三郎	1941. 10. 6～1944. 6. 30

【顧　問】

氏　名	在任期間
松沢伝太郎	1936. 4. 1～1938. 3. 1
大村一蔵	1936. 4. 1～1942. 8. 1
上野幸作	1938. 3. 1～1940. 6. 25
植村武治	1940. 6. 25～1942. 8. 1
新谷寿三	1942. 3. 10～1944. 6. 3
渡辺理恵	1937. 11. 16～1944. 6. 30
松浦政男	1943. 3. 8～1944. 6. 30

【鉱業所長】

氏　名	在任期間
稲石正雄	1926. 6. 12～1928. 6. 25
成富道正	1928. 6. 25～1929. 10. 8
山田文慈	1929. 10. 8～1930. 7. 1
野口栄三郎	1930. 7. 1～1930. 10. 20
古沢覚本	1930. 10. 20～1931. 10. 23
小川重太郎	1931. 10. 23～1932. 6. 1
	1935. 8. 8～1938. 7. 30
	1939. 9. 4～1941. 11. 1
阿部直太郎	1932. 6. 1～1935. 8. 8
新谷寿三	1938. 7. 30～1939. 9. 4
片山清次	1941. 11. 1～1942. 8. 1
佐藤正三郎	1942. 8. 1～1943. 9. 11

出所）帝石史資料収集小委員会『帝石史編纂資料』1960年，448-451頁。

コンセッション契約は日本軍の樺太撤兵後5ケ月以内に締結せらるべきこと，即ち先以て占領を解除し一切の権利実力を還付したる後，細目協定に入るべきことを約束せられ大なるハンデーキャップを附せられたるを以て，斯くては全然背後の実力を喪失し空拳を以て戦はざるべからざる羽目に陥るべきこと等，甚しく不利の条約を締結せられしものと感じたればなり」と交渉の難しさを吐露している。中里を不安にさせたもうひとつの要因は，海軍省の権限の問題であり，「北樺太ニ於ケル石油及石炭ノ採掘事業ニ関スル事項」では商工省鉱山局鉱政課の所管になっており，海軍省の管轄下にないことであった。中里は，台湾予備油田と同様の扱いにすれば海軍省軍需局第2課の担当する「炭田及油田ニ関スル事項」となり，海軍省が所管することも可能であると判断していた[3]。しかし，その期待はかなわず，いつしか商工省の

所管となった。当時の日本国内は大正デモクラシーによる自由主義的傾向が流布しており，実業界においても営利本位の自由主義的経営が好まれ，官僚統制を極度に嫌う傾向があり，会社を民間企業として設立させることが，つとに求められたのである。そうなればその監督官庁は商工省となる。海軍省は，当初，会社の設立形態として半官半民の特殊会社を想定していた。しかし，国内もソ連もそれを許さなかった。

　北サガレン石油企業組合の代表としてコンセッション契約交渉に臨んだ中里は，交渉に入る前からソ連側の厚い壁の存在を感じていた。ソ連側の交渉に臨む姿勢は日ソ基本条約附属議定書(乙)を楯として，原則論に終始し，日本は限られた期限内にコンセッション契約をまとめるためには，将来禍根を残すような重要な問題で譲歩せざるを得なかった。たかだか日本の一コンセッション企業の存在が，日本政府の強力な後ろ楯があったばかりに日ソ間の重要な外交交渉の道具としてソ連側に利用され，日本政府の中途半端な支援のために，日本はなす術もないという状況を生み出したのである。

　北サガレン石油企業組合の名で調印されたコンセッション契約を実施に移すために，契約第9条に基づいて1年以内に株式会社を設立させ，一切の権利と義務をこの株式会社に引き渡すことが，附属議定書に定められた。1926年3月，商工大臣宛に会社の設立認可を出願し，同年6月2日をもって認可された。同年6月7日には設立総会が開かれ，役員人事が承認された。

　設立総会における取締役および監査役の選挙の結果，取締役には中里重次，島村金治郎(三菱合資会社)，山田文慈，橋本圭三郎(日本石油)，末延道成，松方幸次郎，牧田環(三井鉱山)，斎藤浩介(久原鉱業)，林幾太郎(大倉鉱業)，押川方義(発起人)の10名が，監査役には津下紋太郎(日本石油)，中野貫一，湯川寛吉の3名が選出され，社長には取締役の互選によって中里重次が，常務には島村金治郎，山田文慈，橋本圭三郎が就任した。

　会社の定款によれば，事業目的は，石油その他鉱物の採取，精製，販売とこれら業務にかかわる化学工業，附帯業務，施設利用業務を扱うとされ，本社は東京，資本金1000万円，第1回払込金として400万円が収められた。株式発行高は20万株とされ，コンセッションの性格上一般国民にも事業参

第6章　北樺太石油会社の事業展開　137

表6-3　株主の変化（10大株主）

1927.4.30現在		1936.4.30現在		1940.5.31現在	
株　主	株数	株　主	株数	株　主	株数
①日本石油(株)	19,576	①日本石油(株)	21,716	①日本石油(株)	18,756
②久原鉱業(株)	11,130	②日本鉱業(株)	16,745	②日本鉱業(株)	16,745
③大倉鉱業(株)	10,193	③富岡徴兵保険(相互)	13,370	③富岡徴兵保険(相互)	9,760
④三菱合資会社	10,000	④三菱鉱業会社	7,950	④三菱鉱業会社	8,250
⑤中野興業(株)	5,000	⑤中野興業(株)	6,700	⑤三井鉱山(株)	5,390
⑥旭石油(株)	4,275	⑥仁寿生命(株)	6,434	⑥長部松三郎	3,700
⑦大阪商事(株)	4,237	⑦長部松三郎	5,100	⑦旭石油(株)	3,575
⑧瀬尾喜兵衛	4,145	⑧三井鉱山(株)	4,890	⑧辰馬悦蔵	3,250
⑨中野貫一	3,000	⑨旭石油(株)	4,275	⑨(株)宮内商店	2,070
⑩三井鉱山(株)	2,775	⑩辰馬悦蔵	3,250	⑩(株)住友本社	2,053

出所）『北樺太石油株式会社決算報告書』各年度版より作成。

　加の機会が求められ，株式は北辰会7万株，発起人6万5000株，一般公募6万5000株とほぼ三等分された[4]。1株の金額は50円，1株券，10株券，50株券および100株券の4種が発行され，応募株数は予定の11倍に達するほど人気があり[5]，設立当時の株主数は3655名に達した[6]。

　会社の営業年度は4月から翌年3月までの会計年度である。したがって会社が報告する採油量の実績はソ連側の公表する暦年数値とは若干異なる。毎年1～3月は激寒期であり，現地での作業は著しく制限され，周辺の海域は氷に閉ざされるために日本への搬出はできない。唯一，採油面ではポンプが動いており，通年で井戸元の生産を続けた。したがって，対象期間のずれから生じる統計上の数値の違いは搬出量にはあらわれず，生産面においてみられる。

　まず，会社の全活動時期を包含している決算報告書から，会社の事業経営の状況を分析してみよう。株主総会で報告された決算報告書のなかから，損益計算書および貸借対照表を組み替えて作成したのが表6-4および表6-5である。

　会社の創業時代の生産活動はおおむね順調であった。当初，輸送手段が限られ，夏の時期を挟んで実際には4カ月しか航行できず，激寒の地という悪条件のなかで，機資材の輸送に問題を抱えながらの作業開始であったが，北

表 6-4　損益計算書

(単位　円)

	第1回 1926.6～ 1927.3	第2回 1927.4.1～ 1928.3.31	第3回 1928.4.1～ 1929.3.31	第4回 1929.4.1～ 1930.3.31	第5回 1930.4.1～ 1931.3.31	第6回 1931.4.1～ 1932.3.31
原油収入	874,359.40	2,070,898.80	3,558,908.05	4,973,462.23	5,609,551.02	5,017,750.00
本社費	122,019.37	227,875.35	297,331.65	305,763.18	453,921.45	382,563.16
鉱業所費	778,267.16	1,430,475.73	2,253,181.68	3,229,287.07	3,304,296.34	3,115,723.95
財産減価償却金		100,000.00	400,000.00	600,000.00	800,000.00	600,000.00
経費計	900,286.53	1,758,351.08	2,950,513.33	4,135,050.25	4,558,217.79	4,098,287.11
営業利益	−25,927.13	312,547.72	608,394.72	838,411.98	1,051,333.23	919,462.89
政府補助金						
雑収入	107,870.15	90,956.38	24,520.67	32,330.29	26,836.45	29,044.13
営業外収益	107,870.15	90,956.38	24,520.67	32,330.29	26,836.45	29,044.13
創立費償却	30,912.99	—				
経常利益	51,030.03	403,504.10	632,915.39	870,742.27	1,078,169.68	948,507.02
税金支払引当金	3,200.00	25,000.00	38,000.00	48,000.00	63,000.00	57,000.00
当期利益	47,830.03	378,504.10	594,915.39	822,742.27	1,015,169.68	891,507.02
法定準備金	2,500.00					
本年度純益金						891,507.02
前年度繰越金		45,330.03	47,834.13	73,749.52	145,991.79	186,161.47
計		423,834.13	642,749.52	896,491.79	1,161,161.47	
法定純益金			30,000.00	41,500.00	51,000.00	
法定準備金						45,000.00
役員賞与金			55,000.00	65,000.00	75,000.00	55,000.00
職員退職手当積立金			30,000.00	30,000.00	50,000.00	20,000.00
株主配当金(年8分)			454,000.00	614,000.00	774,000.00	814,000.00
次年度繰越金	45,330.03		73,749.52	145,991.79	186,161.47	133,668.49
使用人退職手当積立金					25,000.00	10,000.00

　辰会の試掘による資産を受け継いだことが，会社の生産活動をすぐに軌道に乗せた。それでも，事業開始の初年度は諸施設の準備と建設に多額の費用が支出されたために，株主に対して配当を行うことはできなかった。営業利益は2万5900円の赤字となった。これは，初期投資の大きな石油開発事業ではむしろ当然のことであり，創業1年目の1926年には3万3000tを採油し，早くもその年に約2万tの原油を搬出できたこと自体が異例のことでもある（表6-6）。初年度にはオハ油田では北辰会から8坑を引き継ぎ，新たに6坑の掘削に成功している。初年度にはヌトウォでも試掘井1本の開坑が準備さ

(表6-4 つづき)

	第7回	第8回	第9回	第10回	第11回	第12回
	1932.4.1〜 1933.3.31	1933.4.1〜 1934.3.31	1934.4.1〜 1935.3.31	1935.4.1〜 1936.3.31	1936.4.1〜 1937.3.31	1937.4.1〜 1938.3.31
原油収入	5,288,333.20	5,604,077.92	5,065,120.49	5,824,383.92	6,412,953.90	5,921,242.62
本社費	523,326.17	457,175.43	538,330.21	449,692.34	504,500.64	469,232.64
鉱業所費	3,279,974.29	3,520,198.40	3,192,497.13	3,553,642.14	3,561,802.91	3,216,591.38
財産減価償却金	650,000.00	700,000.00	1,000,000.00	1,000,000.00	1,000,000.00	1,150,000.00
経費計	4,453,300.46	4,677,373.83	4,730,827.34	5,003,334.48	5,066,303.55	4,835,824.02
営業利益	835,032.74	926,704.09	334,293.15	821,049.44	1,346,650.35	1,085,418.60
政府補助金						
雑収入	14,167.37	22,844.97	17,261.57	13,657.59	19,199.25	13,415.53
営業外収益	14,167.37	22,844.97	17,261.57	13,657.59	19,199.25	13,415.53
創立費償却						
経常利益	849,200.11	949,549.06	351,554.72	834,707.03	1,365,849.60	1,098,834.13
税金支払引当金	53,000.00	80,000.00	50,000.00	65,000.00	96,000.00	160,000.00
当期利益	796,200.11	869,549.06	301,554.72	769,707.03	1,269,849.60	938,834.13
法定準備金						
本年度純益金	796,200.11	869,549.06	301,554.72	769,707.03	1,269,849.60	938,834.13
前年度繰越金	133,668.49	79,868.60	110,217.66	370,772.38	501,479.41	455,829.01
計	929,868.60	949,417.66	411,772.38	1,140,479.41	1,771,329.01	1,394,663.14
法定純益金						
法定準備金	40,000.00	45,000.00	16,000.00	39,000.00	64,000.00	47,000.00
役員賞与金	40,000.00	40,000.00		40,000.00	76,000.00	57,000.00
職員退職手当積立金	20,000.00	25,000.00	25,000.00	35,000.00	38,000.00	35,000.00
株主配当金(年8分)	750,000.00	729,200.00		525,000.00	1,137,500.00	800,000.00
次年度繰越金	79,868.60	110,217.66	370,772.38	501,479.41	455,829.01	455,663.14
使用人退職手当積立金						

れた。しかし，開発の中心はオハ油田であり，オハに会社の出先機関として北樺太鉱業所が設置された。以後，この鉱業所が採掘の拠点となり，他の試掘・採掘地域には支所が設置されることになる。産油量の増加には採掘井の生産強化と共に輸送手段の確保が重要であり，オハ油田では2年度から6年度までの5年間に1万t容量の艦船（給油艦）と艦船係留設備が海岸に増設され，5年度には貯油能力は20万tに達した。北樺太の東海岸には，いわゆる港湾と呼べるものはない。オハ油田の採掘鉱区（鉱場）から貯蔵タンクまでの延長6kmに6インチ管および8インチ管パイプラインが，さらに貯蔵タ

(表6-4 つづき)

	第13回	第14回	第15回	第16回	第17回	第18回
	1938.4.1〜1939.3.31	1939.4.1〜1940.3.31	1940.4.1〜1941.3.31	1941.4.1〜1942.3.31	1942.4.1〜1943.3.31	1943.4.1〜1944.3.31
原油収入	4,802,554.60	4,800,119.50	3,241,927.00	3,072,217.00	4,340,433.00	1,363,944.00
本社費	641,638.91	871,074.32	715,664.96	934,384.40	815,274.25	1,490,642.08
鉱業所費	5,661,481.28	7,041,745.88	6,742,760.03	6,685,261.00	8,532,510.14	4,714,814.20
財産減価償却金	968,000.00	992,000.00	800,000.00	900,000.00	800,000.00	800,000.00
経費計	7,271,120.19	8,904,820.20	8,258,424.99	8,519,645.40	10,147,784.39	7,005,456.28
営業利益	−2,468,565.59	−4,104,700.70	−5,016,497.99	−5,447,428.40	−5,807,351.39	−5,641,332.28
政府補助金	3,007,000.00	4,966,000.00	5,891,000.00	6,410,000.00	6,723,000.00	7,006,000.00
雑収入	21,051.94	41,208.21	114,977.92	22,347.78	28,776.10	67,941.54
営業外収益	3,028,051.94	5,007,208.21	6,005,977.92	6,432,347.78	6,751,776.10	7,073,941.54
創立費償却						
経常利益	559,486.35	902,507.51	989,479.93	985,099.38	944,424.71	1,432,609.26
税金支払引当金	197,000.00	60,000.00	140,000.00	135,670.00	97,203.47	560,353.82
当期利益	362,486.35	842,507.51	849,479.93	849,249.38	847,221.24	872,075.44
法定準備金						
本年度純益金	362,486.35	842,507.51	849,479.93	849,249.38	847,221.24	872,075.44
前年度繰越金	455,663.14					
計	818,149.49					
法定純益金						
法定準備金	18,149.49	42,507.51	49,479.93	49,249.38	47,221.24	72,075.44
役員賞与金						
職員退職手当積立金						
株主配当金(年8分)	800,000.00	800,000.00	800,000.00	800,000.00	800,000.00	800,000.00
次年度繰越金	0.00	0.00	0.00	0.00	0.00	0.00
使用人退職手当積立金						

出所) 表6-3に同じ。

ンクから1km沖合まで海底パイプラインが敷設され，その先端に艦船係留設備が設置された。第6年度には8インチ管海底パイプラインおよび艦船係留設備が増設されたことによって，艦船2隻が同時に給油を行うことが可能になった。操業開始当初，給油バージで艦船まで原油を運び，給油していたが，この方法は大変非効率であり，大量の労働力も必要で，しかも防波堤もない沖合の外洋での作業であったから，時化があれば作業を中止しなくてはならなかった。また，海底パイプラインが敷設されても，係留設備がなかっ

第6章 北樺太石油会社の事業展開　141

表6-5　貸借対照表
(単位　円)

	第1回 1926年度	第2回 1927年度	第3回 1928年度	第4回 1929年度	第5回 1930年度	第6回 1931年度
資産の部						
現金および預金	83,127.78	90,567.27	225,542.44	209,168.86	392,718.77	241,529.17
未収入金						
仮払い金	157,943.34	51,409.84	40,502.08	48,309.80	225,720.57	248,374.35
買入原油代金前渡勘定			1,035,306.25	452,875.80	2,902,012.50	2,174,439.20
有価証券						
貯蔵品	438,728.99	688,052.77	1,206,878.35	1,229,819.65	1,670,393.00	1,732,935.87
従業者供給品			244,470.33	249,667.20	691,889.76	886,707.86
貯蔵原油	633,350.00	1,254,641.75	1,602,659.52	2,603,316.00	2,585,649.20	2,670,380.00
未達品勘定						
払込未済株金	6,000,000.00	6,000,000.00	4,000,000.00	2,000,560.00		7,500,000.00
鉱業権	2,632,243.40	2,572,400.00	2,432,963.50	2,375,000.00	2,041,260.00	1,990,230.00
機械設備	456,566.03	947,917.00	1,505,942.37	2,261,564.93	2,875,185.90	3,343,636.00
運輸機関	50,149.55	435,074.51	647,768.59	570,659.00	658,844.00	698,460.00
建　物	39,758.93	212,878.20	459,926.28	466,819.00	871,576.00	1,105,801.00
備　品	17,639.78	58,950.85	89,195.95	110,402.00	99,785.00	106,128.05
器　具						
試掘仮勘定						
試掘鉱区準備勘定						
起業仮勘定						
未完成基本						
基本仮勘定		76,633.06	346,711.88	1,045,781.40	2,617,208.00	3,796,431.00
資産の部計	10,509,507.80	12,388,525.25	13,837,867.54	13,623,943.64	17,632,242.70	26,495,052.50
負債の部						
支払手形						
未払金	68,260.26	132,107.17	236,876.92	404,306.83	480,360.37	518,065.77
預り金	105,710.89	180,287.10	298,480.58	371,569.27	527,288.27	595,930.90
借受金	21,005.89	11,814.63	132,866.62	139,581.48	329,799.73	401,126.00
借入金	263,500.73	1,611,224.96	1,000,000.00	1,670,000.00	2,065,000.00	1,134,712.80
買入原油代金前渡金引当借入金					2,850,000.00	2,425,287.20
負債の部計	458,477.77	1,935,433.86	1,668,224.12	2,585,457.58	6,252,448.37	5,075,122.67
資本の部						
株　金	10,000,000.00	10,000,000.00	10,000,000.00	10,000,000.00	10,000,000.00	20,000,000.00
法定準備金		2,500.00	21,500.00	5,150,000.00	93,000.00	144,000.00
納税積立金						
税金支払準備金	3,200.00	26,757.26	43,899.50	59,322.93	76,965.48	77,035.77
職員退職手当積立金				30,000.00	46,905.00	92,410.00
使用人積立金						
社　債						
北樺太石油資源開発助成金						
未払株主配当金					1,762.38	4,141.57
前年度繰越金		45,330.03	47,834.13	73,749.52	145,991.79	186,161.47
本年度純益金	47,830.03	378,504.10	594,915.39	822,742.27	1,015,169.68	891,507.02
資本の部計	10,051,030.03	10,453,091.39	10,708,149.02	16,135,814.72	11,379,794.33	21,395,255.83
負債・資本の部計	10,509,507.80	12,388,525.25	13,837,867.54	13,623,943.64	17,632,242.70	26,495,052.50

(表 6-5 つづき)

	第7回 1932年度	第8回 1933年度	第9回 1934年度	第10回 1935年度	第11回 1936年度	第12回 1937年度
資産の部						
現金および預金	422,277.18	479,657.57	1,032,467.11	794,787.16	758,850.67	773,416.63
未収入金						
仮払い金	151,588.37	279,267.53	253,584.03	70,584.05	258,259.29	993,412.96
買入原油代金前渡勘定						
有価証券						
貯蔵品	2,019,594.14	1,866,172.02	1,618,824.36	1,419,979.78	1,482,423.00	5,141,980.87
従業員供給品	1,114,712.89	992,763.44	1,217,512.93	1,444,188.58	1,604,587.44	1,462,457.18
貯蔵原油	2,449,695.60	2,020,237.20	2,432,659.40	2,751,083.40	3,451,047.60	3,630,518.50
未達品勘定						
払込未済株金	7,500,000.00	5,000,000.00	2,500,075.00	2,500,000.00		
鉱業権	1,939,200.00	1,888,170.00	1,837,140.00	1,786,110.00	1,735,080.00	1,684,050.00
機械設備	3,751,121.01	4,592,353.20	4,535,755.43	4,478,805.18	5,277,514.29	2,021,558.06
運輸機関	796,510.39	743,187.99	716,736.08	664,704.74	751,214.41	819,041.20
建 物	1,453,481.88	1,638,590.69	1,612,635.39	1,583,451.28	2,138,848.88	6,014,965.05
備 品	118,445.84	123,056.56	122,188.72	116,575.96	127,539.92	114,045.27
器 具						
試掘仮勘定	4,656,438.43	5,807,161.29	7,581,490.44	6,449,633.13	7,618,546.09	9,636,952.25
試掘鉱区準備勘定				2,020,243.16	1,683,935.98	1,825,143.18
起業仮勘定					582,800.00	926,789.47
未完成基本	75,356.52	79,669.01	196,972.82	236,803.26	152,589.90	616,370.01
基本仮勘定						
資産の部計	26,448,422.25	25,500,286.50	25,658,041.71	26,316,949.68	27,623,237.47	35,733,258.36
負債の部						
支払手形				2,730,000.00	81,390.00	4,130,000.00
未払金	623,381.39	649,586.08	700,280.07	587,545.84	685,596.41	720,865.93
預り金	538,927.98	660,676.24	667,494.12	685,765.43	812,907.68	654,159.77
借受金	335,973.30	236,741.99	472,965.86	590,184.73	545,101.61	24,722.15
借入金	3,520,000.00	2,560,000.00	2,900,000.00			
買入原油代前渡金引当借入金	3,520,000.00					
負債の部計	8,538,282.67	4,107,004.31	4,740,740.05	4,593,496.00	2,124,995.70	5,529,747.85
資本の部						
株 金	20,000,000.00	20,000,000.00	20,000,000.00	20,000,000.00	20,000,000.00	20,000,000.00
法定準備金	189,000.00	229,000.00	274,000.00	290,000.00	329,000.00	393,000.00
納税積立金						
税金支払準備金	71,277.64	59,536.40	65,649.88	130,511.51	226,511.51	219,992.94
職員退職手当積立金	132,395.00	144,172.00	152,970.00	150,072.83	154,330.83	174,589.83
使用人積立金						
社 債						
北樺太石油資源開発助成金	100,000.00					
未払株主配当金	7,598.34	1,156.13	12,909.40	12,389.93	17,070.42	21,264.60
前年度繰越金	133,668.49	79,868.60	110,217.66	370,772.38	501,479.41	455,829.01
本年度純益金	796,200.11	869,549.06	301,554.72	769,707.03	1,269,849.60	938,834.13
資本の部計	21,430,139.58	21,383,282.19	20,917,301.66	21,723,453.68	22,498,241.77	22,203,510.51
負債・資本の部計	26,448,422.25	25,500,286.50	25,658,041.71	26,316,949.68	27,623,237.47	35,733,258.36

第6章 北樺太石油会社の事業展開 143

(表6-5 つづき)

	第13回 1938年度	第14回 1939年度	第15回 1940年度	第16回 1941年度	第17回 1942年度	第18回 1943年度
資産の部						
現金および預金	428,286.30	464,923.76	418,486.41	552,019.29	729,328.33	1,360,882.49
未収入金	3,007,000.00	1,799,600.00	32,760.35	3,267,507.34	2,326,280.06	2,681,107.19
仮払い金	2,349,797.13	2,891,823.82	1,136,920.62	1,459,369.55	1,120,297.85	321,700.58
買入原油代金前渡勘定						
有価証券			154,400.00	154,400.00	236,900.00	236,900.00
貯蔵品	5,320,508.47	5,317,092.06	6,344,101.60	6,701,930.84	6,749,545.40	6,874,791.35
従業者供給品	1,303,255.54	940,418.39	974,143.78	1,102,027.15	795,132.46	450,792.71
貯蔵原油	1,492,134.00	2,291,980.00	1,397,385.00	1,499,407.00	1,289,544.00	1,841,355.25
未達品勘定			2,187,310.65	1,048,655.76	1,413,636.67	2,655,604.71
払込未済株金						
鉱業権	1,633,020.00	1,581,990.00	1,530,960.00	1,479,930.00	1,428,900.00	1,377,870.00
機械設備	2,017,036.80	1,945,969.14	1,847,986.89	1,796,930.62	1,702,612.56	1,675,382.58
運輸機関	837,071.36	822,685.70	853,470.04	880,184.27	843,733.67	803,545.57
建　物	6,327,893.60	6,172,740.42	5,956,967.08	5,821,511.21	5,664,363.05	5,463,615.23
備　品	127,155.47	124,608.65	120,927.77	116,002.61	116,113.01	100,772.73
器　具	77,233.52	78,855.40	80,422.60	77,513.13	74,633.51	71,340.72
試掘勘定	9,612,365.25	10,293,209.12	10,742,197.38	11,271,532.23	11,830,390.58	11,580,695.28
試掘鉱区準備勘定	1,861,161.80	1,839,722.67	1,923,218.80	1,875,332.77	1,839,152.88	1,801,885.75
起業仮勘定	1,219,470.89	1,219,470.89	1,219,470.89	1,219,470.89	1,219,470.89	1,219,470.89
未完成基本	641,805.55	603,332.14	650,057.15	624,836.21	621,248.42	670,404.40
基本仮勘定						
資産の部計	38,255,195.68	38,388,422.16	37,571,187.99	40,948,560.87	40,001,283.35	41,188,067.43
負債の部						
支払手形	2,030,000.00	1,890,000.00	490,000.00	3,780,000.00	3,365,000.00	6,381,100.00
未払金	910,400.21	779,247.55	507,048.04	597,064.98	652,285.85	725,145.04
預り金	594,269.25	891,427.37	613,221.38	590,570.28	600,819.38	165,038.99
借受金	38,087.45	91,626.79	1,121,572.41	1,114,269.51	1,015,337.69	365,216.38
借入金						
買入原油代前渡金引当借入金						
負債の部計	3,572,756.91	3,652,301.71	2,731,841.83	6,081,904.77	5,633,442.92	7,636,500.41
資本の部						
株　金	20,000,000.00	20,000,000.00	20,000,000.00	20,000,000.00	20,000,000.00	20,000,000.00
法定準備金	440,000.00	458,149.49	500,657.00	550,136.93	599,386.31	646,607.55
納税積立金						560,353.82
税金支払準備金	197,000.00	254,132.28	394,132.28	396,078.89	261,345.16	
職員退職手当積立金	162,966.83	132,444.83	35,937.83	380.83	0.00	0.00
使用人積立金	6,851.12	23,818.42	39,037.97	51,788.70	61,175.72	75,210.21
社　債		13,000,000.00	13,000,000.00	23,000,000.00	12,575,000.00	11,375,000.00
北樺太石油資源開発助成金						
未払株主配当金	57,471.33	25,067.92	20,101.14	19,021.37	23,712.00	22,320.00
前年度繰越金	455,663.14					
本年度純益金	362,486.35	842,507.51	849,479.93	849,249.38	847,221.24	872,075.44
資本の部計	21,682,438.77	34,736,120.45	34,839,346.15	44,866,656.10	34,367,840.43	33,551,567.02
負債・資本の部計	38,255,195.68	38,388,422.16	37,571,187.99	40,948,560.87	40,001,283.35	41,188,067.43

出所) 表6-3に同じ。

表6-6 会社のオハ油田などにおける産油量，自家消費量，購入量およひ搬出量の推移

(単位 t)

年度	産油量 オハ油田	産油量 カタングリ鉱床	自家消費量	トラストからの購入量	搬出量
1926(昭1)	33,037	—	3,500	—	20,600
1927(昭2)	77,227	—	7,400	—	44,900
1928(昭3)	121,356	—	12,600	—	90,300
1929(昭4)	186,641	—	19,400	27,700	131,500
1930(昭5)	192,145	1,000	24,700	37,300	199,000
1931(昭6)	186,392	2,000	29,200	112,500	272,800
1932(昭7)	186,073	1,000	30,300	135,000	313,600
1933(昭8)	193,355	2,000	28,000	124,700	313,600
1934(昭9)	161,849	3,000	26,100	123,200	241,500
1935(昭10)	163,473	4,000	27,500	40,000	174,600
1936(昭11)	155,183	25,000	27,900	40,000	167,000
1937(昭12)	130,369	20,000	30,500	100,000	217,300
1938(昭13)	101,676	2,504	30,300	—	127,200
1939(昭14)	84,894	9,533	30,900	—	51,400
1940(昭15)	57,358	—	29,900	—	45,300
1941(昭16)	43,709	—	26,400	—	15,600
1942(昭17)	51,578	—	26,800	—	—
1943(昭18)	17,049	—	8,500	—	9,500
1944(昭19)	—	—	—	—	17,300

注）カタングリ油田の1930～37年の産油量は概算値。
出所）城戸崎益隆ほか編『北樺太に石油を求めて』白樺会，1983年，58頁。

た時期には高波によって移動する艦船に給油するのは危険をともなった。6年度までにこのような問題は解決され，原油搬出能力は格段に向上したのである。その結果，1930年度には約20万tを搬出することができた。

オハ油田の採掘井は1930年度末には77坑に達し，産油量も1927年度の7万7200tから，28年度には12万1400t，29年度には18万6600t，30年度には19万2200tにまで拡大した。このように搬出量の増大によって，会社の石油収入は1926年度の87万円から30年度には561万円に増え（表6-9），営業利益も初年度の赤字から脱出し，30年度には105万円まで黒字が増加した。それによって1928年度から30年度まで毎年8分の配当を確保できたのである。利潤追求に最大の関心が払われた結果である。政府の監督指導があるとはいえ，会社は純粋に民間企業であり，株式の3分の1は一般

第 6 章　北樺太石油会社の事業展開　145

表 6-7　会社の年度別営業成績

(単位　円)

年度	払込資本金	収入	支出	純益	配当		次年度繰越金
1926	4,000,000	982,319	900,286	47,830	なし		45,330
1927	4,000,000	2,161,951	1,658,351	378,504	(8分)	320,000	47,834
1928	6,000,000	3,583,528	2,550,513	594,915	(8分)	454,000	73,749
1929	8,000,000	5,005,892	3,535,050	822,742	(8分)	614,000	145,991
1930	10,000,000	5,636,487	3,758,218	1,015,169	(8分)	774,000	186,161
1931	12,500,000	5,046,894	3,498,287	891,507	(7分)	814,000	133,668
1932	12,500,000	5,302,600	3,803,300	796,200	(6分)	750,000	79,868
1933	15,000,000	5,627,022	3,977,374	869,549	(5分)	729,200	110,217
1934	17,500,000	5,082,482	3,730,827	301,554	なし		370,772
1935	17,500,000	5,838,141	4,003,334	769,707	(3分)	525,000	501,479
1936	20,000,000	6,432,253	4,066,304	1,269,849	(6分)	1,137,500	455,829
1937	20,000,000	5,934,758	3,685,824	938,834	(4分)	800,000	455,663
1938	20,000,000	7,830,668	6,303,120	362,486	(4分)	800,000	0
1939	20,000,000	9,807,377	7,912,820	842,507	(4分)	800,000	0
1940	20,000,000	9,247,940	7,458,425	849,479	(4分)	800,000	0
1941	20,000,000	9,504,597	7,619,645	849,249	(4分)	800,000	0
1942	20,000,000	11,092,248	9,347,784	847,221	(4分)	800,000	0
1943	20,000,000	8,437,902	6,205,456	872,075	(4分)	800,000	0

出所）北樺太石油株式会社総務部外務課編『北樺太石油利権概説』北樺太石油株式会社，1942年，111-112頁。

　公募によって資金調達を行ったという事情があり，そのために株主に利益を還元しなければならなかった。また，配当確保は，尼港事件の代償という大義名分の下に進められたコンセッション事業であったために，開発が軌道に乗っている姿を印象づける狙いもあったものとみられる。

　会社が株主を引き付けるために利潤を追求しようとした経営方針は，会社の目論見書にその意図をはっきり示している。会社は北辰会の権利譲受代として290余万円を北辰会に支払った。そのために1926年の会社による払込資本金400万円のうちわずか差額の110万円程度が起業費として手元に残されるにすぎなかった[7]。しかも，保障占領時代に北辰会に対して海軍から無期限無利子で貸与してあった財産（評価額74万余円）を政府から引き継ぐことになったから，この額を基本勘定として計上しており，実際には会社の経営は出発当初から重荷を負っていたのである。株主に対して魅力ある会社にするためには会社経営を利益誘導型にし，高配当を約束する必要がある。目

表 6-8 会社のコンセッション料支払い一覧表(1926〜40 年)

年度	米貨(ドル)	邦貨(円)
1926	7,511.86	15,294.33
1927	42,598.74	91,610.19
1928	72,307.50	165,038.51
1929	126,940.95	257,095.59
1930	132,191.81	267,730.25
1931	98,583.22	365,123.04
1932	101,078.44	408,897.10
1933	125,814.78	421,005.34
1934	101,533.60	350,637.84
1935	103,163.09	355,316.97
1936	123,023.39	428,165.26
1937	98,557.13	341,223.39
1938	76,886.45	281,506.44
1939	48,595.53	207,340.95
1940	26,187.59	111,733.71
計	1,284,974.08	4,067,718.91

注) 一般税，印税を含む。
出所) 表 6-6 に同じ，117-118 頁。

論見書では 3 年度には年 1 割の配当が見込まれた。しかし，現実には相当不利なコンセッション契約を結び，しかも厳しいソ連の国内法の適用をはじめ，社会的・経済的条件の全く異なる地域で高配当を実現すること自体，無理のあることであった。

したがって，経費がかかって短期的には利潤を生み出さない試掘作業は軽視された。1926 年度から 30 年度までの間に試掘作業が実施されたのは，ヌトウォ，カタングリ，北オハ Северная Оха，ポロマイの 4 区域であった。この間にヌトウォでは試掘井 1 坑が開坑に着手したが，1928 年 6 月 26 日，付近一帯の山火事のために事務所，倉庫および鍛冶場の 3 棟以外全て消失し，約 5 万円の損失を出して，当分休止せざるを得なくなった[8]。代わりに掘削準備がとられたのはポロマイ試掘区域であり，1929 年度に 1 号井の掘削を準備し，翌年掘削を開始，さらに 3 号井の掘削が準備された。

オハ油田に次ぐ良質の油田と評価されていたのはカタングリ鉱床であり，

オハ油田から南 260 km に位置し，湾内の浅瀬は 40～50 t の小船による輸送には便利であり，オハに次ぐ油田開発地域として期待されていた。最初の試掘井が開坑したのは 1928 年度であり，翌年には出油をみた。30 年度には新たに掘削された採掘井は 4 坑にのぼり，試掘井の 1 坑は 1930 年末までに採掘鉱区編入手続きを完了した。しかし，カタングリ油田は将来性豊かであったにもかかわらず，開発は進まなかった。その最大の原因は資金不足にあり，トラスト・サハリンネフチ(第 9 章参照)と競合関係にあったオハ油田において鉱区のインフラ整備，生産設備の改修についてのソ連当局の要求に応えるのに精一杯の状況にあったからである。

オハ油田の北に隣接する北オハ鉱床はオハ油田に隣接していることから輸送手段，労働力等を共有でき，比較的開発に着手しやすい環境にあった。1928 年度に試掘井 1 坑の開坑が準備され，30 年度には完成し，同年末までに採掘鉱区編入手続きを完了した。

中里社長の在任期間後期にあたる 1930 年代前半には，早くも会社経営にかげりがみえ始めた。何よりも株主に対する配当金年 8 分を維持できなくなったことや役員賞与金の減額に，経営難が端的にあらわれている。1931～35 年間に会社の営業利益が年間 80～90 万円台で低迷を続けた。とくに，1934 年には石油収入が前年に比べて 10% 落ち込んだ反面，本社経費が前年比 17.8%，財産減価償却金が前年比 42.9% 増の 100 万円に増えたことから，経費は前年を上回った。その結果，営業利益は前年に比べて 64% も減少したのである(表 6-4)。

1930 年代に入って会社の設備投資を払込資本金の増額に求めたために(表 6-7)，発行株数が増加し，その結果，配当率を落とさざるを得なくなった。そして，1934 年には遂に無配に転落したのである。会社が現地で投下する資本の大部分は固定化され，コンセッション契約で 45 年後の解消時には全ての資産をソ連政府に引き渡すことになっていたから，会社の財産を担保に資金を調達することができず，当時は政府の補助金も得られなかったから，増資によって開発資金を調達するしかなかった。

会社の収入源をみれば，1937 年度まではその 99% を原油販売収入から確

保している。1931年度を例にとれば，表6-4に示すように，原油収入501万7800円に対し，雑収入は2万9000円であり，原油収入が圧倒的なシェアを占める。オハ油田の産油量は創業以来順調な伸びをみせ，1933年度には19万3400tを記録した。しかし，その後は減産に転じ，1935年には16万3500tまで落ち込み，33年比で15.5％減少した。オハ油田の採掘井は1930年度末の77坑から毎年増え続け，35年度末には167坑まで2倍強に増えた。しかし，採油される原油量は減少しており，1坑当たりの採油量の減少が目立ち，非効率的な生産が続いたのである。採油量の増加のために，1932年度になってから新たに7層の採掘を重視したが，期待するほどの油量が発見されず，さらに掘削深度を深め，1000mの掘削を目指した。580mの深度で油層が発見され，新たな油層として増産に貢献できた。1934年度になると新規投入の採掘井は16坑にとどまり，逆に廃坑は7坑と過去最高となった。このような採掘井の否定的な傾向は翌年になっても改善されず，むしろ

表6-9 原油収入と搬出量との関係

	収　入	搬出量	t当たり円
1926	874,359	20,600	42.44
1927	2,070,899	44,900	46.12
1928	3,558,908	90,300	39.41
1929	4,973,462	131,500	37.82
1930	5,609,551	199,000	28.19
1931	5,017,750	272,800	18.39
1932	5,288,333	313,600	16.86
1933	5,604,078	313,600	17.87
1934	5,065,120	241,500	20.97
1935	5,824,384	174,600	33.36
1936	6,412,954	167,000	38.40
1937	5,921,243	217,300	27.25
1938	4,802,555	127,200	37.76
1939	4,800,120	51,400	93.39
1940	3,241,927	45,300	71.57
1941	3,072,217	15,600	196.94
1942	4,340,433	—	—
1943	1,363,944	9,500	143.57
1944	—	17,300	—

出所）表6-3に同じ。

さらに悪化した。オハ油田の減産は，1坑当たりの採油量が減少の一途を辿り，この傾向を補うには新たな掘削が求められたが，そのための資金が不足していたのである。この油田の開発コストが高くなれば，当然コンセッション契約に定められている他の採掘区域の開発を重視することになるが，これらの区域では採掘に必要な生産施設や生活インフラはほとんどゼロから進めなければならず，オハ油田以上に経費の負担が増えることになりかねなかった。

　少ない資金で増産を果たすために，オハ油田に隣接していて，開発投資を節約できる北オハ鉱床の開発が重視され，1932年度には3坑で掘削作業が開始され，35年度までに6坑の採掘井が操業を開始した。しかしながら，有望視されていたカタングリ鉱床は採掘の準備を行ったものの，採掘拠点のオハ油田から遠隔の地にあり，経費がかさむことから，一時開発を見送らざるを得なくなり，35年度には採掘鉱区は閉鎖された。鉱区内の軌道・道路建設，鉱区～海岸間の原油搬出用パイプライン建設が許可されなかったことが，採掘中止のより大きな理由である。

　1935年7月，日本政府の積極支援の証としての助成金獲得を置き土産に，中里社長はその職を辞し，新たに海軍中将左近司政三が社長に就任した。1935年度はすでに事業計画が定まっており，その計画にしたがって運営されたが，1936年以降は左近司社長の指揮の下で，1934年からの試掘作業重視を採掘重視に転換し，オハ油田の開発と並んで北オハ鉱床およびカタングリ鉱床の開発に資金を振り向けた。1934～35年に大きく落ち込んだ油田への固定資産投資は36年になると約200万円に大幅に拡大された。この額は初年度を除けば創業以来最大の投資額であった。この結果，オハ油田における新規採掘井は1935年度の18坑から，36年度には22坑，37年度には19坑増加し，これらが採油を開始した。オハ油田の採掘井（累計）は1935年には167坑，36年には183坑，37年には210坑まで拡大している。このような採掘井への投資拡大による産油量増加の目論見は減産傾向に歯止めをかけるまでには至らなかった。オハ油田の産油量は1934年以降減少し続けており，37年には13万tにまで落ち込んだのである。1932年度から採油を開始

した北オハ鉱床の開発では，33年度に新たに4坑井の掘削に成功し，計5坑が採油に移行，34，35年度にはそれぞれ6坑，36年度には8坑，37年度には11坑が採油を行い，ゆっくりしたテンポで採掘井が増加した。そのために，北オハ鉱床の採油量は微増にとどまり，オハ油田の減産を補うには至らなかった。オハ油田に次ぐ油田として期待されたカタングリ鉱床では1930年度から，ほそぼそと採掘が進められており，本格的な採掘が目指されたのは左近司社長になってからのことである。

しかし，1936年11月の日独防共協定を契機としたソ連側の圧迫による労働者雇い入れの制限，税関書類手続きの意図的サボタージュによる必要機資材の輸入遅延のために事業計画を根底から見直さざるを得なくなり，大幅縮小のやむなきに至り，増産体制はもろくも崩れた。1937年にソ連当局がとった圧迫によってソ連人の雇用が拒否され，一部採用された労働者もサハリン島への到着が遅れ，労働者の宿舎をはじめとする冬期施設準備作業に支障をきたした。加えて，1936年の試掘作業延長に関する追加協定の交換条件として労働者家族に対しても宿舎を確保することを約束させられたから，会社はコンセッション契約に定められているソ連人の雇用比率を守るためには，ソ連人労働者をこの面からも大幅に削減せざるを得なかった。ソ連人季節労働者1961名全員（オハでの募集247名，ウラジオストクでのそれは1714名）を解雇し，常勤労働者1427名のうち355名を解雇，日本人については季節労働者1616名中1092名を解雇または帰還させたのである[9]。

1936年度にはカタングリ鉱床では13坑が新規に採油を開始し，同年度末には採掘井は20坑に達した。海岸の貯蔵タンクが増設され，鉱区～海岸間の石油パイプラインも整備されたことによって，石油積み出しが可能となり，1936年の採油量は一挙に2万5000tまで増えた。1937年に新たに採油を開始したのは10坑であり，同年度末の採掘井は37坑に達した。貯蔵タンクの増設も行われたが，1937年度の採油量は2万tにとどまった。カタングリ鉱床の採油が2500tまで極端に落ち込んだのは1938年度のことである。同年度の採掘井は38坑に達していたものの，ソ連関係当局の圧迫によってタンクの完成が遅延し，海岸から艦船までの海底パイプラインの建設許可も下

りず，バージ輸送に切り替えたが，作業に大きな支障をきたした。結局，左近司社長の下で展開された増産対策も直接的には日独防共協定によるソ連の圧迫を受けて，生産活動が思うに任せなくなってしまったのである。

　1938年度の決算報告書によれば，営業利益は赤字に転落し，赤字額も毎年増大していった。この赤字額は政府補助金によって補われた。赤字額が膨らむにつれて補助金額も増加している。

　オハ油田では1938年の約10万tから毎年大幅な落ち込みを続けた。試掘区域（オハ油田以外も含む）に対する固定資産投資額も1937年の132万円から38年には85万円，39年には26万円，40年には19万円へと縮小の一途を辿った。もはや，新規投資によって既存油田を回復させる余裕はなく，ソ連関係当局の圧迫によって会社はむなしい採油努力を続けた。頼みの綱は日本政府の支援であり，左近司社長の積極的な取り組みによって1936年6月には初めて政府保証による社債を発行することができた。社債総額300万円（1943年現在の発行額は270万円）を年利4分1厘，5年間据え置き後5年間に毎年30万円以上償還し，1946年6月までに完済する条件で三井銀行，三菱銀行，住友銀行，第一銀行および三井信託株式会社，三菱信託株式会社，住友信託株式会社が引き受けた。1937年7月には第2回目の社債250万円（1943年現在の発行額は237万5000円）を年利4分1厘，1952年6月までに完済の条件で日本興業銀行が引き受けた。第3回目は1938年3月のことであり，総額250万円を年利4分2厘，1948年3月までに完済の条件で第1回目と同じ銀行団が引き受けた。第4回目は，1938年10月，総額500万円，年利4分2厘，1950年10月までに完済することを条件に第2回目と同じ銀行が請け負って，募集金額を発行した。1943年3月末現在の社債発行額は1257万5000円であり，このうち1943年度までに償還されたのは120万円，1944年3月末現在1137万5000円が未償還であった（表6-5）。

　政府保証による社債発行に加えて，1938年からは北樺太の石油コンセッションを維持するために，補助金が支給されることとなった。この石油コンセッションが国家的見地からみて重要であることが認められ，38年には300万7000円が交付され，その後43年まで毎年補助金が支給された。この6年

間に供与された補助金額は 3400 万 3000 円にのぼった。

　社債の発行と国からの補助金によってかろうじて採油活動を継続させることができたが，その不振は顕著であった。1938 年度以降，とくに坑井を止めざるを得ない状況が加速された。38 年度にはオハ油田では 207 坑の採掘井のうち 11 坑が休止をやむなくされ，その数は 39 年度には 208 採掘井中 15 坑，40 年度には 187 採掘井中 20 坑であり，41 年度には 185 採掘井中 20 坑，42 年度には 197 採掘井中 20 坑，43 年度には 217 の採掘井があったが，採掘作業をほとんど行えなかった。北樺太石油第 2 の有望油田であったカタングリ鉱床では搬出手段が確保できなかったために，掘削作業を休止させた。北オハ鉱床では，オハ油田に隣接していて，生産施設や生活インフラを共有できたために規模は小さいがかろうじて採掘作業を続行させることができた。この他のかつて採掘を手掛けたヌトウォ鉱床およびエハビ鉱床では採掘作業は休止された。

　1000 平方ヴェルスタの試掘作業についてみれば，左近司社長は採掘作業に劣らず，試掘作業にも投資を振り向けて，促進させた。1934〜35 年に採掘を犠牲にして試掘に資金を振り向けた時期よりも大きな額を試掘に回したのである。その額は 1936 年度には 336 万円，37 年度には 523 万円に達した。この 2 年間の増額は，主として試掘助成金が大幅に増えたことによる。つまり，試掘投資額に占める助成金のシェアは 1936 年には 36.3%，37 年には 44.9% に達したのである。助成金は 1935 年度には 1 坑当たり 20 万円であったが，36 年度には 1 坑当たり 28 万円に増額され，1000 平方ヴェルスタ試掘区域のうち，南ボアタシン Южный Боатасин 第 II 試掘区 1 号井に対し 10 万円，北オハ第 II 試掘区 1 号井，クイドゥイラニ第 I 試掘区 1 号井，同 2 号井，カタングリ第 IV 試掘区 1 号井，同第 V 試掘区 2 号井，エハビ第 III 試掘区 2 号井，ポロマイ第 II 試掘区 1 号井，北ボアタシン Северный Боатасин 第 I 試掘区 2 号井，コンギ第 I 試掘区 1 号井，同第 II 試掘区 1 号井に対し各 11 万 2000 円の計 112 万円，合計 122 万円が交付されたのである。1937 年度には前年度より継続中の 9 坑および本年度の新規坑井 10 坑の計 19 坑に対し助成金が支払われた。継続坑井の内訳は，北オハ第 II 試掘区 1 号井，クイドゥイ

ラニ第Ⅰ試掘区1号井，カタングリ第Ⅳ試掘区1号井に対し各6万8000円の計20万4000円，クイドゥイラニ第Ⅰ試掘区2号井，ポロマイ第Ⅱ試掘区1号井，北ボアタシン第Ⅰ試掘区2号井，カタングリ第Ⅴ試掘区2号井，コンギ第Ⅰ試掘区1号井，同第Ⅱ試掘区1号井に対し各18万5000円の計111万円，合計131万4000円であった。新規坑井については，北オハ第Ⅲ試掘区1号井，エハビ第Ⅴ試掘区1号井，クイドゥイラニ第Ⅱ試掘区1号井，カタングリ第Ⅱ試掘区1号井に対し各10万5000円の計42万円，エハビ第Ⅳ試掘区2号井，ポロマイ第Ⅲ試掘区2号井，南ボアタシン第Ⅰ試掘区2号井に対し各9万4000円の計28万2000円，ポロマイ第Ⅲ試掘区1号井，カタングリ第Ⅲ試掘区3号井に対し各10万円の計20万円，ダギ第Ⅰ試掘区1号井に対し12万9000円の合計103万1000円であった。

第2節　オハ油田における生産活動

　北辰会の事業を引き継いだ会社は，1926年6月，中里重次社長以下約400名の職員および労働者を現地に派遣し，オハ油田で生産活動の準備に入った。同年夏にはコンセッション契約にしたがって碁盤目方形の鉱区を日ソ交互に等しく分割するための境界画定作業が実施された[10]。

　コンセッション契約では北樺太東部8カ所の油田を開発対象としているが，会社は北辰会の時代にすでに開発に着手しているオハ油田に作業を集中させた。この時期，他の油田で作業を行ったのはヌトウォだけであり，ボリショイ・ゴロマイ Большой Горомай 川からヌトウォ鉱床までの区間で軽便鉄道の敷設工事に入り，1927年の掘削開始を目標として，掘削場所の選定のために地質技師が西ヌトウォで調査を開始した。

　会社が北辰会から引き継いだ坑井は，オハ油田では1923年生産開始の綱式(C)掘削によるC No. 2，C No. 1，1924年生産開始のC No. 5，ロータリー式(P)掘削によるP No. 5の4坑であった。1925年現在の坑井数は7坑 (1922年以前の上総掘りK No. 1，K No. 2，K No. 3，K No. 4の4坑を除

く)であり，このうちP No.2，C No.3，C No.4 の3坑は坑井建設に着手したものの，採掘に移行できなかった(表6-10)。1925年の産油量の87.2%は4層から生産されており，残る12%強の量は5～6層および8～9層の狭層から採掘されたものである。1925年には，1922年以前に上総掘り式で掘

表6-10　オハ油田の会社による坑井別日産量
(単位　t)

坑井番号	採掘開始日	試験採油時の日産量	採掘時の最大日産量
K No. 1	1925. 12. 1	4.0	4.0
K No. 2	1926. 3. 11	25.8	27.5
K No. 3	1926. 6. 1	11.9	18.0
K No. 4	1926. 11. 10	2.0	2.3
P No. 5	1924. 11. 13	5.7	11.6
P No. 2	採掘されず		
C No. 1	1923. 12. 20	5.0	26.2
C No. 2*	1923. 9. 27	8.0	16.4
C No. 3	採掘されず		
C No. 4	採掘されず		
C No. 5*	1924. 10. 14	3.7	10.8
C No. 6	1926. 8. 19	22.9	23.3
C No. 7	1926. 9. 13	11.0	10.7
C No. 8	1926. 9. 20	40.5	39.2
C No. 9	1926. 10. 15	22.0	23.6
C No. 10	1927. 9. 14	40.0	27.0
C No. 11	1927. 2. 8	10.0	35.3
C No. 12	1927. 4. 1	20.0	27.5
C No. 13	1927. 7. 21	30.0	41.7
C No. 14	1927. 8. 20	25.0	5.9
C No. 15	1927. 9. 4	30.0	33.2
C No. 16	1928. 1. 18	5.0	11.7
C No. 17	1927. 11. 27	5.0	7.0
C No. 19	1928. 3. 1	20.0	23.4
C No. 20	1928. 5. 28	18.0	9.9
C No. 22	1928. 2. 24	20.0	18.0
C No. 23	1928. 2. 14	20.0	9.9
C No. 24	1928. 6. 3	15.0	40.0
C No. 25	1928. 9. 1	18.0	18.0
C No. 29	1928. 8. 24	25.0	25.0
C No. 31	掘削中		
C No. 33	掘削中		
C No. 35	1928. 6. 13	3.0	23.9

注)　*印は廃止予定。
出所)　СЦДНИ, ф. 2, оп. 1, д. 102, лл. 13-14.

削されていたK No. 1, K No. 2, K No. 3およびK No. 4の4坑が綱式で[11]深部掘削を行い，その結果K No. 2では日産量を大きく伸ばすことができた。

　北辰会の資産が会社に引き継がれた後，1925年末から1926年末までに新たに採掘を開始した坑井は，オハ油田では，上総掘りのK No. 1, K No. 2, K No. 3, K No. 4，綱式(C)のC No. 6, C No. 7, C No. 8, C No. 9の合計8坑である(表6-10)。

　会社が手掘り式では限界にあった深部掘削を綱式で行い，新たに綱式4坑の採掘を開始した結果，産油量は，表6-12によれば，1925年の3600tから26年には2万8400tへと7.8倍の伸びを示した。ただ，1925年の生産量は前年のそれを71%も下回るものであり，表6-12の油層別産油量をみれば，1924年の7層における坑井の産油量7200tが翌年には全く生産されなくなり，このことが減少の原因となっている。事業の引き継ぎの時期にあたっているとはいえ，何故生産が行われなくなったのか明らかではない[12]。この時期の石油採掘は北辰会時代からの4層でもっぱら行われており，1926年にも産油量の9割はこの層から産出したものである。

　1926年に日産量が最も大きかった坑井は日産平均27.9tのC No. 8坑であった。この坑井は生産開始時には日産40.5tを記録し，生産ピーク時には日産39.2tに達していた。次いでK No. 2の日産平均23.4t, C No. 6(同21.5t), C No. 9(同20.9t)の順になっている。1927年に入るとC No. 11, C No. 12, C No. 13, C No. 14, C No. 15, C No. 10およびC No. 17の合計7坑が綱式で掘削された。

　掘削の様子をいま少し「1927年のオハ油田におけるコンセッション企業の作業概要」からまとめてみよう[13]。C No. 11の掘削開始は1926年12月21日，終了が翌年1月31日であり，42日間の掘削のうち作業日は29日であった。1日当たり平均掘削速度は5m，1927年の平均日産量は30tと1927年までに掘削された坑井としては2番目に多いものであった。C No. 12の掘削開始は1927年2月25日，その終了は3月26日，掘削の深さは135mである。掘削には30日を要し，平均掘削速度は4.5mとなっている。

表 6-11 会社のオハ油田における坑井別採掘状況(1923～27 年) (単位 t)

	1923			1924			1925		
	年間産油量	年間操業日数	坑井当たり平均日産量	年間産油量	年間操業日数	坑井当たり平均日産量	年間産油量	年間操業日数	坑井当たり平均日産量
P No. 1	575.0	40.0	14.4	560.0	91.0	6.2	870.0	201.0	4.3
K No. 1	—	—	—	—	—	—	—	—	—
K No. 2	115.0	71.0	1.6	—	—	—	206.0	193.0	1.1
K No. 3	—	—	—	—	—	—	154.0	115.0	1.3
K No. 4	—	—	—	—	—	—	—	—	—
C No. 1	146.0	15.0	9.7	6,983.0	338.0	20.7	1,425.0	108.0	13.2
C No. 2	416.0	53.0	7.7	4,450.0	267.0	16.6	4,422.0	200.0	22.2
C No. 5	—	—	—	190.0	17.0	11.2	464.0	196.0	2.4
C No. 6	—	—	—	—	—	—	—	—	—
C No. 7	—	—	—	—	—	—	—	—	—
C No. 8	—	—	—	—	—	—	—	—	—
C No. 9	—	—	—	—	—	—	—	—	—
C No. 10	—	—	—	—	—	—	—	—	—
C No. 11	—	—	—	—	—	—	—	—	—
C No. 12	—	—	—	—	—	—	—	—	—
C No. 13	—	—	—	—	—	—	—	—	—
C No. 14	—	—	—	—	—	—	—	—	—
C No. 15	—	—	—	—	—	—	—	—	—
C No. 17	—	—	—	—	—	—	—	—	—
計	1,252.0	179.0	7.0	12,183.0	713.0	17.0	7,541.0	1,013.0	7.4

	1926			1927			計		
	年間産油量	年間操業日数	坑井当たり平均日産量	年間産油量	年間操業日数	坑井当たり平均日産量	年間産油量	年間操業日数	坑井当たり平均日産量
P No. 1	2,254.9	319.0	7.1	2,173.9	364.0	6.0	6,433.8	1,015.0	6.3
K No. 1	1,076.3	318.0	3.4	1,197.9	359.0	3.4	2,274.1	677.0	3.4
K No. 2	6,542.5	210.0	23.4	7,100.8	318.0	22.3	13,964.3	792.0	18.8
K No. 3	1,807.7	236.0	7.7	3,672.7	354.0	10.4	5,634.4	705.0	8.0
K No. 4	559.9	259.0	2.2	598.0	302.0	2.0	1,157.9	561.0	2.1
C No. 1	4,294.8	324.0	13.3	3,783.1	364.0	10.4	16,631.9	1,149.0	14.5
C No. 2	3,189.0	241.0	13.2	—	—	—	12,477.0	761.0	16.9
C No. 5	293.0	230.0	1.3	—	—	—	947.0	443.0	2.1
C No. 6	2,921.5	136.0	21.5	7,684.3	365.0	21.1	10,605.8	501.0	21.2
C No. 7	1,164.3	109.0	10.7	2,924.5	365.0	8.0	4,088.8	474.0	8.6
C No. 8	2,627.5	94.0	27.9	6,559.4	365.0	18.0	9,186.9	459.0	20.0
C No. 9	1,626.6	78.0	20.9	6,236.3	365.0	17.1	7,862.9	443.0	17.8
C No. 10	—	—	—	2,764.0	99.0	27.9	2,764.0	99.0	27.9
C No. 11	—	—	—	9,731.0	326.0	30.0	9,731.0	326.0	30.0
C No. 12	—	—	—	4,092.0	262.0	15.6	4,092.0	262.0	15.6
C No. 13	—	—	—	6,367.0	165.0	38.6	6,367.0	165.0	38.6
C No. 14	—	—	—	875.0	131.0	6.7	875.0	131.0	6.7
C No. 15	—	—	—	2,786.0	116.0	24.0	2,786.0	116.0	24.0
C No. 17	—	—	—	141.0	31.0	4.6	141.0	31.0	4.6
計	28,357.9	2,554.0	11.1	68,686.8	4,651.0	14.8	118,020.8	9,110.0	13.0

出所) ГАСО, ф. 217, оп. 4, д. 4, л. 45.

採掘に適した油層は深さ94.5 mから135 mにあり，それ以上は水の進入の危険性があるために掘削を停止した。1927年の平均日産量は15.6 tであるが，試験採油の初日には20 tを記録した。C No. 13の掘削は1927年6月23日に始まり，翌月12日に終了，20日の作業日であった。坑井の深さは150 mである。この坑井の平均日産量は38.6 tと1927年までに掘削された坑井中最高の噴出量を記録した。7月13日から19日までの試験採油の際の日産量は30 tであった。C No. 14の掘削は7月13日に開始され，8月17日に終了した。坑井の深さは150 m。掘削には36日を要し，1日当たり平均掘削速度は4.2 mであった。この坑井の生産量は，試験採油時では日産25 tを記録したが，1927年の年間平均日産量は6.7 tと低かった。

C No. 15の掘削は8月16日から8月31日までの16日間を要し，150 mの深さまで掘削された。1日当たり平均掘削速度は9.4 mである。石油の産出層は103～150 mに位置しており，1927年の平均日産量は24 t，試験採油時には日産30 tを記録した。C No. 10の掘削が開始されたのは9月8日，終了したのは9月20日のことである。掘削場所はキール池の近くのぬかるみに位置し，櫓を建てるには補強が必要であった。掘削日数は13日，平均掘削速度は11.5 mであった。このような速い掘削は，掘削班の作業経験が豊かであったことと作業の時期に恵まれたことによる。平均日産量は27.9 t。C No. 17は10月7日に掘削に入り，11月21日に終了した。掘削には46日を要し，平均掘削速度は3.3 mであった。この坑井の平均日産量は4.6 tとかなり少ない。試験採油時でも日産5 tであった。石油産出層は48 mの層厚で102 m以下の深度にある。

上記坑井の操業開始によって，会社による産油量は1926年の2万8400 tから1927年には6万8700万tへと2.4倍の大幅な伸びを示した（表6-12）。一方，同時期に掘削深度は1053 mから960 mへと幾分低下した。比較的浅い4層の採掘推進が掘削量の増大を抑える結果となった。4層以外の掘削はわずか1坑にすぎない。4層の集中的な掘削によって，増産が可能となり，この層の坑井数は1925年の6坑から27年には16坑に増加した。このことは，会社が採掘に着手する以前から埋蔵量の明らかな4層に投資を集中させ

表 6-12 オハ油田における会社の油層別産油量 (1923〜35 年)

(単位 t)

		3 層						4 層						7 層			
	坑井数	稼働日数	産油量	日産量	水	含水率	坑井数	稼働日数	産油量	日産量	水	含水率	坑井数	稼働日数	産油量	日産量	水	含水率
1923	—	—	—	—	—	—	—	—	—	—	—	—	—	—	—	—	—	—
1924	—	—	—	—	—	—	—	—	—	—	—	—	—	—	—	—	—	—
1925	—	—	—	—	—	—	2	…	518.8	…	…	…	…	…	…	…	…	…
1926	—	—	—	—	—	—	2	…	4,759.7	…	…	…	1	…	149.8	…	…	—
1927	—	—	—	—	—	—	6	446	3,165.1	7.1	426.0	11.8	1	…	7,170.2	…	…	—
1928	—	—	—	—	—	—	11	2,331	26,124.0	11.2	1,309.0	4.8	—	—	—	—	—	—
1929	14	1,567	35,061.0	22.4	—	—	16	4,281	66,515.9	15.5	2,012.0	2.9	—	—	—	—	—	—
1930	40	8,118	98,908.0	12.2	142.0	—	31	7,865	102,261.0	13.0	10,048.0	8.9	—	—	—	—	—	—
1931	51	15,083	84,537.0	5.6	2,977.0	0.1	40	9,707	114,399.0	11.8	6,848.0	5.6	—	—	—	—	—	—
1932	55	18,726	70,609.0	3.8	1,965.0	3.4	31	6,943	63,108.0	9.1	7,621.0	10.8	2	33	702.0	21.3	—	—
1933	59	19,512	41,062.0	2.1	2,257.0	2.7	32	7,509	39,840.7	5.3	5,792.0	12.7	5	1,039	27,259.3	26.2	84.0	0.3
1934	60	18,685	34,615.0	1.9	6,044.0	5.4	32	8,009	41,314.8	5.6	4,296.0	9.5	21	3,961	42,995.1	10.8	963.0	2.2
1935	67	18,629	41,116.0	2.2	7,266.0	15.0	42	12,012	61,340.4	5.6	4,067.0	6.2	33	8,496	67,446.1	7.9	1,263.0	1.8
					15.0		51	14,870	54,719.0	3.7	11,432.0	17.3	36	11,140	43,917.0	3.8	9,823.0	18.1
							50	17,133	47,720.5	2.8	11,900.0	20.0	36	10,694	33,617.0	3.1	7,678.0	18.0

	5-6層および8-9層						11層以下						合 計					
	坑井数	稼働日数	産油量	日産量	水	含水率	坑井数	稼働日数	産油量	日産量	水	含水率	坑井数	稼働日数	産油量	日産量	水	含水率	トラップ産油量	産油量計
1923	1	…	705.2	…	…	…	—	—	—	—	—	—	4	…	1,373.8	…	…	—	—	1,373.8
1924	1	…	573.6	…	…	…	—	—	—	—	—	—	4	…	12,503.5	…	…	—	—	12,503.5
1925	1	92	462.7	5.0	4.6	1.0	—	—	—	—	—	—	7	538	3,627.8	6.8	430.6	10.6	—	3,626.8
1926	1	319	2,255.0	7.1	7.0	0.3	—	—	—	—	—	—	12	2,650	28,379.0	10.7	1,316	4.6	—	28,379.0
1927	1	364	2,173.9	15.9	—	—	—	—	—	—	—	—	17	4,645	68,689.8	14.8	2,012	2.3	—	68,689.3
1928	1	357	4,301.0	12.0	—	—	—	—	—	—	—	—	32	8,222	106,562.0	14.5	10,048	8.6	—	106,562.0
1929	3	699	24,634.0	35.2	—	—	—	—	—	—	—	—	57	11,973	174,094.0	14.5	6,848	3.8	—	174,094.0
1930	5	1,046	26,766.0	26.5	219.0	0.8	—	—	—	—	—	—	78	16,140	189,484.0	11.7	7,982	4.0	3,556.0	193,040.0
1931	5	1,429	34,773.0	24.3	584.0	1.7	—	—	—	—	—	—	93	25,060	186,410.0	7.5	9,437	4.8	1,778.0	188,198.0
1932	7	1,578	27,285.5	17.3	54.0	0.2	—	—	—	—	—	—	115	32,274	182,204.4	5.7	7,278	3.8	1,794.4	183,998.8
1933	10	2,158	21,471.5	10.0	51.0	0.2	2	53	1,395.0	21.4	—	—	146	42,231	192,715.0	4.6	7,638	3.8	2,849.0	195,564.0
1934	12	3,369	25,921.0	7.7	2,844.0	9.8	4	823	11,517.0	14.0	666.0	5.5	163	48,887	170,689.0	3.6	30,809	15.3	1,423.0	171,112.0
1935	12	3,662	22,072.0	6.0	4,818.0	21.0	8	1,374	11,804.5	8.6	35.0	0.3	173	51,492	156,330.0	3.0	31,697	16.8	1,522.6	157,852.6

注）…は不明。
出所) РГАЭ, ф. 7297, оп. 38, д. 26, л. 199.

ることによって，できるだけ短期に生産量をあげるという，目先の採掘だけを念頭において作業を進めたことを端的に示しているのである。とくに，1927年に採掘を開始した坑井はすべて綱式によるものであり，坑井のほとんどが150mまでの深さに集中している。1927年には比較的日産量の大きな坑井の操業日数が長かったことが，増産に大きく貢献した。

1927年に掘削された8坑は，コンセッション契約に規定されている碁盤目分割の会社割当鉱区に設置されている（図6-1）。具体的には，オハ油田の第15鉱区にはC No. 10, C No. 11, C No. 12, C No. 13, C No. 14 および C No. 17 の計6坑が，第16鉱区にはC No. 15 および C No. 16 の2坑が設置された。上記坑井以外で1928年までに設置された坑井の配置を鉱区別にみれば，第4鉱区にはK No. 1, K No. 4 の2坑，第9鉱区にはC No. 9, C No. 20, C No. 22, C No. 23, C No. 24, C No. 35, K No. 2, K No. 3 の8坑，第15鉱区にはC No. 1, C No. 7 の2坑，第16鉱区にはP No. 1, C No. 2, C No. 3, C No. 6, C No. 8, C No. 19 の6坑となっている[14]。

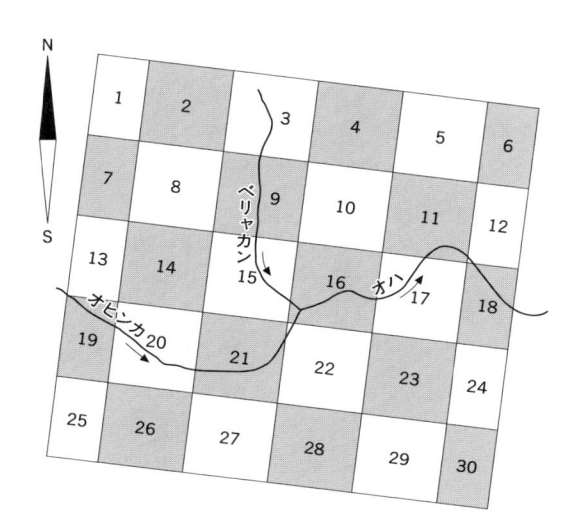

図 6-1　オハ油田における鉱区の割当図

注）網点部分は会社の鉱区。第15鉱区は会社に振り換えられた。
出所）Ремизовский В. И. Кита Карафуто Секию Кабусики Кайша. Хабаровск, 2000. с. 13.

会社によるオハ油田の採掘は第9鉱区の上総掘り2坑（K No. 2 および K No. 3）から始まり，第15鉱区，第16鉱区，第9鉱区へと展開されていった。碁盤目の配置はコンセッション契約によって定められたものであり，第15鉱区における例のように，それ以前の北辰会時代の既存坑井がソ連に割り当てられた鉱区に位置する場合にはコンセッション契約によって鉱区を配置換えすることができることになっている。

　碁盤目の鉱区配置の考え方はソ連側の発想から生まれたものであるが，その後の会社の生産活動に少なからず影響をおよぼすこととなった。鉱区が日本とソ連との間に交互に配置されているために，相手との鉱区の境目に坑井を設置し，その結果，相手の鉱区の石油が抜き取られるのではないかといった懸念が生じ，絶えず紛争の種を宿していた。第16鉱区の会社によるC No. 15 および C No. 16 坑はソ連側の第10鉱区の南境界近くに配置されたし，ソ連側の第10鉱区西側境界にある会社の第9鉱区には C No. 18，C No. 20 および C No. 21 が配置されることになっていた。しかし，鉱山監督署は C No. 18 および C No. 21 の設置を許可しなかった。地下資源保護規則は鉱区の境界から50m以内に掘削井を配置してはならないと定めてあり，これら2坑は法律の要求を満たしていないとみなされたのである[15]。

　1928年に採掘を開始した坑井は，C No. 16，C No. 19，C No. 20，C No. 22，C No. 23，C No. 24，C No. 25，C No. 29，C No. 35 の9坑であり，C No. 16 を除けば平均日産量は10tを超えており，C No. 24 のように平均日産量が36tを記録する坑井をはじめ，平均日産量20t前後の坑井が9坑中5坑あったことが増産を支えることとなった。1928年の産出層をみれば，前年に引き続き4層の集中的採掘が進んでおり，32坑中31坑がこの層からの採油を行っている。

　このような一極集中は1929年に入ると転換期を迎えることになり，4層の採掘にはかげりがみられるようになる。4層を対象とする坑井数は前年の31坑から1929年には40坑に増えたものの，産油量は同時期に10万2300tから11万4400tへと11.9%の伸びしか示さなかった。上部の3層の採掘に関心が向けられるようになり，1929年には3層で14坑が掘削され，その産

第 6 章 北樺太石油会社の事業展開　161

油量は同年に 3 万 5100 t を記録した。以後，1933 年まで掘削の主体を 3 層が担うことになる。

　5-6 層および 8-9 層の狭層採掘は，会社操業以前から 1 坑が採掘を続けていたが，1929 年になって初めて新たに 2 坑が掘削された。これらの成功によってこの層の産油量は 1928 年の 4300 t から 29 年には 2 万 4600 t へと 5.7 倍の飛躍的な伸びとなった。日産量も同時期に 12 t から 35.2 t に拡大している (表 6-12)。

　1929 年の産油量を層別にみれば，4 層のシェアが低下し，65.7% となり，3 層は 20.1%，5-6 層および 8-9 層は 14.2% の構成となっている。1928 年までの 4 層一辺倒の採掘から他の層への採掘にシフトさせたのである。しかし，そのことは大々的な新規層準の採掘への転換を意味しているのではなく，4 層の採掘が行き詰った結果，少ない投資で大きな産油量を期待する地上に近い 3 層や，すでに採掘に着手してリスクの少ない層の採掘を重視した結果であった。

　このような目先の増産策は結局，功を奏さなかった。4 層の減産を補えなかったのである。4 層の減産の兆候は，すでに 1928 年にあらわれており，日産量は前年の 15.5 t から 13 t に落ち込んでいる。この傾向はその後加速化し，1930 年には 9.1 t，32 年には 5.6 t まで低下した。

　1930 年代に入って会社の石油生産は低迷を続けた。表 6-6 によれば，石油生産量は，30 年には 19 万 2100 t と過去最高を記録したものの，翌 31 年には 18 万 6400 t，32 年には 18 万 6100 t と減産傾向を示し始めたのである。1932 年という年はトラスト・サハリンネフチに生産量を追い抜かれる決定的な年であった。会社は何故このような生産不振に陥ったのであろうか。いま，史料の明らかな 1932 年を例に検討してみよう[16]。1932 年にはオハ油田 (北オハ鉱床を含む) では 18 万 4000 t が生産された。このうち 1800 t (1%) はトラップから生産された量である (表 6-12)[17]。採掘井は 115 坑である。オハ油田の他に，1932 年にはカタングリでもわずかながら採油を行っており，採掘井 5 坑から年間 1200 t (合計産油量の 0.6%) が生産された。

　不振の原因を油層別の生産面からみれば，3 層は前年比 16.5% 減の 7 万

600 t, 4層は同 3.7％ 増の 4 万 1300 t, 7 層は同 57.7％ 増の 4 万 3000 t, 5-6 層および 8-9 層は同 21.5％ 減の 2 万 7300 t であり，3 層，5-6 層および 8-9 層の狭層不振が目立った（表 6-12）。この 2 つの層が同年の生産量全体の 53％ を占めており，2 つの層の採掘不振が影響を与えたことは明らかである。3 層は 4 層に代わる生産効率のよい油層として会社が力を入れてきた油層ではあったが，採掘井の投入の割には生産量が伸びず，1932 年には第 4 鉱区，第 9 鉱区および第 15 鉱区で合計 55 本の採掘井が操業し，日産量は 3.8 t（表 6-12）という，採掘油層のなかで最も低い水準にあった。55 坑のうち 50 坑は既存坑井であり，1932 年に新規に投入された採掘井は 5 坑にすぎない。この新規坑井の生産効率も悪く，日産量は 3.7 t という悲惨な状況にあった。1932 年には前年に比べて日産量は 5.6 t から 3.8 t に低下しており，この層では新規坑井の投入が緩慢であったことに加え，いずれの坑井も強力な噴出量を得られなかったことが，生産不振の要因となった。

　5-6 層および 8-9 層の狭層採掘は 1928 年までは 1 坑で行われ，生産量を伸ばしてきたが，1931 年の 3 万 4800 t をピークとして，坑井数を増やしているにもかかわらず，減産に転じている。1932 年にはこれらの油層で 7 坑が投入されており，坑井当たりの日産量は 17.3 t であった。1931 年には第 16 鉱区の 4-5 層，第 9 鉱区の 5 層，同じく第 9 鉱区の 5-6 層から 6 坑によって合計 1 万 3800 t を採油したが，翌 32 年には新規坑井が 1 本も稼働せず，3 坑の既存坑井によってわずか 2700 t が生産されたにすぎなかった。このような大幅な減少は，5-6 層の生産性が非常に低く，急速に枯渇したこと，また残る 3 坑が戦列から離脱したことによる。

　会社によって 7 層および 8 層で油層が発見され，7 層については 1932 年から急速に生産量が拡大した。8 層は年末に 2 坑が採掘井に移行したが，油兆の輪郭は非常に狭く，背斜軸から 150〜200 m に坑井が位置しており，その日産量は 7.8 t と大きくない。

　7 層の採油量は 1932 年には全体の 4 分の 1 を占めており，前年に比べれば 1.6 倍の生産増を示し，重要な油層に成長している。1931 年の坑井数は 5 坑であったが，32 年には新規に 16 坑が投入され，新規坑井による産油量は

2万8700 t と 7 層における産油量の 66.8% を占めた。しかし，1 坑当たりの石油生産量は既存坑井のそれを下回っており，生産性が低下している。とくに第 16 鉱区において新規坑井を投入した割には生産量が伸びなかった。

　4 層の産油量は 1929 年の 11 万 4400 t をピークとして，翌 30 年には 6 万 3100 t，31 年には 3 万 9800 t まで減少したが，その後持ち直し，33 年には 6 万 1300 t まで回復をみせた。1933 年の層別生産シェアをみれば，3 層 21.3%，4 層 31.8%，7 層 35%，5-6 層および 8-9 層は 11.1%，11 層以下は 0.7% であり，分散化傾向が目立った。上述の層別の坑井設置シェアをみれば，40.4%，28.8%，22.6%，6.9%，1.4% であり，このシェアでみられるように，安易な 3 層への坑井建設重視が期待通りの成果を得られなかった。3 層の集中掘削によって 1933 年にはこの層の坑井数は 59 坑まで増大したが，同年の産油量は 4 万 1100 t にとどまり，平均日産量はわずか 2.1 t というみじめな結果になったのである。5-6 層および 8-9 層の狭層掘削も重視され，坑井数は 1933 年には 10 坑に増えたが，この層の産油量は同年に 2 万 1500 t にとどまった。その結果，この層の日産量は 1930 年の 26.5 t から 33 年には 10 t まで落ち込みをみせている。

　コンセッション契約成立 10 年後の 1935 年の会社の生産状況をみれば，表 6-12 に示すように石油生産量は 15 万 7900 t にまで減少し，最盛期の 1933 年に比べれば 19.3% の減産となった。このうち 1% にあたる約 1500 t はトラップからの生産量である。1935 年に導入された新規坑井による生産高は 2 万 1300 t と同年の生産量の 13.5% にとどまっており，1 坑井当たりの平均日産量が 6.8 t と既存坑井の 2.8 t を大きく上回っていることから，新規坑井の投入が進んでいないことが既存坑井の減産を補え切れていないことを示している。1935 年に生産開始した新規坑井は第 28 鉱区の 3 層で 14 坑，1 万 900 t，第 9 鉱区の 4 層で 2 坑，700 t，第 16 鉱区の 7 層で 2 坑，600 t，第 9 鉱区，第 15 鉱区，第 16 鉱区，第 21 鉱区および第 28 鉱区の 136 層を中心に 7 坑，6000 t の合計 25 坑であり，4 層および 7 層の新規坑井採掘が進んでいない[18]。1935 年の生産に最も貢献した層は 4 層であり，同年の生産量全体の 30.2% を占めた。次いで 3 層の 26.1%，7 層の 21.3% の順になっている。

生産効率の高い上層部の3層，4層の採掘が重視され，掘削コストのかかる11層以下の深部採掘が遅れている。1936年1月1日現在の採掘井数は169坑であり，これを日産量で比較すれば3t以下の生産性の低い坑井が112坑，全体の66.3%も占めている。逆に日産10t以上の坑井は7坑，4.2%にすぎない。7坑のトップは平均日産30tのP No.1坑(1935年12月採掘開始)であり，12層の深さ589mに位置している。

次いで，日産18tのC No.93坑(7-8層，1930年11月採掘開始)，C No.48坑(13層，1935年9月採掘開始)，日産15tのC No.112坑(3層，1935年3月採掘開始)，日産12tのP No.6坑(13層，1935年10月採掘開始)，日産10tのP No.69坑(7層，1933年10月採掘開始)，P No.19坑(13層，1935年5月採掘開始)の順になっている[19]。

上述のように会社による1926～33年間の石油採掘は，石油の存在があらかじめはっきりしている既存層を中心に行われており，そのために効率よく生産ができ，掘削量1m当たりの産油量は1930年には79.5tを記録した。しかし，その後新たな油層を採掘する必要に迫られ，掘削を進める割には産油量を伸ばすことができず，この指標は1933年には21.8tまで低下した。このような減少の大きな要因は，できるだけ早い時期に産油量を伸ばしたいとする会社の意向の下で開発資金が限られているために新規油層の採掘を怠ったことによる。

表6-13　会社の年度別生産活動一覧

	期　間	採掘井	備　考
第1年度	1926.6〜1927.3 (大15.6〜 　　昭2.3)	オハ14坑	1. 採掘作業 〈掘削〉(オハ)新掘井6坑，北辰会引き継ぎ8坑 〈設備〉(オハ)5000tタンク5基増設，合計8基，2000tタンク1基 貯油能力合計4万2000t 2. 試掘作業 (ヌトウォ)試掘井1坑の開坑準備
第2年度	1927.4〜1928.3 (昭2.4〜3.3)	オハ22坑	1. 採掘作業 〈掘削〉(オハ)新掘井9坑 〈設備〉(オハ)1万tタンク計4基増設，貯油能力8万2000t，鉱場〜海岸間延長約6kmに6インチ管パイプライン，延長1km4インチ管海底パイプライン敷設完了 2. 試掘作業 (ヌトウォ)1928.3試掘井1坑の開坑に着手 〈地質調査〉1000平方ヴェルスタ試掘地のうち4地域で地質調査および地形測量完了，採掘鉱区のうち2鉱区で地質調査
第3年度	1928.4〜1929.3 (昭3.4〜4.3)	オハ34坑	1. 採掘作業 〈掘削〉(オハ)新掘井12坑 〈設備〉(オハ)延長1kmの8インチ管海底パイプラインおよび艦船係留設備の増設，1万tタンク4基増設，貯油能力合計12万2000t 2. 試掘作業 (カタングリ)(1000平方ヴェルスタ)1坑の試掘井を開坑 (北オハ)(1000平方ヴェルスタ)試掘井1坑の開坑準備 (ヌトウォ)採掘鉱区の試掘井が火災で類焼，復旧し掘削中 〈地質調査〉試掘地の数カ所で鉱区画定，地質調査，地形測量実施
第4年度	1929.4〜1930.3 (昭4.4〜5.3)	オハ58坑	1. 採掘作業 〈掘削〉(オハ)新掘井27坑 〈設備〉(オハ)1万tタンク4基を海岸に，1基を鉱場に増設，貯油能力合計17万2000t，鉱場〜海岸間軌道貫通 2. 試掘作業

(表6-13 つづき)

	期　間	採掘井	備　考
			(ヌトウォ)(採掘鉱区)復旧中の坑井矯正を必要としたため，これに着手 (カタングリ)(採掘鉱区)試掘作業開始，1坑成功，1坑開坑中 (北オハ)(1000平方ヴェルスタ)1号井掘削 (ポロマイ)(1000平方ヴェルスタ)1号井掘削準備 (カタングリ)(1000平方ヴェルスタ)前年度の試掘井を採掘鉱区編入手続き
第5年度	1930.4～1931.3 (昭5.4～6.3)	オハ77坑 カタングリ4坑	1.採掘作業 〈掘削〉(オハ)新掘井23坑，廃坑4坑，掘削中5坑 (カタングリ)新掘井4坑 〈設備〉(オハ)海岸に1万tタンク3基新設，貯油能力20万t (カタングリ)5000tタンク2基 2.試掘作業 (カタングリ)1号井完成，1930年末までに採掘鉱区編入手続き完了 3号井掘削準備中 (北オハ)1号井完成，1930年末までに採掘鉱区編入手続き完了 (ポロマイ)1号井掘削中，3号井掘削準備中 〈地質調査〉北オハその他試掘地域で地質調査および鉱区画定実施
第6年度	1931.4～1932.3 (昭6.4～7.3)	オハ96坑	1.採掘作業 〈掘削〉(オハ)新掘井21坑，廃坑2坑，掘削中6坑 〈設備〉8インチ管パイプラインおよび8インチ管海底パイプライン1本，艦船係留装置増設により2隻同時搬出可能となる，1000kw発電所新設，鉱区内軽便鉄道の延長 2.試掘作業 (北オハ)1号井の採掘鉱区編入認可を受ける，第2次画定準備 (ポロマイ)第Ⅰ試掘区1号井掘削中，第Ⅲ試掘区1号井掘削中 (エハビ)エハビ第Ⅰ試掘区1号井開坑準備中 (カタングリ)第Ⅲ試掘区1号井準備中 〈地質調査〉エハビその他試掘地数カ所で地質調査および鉱区画定実施

(表 6-13 つづき)

	期　間	採掘井	備　　考
第7年度	1932.4〜1933.3 (昭7.4〜8.3)	オハ126坑 北オハ3坑	1. 採掘作業 〈掘削〉(オハ)新掘井31坑，廃坑2坑，掘削中7坑 (北オハ)本年度より3坑井で採掘作業開始 (カタングリ)旧坑井の改修，採掘作業中止 〈設備〉(オハ)鉱区内軽便鉄道延長 2. 試掘作業 (ポロマイ)第Ⅰ試掘区1号井，第Ⅲ試掘区1号井の作業中止，鉱区一時閉鎖 (エハビ)第Ⅰ試掘区1号井掘削中，第Ⅱ試掘区掘削中 (カタングリ)第Ⅲ試掘区1号井掘削中，第Ⅰ試掘区2号井掘削中 〈地質調査〉エハビおよびカタングリ試掘地およびその他数カ所の地質調査実施，その他鉱区画定実施
第8年度	1933.4〜1934.3 (昭8.4〜9.3)	オハ142坑 北オハ5坑	1. 採掘作業 〈掘削〉(オハ)新掘井30坑，廃坑4坑，掘削中3坑 (北オハ)新掘井4坑 (ヌトウォ)採掘作業中止 (カタングリ)採掘作業中止 〈設備〉(オハ)オハ〜北オハ間20km軌道および道路開設 2. 試掘作業 (エハビ)第Ⅰ試掘区1号井掘削休止，第Ⅱ試掘区1号井掘削中，第Ⅲ試掘区1号井開坑準備中 (ポロマイ)閉鎖，事業繰延中 (北ボアタシン)第Ⅰ試掘区1号井開坑準備中 (カタングリ)第Ⅲ試掘区1号井掘削休止，2号井掘削計画中，第Ⅰ試掘区2号井掘削中，第Ⅴ試掘区1号井開坑準備中 〈地質調査〉エハビ，クイドゥイラニ，コンギ試掘地域の地質調査実施，エハビ第Ⅲ試掘区，北ボアタシン第Ⅰ試掘区およびカタングリ第Ⅴ試掘区の鉱区画定実施
第9年度	1934.4〜1935.3 (昭9.4〜10.3)	オハ151坑 北オハ6坑 カタングリ6坑	1. 採掘作業 〈掘削〉(オハ・北オハ)新掘井16坑，廃坑7坑，掘削中3坑 (ヌトウォ)採掘作業休止 (カタングリ)新掘井4坑，掘削中2坑

(表 6-13 つづき)

	期　間	採掘井	備　考
			〈設備〉(オハ・北オハ)鉱区内軌道・道路増設 (カタングリ)軌道新設，鉱区〜海岸間パイプライン敷設 2. 試掘作業 (エハビ)第Ⅰ試掘区1号井休止中，追掘着手予定，2号井準備中，第Ⅱ試掘区1号井掘削中，第Ⅲ試掘区1号井掘削中，第Ⅳ試掘区1号井開坑準備中 (ポロマイ)第Ⅰ試掘区2号井開坑準備中 (北ボアタシン)第Ⅰ試掘区1号井掘削中 (南ボアタシン)第Ⅰ試掘区1号井および第Ⅱ試掘区1号井準備中 (カタングリ)第Ⅰ試掘区2号井採掘鉱区に編入，油層保護のため休坑中，第Ⅲ試掘区2号井開坑準備中，第Ⅴ試掘区1号井掘削中 〈地質調査〉オハ鉱区内の地質精査実施，エハビ第Ⅳ試掘区，南ボアタシン第Ⅰ試掘区および第Ⅱ試掘区の第1次画定，カタングリ第Ⅰ試掘区の第2次画定実施
第10年度	1935.4〜1936.3 (昭10.4〜11.3)	オハ167坑 北オハ6坑 カタングリ7坑	1. 採掘作業 〈掘削〉(オハ・北オハ)新掘井18坑，改修採油井2坑，廃坑4坑，掘削中6坑，繰越1坑，未着手1坑 (ヌトウォ)採掘作業休止中 (カタングリ)採掘鉱区閉鎖，前年度繰越坑井2坑，年度末採油井7坑 〈設備〉(オハ)鉱区内軌道および道路増設 2. 試掘作業 (エハビ)第Ⅰ試掘区1号井休止中，第Ⅰ試掘区2号井掘削中，第Ⅱ試掘区1号井掘削終了，休坑中，第Ⅲ試掘区1号井掘削中，第Ⅲ試掘区2号井開坑準備中，第Ⅳ試掘区1号井開坑準備中 (クイドゥイラニ)第Ⅰ試掘区1号井開坑準備中 (ポロマイ)第Ⅰ試掘区2号井掘削中，第Ⅲ試掘区1号井掘削完了，休坑中 (北ボアタシン)第Ⅰ試掘区1号井掘削終了，休坑中 (南ボアタシン)第Ⅰ試掘区1号井掘削中，第Ⅱ試掘区1号井開坑準備中 (カタングリ)第Ⅲ試掘区2号井掘削完了，休坑中，

(表6-13 つづき)

	期　　間	採掘井	備　　考
			第Ⅳ試掘区1号井開坑準備中，第Ⅴ試掘区1号井掘削完了，休坑中，第Ⅴ試掘区2号井開坑準備中 (北オハ)第Ⅱ試掘区1号井開坑準備中 〈地質調査〉採掘鉱区内の地質精査およびクイドゥイラニ試掘地の地質調査，オハ第Ⅱ試掘区，クイドゥイラニ第Ⅰ試掘区，カタングリ第Ⅳ試掘区の第1次画定実施
第11年度	1936.4～1937.3 (昭11.4～12.3)	オハ183坑 北オハ8坑 カタングリ20坑	1. 採掘作業 〈掘削〉(オハ・北オハ)新掘井22坑，改修際油井1坑，廃坑4坑，掘削中4坑，繰越廃坑1坑，繰越掘削6坑 (ヌトウォ)採掘作業休止中 (カタングリ)新掘井13坑，改修2坑(うち採油井1坑)，廃坑1坑，繰越掘削4坑，掘削準備中2坑，未着手1坑 〈設備〉(オハ・北オハ)鉱区内軌道・道路増設 (カタングリ)ナビリ海岸5000tタンク4基中2基完成，1基建設中，鉱区～海岸間パイプライン整備，鉱区～海岸間高圧送電線8km架設，軌道・道路の増設 2. 試掘作業 (北オハ)第Ⅱ試掘区1号井掘削中 (エハビ)第Ⅰ試掘区1号井休止中，2号井出油により採掘鉱区編入手続きのため1号井追掘延期，第Ⅰ試掘区2号井採掘鉱区編入手続き中，第Ⅲ試掘区1号井出油により2号井開坑着手繰延，第Ⅳ試掘区1号井掘削中 (クイドゥイラニ)第Ⅰ試掘区1号井掘削中，2号井開坑準備中 (ポロマイ)第Ⅰ試掘区2号井ガス噴出のため休止，第Ⅱ試掘区1号井開坑準備中 (北ポアタシン)第Ⅰ試掘区2号井開坑準備中 (南ポアタシン)第Ⅰ試掘区1号井掘削完了，休坑中，第Ⅱ試掘区1号井開坑準備中，第Ⅰ試掘区1号井の地質状態から2号井優先のため休坑中 (カタングリ)第Ⅳ試掘区1号井掘削中，第Ⅴ試掘区2号井開坑準備中 (コンギ)第Ⅰ試掘区1号井開坑準備中

(表 6-13 つづき)

	期　間	採掘井	備　考
			〈地質調査〉コンギ，ナムビ，ダギの試掘鉱区における地質調査実施，エハビ第Ⅱ試掘区の第2次画定，コンギ第Ⅰ試掘区および第Ⅱ試掘区の第1次画定実施
第12年度	1937.4〜1938.3 (昭12.4〜13.3)	オハ210(休止井8坑) 北オハ11坑 (休止井2坑) カタングリ37坑	1. 採掘作業 〈掘削〉(オハ・北オハ)新掘井19坑，廃坑2坑，掘削中3坑，繰越掘削9坑 (ヌトウォ)採掘作業休止中 (カタングリ)新掘井10坑，改修採油井1坑，繰越掘削29坑，タンク遅延のため一時採油中止，採油中1，2坑のみ 〈設備〉(オハ・北オハ)鉱区内軌道・道路増設 (カタングリ)ナビリ海岸計画中の5000 tタンク2基完成，計画の1万 tタンク5基のうち3基建設着工 2. 試掘作業 (北オハ)第Ⅱ試掘区1号井掘削完了，出油なし，廃坑完了 (エハビ)第Ⅰ試掘区の採掘鉱区への編入手続き中，第Ⅲ試掘区1号井掘削中，第Ⅳ試掘区1号井掘削完了，出油なし，休止中 (クイドゥイラニ)第Ⅰ試掘区1号井掘削完了，出油なきため休止中，第Ⅰ試掘区2号井開坑準備中，ソ連側圧迫のため作業中止 (ポロマイ)第Ⅰ試掘区2号井ガス発生のため休止中，第Ⅱ試掘区1号井開坑準備，ソ連側圧迫のため作業中止 (北ボアタシン)第Ⅰ試掘区2号井開坑準備中，ソ連側圧迫により作業中止 (カタングリ)第Ⅳ試掘区1号井掘削完了，工業的価値がないため休止，第Ⅴ試掘区2号井開坑準備中 (コンギ)第Ⅰ試掘区1号井開坑準備中，ソ連側圧迫のため中止，第Ⅱ試掘区1号井開坑準備中，ソ連側圧迫により中止 ソ連側圧迫により以下の坑井次年度繰越 北オハ第Ⅲ試掘区1号井，クイドゥイラニ第Ⅱ試掘区1号井，南ボアタシン第Ⅰ試掘区2号井，ダギ第Ⅰ試掘区1号井，エハビ第Ⅳ試掘区2号井，エハビ

第6章　北樺太石油会社の事業展開　171

(表6-13 つづき)

	期　間	採掘井	備　　考
			第V試掘区2号井，ポロマイ第Ⅲ試掘区2号井，ポロマイ第Ⅲ試掘区1号井追掘，カタングリ第Ⅱ試掘区1号井，カタングリ第Ⅲ試掘区3号井 〈地質調査〉試掘地の地質調査繰延，エハビ第V試掘区，クイドゥイラニ第Ⅱ試掘区，ダギ第Ⅰ試掘区，カタングリ第Ⅱ試掘区の第1次画定実施，北オハ第Ⅲ試掘区の一部分の第1次画定実施
第13年度	1938.4～1939.3 (昭13.4～14.3)	オハ207坑 (休止井11坑) 北オハ15坑 (休止井2坑) カタングリ38坑 (休止井10坑)	1. 採掘作業 〈掘削〉(オハ・北オハ)新掘井4坑，繰越採油井3坑 (ヌトウォ)採掘作業休止中 (エハビ)採掘作業繰延 (カタングリ)新掘井1坑 〈設備〉(オハ・北オハ)海岸軌道・鉱区内軌道の改修 (カタングリ)ナビリ海岸1万tタンク2基完成 2. 試掘作業 ソ連側圧迫により作業中止，作業の現況は以下： (北オハ)第Ⅲ試掘区1号井材料一部運搬 (エハビ)第Ⅲ試掘区1号井掘削中止，第Ⅳ試掘区2号井材料一部運搬，第V試掘区1号井材料一部運搬 (クイドゥイラニ)第Ⅰ試掘区2号井技術建造物および宿舎一部建設 (ポロマイ)第Ⅱ試掘区1号井技術建造物および宿舎一部建設 (北ポアタシン)第Ⅰ試掘区2号井掘削中止 (ダギ)第Ⅰ試掘区1号井材料一部運搬 (カタングリ)第Ⅱ試掘区1号井材料一部運搬，第V試掘区2号井軌道・技術建造物ほぼ完成 (コンギ)第Ⅰ試掘区1号井櫓建設，技術建造物・宿舎一部完成 〈地質調査〉北オハ第Ⅲ試掘区，エハビ第V試掘区，カタングリ第Ⅱ試掘区の地質調査実施延期，北オハ第Ⅲ試掘区の第1次画定，エハビ第Ⅰ試掘区の第2次画定延期
第14年度	1939.4～1940.3 (昭14.4～15.3)	オハ208 (休止井15坑) 北オハ15坑 (休止井2坑) カタングリ38坑	1. 採掘作業 〈掘削〉(オハ・北オハ)掘削繰越1坑，未採油繰越1坑，廃坑1坑，採油井編入2坑 (エハビ)作業中止 (ヌトウォ)採掘作業休止中

(表6-13 つづき)

	期　間	採掘井	備　考
		(休止井10坑)	(カタングリ)新掘井なし <設備>(オハ・北オハ)ソ連側圧迫により大部分の作業繰延 (カタングリ)鉱区作業中止 2. 試掘作業 実質的に作業は休止 継続作業： (北オハ)第Ⅲ試掘区1号井 (エハビ)第Ⅲ試掘区1号井，第Ⅴ試掘区1号井 (クイドゥイラニ)第Ⅰ試掘区2号井，第Ⅱ試掘区1号井 (ポロマイ)第Ⅰ試掘区2号井，第Ⅱ試掘区1号井 (北ボアタシン)第Ⅰ試掘区2号井 (カタングリ)第Ⅱ試掘区1号井 新規作業： (カタングリ)第Ⅳ試掘区2号井 <地質調査>カタングリ第Ⅱ試掘区の地質調査およびエハビ第Ⅰ試掘区の第2次画定作業実施できず
第15年度	1940.4～1941.3 (昭15.4～16.3)	オハ187坑 (休止井20坑) 北オハ13坑 (休止井2坑) カタングリ38坑 (休止井10坑)	1. 採掘作業 <掘削>(オハ・北オハ)掘削繰越1坑，改修15坑(うち前年度より継続4坑)中完了12坑，次年度繰越3坑 (エハビ)作業中止 (ヌトウォ)作業休止 (カタングリ)作業休止 <設備>(オハ・北オハ)ソ連側圧迫で大部分の作業延期 2. 試掘作業 ソ連側圧迫により前年同様休止 (北オハ)第Ⅲ試掘区1号井 (エハビ)第Ⅲ試掘区1号井 (カタングリ)第Ⅱ試掘区1号井，第Ⅳ試掘区2号井 <地質調査>北オハ第Ⅲ試掘区の第1次画定，エハビ第Ⅰ試掘区の第2次画定作業予定であったが，実施されず
第16年度	1941.4～1942.3 (昭16.4～17.3)	オハ185坑 (休止井20坑) 北オハ13坑	1. 採掘作業 <掘削>(オハ・北オハ)改修井12坑(うち前年度より継続3坑)中10坑完了，次年度繰越2坑，廃坑4坑

(表 6-13 つづき)

	期　　間	採掘井	備　　考
		(休止井 1 坑) カタングリ 38 坑	(エハビ)休止中 (ヌトウォ)休止中 (カタングリ)休止中 〈設備〉大部分の作業繰延 2. 試掘作業 試掘延長交渉続行
第17年度	1942.4〜1943.3 (昭17.4〜18.3)	オハ197坑 (休止井20坑) カタングリ38坑	1. 採掘作業 〈掘削〉(オハ・北オハ)採油井休止続出，改修井 8 坑 (うち前年度より継続 2 坑)中 7 坑完了，次年度へ繰越 1 坑，廃坑 2 坑，泥塞井 5 坑 (エハビ)休止中 (ヌトウォ)休止中 (カタングリ)休止中 〈設備〉(オハ・北オハ)大部分の作業繰延 2. 試掘作業 1941 年 12 月 14 日試掘期限満了，延長交渉継続
第18年度	1943.4〜1944.3 (昭18.4〜19.3)	オハ217坑 カタングリ38坑	1. 採掘作業 〈掘削〉(オハ・北オハ)作業なし (エハビ)休止中 (ヌトウォ)休止中 (カタングリ)休止中 2. 試掘作業 延長交渉未成立

出所）表 6-3 に同じ。

1) 稲石正雄は海軍出身であり，コンセッション契約交渉にあたって中里のブレーンとして大きな役割を果たした。
2) 中里重次『回顧録』其の一，1936年，5-7頁。中里はコンセッション会議の代表者を引き受けた時期には持病の胃腸病が亢進し，普通食が取れないほどであったために医師が同行した。不幸なことに，当時北海道帝国大学予科に就学中であった娘の次子が再起不能の病に冒され，9月には死去した。海軍省に軍需局(初代局長は山口海軍少将)が設置されたのは1920年(大正9年)9月のことである。
3) 注2)に同じ，4頁。
4) 岡栄編『北樺太石油利権史』北樺太石油株式会社，1941年，70頁。
5) 城戸崎益隆ほか編『北樺太に石油を求めて』白樺会，1983年，14頁。
6) 「第一回決算報告書」『北樺太石油株式会社決算報告書』1927年。
7) 北樺太石油株式会社総務部外務課編『北樺太石油利権概説』北樺太石油株式会社，1942年。
8) 中里重次『回顧録』其二，1937年，7頁。
9) 「我石油利権の事業大縮少ニ関シ報告ノ件」，注6)に同じ，1937年1～12月。
10) 会社は境界画定作業の費用として1万2000ルーブリを極東鉱山監督署に支払ったが，当初誤解があり，労働者の調達と必要な器具の供給を会社は考慮に入れていなかった(ГАСО, ф. 2, оп. 1, д. 39, л. 107「1926年のサハリンの鉱山・地質調査隊の作業結果に関する暫定的報告書」)。境界画定作業はコンセッション契約にうたわれている8カ所の油田を対象にしているが，1926年夏にこれらの作業を終えることは到底不可能であることが明らかになった。そのために，日ソ双方の合意の下でオハ，ヌトウォ，ポアタシンの3カ所でまず実施することが決められた。
11) 石油掘削方法には，①手掘り，②上総掘り，③綱式，④ロータリー式がある。手掘りは初期の石油掘削方法で，水井戸を掘るようにつるはしを使って地表から1.5～1.8mの竪坑を掘り，枠板をあてて崩壊を防ぐ。深さの限界は100～240m。経費は安いが，掘削に時間がかかる。上総掘りは割竹をつなげた棹によって竹竿の弾力を利用して，衝撃を与え掘削する。この方法が採用されるようになったのは1892年以後のことであり，深度200m内外の浅層の掘削には有利で広く取り入れられた。綱掘りは竹竿からマニラ綱や鋼索が用いられるようになった。ロータリー式は1900年に米国の油井で成功し，日本では1912年に西山油田で初めて採用された。掘削速度が速く，綱式の1日10m内外に対して20～40mに達する。深層部の掘削に適している。
12) 表6-11によれば，1925年の産油量は7541tと記載されている。その違いがどこから起きているのか不明である。C No. 2の生産量(1925年に4422t)をどう評価するかで違いがあらわれているように思える。なお，『北樺太に石油を求めて』によれば，1925年の北辰会の産油量は1万2473tと報告されている(注5)に同じ，63頁)。
13) ГАСО, ф. 217, оп. 4, д. 4, лл. 30-37.
14) ГАСО, ф. 2, оп. 1, д. 101, л. 62.
15) ГАСО, ф. 217, оп. 4, д. 4, л. 42. 会社は法律が発効する前に坑井建設の準備に入っ

ていたためにこの法律の適用を受けないと主張したが，それを証明できないために許可を受けることができなかった。
16) РГАЭ, ф. 7297, оп. 38, д. 26, лл. 1-13.
17) トラップ Trapп の本来の意味は罠であるが，石油地質学では石油・天然ガスを集積し，貯留させるような地質条件のある場所を指す。その位置は貯留層中の地層水の動きに左右される。
18) РГАЭ, ф. 7297, оп. 38, д. 26, лл. 194-197.
19) РГАЭ, ф. 7297, оп. 38, д. 26, л. 198.

第7章　1000平方ヴェルスタの試掘作業

第1節　試掘区域の作業進捗状況

　コンセッション契約に遅れること2年後の1927年2月21日に，難産の末，日ソ間で試掘に関する追加協定が成立した。コンセッション契約第12条は，コンセッション企業に対して協定効力発生日から11年間，1000平方ヴェルスタ（露里）の面積の試掘を行う権利を付与している。この協定は1936年12月14日に期限切れとなる。追加協定に盛り込まれた1000平方ヴェルスタ試掘区域の内訳は表7-1に示す通りである。

　試掘地域，坑井・試掘区，設計掘削深度は，その後1932年6月11日および1934年3月27日付追加協定で修正されたものであり，試掘開始の1928年から37年初めまでの試掘実績をソ連重工業人民委員部が明らかにした。この表から明らかなように11の試掘地域の1000平方ヴェルスタは，19試掘区に区分され，合計39坑，合計掘削深度3万1050mを試掘する予定であった。

　いま，重工業人民委員部のデータから試掘期間の遂行状況を検討してみよう[1]。

　表7-1にみるように，1928～36年の間に掘削を終了したのは，北オハ1坑，エハビ2坑，ポロマイ2坑，北ボアタシン1坑，南ボアタシン1坑，カタングリ5坑の計12坑である。この他，7坑は1937年初め現在掘削途上に

表7-1　1000平方ヴェルスタ試掘区域の内訳　　　　　　　　　　　（単位　m）

試掘地域	試掘面積	坑井/試掘区	設計掘削深度	掘削開始日	掘削終了日	1937.1.1現在掘削深度	備考
1) 北オハ	50	1/I	600	1929.8.16	1931.6.7	602.2	
		1/II	800	1936.11.30	—	336	1937年に繰越
		2/II	1,200	—	—	—	
2) エハビ	100	1/I	900	1932.5.30	1933.5.18	823.5	
		2/I	800	1935.9.5	—	735.7	1937年に繰越
		1/II	800	1933.12.19	1935.5.21	815	
		2/II	800	—	—	—	
		1/III	800	1935.2.22	—	436.8	1937年に繰越
		2/III	1,250	—	—	—	
		1/IV	700	1936.4.23	—	334	1936.12.18休止
		2/IV	1,200	—	—	—	
3) クイドゥイラニ	50	1/I	1,000	1936.9.15	—	186	1937年に繰越
		2/I	600	—	—	—	
4) ポロマイ	100	1/I	600	1930.6.15	1932.6.13	601.3	
		2/I	800	1935.9.25	—	559	1936.10休止
		1/II	800	—	—	—	
		2/II	1,000	—	—	—	
		1/III	800	1931.9.1	1935.8.30	804.6	
		2/III	1,000	—	—	—	
5) 北ボアタシン	25	1/I	600	1935.3.1	1935.8.26	600	
		2/I	1,000	—	—	—	
6) 南ボアタシン	75	1/I	800	1935.12.14	1936.10.28	802	
		2/I	1,000	—	—	—	
		1/II	1,200	—	—	—	
		2/II	700	—	—	—	
7) チェメルニ・ダギ	200	—	—	—	—	—	
8) カタングリ	100	1/I	600	1928.11.29	1932.11.14	148	事故で廃止
		2/I	700	1933.3.1	1934.8.6	706.5	
		3/I	条件付き	—	—	—	
		1/III	800	1932.7.16	1933.6.21	656.5	
		2/III	900	1935.7.22	1936.1.26	907.6	
		1/IV	800	1936.9.26	—	160.5	1937年に繰越
		2/IV	600	—	—	—	
		1/V	800	1934.6.15	1935.7.31	813.2	
		2/V	1,000	—	—	—	
		3/V	条件付き	—	—	—	
9) メンゲ・コンギ	100	1/I	900	—	—	—	
		2/I	700	—	—	—	
		1/II	800	—	—	—	
		2/II	700	—	—	—	
10) チャクレ・ナンピ・チャムグ	100						
11) ヴェングリ・ボリシャヤフジ	100						
		39坑井	31,050			11,020.8	
計	1,000平方ヴェルスタ	960デシャチーナ 19区域					

注）原文では合計が一致しない。
出所）РГАЭ, ф. 7297, оп. 38, д. 26, лл. 181-182.

あり，このうち2坑を引き続き1937年に掘削続行する予定であった。1928～36年間の合計掘削深度は1万1021mであり，当初設計掘削深度の3割強を達成したにすぎない。

　試掘区域の年度別の新規掘削坑井数，終了坑井数および掘削深度を示したのが表7-2である。計画された39坑のうち，1936年末までに掘削を開始したのは19坑，このうち掘削を終了したのは11坑であり，カタングリ第Ⅰ試掘区No.1坑は事故によって廃坑となった。1936年末まで全く掘削に着手できなかった坑井は20坑にのぼる。試掘追加協定締結当初から試掘テンポは極めて低く，年間掘削深度が3000m台に達したのは，7年後の1935年に入ってからのことである。

　コンセッション契約第14条では試掘区の採掘鉱区への編入が定められている。「試掘区域の工業的価値を見出した場合，地方鉱山監督署によって80デシャチーナの試掘区域は，それぞれ40デシャチーナの採掘鉱区に二分される」とうたわれている。しかし，1928～36年間に19試掘区のうち実際に採掘鉱区に編入されたのは，北オハ第Ⅰ試掘区とカタングリ第Ⅰ試掘区の2カ所だけであった。これらは規定にしたがってそれぞれ24区域に分割された。

　次に，各試掘区域毎に試掘状況を検討してみよう。

表7-2　試掘区域の年度別掘削坑井数・掘削深度(1928～36年)

年	掘削開始坑井数	掘削終了坑井数	掘削深度(m)
1928	1	—	72.5
1929	1	—	211.2
1930	1	—	594.7
1931	1	1	523.3
1932	2	1	1,359.9
1933	2	2	528.1
1934	1	1	1,687.1
1935	6	4	3,020.6
1936	4	2	3,023.4
計	19	11	11,020.8

出所) РГАЭ, ф. 7297, оп. 38, д. 26, л. 218.

1) 北オハ地域

　北オハ地域ではカタングリに次ぐ早い時期に第Ⅰ試掘区でNo.1坑(1/Ⅰ坑)が掘削された。1929年8月16日に掘削を開始し，翌々年の6月7日に掘削を完了している。その深度は予定深度の602.2 mに達した。掘削終了後，下部から上部に向けてセメンティングしながら，534.5～562 m，461.4～482.3 m，379～385 m，337.2～360 mの層でテストが実施され，最も深い7層で採掘が行われている。960デシャチーナの試掘区はコンセッション契約第14条にしたがって採掘鉱区に編入され，24区域(41～64坑)に分割された。第Ⅰ試掘区のNo.1坑(1/Ⅰ坑)はＣ1/Ⅳ坑に名称を変更している。1932～35年の北オハ地域の産油量は表7-3の通りである。

　第Ⅱ試掘区のNo.1坑(1/Ⅱ坑)が掘削開始されたのは1936年11月のことであり，掘削終了は翌年に持ち越された。北オハ試掘地域は比較的早い時期から試掘が始まったにもかかわらず，1936年末までに掘削を終了したのは1坑にすぎなかった。

2) エハビ地域

　第Ⅰ試掘区では2坑(No.1坑；No.2坑)が掘削された。No.1坑(1/Ⅰ坑)は1933年5月に掘削を終了し，その掘削深度は823.5 mに達している。油兆は118.6～131.7 m，157～167 m，413.7～414.7 m，455.4～455.5 mの層で認められたが，有望ではなく層のテストは行われなかった。No.2坑(2/Ⅰ坑)の掘削は1935年9月に着工され，1年の掘削作業期間を予定されたが，作業は進まず1937年にずれ込んだ。119.5～130 mに石油砂岩があり，テストの結果，平均日産量は約1 t，軽質油で，比重は0.874であった。

表7-3　北オハ地域の産油量(1932～35年)

	生産量(t)	操業日数(日)	平均日産量(t)
1932	1,614.9	134.0	12.05
1933	1,803.5	364.0	4.95
1934	1,060.0	365.0	2.90
1935	1,007.0	330.5	3.04
計	5,485.4	1,193.5	4.58

出所）РГАЭ, ф. 7297, оп. 38, д. 26, л. 184.

第Ⅱ試掘区では No.1 坑 (1/Ⅱ坑) が掘削され，1935 年 5 月に深度 815 m に到達した。石油砂岩は 624.5～627.5 m，652.3～677.5 m，713～720 m，790.3～801.6 m の層にある。深度 678 m で 36 日間にわたって採油が行われた。この坑井の平均日産量は 11～23 t，軽質油，比重は 0.834 である。

　第Ⅲ試掘区では 1935 年 2 月に No.1 坑 (1/Ⅲ坑) が試掘開始されたが，掘削は 1937 年に持ち越されている。1936 年末現在 437 m まで掘削されたが，有望な含油層は発見されなかった。

　第Ⅳ試掘区では No.1 坑 (1/Ⅳ坑) の試掘が 1936 年 4 月に開始された。同年末までに 334 m まで到達したところで休止している。

3) ポロマイ地域

　第Ⅰ試掘区で 2 本の坑井が試掘された。No.1 坑 (1/Ⅰ坑) は深度 601.3 m まで達し，1932 年 6 月に完了した。深度 50～54 m，130～209 m，293～301 m，414.5～417 m，460～520 m，520 m 以上で強いガスを含む石油砂岩層に遭っている。深度 500.7 m では日産 40 万 m³f (1 万 2000 m³) のガス自噴が得られたために，No.2 坑 (2/Ⅰ坑) は 1935 年 9 月に試掘を開始したが，1936 年 10 月には休止された。

　第Ⅲ試掘区では No.1 坑 (1/Ⅲ坑) が掘削された。深度は 804.6 m。石油砂岩層は 446 m 以下，677～685 m (ガス噴出)，371～405 m (同) にある。テストは行われなかった。

4) 北ボアタシン地域

　第Ⅰ試掘区では No.1 坑 (1/Ⅰ坑) が 1935 年 8 月に掘削を終了し，深度は 600 m に達した。石油砂岩層は 45.5～47.5 m，133.5～136 m，167～170.1 m，382～384 m，476～485 m，586～592 m にあるが，有望な油兆がみられず掘削は停止され，テストは行われていない。

5) 南ボアタシン地域

　第Ⅰ試掘区では No.1 坑 (1/Ⅰ坑) 1 本が 1935 年 12 月に掘削を開始しており，1936 年 10 月に 802 m に到達した。第Ⅱ試掘区では全く試掘作業を行っていない。

6) カタングリ地域

　カタングリ地域では4カ所の試掘区で掘削が予定された。第Ⅰ試掘区のNo.1坑(1/Ⅰ坑)は会社(北樺太石油株式会社)が1000平方ヴェルスタの試掘で最初に手掛けた坑井である。この坑井は日産0.8tの石油噴出をみたが, 破損事故を起こし, 計画深度の600mにはおよばず, 148mで1932年11月14日に停止された。No.2坑(2/Ⅰ坑)は1934年に掘削を終了し, 深度706.5mに達した。含油層は以下の深度にある。

　123.7〜146.9m　　1カ月テスト　　平均日産量20t
　158〜176m　　　　3週間テスト　　同24t
　176.4〜206.5m　　テストの結果水
　226.2〜230.2m

　第Ⅰ試掘区はコンセッション契約第14条にしたがって採掘鉱区に編入され, 960デシャチーナ, 24区域に分けられた。

　第Ⅲ試掘区では2本の坑井が掘削された。No.1坑(1/Ⅲ坑)は1933年6月に656.5mまで掘削された。No.2坑(2/Ⅲ坑)は1936年1月に907.6mまで掘削された。2坑の掘削にもかかわらず有望な油層が発見されなかった。

　第Ⅳ試掘区のNo.1坑(1/Ⅳ坑)の掘削は1936年9月に着手されたが, 掘削終了は翌年に持ち越された。

　第Ⅴ試掘区ではNo.1坑(1/Ⅴ坑)が813.2mで掘削を終了したが, 石油砂岩層には遭わなかった。

第2節　1000平方ヴェルスタ試掘作業の争点

1　採掘鉱区への編入問題

　コンセッション契約第14条の採掘鉱区編入手続きにしたがって, 会社は1929年末と30年末に2回の合計3回, カタングリ第Ⅰ試掘区を採掘鉱区に編入させるように申請した。ところが, ソ連政府は, 申請時のNo.1坑の掘

削深度が150 mであり，鉱山監督署との合意による400 mに達していないとしてこれを拒否した。予定深度に達していない区域を採掘鉱区に編入させようとした背景には以下のような事情があった。試掘第1号井は1929年5月に出油をみ，工業的価値があるものと会社は判断した。ところが会社の説明では「偶発的且極メテ困難ナル技術的条件」のために会社は掘削を中止せざるを得なくなった[2]。困難な技術的条件とは蒸気不足のことであり，1930年12月，輸入した新汽罐が修理中であるために第15鉱区にある採掘井と同時に掘削するには蒸気が不足し，このため試掘井を休坑させ，採掘井を優先させたと会社は説明している[3]。実際にはNo.1坑の掘削を停止させたのは蒸気不足ではなく，事故によるものであった。そこでNo.2坑を掘削する必要性が生じたが，基点となるNo.1坑以外に採掘鉱区が決まらないうちにNo.2坑を掘削すれば，掘削成功後その所属をめぐって困難が生じることは明らかであったために，会社はすでにNo.1坑が工業的な価値を有しているからには，これを採掘鉱区に編入させ，その後にNo.2坑を掘削しようと判断したのである。これは作為的なものではなく，会社はソ連側の審査を経なくても独自に採掘鉱区に編入できるという理解があったのである。

一方，北オハ第I試掘区域の採掘鉱区編入の申請に関しては，1931年6月になって鉱山監督署の立ち会いの下に深度602.2 mが確認され，予定深度に到達したことがモスクワ（最高国民経済会議外国課）に報告された[4]。この案件は1931年10月19日採掘鉱区編入許可を受けた[5]。

このようなソ連側の鉱区による異なる判断は手続き上の解釈の違いによって生じたものである。試掘区域が工業価値を有すると判断されれば採掘鉱区に編入されるが，会社は，コンセッション契約で経営の自由が認められており，独自の判断でこれを実施できるものであり，ソ連側が拒否するはずがないと考えていた。採掘鉱区に移行できれば，その鉱区の半分の採掘をソ連側は自動的に手に入れるわけであり，試掘のための直接費用や道路，鉄道，給水場などのインフラ整備の負担なくして採掘を進めることができるからである。会社の判断は甘かった。ソ連側の反応は異なるものであった。コンセッション契約第14条を拡大解釈して，画定作業を実施しなかった。

試掘区を採掘鉱区に編入する手続きを進めるかどうかの判断は，ソ連側にとってそれが有利であるかどうかにかかっていることは北オハの例からも読みとれる。つまり，オハ採掘鉱区と北オハ採掘鉱区の中間では，わずか1年半の間に油井12本，採掘井4本，櫓建設準備2カ所，北オハでは採掘井9本，櫓建設準備1カ所を建設したが，北オハに至る道路や軌道を利用することによってこのような膨大な作業量をこなすことができたからである[6]。

2 試掘ミニマムの考え方の相違

オハ第Ⅰ試掘区の採掘鉱区への編入後，重工業人民委員部は「試掘ミニマム」という考え方を主張し始めた。その根拠を「最も完全な試掘」をうたうコンセッション契約第15条に求めている。オハ鉱山監督署は1931年9月16日付で最高国民経済会議のコンセッション監督の命令と称して「1000平方ヴェルスタノ各試掘区域ハ2坑以上ノ試掘坑井ヲ掘削シタル後ニアラザレ

表7-4　1938年度1000平方ヴェルスタ試掘計画

地　域	試掘区	坑井番号	予定深度(m)	準備着手	開　坑	完　了
(継続作業)						
北オハ	Ⅱ	No.1	1,000	1937.7.1	1939.8.1	1940.10.31
エハビ	Ⅲ	No.1	800	1933.9.19	1935.1.15	1939.3.31
	Ⅳ	No.2	1,200	1937.7.1	1939.12.1	1941.3.31
	Ⅴ	No.1	700	1937.7.1	1940.4.1	1941.2.28
クイドゥイラニ	Ⅰ	No.2	600	1936.7.1	1939.1.1	1939.7.31
	Ⅱ	No.1	800	1937.7.1	1939.11.1	1940.9.30
ポロマイ	Ⅰ	No.2	800	1934.7.1	1935.9.25	1938.10.31
	Ⅱ	No.1	800	1936.7.1	1939.1.1	1939.9.30
	Ⅲ	No.2	1,000	1937.7.1	1940.1.1	1941.3.31
北ボアタシン	Ⅰ	No.2	1,000	1936.7.1	1937.4.30	1939.10.31
カタングリ	Ⅱ	No.1	900	1937.7.1	1939.10.1	1940.11.30
	Ⅴ	No.2	1,000	1935.11.1	1938.10.1	1940.3.31
コンギ	Ⅰ	No.1	800	1936.7.1	1939.8.1	1940.6.30
	Ⅱ	No.1	900	1936.7.1	1940.7.15	1941.6.30
(新規作業)						
カタングリ	Ⅳ	No.2	600	1938.7.1	1939.12.1	1940.8.31

出所)「昭和十三年四月二十八日付北樺太石油会社第十三年度事業計画ニ関スル件」外務省外交史料館『帝国ノ対露利権問題関係雑件　北樺太石油会社関係』1938年1～5月。

表7-5 1000平方ヴェルスタ試掘費明細表（1931年5月謄写）

(単位 円)

試掘地域	試掘区	深度(m)	作業期間	掘削費固定	経費	小計	運搬設備共固定	地帯附帯費経費	小計	合計(A)	調査費地積調査	地形測量	画定	合計(B)	総計(A+B)	試掘地域計
北オハ	I	900	1年6カ月	68,000	195,000	263,000	4,000	57,700	61,700	324,700	21,500	19,800	53,400	94,700	419,400	763,150
	II	900	1年6カ月	41,000	195,000	236,000	4,000	28,850	32,850	268,850	21,500		53,400	74,900	343,750	
エハビ	I	400	1年	77,000	100,000	177,000	42,000	28,850	70,850	247,850	21,500	19,800	53,400	94,700	342,550	1,234,800
	II	400	1年	22,000	100,000	122,000	4,000	28,850	32,850	154,850	21,500		53,400	74,900	229,750	
	III	900	1年6カ月	58,000	195,000	253,000	4,000	28,850	32,850	285,850			53,400	53,400	339,250	
	IV	900	1年6カ月	42,000	195,000	237,000	4,000	28,850	32,850	269,850			53,400	53,400	323,250	
クイドウイラニ	I	900	1年6カ月	81,000	195,000	276,000	38,600	86,550	125,150	401,150	21,500		53,400	74,900	476,050	857,000
	II	900	1年6カ月	42,000	195,000	237,000	4,000	86,550	90,550	327,550			53,400	53,400	380,950	
ポロマイ	I	400	1年6カ月	77,000	150,000	227,000	73,400	57,700	131,700	358,100	21,500	19,800	53,400	94,700	452,800	1,600,600
	II	400	1年	22,000	100,000	122,000	8,000	57,700	65,700	187,700	21,500		53,400	74,900	262,600	
	III	900	1年6カ月	180,000	195,000	375,000	4,000	57,700	61,700	436,700	21,500		53,400	74,900	511,600	
	IV	900	1年6カ月	42,000	195,000	237,000	4,000	57,700	61,700	298,700	21,500		53,400	74,900	373,600	
北ポアタシン	I	400	1年6カ月	49,000	100,000	149,000	29,000	57,700	86,700	235,700	21,500		53,400	74,900	310,600	716,000
	II	400	1年6カ月	153,000	195,000	348,000	4,000	0	4,000	352,000			53,400	53,400	405,400	
南ポアタシン	I	400	1年6カ月	49,000	100,000	149,000	29,000	57,700	86,700	235,700	21,500		53,400	74,900	310,600	617,000
	II	900	1年	54,000	195,000	249,000	4,000	0	4,000	253,000			53,400	53,400	306,400	
チェメルニ・ダギ	I	400	1年6カ月	49,000	100,000	149,000	56,000	57,700	113,700	262,700	21,500		53,400	74,900	337,600	337,600
カタングリ	I	900	1年	54,600	130,000	184,000	4,000	57,700	61,700	245,700	21,500		53,400	74,900	320,600	1,715,000
	II	400	1年	49,000	100,000	149,000	56,000	57,700	113,700	262,700	21,500		53,400	74,900	337,600	
	III	400	1年	77,000	100,000	177,000	4,000	57,700	61,700	238,700	21,500		53,400	74,900	313,600	
	IV	900	1年6カ月	81,000	195,000	276,000	4,000	57,700	61,700	337,700			53,400	53,400	391,100	
	V	900	1年6カ月	42,000	195,000	237,000	4,000	57,700	61,700	298,700			53,400	53,400	352,100	
メンガ・コンギ	I	400	1年6カ月	49,000	100,000	149,000	56,000	57,700	113,700	262,700	21,500		53,400	74,900	337,600	337,600
チャクレ・ナンビ・チャムガ	I	400	1年6カ月	49,000	100,000	149,000	56,000	57,700	113,700	262,700	21,500		53,400	74,900	337,600	337,600
ヴェングリ・ポリシャヤブジ	I	400	1年6カ月	49,000	100,000	149,000	56,000	57,700	113,700	262,700	21,500		53,400	74,900	337,600	337,600
合計	25坑井	900m13坑 400m12坑		1,556,000	3,720,000	5,276,000	556,000	1,240,550	1,796,550	7,072,550	387,000	59,400	1,335,000	1,781,400	8,853,950	

出所）表7-4に同じ。

表7-6 1000平方ヴェルスタ試掘費年度別一覧表(1931年5月修正)

(単位 円)

試掘地域	面積 (平方ヴェルスタ)	試掘 坑井数	3年度 (1928年度)	4年度 (1929年度)	5年度 (1930年度)	6年度 (1931年度)	7年度 (1932年度)	8年度 (1933年度)	9年度 (1934年度)	10年度 (1935年度)	11年度 (1936年度)	合計
北オハ	50	2	232,483 6,905	279,750 153,369	215,250 270,250	35,667 34,175	— 257,151	— 41,300	— —	— —	— —	763,150 —
エハビ	100	4	— —	19,800 4,371	— —	273,083 233,825	446,483 501,170	283,917 283,917	175,850 —	35,667 —	— —	1,234,800 —
クイドゥイラニ	50	2	— —	— —	— —	— —	— —	351,533 351,533	268,100 —	201,700 —	35,667 —	857,000 —
ポロマイ	100	4	— —	395,733 235,231	583,233 693,925	370,267 381,783	215,700 253,994	35,667 35,667	— —	— —	— —	1,600,600 —
北ポアタシン	25	2	— —	— 3,808	— —	— 21,500	555,816 530,508	146,184 146,184	14,000 —	— —	— —	716,000 —
南ポアタシン	75	2	— —	— —	— —	— 41,300	— —	391,816 350,516	189,517 —	35,667 —	— —	617,000 —
チュメルニ・グギ	200	1	— —	— —	— —	— —	— —	— —	— —	306,933 —	30,667 —	337,600 —
カタングリ	100	5	245,533 170,026	325,600 273,538	593,733 594,733	312,767 474,157	201,700 166,879	35,667 35,667	— —	— —	— —	1,715,000 —
メンガ・コンギ	100	1	— —	— —	— —	— —	— —	— —	— —	306,933 —	30,667 —	337,600 —
チャクレ・ナンビ・チャムグ	100	1	— —	— —	— —	— —	— —	— —	— —	306,933 —	30,667 —	337,600 —
ヴェングリ・ポリシャヤプジ	100	1	— —	— —	— —	— —	— —	— —	— —	306,933 —	30,667 —	337,600 —
合計	1,000	25	478,016 176,931	1,020,883 670,318	1,392,216 1,558,908	991,784 1,186,740	1,419,699 1,709,701	1,244,784 1,244,784	647,467 —	1,500,766 —	158,335 —	8,853,950 —

注) 上段は会社の予算、下段は商工大臣宛実行予算。
出所) 表7-4に同じ。

ハ採掘鉱区ニ編入スルノ審議ヲナシ能ハサル旨」通告してきた[7]。試掘費用の捻出に苦慮している会社にとってこれは大問題である。会社は，地質調査を入念に行った上で試掘作業の価値があると判断した場所で1坑井を掘削し，その成績が不明な場合に限ってさらに坑井を掘削して工業的価値を確かめるという手はずで進めている。したがって，試掘区の第1坑井が顕著な出油をみ，さらに関連地質資料から工業的価値があると認めた場合に採掘鉱区に編入できるのであって，敢えて第2坑を掘削する必要はないと主張した。会社のソ連側に対する不信は，これまで北オハやカタングリでは1坑だけで採掘鉱区編入を審議していたのに，何故いまとなって基準を変えてきたのかという点にあった。鉱山監督署に抗議するも，結局譲歩せざるを得ず，十分な試掘を行って直ちに採掘に移行できるように「背斜軸ニ添ヒ2本背斜軸ヲ横切リ2本計4本ノ試掘井ヲ以テ最少限度ノ要求トナスヘシ但シ特別ノ場合地質構造並ニ試掘ノ結果カ充分ニ工業的価値ヲ実証スルトキハ試掘井ノ数ヲ右以下ニ減スル事ヲ得ヘシ」というソ連側の主張を受け入れざるを得なかった[8]。

3　試掘区域の地積変更問題

1000平方ヴェルスタの試掘区域に対しコンセッション契約第13条では960デシャチーナを1区画と定め，3対2の矩形の比率で区画することが規定されている。試掘作業は，地質調査，地形測量，鉱区測定の作業順序で行われるが，当初ソ連側は機械的にコンセッション契約の条件を適用したために，明らかに石油埋蔵量のない背斜構造以外のところを含めることになる。これを避けて任意区域を選定して試掘の権利を獲得したところを実際に測ってみると，条件に合致しない区画が生じる。図7-1に示すように，北オハ鉱床ではB，B′，B″であり，カタングリ鉱床ではヌイウォ，ウイグレクトゥイ，カタングリの3つの採掘鉱区を試掘区の領域内に含んでいるために不完全な地積が生じたのである。会社側は不完全な地積が生じるのは当然で，適当な区画を行えばよいのではないかと主張した。これに対して，ソ連側はコンセッション契約にあくまでも拘泥し，コンセッション契約による1000平

○ 完全な長方形の 960 デシャチーナ　　　　　会社鉱区
△ 不完全な長方形もしくは 960 デシャチーナに達しないもの　　トラスト鉱区

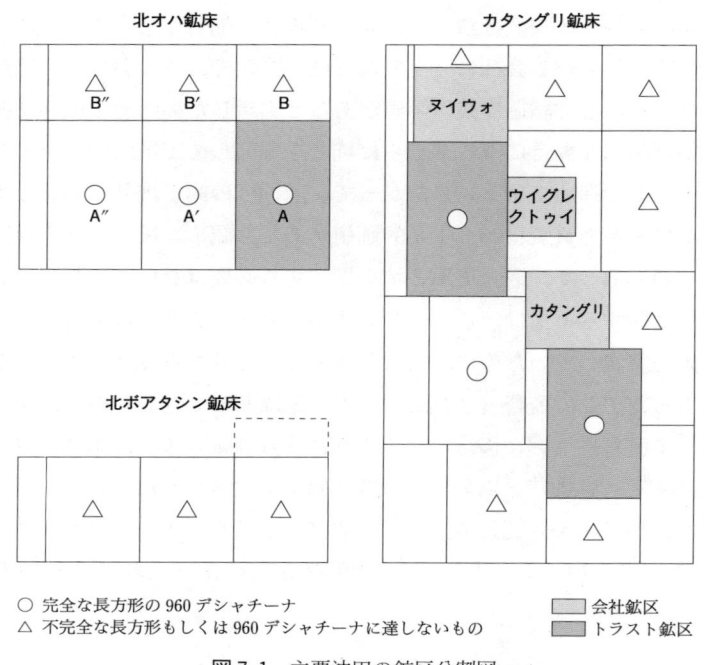

図 7-1　主要油田の鉱区分割図
出所）外務省外交史料館『帝国ノ対露利権問題関係雑件　北樺太石油会社関係』。

方ヴェルスタの交付に違反し，ソ連政府自らが契約違反を犯すことになるとして譲らなかった。会社はもはや交渉の余地がないと判断し，政府間で結んだコンセッション契約に抵触するものとして，日本政府に交渉を委ねたのである。

　北ボアタシンに関しては当初，ソ連側はコンセッション契約第13条に矛盾するとして変更を拒否した。1000平方ヴェルスタの区域の選定にあたっては12カ月間の猶予を与えた結果，追加協定第3条に示された座標により北ボアタシンを選定したのは会社側であるというのがソ連側の主張であった[9]。しかし，その後測量方法が間違っていることを重工業人民委員部が認め，修正することに同意した[10]。しかし，他の部分については変更を拒否した。

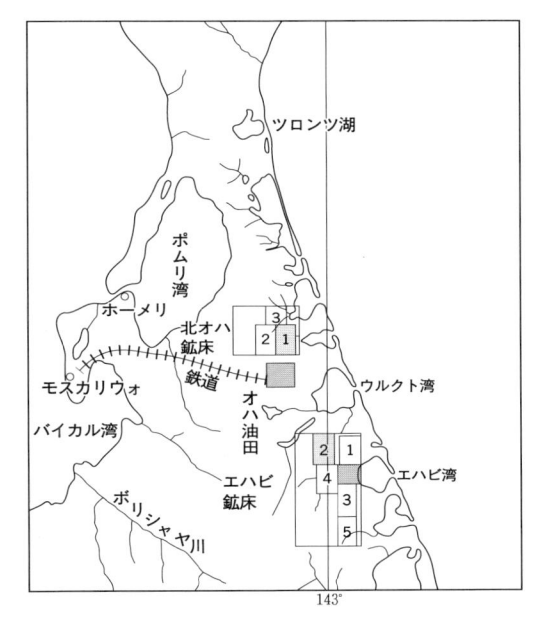

第 7 章　1000 平方ヴェルスタの試掘作業　189

図 7-2
会社によるオハ油田，北オハ鉱床，エハビ鉱床の試掘・採掘図

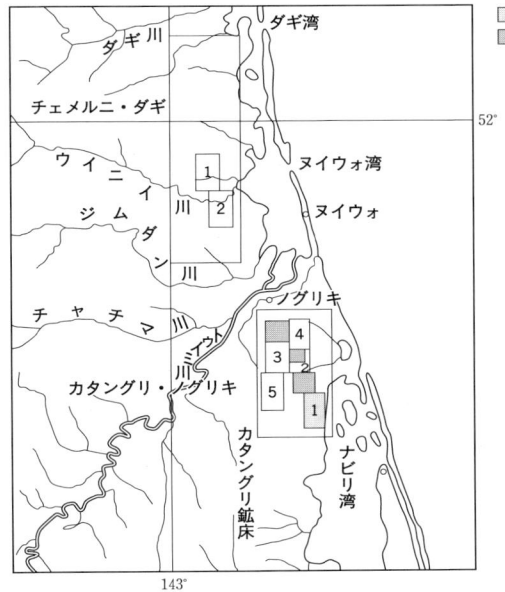

図 7-3
会社によるカタングリ鉱床の試掘・採掘図

4 試掘期間延長問題

1000平方ヴェルスタ，11カ所の試掘地域の掘削期間はコンセッション契約によって1936年12月14日までと定められている。しかしながら，試掘に関する追加協定が成立したのはコンセッション契約が効力を発してから2年経過した1927年のことであり，実際に試掘区で作業を着手したのは1928年である。つまり，11年間の試掘期間のうち3年間を無為に過ごしたわけであり，1929年秋に中里社長は訪ソして，ソ連政府に技術上・経済上の理由から短期間のうちに試掘作業を終えることはできないとして早くも試掘延長を要請しているのである[11]。

試掘契約が遅れたことが作業に影響をおよぼしたことは事実であるが，作業の遅れの何よりも大きな理由は，会社が生産活動を重視してこれに集中的に資金を振り向け，試掘作業を軽視したことにある。厳しい財政状況の下でできるだけ早く石油を採掘したい会社にとっては目先の利益の方が重要であった。

それでは会社は何故当初から期限内の試掘の不可能な1000平方ヴェルスタという広大な面積で，しかも北樺太の東海岸に沿って点在する地域を選んだのか。

日本はコンセッション契約前から北樺太の地質調査を行っており，石油の埋蔵する背斜構造の地形を知っており，これらを日本の手中におさめておきたかった。そうしなければソ連が独自に外国の企業に開発権を譲渡しかねなかったからである。1920年代における米国シンクレア社の参入の二の舞を踏みたくはなかったのであろう。したがって，取り敢えずは試掘鉱区を確保しておき，外国企業の進出を阻むことに重要な意味があったのである。できるだけ広範な地域を確保したいとする発想はコンセッション交渉当初からあり，日本政府は芳沢公使に東海岸全域の4000平方ヴェルスタを確保するように訓令したが，交渉相手のカラハンは頑としてこれを受け入れず，幾多の交渉の結果，1000平方ヴェルスタの試掘権獲得に落ち着いたという経緯がある[12]。

試掘鉱区延長交渉は会社の思惑通りには進まなかった。中里社長は1929年の訪ソでコンセッション委員会本部と延長交渉を行い，11年間の試掘期間に加えてさらに10年間の延長を求めた。しかし，ソ連側の見解は北樺太の石油採掘を最大限に進めることが国民経済を発展させる上で必要であるとして，この要請を断った。さらに説明を繰り返す社長に対してコンセッション委員会本部は「コンセッション者ノ事情ハ諒解ス既ニ利契ニ期限ヲ規定シ且ツ今後尚ホ数ヶ年ノ残余期間アルヲ以テ今ヨリ貴方ニ対シ希望ヲ容ルルコトヲ約束スルヲ得サルモ本件ハ尚ホ将来ニ残サルヘキモノナルヘシ」と答え，かろうじて問題の解決を将来に持ち越すこととなったのである[13]。

　しかしながら，まだ試掘の時間が残されているというソ連側の判断もあって交渉は遅々として進まなかった。1932年11月，中里社長は外務大臣宛に陳情書を提出し，試掘期間を少なくとも10年間延長することを政府間で交渉してくれるように要請した。1933年8月の外務，海軍，商工3省会議で，東郷欧米局長は，北京条約附属書の改訂にかかわる試掘期間延長問題を会社だけに交渉させておくのは困難なので，期間延長と試掘にともなう補助金問題を打ち合わせしたいと切り出し，協議の結果，試掘延長期間を5年間とすることが合意された[14]。

　会社が延長許可を申請した内容を要約すれば以下である[15]。

① 　北樺太の東海岸への航海および建設作業期間は毎年6〜10月であり，試掘期間は余すところ実際には19カ月しかなく，協定に定められた試掘計画を遂行できない。

② 　北樺太の試掘の困難さは石油トラスト・サハリンネフチも経験済みであり，ソ連側もよく知っている。

③ 　試掘作業のためには，港湾の整備，道路の開設，技術建造物・宿舎および基本的建物の建設等が必要であるが，現地には天然の港湾はなく，浅瀬で航行可能な時期は4カ月にすぎず，人跡未踏の陸上は森林に覆われており，準備作業には多くの時間が必要である。試掘作業も冬期は気象条件が過酷でほとんど作業できない。これまでの経験から試掘には1坑井当たり平均準備作業に315日，掘削作業に483日，計798日を要し

ている。
④　ソ連政府との協定では従来よりも深度が増加するために純稼働年数は平均2年以上必要である。試掘計画によれば毎年度の作業坑井数は11～18坑，その費用は2000万円(各年度平均所要額約300万円)を見積もっている。これ以上試掘を増やせば，採掘鉱区を縮小せざるを得ず，そのことは企業の経営を圧迫する。さらに，技術者も不足しており困難である。
⑤　試掘期間が延長されなければ本年度分の試掘助成金の交付を受けられない。
⑥　会社の資本金はほとんど全て設備建設に投下し尽くしており，試掘計画の実行のための資金を調達できない。新たな資金募集が困難なことは会社の50円払い込み株価が30円台に下落していることからも明らかである。試掘期間の延長は会社存続の基礎であり，試掘期限の延長年限により助成金の交付が決まることが緊要になる。

試掘期間延長交渉は，1936年6月，左近司社長がモスクワを訪問し，ソ連の関係当局と交渉に入り，試掘期限延長問題に関しては2年間延長に成功したが，なお5年間延長に交渉の余地を残した。引き続き重工業人民委員代理ルヒーモヴィチとの7～9月の難交渉を乗り切り，試掘期間の5年間延長を獲得した。しかしながら，会社が譲歩せざるを得なかった代償は大きく，経営をさらに圧迫させることとなった[16]。試掘期間の延長は「利権契約追加協定」として，同年10月10日に締結された。この追加協定の有効期間は1936年12月14日より1941年12月14日までの5年間である。延長の代わりに会社が譲歩した点は，常勤労働者および職員の家族に対して無料で宿舎を提供することにあった。財政的負担増に加えて，労働協約による条件を正当な権利として要求するソ連市民を，なるべくこれ以上増やしたくないという会社の方針に逆行することになったのである。

5　試掘鉱区への補助金問題

広範な試掘区域を短期間に掘削することは技術的にも経済的にも不可能で

あることが明らかになり，会社は1929年6月に早くも従来の掘削計画を大幅に縮小せざるを得なくなった。試掘計画の修正案によると，試掘坑井を1928年度から1933年度までの6年間に34坑，1934年度から1936年度までの3年間に39坑，合計73坑を試掘する計画であった[17]。これを全部で25坑の試掘にとどめ，第1期の1928年度から1934年度の7年間(但し28年度および29年度は計画済み)に北オハ，ポロマイおよびカタングリに集中的に合計11坑を試掘し，この時期の後半にエハビ，南北ボアタシンおよびクイドゥイラニに10坑を掘削する。第2期の1935～36年度には比較的望みの薄いダギおよび南方3地域に対して各1坑ずつ，合計4坑を掘削する計画であった。掘削深度にも変更が加えられ，以前の計画では34坑すべてを900mまで掘削することになっていたが，修正計画では深度400mを12坑，深度900mを13坑に改められた。

　試掘坑井数の削減と掘削深度の変更によって，試掘経費を軽減させることが最大の目的であり，これらによって総経費を1940余万円減少させることが可能になったとしている。

　会社の財政は極めて逼迫しており，民間からの資金調達は，増資によって一般事業に充当させるのに手一杯であり，結局のところ政府資金による助成金に頼るしかなかった。

　試掘事業に対する助成金は，1932年度10万円，1933年度28万4000円，1934年度121万6000円，1935年度120万円(交付手続き金額)の4年間に合計280万円となっている[18]。1937年6月22日の臨時株主総会では，政府が元利支払いを保証する社債500万円(利率：年4分5厘以内，償還期限：15年以内)を発行することとなった。臨時株主総会における左近司社長の説明によれば，1936年度(1937年3月)までに試掘作業に投下した資本金額は1336万3000円余であり，政府からの試掘助成金は379万5000円余(投資額の28.4%)であった[19]。今後，5年間に必要となる試掘資金は1937年度以降総額約2318万9000円であり，このうち約半分の1284万7000円を政府助成金で賄い，残額のうち500万円を社債発行で補うというのである。この500万円の半分は大蔵，商工，海軍3省の支援で日本興業銀行を通じて引き受け

ることが内諾されている。

つまり，試掘期限延長にともなう試掘計画を実現させるために日本政府が積極的に支援する姿勢を打ち出したわけであり，燃料確保という大義名分の下に政府資金が振り向けられたのである。

6 試掘延長期間(1937〜41年)における試掘状況

試掘期間延長によって5年間に35坑を試掘する義務が課せられた[20]。その内訳は以下の通りである。

① 1937年中に掘削移行を完了させる……5坑
② 一時休止から再開して，完了させる……2坑
③ 試掘第1期に協定による掘削を開始し，完了させる……20坑
④ 新たに小規模試掘区で計画された掘削を開始し，完了させる……8坑

これらの試掘以外に，会社は可能であれば，チェメルニ・ダギ，チャクレ・ナンピ・チャムグ，ヴェングリ・ボリシャヤフジ，カタングリ第Ⅲ試掘区3号井(3/Ⅲ)において地質調査を行い，試掘井を設置する希望をもっていた。このような会社の積極姿勢の背景には，1935〜36年に入って試掘作業が順調に進展したことや試掘に対する政府助成金の目処がついたこと，さらには採掘量増加には試掘区の採掘鉱区編入が急がれたことなどが指摘できよう。しかし，このような積極的な会社の試掘策にソ連は疑問を抱いていたのである。

これら35坑の総掘削量は2万6000m(平均1坑当たり約750m)を予定されているが，1936年の掘削経験から粘土質の地質条件の掘削には掘削機1基当たり月約50mしか掘削できない[21]。2万6000mを掘削するには520カ月必要であり，月に9〜10基の掘削機を常時投入することになる。このような計算に基づけばこの掘削作業量は1936年の倍であり，資金的に制約がある状況では到底実現できそうにない課題であった。採掘困難な苛酷な自然条件の下での試掘作業は困難が予想されたが，会社は国の資金を仰いでいる以上，試掘重視の方針をとらざるを得なかった。そして，1937年度の計画では野心的な試掘計画を株主総会に提示したのである。しかしながら，運命

は会社に味方しなかった。1936年の日独防共協定が現場に大打撃を与えることになるのである。

1937年度の継続作業として,
① 北オハ　第II試掘区 No.1坑
② エハビ　第III試掘区 No.1坑, No.2坑および第IV試掘区 No.1坑
③ クイドゥイラニ　第I試掘区 No.1坑および No.2坑
④ ポロマイ　第I試掘区 No.2坑, 第II試掘区 No.1坑
⑤ 北ボアタシン　第I試掘区 No.2坑
⑥ カタングリ　第IV試掘区 No.1坑および第V試掘区 No.2坑
⑦ コンギ　第I試掘区 No.1坑および第II試掘区 No.1坑

上記13坑に加えて掘削未着手のうち5坑を1937年度開坑の予定。

1937年度の新規着手作業としては,
① 北オハ　第III試掘区 No.1坑
② エハビ　第IV試掘区 No.2坑および第V試掘区 No.1坑
③ クイドゥイラニ　第II試掘区 No.1坑
④ ポロマイ　第III試掘区 No.1坑(追掘)および No.2坑
⑤ 南ボアタシン　第I試掘区 No.2坑
⑥ ダギ　第I試掘区 No.1坑
⑦ カタングリ　第II試掘区 No.1坑および第III試掘区 No.3坑

上記計10坑となっている。

これらの試掘計画も, ソ連の日独防共協定に対する対抗措置が東の果てのサハリンにもおよぶようになり, 現場はソ連の圧迫に苦悩し, 試掘事業はもちろんのこと採掘事業自体も大幅に縮小せざるを得なくなる。

試掘期限が延長になった初年度の1937年度には, 早くもポロマイ, クイドゥイラニ, チャイウォ, コンギの各支所が閉鎖され, 翌々年の1939年度にはエハビ, カタングリ両支所の閉鎖を余儀なくされ, かろうじて採掘が維持されたのはオハ鉱区のみであった。1937年以降ソ連は中央の方針として会社を圧迫する方針をとり, 計画の不認可, 必要な労働力の不提供, 物資輸入制限, 船舶の支所寄港不認可あるいは許可の引き延ばし, 試掘用地画定拒

否，労働者の送り込み制限など規則を厳格に運用することによって，事実上試掘作業を停止させる圧力を加えていった。このような環境にもかかわらず，阪本外務省欧亜局長宛荒城北樺太石油株式会社社長の書簡は試掘期限の再延長を求めており，何故再延長が必要かの説明としての添付書類にソ連側の圧迫が縷々述べられた。

　ソ連側の圧迫によって，現場の作業が全く機能し得なくなったといっても過言ではない。結局，1936年に試掘期限を5年間延長させたものの，実質的にはほとんど進まず，会社は再び日本政府に再延長交渉を依頼することによって窮状を打開しようとしたのである。そこには石油を確保するのが国家的責務であるとする大義名分があった。しかし，ソ連は再延長を認めなかった。再延長交渉をソ連が認めるはずがないことは会社自身がよく知っていたのではないだろうか。1936年にコンセッション契約追加協定を結んだときに，附属文書として「追加協定第一条記載ノ期限ハ最終的性質ヲ有スルモノニシテ今後如何ナル試掘作業ノ延期モ有リ得サルモノナルコトヲ諒承スルモノナリ」とソ連側に約束させられているのである[22]。これでは日本政府がどのように交渉しても，ソ連側の頑強な原則主義の壁を破ることはできなかった。もはやソ連には再延長を認める利益を見出せなかったのである。

1) РГАЭ, ф. 7297, оп. 38, д. 26, лл. 181-189.「コンセッション契約調印日から10年間」。
2) 「カタングリ試掘第一区域ニ関スル件」外務省外交史料館『帝国ノ対露利権問題関係雑件　北樺太石油会社関係』1931年5〜8月。
3) 「カタングリ及ポロマイ試掘坑況報告」，注2)に同じ，1930年1〜6月。
4) 「北オハ試掘第一区域採掘鉱区編入ニ関スル件」，注2)に同じ，1931年1〜4月。
5) 「試掘坑井数ニ関スル件」，注2)に同じ，1931年5〜8月。
6) 「陳情書説明」，注2)に同じ，1932年。
7) 注5)に同じ。
8) 「六層井将来並ニ試掘作業問題ノ件」，注2)に同じ，1931年5〜8月。
9) 「昭和五年六月十九日付けコンセッション本部の書簡」，注2)に同じ，1930年1〜6月。
10) РГАЭ, ф. 7297, оп. 38, д. 78, лл. 159-160.
11) 注6)に同じ。

12)「露国側鉱区ヲ我ニ利用スル方案ニ就テ」, 注2)に同じ, 1928年1〜12月。
13) 注6)に同じ。
14)「北樺太石油コンセッション試掘期間延長問題等ニ関スル外務, 海軍, 商工三省会議経過概要」, 注2)に同じ, 1933年3〜12月。
15)「試掘追加協定ノ件」, 注2)に同じ, 1936年1〜12月。
16) 本交渉でソ連側の強硬姿勢を切り崩せなかった最大の問題は, 会社によるソ連人労働者の雇用比率削減要求であった。コンセッション契約で雇用比率はソ連人75%, 日本人25%と決められており, この比率はコンセッション契約を通じて常に問題となった。会社は経営的な立場から扱いやすい日本人の雇用を優先させたかったのである。この他, 本交渉で扱われた問題は, 試掘区の変更, 物資輸入手続き, 労働規律, ソ連産石油購入, ソ連通貨であった。試掘区の変更については, コンセッション契約で規定されていた単位面積をもっていない北オハ第III試掘区, エハビ第V試掘区, クイドゥイラニ第II試掘区, カタングリ第II試掘区の4カ所の試掘区を新たに設定し, 1941年までの試掘区として認めることとなった。
17)「北樺太千平方露里試掘地域試掘計画修正案提出ノ件」, 注2)に同じ, 1929年1〜12月。
18)「北樺太石油利権試掘期限延長急速許可方ニ関スル件」, 注2)に同じ, 1935年1〜12月。
19)「臨時株主総会ニ於ケル社債(五百万円)発行議案ニ対スル提出理由説明」, 注2)に同じ, 1937年1〜12月。
20) РГАЭ, ф. 7297, оп. 38, д. 26, л. 219.
21) РГАЭ, ф. 7297, оп. 38, д. 26, л. 220.
22) 注15)に同じ。

第8章　北樺太石油会社の雇用・労働問題

第1節　雇用形態

　会社(北樺太石油株式会社)にとって内外からの労働者の雇用が円滑に進むか否かは、石油を増産させる上で極めて重要な問題であった。コンセッション契約ではソ連市民と外国人の雇用比率が定められ、ソ連政府は会社に必要な労働力の大半をソ連領内で調達することを求めた。その募集方法は細かく規定された。雇用比率のみならず毎年の春、秋の募集人数がヨーロッパ部と極東の地域別、かつ高資格労働者と中・低資格労働者別に区分され、さらに職種別に定められた。1930年代後半になると一層厳格になり、鉱区別募集人数が追加された。1920年代後半から30年代にかけてソ連の工業が成長し始め、労働力を吸収する過程であったことや社会主義システム特有の組織的・制度的複雑さに阻まれて、会社に必要な労働者の確保は困難を極めた。会社もソ連市民の採用にあたって厳正な審査を行ったから、毎年膨大な不採用者を出し、2国間の紛糾の種となった。会社の活動は雇用面だけをみても順調に進まなかった。

1　契約に定められた雇用形態

　コンセッション契約第31条は、探鉱・採掘に必要な労働力の雇用にあたって、会社に以下の権利を認めている[1]。

a）外国人の管理・技術要員および高資格労働者を50％まで雇用すること。注）上記制限は所長，鉱場長および鉱場各部長には適用されない[2]。

　b）外国人の中・低資格労働者ならびに雑役夫を総数の25％まで雇用すること。

　このような外国人雇用比率の取り決めは，1925年の日ソ基本条約に基づく北樺太石油コンセッションの契約で初めて設定されたものであった[3]。以後，日本とのコンセッションでは，1927年締結のオホーツク砂金金鉱コンセッションに対して，試掘および採掘の最初の2年間，職種別にそれぞれ25％までの外国人雇用の権利を認め，採掘3年目からはこの比率を15％まで下げることが定められた（契約第25条）[4]。同じく1927年契約の沿海州森林コンセッションに対しては，外国人職員を35％まで，外国人労働者を職種別にそれぞれ25％まで採用することが認められた（契約第59条）[5]。これらの措置は，極東における深刻な労働力不足緩和と極東への植民化政策に刺激を与えることを狙った結果であり，明らかに1925年の日ソ基本条約に基づく北樺太石油会社および北樺太鉱業会社の雇用条件が前提となっている[6]。このように政府間協定によるコンセッション事業の例外措置として，ソ連側の雇用責任と会社に配慮した外国人雇用の比率が認められたが，雇用問題はコンセッション誕生後から常に日ソ間の紛争の種になった。日本の保障占領地を取り戻したソ連としては北樺太の地になるべく日本人を入れたくはなかったが，サハリン島内に試掘・採掘に必要な労働力が存在しない状況では日本人雇用を認めざるを得なかった。このことは，コンセッション契約第31条に，「a項およびb項に示された外国人労働者および職員の割合は徐々に引き下げられるものとし，3年毎に見直しがなされる」ことがうたわれていることからも，労働力不足を外国人労働力で補うことは現状ではやむを得ないことであり，いずれは外国人労働力の採用を制限したいとするソ連側の意図が読みとれるのである（巻末資料参照）。

　コンセッション契約に盛り込まれたソ連市民・外国人の雇用比率が守られるかどうかの問題に劣らずその後大きな争点となったのは，ソ連領内で労働力を確保できなかった場合の例外条項である。コンセッション契約第31条

には「ウラジオストク市の労働部がコンセッション会社の要求に応じてソ連市民あるいはソ連領内に居住する外国人のなかから所要の労働者数を提供できない場合，コンセッション会社は自らの裁量で不足する数の外国人労働者および職員を採用する権利を有する」ことがうたわれている[7]。この条項によって，ソ連市民の労働の質に不満をもっていた会社に日本人の採用を優先させる根拠を与えることになり，後に述べるように，会社が意図的に雇用比率を達成できないように仕向けるようになり，そのことがソ連の反発を招くことになったのである。

2　労働力の採用手続き

　コンセッション設立当初から労働者の募集に責任を負ったのはソ連労働人民委員部であった。1933年6月にこの組織が廃止された[8]ことから，どの組織が会社の労働力確保の問題に責任をもつかをめぐってソ連人民委員会議，ソ連重工業人民委員部[9]およびソ連コンセッション委員会本部の間で紛糾した。事態を憂慮した石油工業労働組合中央評議会(以下，石油労働組合)は，ロシア人民委員会議附属労働力募集規制委員会(以下，労働力募集規制委員会)が会社の労働力確保問題に従事するのが最善の方法である，と提案した[10]。ロシアゴスプラン副議長および労働力募集規制委員会委員長を議長とする会議に外務人民委員部，重工業人民委員部および石油労働組合の代表が加わり，協議した結果，ソ連重工業人民委員部の労働部に会社の雇用を委ねるという結論に達した。その理由として，①現下のソ連に遊休労働力がない以上重工業人民委員部傘下の企業から労働力を調達しなければならず，それができるのは重工業人民委員部である，②ソ連市民と外国人との雇用比率を保ちながら，職種別に雇用された労働力が正しく利用され，根拠のない解雇が起きないように監督できるのは鉱山監督業務をもつ重工業人民委員部しかない，③重工業人民委員部であればウラジオストクに組織された労働者の選抜委員会に代表を確保できる，④契約に定められた雇用比率を遵守することは重要な任務であり，重工業人民委員部であれば監督できる，以上のことが挙げられた[11]。

これに対して，コンセッション委員会本部は，労働力募集規制委員会に募集業務を引き渡し，重工業人民委員部はコンセッション委員会本部を通じて参加するという案と，重工業人民委員部に業務を引き渡し，労働力募集規制委員会はロシア人民委員会議を通じて参加する案との2案を検討した結果，前者が適当であるという結論を下した[12]。その際，労働力募集規制委員会の配分にしたがって重工業人民委員部が高資格労働者を提供する義務を有することが条件とされた。重工業人民委員部に高資格労働者の調達義務を課した背景には，高資格労働者の調達は主として産油地域のバクーで行われるが，労働力募集規制委員会はロシアの組織であり，アゼルバイジャンには影響力がおよばないという事情があったからである。コンセッション委員会本部は，ロシア人民委員会議がかねてから日本とコンセッション契約の関係をもっており，あまり逸脱していないので会社が受け入れやすいとみていた。しかしながら，ロシア人民委員会議は，コンセッション委員会本部の決定は労働力募集規制委員会と重工業人民委員部の会社への労働力供給責任をあいまいにするものであり，正当ではないとして反発した。したがって重工業人民委員部が募集責任を負う唯一の機関であるべきであるとしている[13]。労働力募集規制委員会は労働力の募集に例外的に従事しているのであり，要員も5名しかいないし，この委員会は募集業務に直接参加できない，また募集地には必要な要員もいない，とこの業務から逃れたい姿勢を露骨にみせたのであった。

　このようなお互いにコンセッション企業への労働力調達のやっかいな仕事を何とか逃れたいとする議論の末，ソ連人民委員会議は，会社のための労働力募集を労働力募集規制委員会に委任し，重工業人民委員部も高資格労働者の必要量を提供することを義務づけたのであった[14]。

　労働力の募集を直接行うのは労働力募集規制委員会であり，ヨーロッパ部での労働力を供給するのは重工業人民委員部，極東のそれは極東地方執行委員会（クライイスポルコム）であった。

　重工業人民委員部の仕事は，実際にはグラフク（管理総局）毎に指令を出すことだけであり，この指令は関連トラストに下達された[15]。しかし，極東

の行政と経済計画を担当するクライスポルコムは労働力の募集問題に関心を払わなかった。クライスポルコム附属の労働力募集規制委員会は組織されなかったために，実質的にはクライプラン Крайплан が募集業務に携わった[16]。

1935年秋のソ連人民委員会議の決定で募集業務は，従来の労働力募集規制委員会からソ連重工業人民委員部に移管された。その結果，会社の労働力申請書に基づいて，ハバロフスクにある重工業人民委員部極東全権と会社が協議し，ヨーロッパ部と極東に業種別に募集人数が配分され，下達された。募集地から引き渡し地のウラジオストクまでの費用はソ連側の負担である。

採用後ウラジオストクから会社の現場までの労働者・職員の往復輸送は会社によって行われ，その際のあらゆる経費は会社の勘定になる。会社はウラジオストクから輸送される雇用労働者・職員に対し，乗船までの7日前からの賃金を支払う義務が発生した[17]。

3　労働者の採用

毎年，会社から提出される労働力の業種別申請者数は，会社と募集担当組織とで協議され，募集割当が企業別に配分され，募集される。会社が事業の全期間(1925～44年)を通じてどの程度の労働力を申請して，ソ連市民がどの程度応募したのかの時系列的データを入手できていない。ここに，統計の明らかな1931～35年の時期と1936～43年のそれを比べてみよう(表8-1お

表8-1　会社におけるソ連市民の採用状況(1931～35年)　(単位　人)

	申請者数	応募者数	うち，不採用者数	採用者数	常勤労働者数	季節労働者数
1931	1,000	989	401	588	83	505
1932	1,269	1,107	493	612	159	455
1933	1,018	1,089	483	606	128	478
1934	1,812	1,439	396	1,043	177	866
1935	1,400	1,405	473	932	232	700
計	6,499	6,029	2,246	3,781	779	3,004

出所) РГАЭ, ф. 7297, оп. 38, д. 299, л. 21.

表 8-2 会社におけるソ連市民(労働者)の採用状況
(1936～43年)

(単位 人)

	申請者数	ソ連承認数
1936	1,785	1,247
1937	2,782	2,235
1938	1,971	900
1939	2,050	164
1940	2,228	187
1941	1,469	207
1942	1,496	0
1943	1,496	0

出所) 城戸崎益隆ほか編『北樺太に石油を求めて』白樺会, 1983年, 95頁。

よび表8-2)。2つの時期の表は出所を異にするが, 1936年の試験による選抜審査の廃止を契機として, 会社のイニシアティブが崩れ, とくに1939年以降ソ連市民の雇用がほとんど不可能になったことがはっきりわかる。

1931～35年の5年間に会社は合計6499名をソ連当局に申請した。これに対して, 応募してきたのは6029名であり, 470名の欠員が生じた。この欠員は1934年に顕著にみられ, 同年だけで373名にのぼった。この原因としては1933年の労働人民委員部の廃止にともなって, どの組織が会社の労働力調達に責任をもつかが定まらず, 1934年の募集に影響を与えたと考えることができる[18]。ウラジオストクで急遽, 質の悪い労働者が季節労働者としてかき集められた。このなかには12名の再犯者が含まれていた[19]。彼らはサハリンで取り上げられたパスポートを大陸で再び入手し, サハリンに入ろうとしたのである。この他, ソ連にとっては好ましくない反ソヴィエト的考えの持ち主, 階級的異分子, 会社への内通者, フーリガン, 窃盗など121名が含まれていた。

この時期に起きた重要な問題は, ソ連当局が苦労して労働力を集めたにもかかわらず, あまりにも不採用者数が多かったことである。何故, この時期, 毎年400～500名もの不採用者が出たのか。会社がソ連市民の採用をなるべく抑え込もうとして意図的に空募集申請を行い, さらには採用審査を厳しく

したからである。

　当時の会社の従業員の回顧によれば，「先方の当該機関立会の上実際備入を行なう際は先方提供の労働者の能率に充分な期待をかけ難いので前記供給不能代用邦人数を成るべく多く獲得するためにも審査選衡試験を厳正に行なった」のである[20]。会社は努めてソ連の高資格労働者の採用を控えようとした。その代わりにコンセッション契約第31条のソ連領内で労働力を確保できなかった場合の例外条項を利用したのである。当時の日本は経済不況に陥っており，石油関連産業は不振を極めていたから，日本人労働力の確保はそれほど困難な問題ではなかった[21]。

　労働者選抜委員会には通常会社から2名が派遣され，1934年にはクライスポルコムから同数の代表者が立ち会って，選抜試験が実施された。クライスポルコムは最初からソ連で雇用できないような業種を会社から申請されていても，それほど関心を示さなかった[22]。通常であれば，会社から提出された労働力の申請書の記載内容を事前協議する。しかし，クライスポルコムはソ連の石油工業の労働力事情に通じていなかったために会社から提出された申請書類を鵜呑みにするだけで，内容的にチェックする機能が十分に働かなかった。その結果，会社側の意図を見抜けず，ソ連ではおよそ調達不可能な職種の申請を受理した結果，募集に応えられなかったのである。たとえば，1934年の春と秋の募集では会社から1948名の申請があった（表8-3）。このなかにはソ連では明らかに調達不可能なトラスコン工80名，通訳100名，舟大工200名，鉱手（掘削労働者）245名が含まれていたのである[23]。

　春の募集の協議の段階でクライスポルコムが募集からはずしたのはトラスコン工80名，通訳52名，潜水夫4名の合計136名だけであった。ソ連における石油工業の労働力事情を把握しておれば，会社の空募集申請を厳しくチェックできたはずである。

　この結果，1934年の募集数は春の1491名（上記，136名を除いた部分），秋の321名の合計1812名となった。モスクワ，バクー，グロズヌイおよび極東で募集され，募集に応じてウラジオストクに送り込まれたのは1352名

表 8-3　会社によるソ連市民の

職　種	会社の申請者数			募集 モスクワ				募集 バクー				募集 グロズヌイ			
	春	秋	計	応募者数	実績			応募者数	実績			応募者数	実績		
					春	秋	計		春	秋	計		春	秋	計
建設技師	10	―	10	10	9		9	―			―	―			―
現場監督	4	4	8	7	1	4	5								
パイプライン工	28	15	43	28	25	3	28	9		9	9	6		6	6
火　夫	25	32	57	45	16	12	28	8		8	8	4		4	4
倉庫番	22	20	42	42	7		7					1		1	1
機械工	3		3	1	1		1								
製樋工	11		11	11	12		12								
内燃発動機の機械技手	12	14	26	26	10		10	4		4	4	3		3	3
電話線架設夫	50		50	10	9		9								
大　工	9		9	6	9		6								
指物師	2		2	2	2		2								
消防夫	2	10	12	2	2		2	6		5	5	4		4	4
パン焼夫	14		14	7	4		4								
汽罐製造工	19		19	10	8		8								
鉱　手	105	140	245	2	2		2	142	5	53	58	106	47	59	106
電気技手	36		36	20	7		7								
掘削人夫	41		41					30	24		24	11	11		11
ポンプ番長	11		11					6	6		6	5	5		5
通　訳	55	45	100	3											
木材浮送人	1		1									1	1		1
櫓大工	14		14					6	6		6	8	8		8
事務員	4	5	9	5		3	3								
売り子	8		8												
出勤簿係	11	8	19	2	1		1	4		1	1	4		1	1
トラクター運転手	4	6	10	6		4	4								
造船工	3	5	8												
左　官	1		1												
屋根葺き職人	2		2												
土　方	315		315												
雑役夫	275		275												
暖炉工	4		4												
馬　丁	30		30												
軌道夫	78		78												
消防隊長	1		1												
信号手	8		8												
舟大工	200		200												
運搬夫	75		75												
木こり	43		43												
製材番長	5	6	11												
機械工	2		2												
計算方		2	2	2		2	2								
鍛造工		4	4	4		3	3								
旋盤工		3	3	3		4	4								
消防副隊長		2	2	2											
トラスコン工	80		80												
潜水夫	4		4												
合　計	1,627	321	1,948	257	122	32	154	211	41	80	121	154	72	78	150

注）合計と細目の積算とが一致しない部分があるが、ここでは他と整合性を保つために原文をその
出所）РГАЭ, ф. 7297, оп. 38, д. 156, л. 45.

職種別・地域別雇用(1934年)　　　　　　　　　　　　　　　　　　　　　　　　　　(単位　人)

職　種	応募者数	募集極東実績 春	募集極東実績 秋	募集極東実績 計	募集実績計 春	募集実績計 秋	募集実績計 計	採用数 春	採用数 秋	採用数 計	不採用数 春	不採用数 秋	不採用数 計
建設技師	1	1	―	1	10	―	10	5	―	5	5	―	5
現場監督	1	1		1	2	4	6	2		2	2	4	6
パイプライン工	1	1		1	26	15	41	15	15	30	13		13
火　夫					16	24	40	20	16	36	5	16	21
倉庫番					7	1	8	2		2	20	20	40
機械工	3	3		3	4		4	2		2	1		1
製樋工	1	1		1	13		13	9		9	2		2
内燃発動機の機械技手					10	7	17	5	5	10	7	9	16
電話線架設夫	40	23		23	32		32	28		28	22		22
大　工	3	2		2	8		8	8		8	1		1
指物師					2		2	2		2			
消防夫					2	7	9	2	7	9		3	3
パン焼夫	9	8		8	12		12	10		10	4		4
汽罐製造工	9	1		1	9		9	8		8	11		11
鉱　手					54	112	163	27	27	54	78	113	181
電気技手	16	38		38	45		45	15		15	21		21
掘削人夫					35		35	28		28	13		13
ポンプ番長					11		11	8		8	3		3
通　訳											3	45	48
木材浮送人		1		1	2		2	1		1			
櫓大工					14		14	9		9	5		5
事務員	4	2		2	2	3	5	2	1	3	2	1	3
売り子	8	8		8	8		8	6		6	2		2
出勤簿係	11	8	2	10	6	4	10	6	4	10	5	4	9
トラクター運転手	4	4		4	4		4	4		4		2	2
造船工	8		5	5		5	5		5	5	3		3
左　官	1	1		1	1		1	1		1			
屋根葺き職人	2	3		3	3		3	2		2			
土　方	315	280		280	280		280	254		254	61		61
雑役夫	275	278		278	278		278	265		265	10		10
暖炉工	4	2		2	2		2	2		2	2		2
馬　丁	30	30		30	30		30	30		30			
軌道夫	78	51		51	51		51	48		48	30		30
消防隊長	1										1		1
信号手	8										8		8
舟大工	200	47		47	47		47	40		40	160		160
運搬夫	75	75		75	75		75	74		74	1		1
木こり	43	41		41	41		41	37		37	6		6
製材番長	11	1		3	1	2	3	1	1	2	4	5	9
機槌工	2	2		2	2		2	2		2			
計算方					2		2	2		2			
鍛造工						3	3		3	3		1	1
旋盤工						4	4		3	3			
消防副隊長												2	2
トラスコン工													
潜水夫													
合　計	1,190	911	7	918	1,147	195	1,352	980	96	1,076	511	225	736

まま採用する。

であった(申請者数の74.6%)。ウラジオストクでの審査の結果，採用されたのは1076名であったが，春の採用者980名のうち33名は何らかの理由で日本船に乗船しなかった。したがって1934年の採用は1043名になった。募集数に比べて欠員が目立った業種は舟大工160名，通訳48名，鉱手181名などであり，ソ連では存在しない業種か極端に労働力が不足している業種である。つまり，会社はあらかじめソ連では調達できないことを承知の上で募集申請をしているといえるのである。

　会社はまた厳正な試験を採用することでソ連市民の採用を控えようとした。それらは技術的な知識を要求する口頭試問であったり，応募した業種に最近までの3年間連続して勤務していることを条件づけたり，強靱な体格と健康を求めたりするものであった[24]。ところが，年々不採用数が増え，募集のたびに業務が増え，経済的な負担が大きくなるとソ連関係当局は無関心ではいられなくなった。ソ連の外務人民委員部，重工業人民委員部およびコンセッション委員会本部は，1936年3月，労働力募集問題についての決議で，技術的知識を調べる口頭試問はコンセッション契約に定められていないし，労働協約にも矛盾するということを確認している[25]。

　厳しい選抜審査にともなう経済的な負担が紛糾をもたらした。中央からの高資格労働者の選抜試験はウラジオストクで行われており，1933年の募集にあたっては重工業人民委員部極東地方労働部の委任を受けて沿海地方労働部が募集作業を担当した。ソ連の機関は不採用労働者に対して中央からの旅費および赴任手当として1名当たり150ルーブリを支払う義務があった。会社は中央からの応募者のうち春の募集では218名，秋の募集では99名，合計317名を不採用にした[26]。これによって生じた労働者に対して支払われる費用は2万3775ルーブリであり，重工業人民委員部およびその傘下の極東地方労働部が50%，沿海地方労働部が50%負担することになっていた。さらに，収容施設支払い，組織維持費など前者の負担分9874.43ルーブリを加えると債務額は3万3649.43ルーブリに達した。しかし，請求書が送られたにもかかわらず，重工業人民委員部はこれに応えなかった。その結果どのようなことが起きたか。不採用になった労働者が支払いを求めて沿海地方労

働部に連日押し掛けたのである。

　この事態の意味するところは，会社によるウラジオストクでの選抜試験が，根拠なく厳しすぎて不採用者が多いのではないかという疑念をソ連側に抱かせたことと，不採用者が多ければそれだけソ連の担当機関の経済的負担が重くなるということである。

　ロシア労働人民委員部は採用率を高めるために，会社の申請書のなかに実態のない資格が含まれていないかどうか，具体的な業種が適切に申請されているかをチェックし，審査委員会に石油関連の専門家を招く必要があり，電報による迅速な連絡体制をとって時間のロスを少なくし，季節労働者を常勤労働者として残るようにすることなどを極東地方労働部に指示したが[27]，改善はみられなかった。

　1933年12月26日付ソ連人民委員会議の「石油コンセッション「北樺太石油会社」のための労働力募集について」の決議は，1934年の春の労働力募集から労働力の選抜場所をウラジオストクからモスクワに変更することを会社に伝えるように重工業人民委員部に提案している[28]。

　1936年になるとソ連は，会社による採用試験はコンセッション契約に違反しているとしてこの制度を廃止した[29]。さらに長年，会社との間に起きていた労働力問題についての基本的な不一致が，1936年10月の追加協定の調印という形で決着をみた[30]。それによって，コンセッション企業の労働力の供給・雇い入れをウラジオストクのみならずオハでも実施しなくてはならなくなった。その場合，どんな試験も行わず，書類審査とし，季節労働者・職員を常勤に切り替える方法で，労働者自身の希望によって長期間の常勤のままにし，ソ連の労働者・職員を専門業種にしたがって利用し，もちろん労働者にも家族にもそれぞれのノルマにしたがって無料で住宅を提供するという内容である。これらは会社にとっては決定的な打撃となった。

　会社側の資料によれば(表8-2)，1936年からは会社の申請に対し，ソ連当局が承認するという形をとっており，ソ連側承認数は1936年には1247名，1937年には2235名と1930年代前半の雇用水準を維持できたものの，1938年になるとわずか900名まで劇的に減少し，1942年にはついにゼロとなっ

た。1938年のこのような急激な減少は，ソ連国内における労働環境の極度の悪化と1936年11月の日独防共協定を境に急激に悪化した日ソ関係を反映したものである。

4 雇用比率の遵守

　会社はコンセッション契約第31条に規定されたソ連市民と外国人の高資格労働者および中・低資格労働者別雇用比率を，どのような時期にも一度たりとも守ることができなかった。雇用比率の実績を示したのが表8-4である。この表からだけでは各年のいつの時点の比率であるのかが明らかではない。月によって変動が大きいはずである。しかし，ここで明らかにしたいことは第31条が遵守されているかどうかである。全般的な傾向としては会社が始動し始めた頃は比較的約束の比率に近い水準にあったが，1928年以降この比率は悪化し続け，ソ連側の警告にもかかわらず改善されていない。1938年からコンセッション終焉の1944年までの期間は会社への新規労働力供給そのものが厳しくなり，1939年からはほとんど供給されなくなり，第31条はほとんど意味をもち得なくなってしまった。

表8-4　ソ連市民・外国人の雇用比率(1926〜37年)
(単位　％)

	高資格グループ		中・低資格グループ	
	ソ連市民	外国人	ソ連市民	外国人
1926	42	58	86	14
1927	47	53	74	26
1928	26	74	40	60
1929	18	82	49	51
1930	10	90	24	76
1931	22	78	48	52
1932	24	76	56	44
1933	27	73	62	38
1934	24	76	58	42
1935	27	73	62	38
1937	27	73	62	38

出所) 1926〜27年はРГАЭ, ф. 3429, оп. 15, д. 52, л. 46.　1928〜35年は同, ф. 7297, оп. 38, д. 230, л. 54.　1937年は同, ф. 7297, оп. 38, д. 79, л. 26.

ソ連側の執拗な第 31 条違反の非難に対して，会社は第 31 条緩和を目指して条件変更の試みを行った。そのひとつは，コンセッション委員会本部に対して第 31 条の中・低資格労働者の外国人雇用比率を高資格労働者と同等の 50％ としてくれるように要請したことである。しかし，ソ連の関係省庁間合同会議は，「この要求はコンセッション契約第 31 条に直接矛盾する内容であり，満足させられるはずがない」と突っぱね，それどころかソ連市民の中・低資格労働者の雇用比率を 90％ に，高資格労働者のそれを 60％ にまで高めることをコンセッション委員会本部に提案さえしている[31]。

その後，1932 年 11 月，会社の中里重次社長は内田康哉外務大臣に陳上書を提出し，政府間で交渉・解決して欲しい問題として労働者雇い入れに関し「会社ニ従業スル労務者ハ原則トシテ邦人ヲ以テスルコトトシ露支鮮人労務者ノ傭入ハ会社ノ任意トスルコト」として，大胆なことにコンセッション契約第 31 条の解消を政府間交渉に求めている[32]。会社は，コンセッション事業を進めていくうちに，幾多のコンセッション契約の不利な点が目立ったとしており，なかでも労働問題は事業推進に大きな影響を与えた。ソ連側に不利なコンセッション契約の内容変更は，通常では受け入れられるはずはない[33]。会社が日本国政府に請願する背景には，「弊社カ単ナル一営利会社ニ非スシテ実ニ往年ノ尼港惨殺事件乃至サガレン出兵ニ於ケル多大ノ国家的犠牲ノ結果獲タルモノヲ永ク確保育成シ以テ帝国燃料政策ニ貢献スヘキ重大任務ヲ負エルモノト確信シ」[34]と述べているように事実上国家的企業であるとの認識があり，ソ連側が不可侵条約の締結を要望して日本に接近してきていることがこのような難題を提起する好機であると判断しているのである。しかも，第 31 条解消の理由として会社がソ連の「赤化宣伝」の場になることを排除するためであると強調している[35]。しかしながら，会社内への共産主義運動の浸透は実際には緩慢であり，潜在的に脅威を感じる程度であった[36]。むしろ「赤化宣伝」は日本政府を動かすための方便であり，毎年円滑に進まないソ連人雇用問題に会社が振り回されたことに対する負担の重さや，毎年更新する団体協約によってソ連労働者の要求が強まったことから，コンセッション契約第 31 条を解消させることが最善の方法であると結論づ

けたのであろう。

5 ヨーロッパ部からの高資格労働者

とくに雇用比率を守れなかったのはヨーロッパ部における高資格労働者の募集である。1933年には，ヨーロッパ部の募集は従来のソ連労働人民委員部から一旦労働力募集規制委員会に委ねられた。しかし，この組織はロシアの組織である。この時期に石油開発はもっぱらバクー(当時はザカフカス Закавказ 社会主義連邦ソヴィエト共和国)とグロズヌイ(チェチェノ・イングーシ自治共和国 Чечено-Ингушская АССР)で行われており[37]，バクーはロシアの影響力のおよびにくい地域であり，石油企業に労働力を割り当てるシステムが機能しないのは当然であった。バクーやグロズヌイの石油企業でしか確保できないような高資格労働者を人民委員会議の監督の下に重工業人民委員部に調達させることには無理があった[38]。

通常，重工業人民委員部は会社が募集する職種，人数を傘下企業および関連企業に配分して，指令を出す。いま，データの明らかな1934年春のヨーロッパ部での募集をみれば，重工業人民委員部は，自らの傘下のグラフネフチ Главнефть (石油総局)に対して石油掘削労働者を中心に各トラスト毎，すなわちアズネフチに102名，グロズネフチに62名，マイネフチに8名の合計172名を業種別に割り当てた。この他，グラフネフチ以外のモスクワにあるグラフストロイプロム傘下企業に対し合計42名，グラフエネルゴ傘下のモスエネルゴに対し25名の労働者を会社のために提供するように指令した[39]。

グラフネフチに割り当てられた職種は，主力産油地域であるバクー，グロズヌイ以外では調達不可能な石油の試掘・採掘に欠くことのできない鉱手，ポンプ工，櫓大工など専門業種であった。石油企業が重工業人民委員部のこのような指令に素直に応えたわけではなかった。会社掘削労働者の不足は産油地域でも深刻であり，よそに供給する余裕などなかったのである。この時期，アゼルバイジャンにおけるアズネフチの石油開発は加速度的に進められており，その産油量は1925/26年度の551万t(同年におけるソ連の産油量

の66.9%）から1933年には1533万t（同71.5%）へと2.8倍に増えた。これだけの産油量を確保するには，当然のことながら多数の掘削関連労働者が必要であった。第1次5カ年計画期までにアゼルバイジャンの石油産業は完全に復興されており，1931年3月には3万5000名の石油産業労働者を抱えるまでに成長していた[40]。会社が高資格労働者を求めた時期は，バクーにおいては新規油田開発と技術革新によって石油生産を急激に伸ばす時期でもあった。1929年から31年にかけてアゼルバイジャンには石油掘削の2つの大きな研究所が設立されている。

　さらに，1920年代末からバクーに次ぐ油田としてウラル・ヴォルガ地域の石油開発が注目されるようになり，いわゆるこの第2バクーの誕生が石油関連労働者の雇用を喚起したのである。1929年末に最高国民経済会議の指導の下で開かれた第1回全ソ石油・地質学者会議では1930～31年にかけてウラル・ヴォルガ地域の試掘・採掘の発展に大きな関心が払われ，ペルミ Пермь には石油試掘・採掘の組織としてトラスト・ヴォストークネフチ Востокнефть が創設された[41]。このトラストはウラル西部地域，バシキール，沿ヴォルガの掘削作業に従事したのである。労働力不足はウラル・ヴォルガ地域でも深刻になりつつあった。

　こうした労働力不足という状況にあったから，重工業人民委員部の指令に対して傘下のトラストの対応は冷ややかだった。高資格労働者を提供する対象は重工業人民委員部の傘下にはない外国の会社である。会社に対しての全般的な管轄はソ連人民委員会議附属のコンセッション委員会本部であって，組織系統の異なるグラフネフチが傘下企業をさしおいて面倒をみるいわれはない。国内の石油企業ならいざ知らず，政府の協定に何故貴重な労働力を切り出さなくてはならないのか企業レベルの反発は強かった。労働力問題については上部機関の重工業人民委員部の影響力はほとんど作用しなかった。重工業人民委員部の指令は完全に無視された。グラフネフチ傘下のトラスト，合同が労働力調達に関心を向けなかった背景には，党組織が会社に対する労働力提供に冷ややかであったことがある。

　1920年代末から30年代前半にかけてソ連では党員が激増し，党組織も生

産活動を直接監督するために企業内に党細胞部をつくっていった。この組織が，とくに人事面で影響力を行使した。党組織は会社の労働力募集を支援するどころか，募集活動にブレーキをかける始末であった。チェチェノ・イングーシ共産党地区委員会書記のマハラジャは春の募集で人民委員会議の委員会全権に対し，鉱手の募集を許可しないと言明したし，グラフネフチの決定を守るのは地区委員会の義務ではなく，そのためには党中央委員会の指令が必要であると突っぱねた[42]。秋の募集では人民委員会議の全権と話し合いすらしなかった。アゼルバイジャン共産党中央委員会の生産部長は人民委員会議全権の募集依頼に対して指令を出して協力することを約束したが，何もしなかった[43]。党組織と密接な関係にある石油労働組合の対応も非協力的であった。この時期にはすでにトラストにとっては上からの指令よりも党の意向の方が重要であったから，グロズヌイの石油企業の指導部は，ナルコムフィン（財務人民委員部）の石油に関する計画を大幅に達成できていないことや資格労働者が不足していることを口実に，重工業人民委員部やその下部組織のグラフネフチの指令実施を断固として拒否したのである[44]。バクーでも状況は同じであった。そればかりか，トラスト指導部は会社への応募を希望する労働者に圧力をかけさえした。当時，慢性的な労働力不足のために労働者には選択肢があり，いつでも職場を移れるという状況にあったから，応募者に対しては欠勤者として解雇したり，給与を払わなかったり，家族を宿舎から追い出したり，配給手帳を没収したりした。グロズヌイでは，掘削労働者が党から除名されるということが起きた例がある[45]。

　会社の募集拒否の動きは，バクーやグロズヌイほど強くはなかったが，モスクワでも極東でも起こった。モスクワでは企業別に配分された労働力を計画通り供給できなかったし，カムチャツカの企業は1934年の春の募集で160名の舟大工を供給することを拒んだ。土方，軌道夫，雑役夫のような比較的容易に調達できる職種でも極東では募集人員に達しなかった。

　このようにとくにヨーロッパ部では企業の協力が得られず，新聞広告による個人の応募に頼らざるを得なかった。それらの新聞は，バクーでは「バキンスキー・ラボーチー Бакинский рабочий」「ヴィシュカ Вышка」「チュルク

スキー・コムニスト Тюркский коммунист」であり，グロズヌイでは「グロズネンスキー・ラボーチー Грозненский рабочий」であった[46]。新聞広告に応えて重工業人民委員部傘下企業のみならず他の工業企業からの労働者が応募した。新聞広告に応募者が殺到し，グロズヌイの例では1934年には347名の応募者を73名に絞り込んだほどである[47]。企業のサボタージュと党組織の非協力的態度，応募者に対する圧迫にもかかわらず応募者は多数にのぼったのである。たしかに，産油地域では鉱手のような労働者は不足していたが，一般労働者は職を求めていたし，サハリン島における高賃金・物資供給・兵役免除は労働者に魅力的であった。このように選抜側が有利であったにしても，専門業種の労働力は圧倒的に不足していたから，有象無象の応募労働者のなかから質のよい労働者を求めるのはほとんど不可能であった。会社が労働者の質に注文をつけて，審査を厳しくしたのも納得できる側面もある。会社側の選抜試験に臨む姿勢は，次第にソ連市民の労働力を抑制する方向に変化していった。

　1936年にはバクーやグロズヌイの石油トラストの態度に変化があらわれた。労働力の配分を受け入れたわけではないが，応募する労働者を圧迫するようなことはしなくなった[48]。募集は従来のような企業への割当を課するのではなく，新聞広告を通して個人の選択で実施された。募集に対して方向転換を行ったのはチェチェノ・イングーシ共産党である。サハリンにおけるソ連人労働者強化という課題を支援して，共産党地域委員会(ライコム Райком)と党委員会(パルトコム Партком)は募集協力を行う特別決定を採択したのである。

第2節　雇用上の問題点

1　組織上の問題

　ソ連市民の雇用を円滑に進めることができなかった背景には組織上の問題

がある。会社で雇用される労働者・職員は，高資格労働者については産油地域のバクー，グロズヌイをはじめモスクワ，レニングラードなどの大都市で募集され，1935年以降重工業人民委員部が募集業務を担当した。中・低資格労働者および雑役労働者については極東地域で募集され，クライイスポルコムが担当した。産油地域をもたない極東地域には試掘・採掘に必要な高資格労働者がいないために，極東だけで全てを賄うわけにはいかず，ヨーロッパ部と極東の2つのルートを通じて募集することになったのである。募集に応じた労働者はウラジオストクで審査され，会社に引き渡された。

会社が提出した申請書に対して募集の責任を負う省庁が決められてはいるものの，会社の雇用問題に専従する部局はなく，あいまいなままであった。とくに，1933年から35年にかけてのソ連内部の機構改革にともなってコンセッションの募集業務はたらい回しにされ，会社はどこに申請書を提出したらよいのかわからないような状態も一時的に生じた。労働力募集規制委員会も重工業人民委員部も専任スタッフを抱えるわけではなく，実際には大変な労力のかかる業務であったが，それぞれ片手間の仕事でしかなかったのである。労働力の選抜・引き渡しの組織化にあたって，中央から末端に至るまでの明確で周到な指示があったわけではなく，ウラジオストクにはコンセッション労働力の採用・引き渡しを行う専門的な機関があるわけでもなく，組織化されていなかった。いわば付け焼き刃的に業務が進められたのである。

雇用にあたっては労働者は職歴証明書，資格証明書，労働賃金手帳，写真，健康診断書，抗チフス接種実施証明書，兵役免除証明書，労働組合登録書などを求められた。これらを期限までに準備できない労働者はサハリン行きを諦めざるを得なかった。なかでも問題となったのは国境地帯許可証の発行であった。採用された労働者がサハリンで就業する場合には国境地帯の許可証が必要であった。ソ連内務人民委員部 НКВД СССР の所轄になっているこの手続きは簡単ではなく，大きな障害となった。秋の募集でバクーでは8月7日から8月23日までに161件の調書が内務人民委員部に提出されたが，出発の最終日の8月23日までに許可証が発行されたのはわずか30件であった[49]。モスクワの圧力によって取り敢えずモスクワまでの許可証は8月

24～25日までに与えられたが，バクーで応募した労働者のうち22名は結局許可が遅れて間に合わなかった。このような綱渡りはグロズヌイやモスクワでも起きた。

2 短い募集期間と募集方法の問題

コンセッション契約第31条によれば，会社は毎年4月1日および7月15日までにウラジオストクの労働部に対し，必要とする労働者数を業種別に分けて春と秋に申請する。ウラジオストクの労働部は提出された申請書にしたがって，提供しうる労働者・職員数を5月15日以前および8月30日以前に会社に通知する義務がある。このように春と秋の2回にわたって募集するのは，一度に大勢の応募者を事務的に処理できないこと，北樺太の自然・気象条件が厳しく，屋外で労働する時間が限られ，季節労働力の手当てが必要であることや労働力・物資を輸送するための航行期間と船舶が著しく制限されていたからである。募集は多岐にわたる職種に細分化され[50]，それぞれ募集人数が申請・審査段階から固定された。

労働力の募集期間が極めて短いために，何らかのトラブルが発生すれば，期限を守れない。このことが絶えず両国当事者間の紛争の種となった。コンセッション委員会本部の会議向けに準備された資料を検討した省庁間合同会議の決議のなかには，会社が雇用申請期限を守らず，来年もこれを守らなければ外国人労働力の受け入れを止めざるを得ないというソ連の脅しもあった[51]。しかしながら，期限不履行はその後むしろソ連側に生じている。1934年の募集を例にとれば，会社と極東のクライイスポルコムとの間に募集前に必要な職種・資格についての交渉が行われるはずであった。会社の春の申請書は契約でうたわれている範囲内の4月2日に届いたが，職種に関する話し合いは4月15日から開始され，終了したのは5月23日であった[52]。したがって，申請してから45日後の5月15日以内に，申請書に応えて提供しうる労働者・職員数を会社に通知する義務を果たせなかった。その結果，予定された航行時期に労働力を輸送できず，生産活動に重大な障害を与えることになった。

予定通り申請書が会社から提出されても，管理機構と責任体制が不明確の状況の下で，しかも通信手段は電報と郵便しかなく，まず電報で通知し，東の果てからヨーロッパ部まで募集の書類が郵送される。募集に応じた労働者は，時として20日以上もかけて鉄道でウラジオストクの募集地に到着するという環境ではコンセッション契約に定められた手続きの日程の枠内では無理が生じるのも当然であろう。募集から1カ月半後には労働者はウラジオストクにいなければならないわけであるから，バクーやグロズヌイからの高資格応募者にとってはかなり厳しい日程である。採用試験に間に合わなかったために船に乗れなかったケースが目立った。

遠路の移動には鉄道が利用されたが，ヨーロッパ部からの労働力の輸送にあたって，十分に組織化されていなかったことも不採用の原因となった。せっかく期限に間に合って出発の準備をしても，鉄道に乗車できないというケースがしばしば発生した。鉄道人民委員部は春と秋の募集時期に労働者輸送用に専用客車を向けるように北カフカース鉄道局やザカフカース鉄道局に指令を出したが，鉄道局は勝手に時間を変更したために労働者は乗車できなかった。輸送ルートもサマラСамара経由あり，モスクワ経由ありで定まっていなかった。バクーやグロズヌイの出札係は切符を与えず，時には座席がないという理由で断りさえしたのである。

3 季節労働者の採用重視

会社は，激寒の冬期にはほとんど屋外作業ができなかったために，常勤労働者の採用を控えた。日照時間の長い夏期に作業を集中的に進めようとして季節労働者の雇用を年々増やしていった。このことはソ連の反感を買う一因となった。毎年の労働力募集の手間と経費増を強いられたからである。1931～35年の5年間に常勤労働者の採用人数は779名(採用者総数の20.6％)であったのに対し，季節労働者のそれは3004名にもおよんだ(表8-1)。このことばかりか，機械工，掘削労働者，パイプライン工などの高資格労働者が季節労働者扱いで雇用されたこともソ連側の反感をつのらせた。1935年春の募集では季節労働者申請数934名のうち，104名は高資格労働者

であった。さらに審査段階で常勤のはずが季節労働者に一方的に変更され，労働者の怒りを買うこととなった。秋には大陸に戻ることになるが，このような実情をよく知っていたトラスト・サハリンネフチもこの高資格労働者を採用しようとはしなかった。

4　トラストの労働力吸収

　トラスト・サハリンネフチが活動を開始したのは 1928 年であり，当時の労働力は労働者 32 名，管理・技術要員 16 名，職員 12 名の合計 60 名にすぎなかった[53]。トラストの労働力の募集にあたって会社の経験は全く生かされなかった。当初，トラストは掘削労働者および技術者を独自にグロズヌイから招くと極東地方労働部に伝えたが，労働部は極東の工業植民化計画の一環として招くといって，これを断った。極東の労働問題については労働部に権限を集中させたいと考えたのである。しかし，うまくいかなかった。手続きが遅れて，ウラジオストクに遅れて到着したのである。その結果，採掘にまず必要な大工を手配できなくなった。採掘現場を伐採・整地し，櫓を組まなければ採掘作業に従事できない。この急場を救ったのは会社の労働者であった。

　採掘に必要な労働力が本格的にオハに移動してきたのは 1931 年から 32 年にかけてのことである。オハに定住したのは 1931 年に 1620 名，翌年には 1920 名にのぼった。労働力の流動性を減らすために，雇用年数を 5 年にし，現地で必要な資格労働者を確保するために専門家養成の組織化を行った。これによって現地の厳しい気象条件にも耐えられる人材を確保し，併せて労働者およびその家族の大陸からの移動費用を削減できる。このような長期的な戦略に立った労働力の確保方法は，会社とは全く異なるものである。会社は労働力の長期雇用を全く考えず，ソ連市民であれ日本人であれ，なるべく季節労働者を増やし，常勤労働者でも 2 年間を 1 年間に短縮するほどであった[54]。ましてや専門家養成のための専門技術学校の設立など考えもおよばなかったのである。

　サハリンでは工業化に向けて工業労働力の移住計画が積極的に進められた。

1933年のウラジオストク経由のサハリン向け労働力移入に関する報告では，サハリン島で5万1000名を受け入れる準備が必要であるとされ，このうち労働者1万7000名，その家族3万4000名を予定された[55]。国を挙げてのサハリン島での労働力確保策に対して，会社はソ連市民の採用をできるだけ避けた。日本人を送り込もうとする姿勢がますます強くなっていった。しかし，日本人労働力の送り込みもソ連側の制限が次第に厳しくなり，会社の思惑ははずれて，採掘現場で働く労働者が減少した。トラストに比べてたしかに賃金は安かったが，トラストでは賃金の遅配が頻繁にあったし，食料品・日用品供給，医療施設，文化施設といった条件を考えれば，ソ連の労働者にとって会社は魅力的な職場であったはずである。会社はソ連の労働力を好まなかった。このことが自らの首を絞めることになった。

第3節　労働者の待遇問題

1　団体協約—賃金問題

ソ連領内で活動する外国の会社もソ連の労働法の適用を受けることになっている。1922年に採用されたこの労働法にしたがって団体協約を当事者間で締結することが義務づけられており，一般に有効期間は1年と定められている[56]。サハリン島オハに労働法が施行されたのは1925年3月1日のことである。同年4月には少数のロシア人（朝鮮人を含む）によって労働組合が組織されたが，日本人および日本語を解する朝鮮人はこれに加入しなかった[57]。会社は，設立後まもなくの1926年9月，ハバロフスクにおいてソ連鉱山労働組合中央委員会との間に第1回目の団体協約（有効期間1926年9月1日～1927年7月1日）を結んだ[58]。この団体協約は労働賃金，労働時間，雇用・解雇，補償，労働保護，教育，争議解決方法などの労働全般にわたる詳細な取り決めを定めたものであり，雇用する立場の会社からみれば経営を圧迫しかねない労働者保護の内容を多く含んでいた。当時，会社は社会主

的雇用・労働条件に知識がなく，十分な調査もしていなかった。将来の会社の命運を左右させるものとは想像だにしなかったのだろう。日本とソ連とは労働者に対する考え方が全く異なっており，当然のことながら団体協約の細目にわたって日ソ双方の激しい議論が展開され，改訂のたびに多大なエネルギーと時間を費やした。なかでも交渉を長引かせたのは賃上げの問題であった。ソ連側は改訂交渉には必ず最低賃金の上昇をもくろんだ。年を追うにしたがってその要求が苛酷で妥協を許さなくなっていった。

早くも第2回改訂交渉で会社はこの事態に直面した。最低賃金と物価保証で紛糾し，都合4回の改訂交渉でもまとまらなかった。鉱山労働組合は，1925年にソ連の鉱山企業が最低賃金を1割上昇させたこと，オハの物価は他地域の2割高であること，オハは中央から遠隔の地にあり，しかも単身赴任で二重生活を強いられ現在の賃金では生活が困難であること，オハの行政機関の最低賃金は月額34ルーブリであることなどを最低賃金上昇の理由に挙げた。これに対して会社は，現在の月額29ルーブリという最低賃金は極東の企業では例外的に高いこと，オハの物価はウラジオストク，アレクサンドロフスクに比べて安いこと，生活環境が改善されてきており前年に比べて生活費の増加は認められないことを理由としてこれに応戦した。交渉の過程で鉱山労働組合は月額最低賃金を34ルーブリ要求から33.5ルーブリ，さらには33ルーブリに譲歩したのに対し，会社は従来の29ルーブリから30ルーブリ，さらに30.5ルーブリまで歩み寄った。4カ月の日時を費やして，やっと月額31ルーブリで妥結をみるに至った（有効期間：1927年9月1日～1928年9月1日）。等級は表8-5(1)にみるように17区分された[59]。1928年からの第3回目の改訂交渉は9月初旬から始めたが，途中鉱山労働組合の代表がモスクワに出張したために中断するなど，かつてない長丁場で，難交渉となった。月額賃金上昇を譲らない会社側との妥協は労働者と職員と別々の賃金表を定めることで決着し，実質的には賃上げを認めることとなった（有効期間1929年4月1日～1930年4月1日）。鉱山労働組合が賃金上昇を強く要求する背景にはトラスト・サハリンネフチとの賃金格差がある。1928年を例にとれば，第1級の賃金は会社が31ルーブリであるのに対しトラス

表 8-5　会社の労働者・職員の賃金推移

(1) 労働者・職員
(有効期間：1927. 9. 1～1928. 9. 1)

等級	係数	月額賃金(ルーブリ)	日給(ルーブリ)
1	1.0	31.00	1.29
2	1.2	37.20	1.55
3	1.5	46.50	1.94
4	1.8	55.80	2.33
5	2.2	68.20	2.84
6	2.5	77.50	3.23
7	2.8	86.80	6.62
8	3.1	96.10	4.00
9	3.5	108.50	4.52
10	4.2	130.20	5.42
11	4.6	142.60	5.94
12	5.0	155.00	6.46
13	5.5	170.50	7.10
14	6.2	192.20	8.01
15	6.7	207.70	8.65
16	7.2	223.20	9.30
17	8.0	248.00	10.33

出所）外務省外交史料館『帝国ノ対露利権問題関係雑件　北樺太石油会社関係』1928 年 1～12 月。

(2) 労働者・職員
(有効期間：1929. 4. 1～1930. 4. 1)

等級	係数	月額賃金(ルーブリ)	日給(ルーブリ)
1	1.0	32.40	1.35
2	1.3	42.12	1.75
3	1.6	51.84	2.16
4	1.9	61.56	2.57
5	2.2	71.28	2.97
6	2.5	81.00	3.37
7	2.8	90.72	3.78
8	3.1	100.44	4.18
9	3.5	113.40	4.72
10	4.2	136.08	5.67

出所）日露貿易通信社『日露年鑑』1931 年版、187 頁。

(3) 労働者
(有効期間：1937. 5. 1～1938. 5. 1)

等級	係数	日給(ルーブリ)
1	1.00	2.20
2	1.40	3.08
3	1.50	3.52
4	1.90	4.18
5	2.30	5.05
6	2.80	6.16

出所）左表(2)に同じ、1939 年版、1000 頁。

(4) 職員
(有効期間：1937. 5. 1～1938. 5. 1)

等級	係数	月額賃金(ルーブリ)
1	1.0	50.00
2	1.2	60.00
3	1.5	75.00
4	1.8	90.00
5	2.0	100.00
6	2.2	110.00
7	2.5	125.00
8	3.0	150.00
9	3.3	165.00
10	3.7	185.00
11	4.0	200.00
12	4.5	225.00

出所）上表(3)に同じ。

トは 1.3 倍の 40.3 ルーブリ，第 8 級では同じく 96.1 ルーブリに対して約 1.5 倍の 143 ルーブリとトラストの賃金水準がかなり高かった[60]。この数字をみれば，そもそも団体協約の出発点で鉱山労働組合が第 1 級を 45 ルーブリとする案を提示したことも，必ずしも法外な要求ではなく，うなずけるのである。

ソ連側の執拗な賃金上昇要求に対する会社側の対抗手段は，日ソ基本条約附属議定書(乙)第 7 条「企業ハ其ノ収益的経営ヲ事実上不可能ナラシムルコトアルヘキ如何ナル課税又ハ制限ヲモ加ヘラルルコトナカルヘキコトヲ約ス」に違反していると反論して，ソ連側の姿勢に「反省ヲ促ス」のが精一杯であった[61]。

第 4 回目の改訂交渉も 7 カ月の長い交渉の末，双方が妥協して 1930 年 11 月に調印の運びとなった(有効期間：1930 年 10 月 1 日～1931 年 10 月 1 日)。1931 年度改訂の第 5 回目の交渉はハバロフスクをやめてモスクワに舞台が移された[62]。この年に鉱山労働組合が廃止され，石油労働組合が組織された。しかし，極東にはこの支部が設けられなかった。会社側は交渉の場がモスクワに移ることによる不利益を考え反対したが，押し切られた。1931 年 9 月末モスクワに到着した会社代表団は，石油労働組合から労働者の最低賃金を現行の日給 1.35 ルーブリからいきなり 7 割も上回る 2.3 ルーブリ，等級を従来の 10 区分から 8 区分に改めて，最高 5.98 ルーブリとするという法外な要求を突きつけられて，前途は暗澹たる気分に陥った[63]。この要求に対する会社側の主張は，①前年月給を廃して日給に改め，実質的に値上げとなったこと，②現在，グロズヌイより高率になったこと，③被服宿舎待遇が良好になったこと，④極東の一般企業に比べて賃金価値が大きいこと，⑤日本政府予算の削減，経済不況で会社は経営困難なため逆に 1 割値下げを提案すると主張し，トラストとの比較では給料が安くても，医療環境がよい，解雇が少ないなどで賃金価値が高く，会社に移る労働者がいることを説明し，最悪でも現状維持で乗り切ろうとした[64]。紆余曲折の結果，1932 年 3 月 20 日にやっと調印の運びとなった。第 6 回および第 7 回改訂交渉は部分的な修正にとどまった。第 8 回の交渉は賃金および食料品・日用品価格を据え置き，労

働者クラブの建設費,生産高ノルマの一部を改訂して成立した。

　1936年9月の改訂交渉にあたって,石油労働組合は月額等級を10等級とし,1級を55ルーブリとする案を提示してきた[65]。これに対して会社案は,賃上げ問題にはふれず,有効期間を2年とするほか,労働者の能率増進策,労働規律強化,職責明確化など1932年以来据え置かれてきた細部の改訂に関心を向けさせようとして交渉に臨んだが,ソ連側の賃金問題への執着は強かった。またしても双方の主張が対立し,なかなか決着しなかった。

　1937年度団体協約改訂交渉は,前年10月からモスクワで行われたが,おりからの日独防共協定の成立によって交渉は進展せず,1937年5月にやっと成立した。

　団体協約改訂交渉は上記のように賃金値上げについての労働組合と会社との対立によって長期化した。会社側はコンセッション事業の全期間を通じて防戦一方であった。それは,何とかこの事業を継続したいとする会社の強い希望のあらわれでもあった。最低賃金は一時的な据え置きはあるものの,団体協約が改訂される毎に上昇した。1927～37年の10年間をみれば,職員の給与は1927年9月初めから1937年4月末まで変わらなかった。これに対して,労働者の給与はこの期間に上昇を続け,月額31ルーブリから53ルーブリへとおよそ70%増加した。最低賃金の上昇のみならず,等級および係数を上げることによって賃金の実質上昇となった。たとえば,1937年5月からの賃金表では,労働者の給与は,旧賃金体系の4,5級を合併して新4級とし,6,7級を合併して新5級に,8級を6級に改めた。これによっておよそ15%の上昇となったのである[66]。職員についても旧1,2級をやめて3級を新たに1級とし,以下順次繰り下げて12級で打ち切りとした。これによって約14%の値上げとなった。

　労働組合の不満は,日本の労働者とソ連の労働者との間に実質的な賃金格差があることである[67]。賃金体系は同じでも日本人の方の等級が高い,つまり賃金ベースが高い部分がソ連市民よりも多いのである。表8-6にみるように,最も賃金の低い第1級はソ連の労働者が105名であるのに対し,日本のそれはゼロ,第2級では同じく324名に対し,その半分以下の134名,高

表 8-6 会社に働くソ連市民・日本人の労働者賃金比較(1935 年)

(単位 ルーブリ)

等級	日給(係数)	ソ連市民	日本人
1	2.00	105	0
2	2.64	324	134
3	3.04	226	303
4	3.49	271	306
5	3.90	171	202
6	4.30	41	102
7	4.90	8	48
8	5.70	2	7
計		1,658	1,102

出所) РГАЭ, ф. 7297, оп. 44, д. 84, л. 70.

級の第6～8級ではそれぞれ51名に対し157名となっているのである。ソ連側の主張は、ソ連の労働者の資格が故意に低められているというのである。

2　食料品・日用品の供給問題

北樺太では当時、食料品・日用品の深刻な不足状況があり、会社が生産活動を行う上で食料品・日用品を労働者・職員に保証することが必須の要件であった。

コンセッション契約第21条には、「コンセッション会社は……労働者および職員に供給するために必要な日用品および食料品を支障なく、無税かつライセンス料の支払いなしで輸入する権利を有する」とうたわれ、「この権利を行使するためにコンセッション会社は、毎年駐日ソ連通商代表あるいはソ連内外商業人民委員部の関連機関に上記対象物の正確な仕様書と当該年度に輸入する量を示したリストを輸入許可のために提出する」と規定されている[68]。また、会社の労働者・職員向けにソ連国内および国外で調達された食料品・日用品は原価で供給するものとし、この価格は北樺太の鉱山監督署長の認可を必要としている。コンセッション契約のこの条項は、さらに団体協約第23条に「会社ハ労働賃金ヲ引当トシ総テノ労務者及其家族ニ対シ良質ノ食料品及一般日用品ノ供給ヲ保障スルモノトス」ことが定められ、品揃

えや交付期日その他は組合と会社の追加協定で規定することがうたわれている[69]。

　食料品・日用品の供給手続きは複雑で，会社活動の当初は書類の不備，ソ連側の担当機関のあいまいさなどのために混乱を招いた。コンセッション契約および団体協約で明記されているように申請書類のチェック機能を果たすのは，駐日ソ連通商代表，商業人民委員部管轄機関および鉱山監督署長である[70]。会社の輸入にあたっては，仕向け地別（たとえば，オハ，カタングリ）に食料品・日用品の品目，数量，価格を盛り込んだ一覧表が必要になる。もちろんこのリストが全て認められるわけではなく，年月を重ねるにしたがって輸入制限が厳しくなり，ソ連側と会社側の軋轢の原因となった。

　ところで，輸入した食料品・日用品は会社の労働者・職員に供給して生活を保証するというほかに，もうひとつの重要な意味をもっている。食料品・日用品を販売することによって得たルーブリでソ連の労働者・職員に対して賃金を支払うということである。この行為は団体協約で認められている。会社側からすればこの給与引当金が多ければそれだけ資金繰りが楽になるわけであり，食料品・日用品の原価を上げる，ソ連国内の調達を避ける，輸入量そのものを増やすといったことが頻繁に行われるようになり，当然のことながらソ連側が監視の目を光らせることとなった。

　食料品・日用品の単価についてはソ連側は，会社が高い価格で販売しているという疑惑を常にもっている。団体協約に定められた原価は，北樺太の鉱山監督署長の承認を得たものであり駐日ソ連通商代表部で確認された価格を基礎に，実際の間接費を加えた価格とされていた[71]。しかし，価格水準の評価は極めて困難であった。1934年に重工業人民委員部は，駐日ソ連通商代表部に対し会社から商品のインボイスおよび計算書を取り寄せて，価格を調べるように要求したが，会社側の強い反対にあって，実現しなかった[72]。また，為替レートの問題もあり，商品は円で購入され，ルーブリで販売される。円とルーブリの為替レートは1対1とされているが，必ずしも常に対等であるというわけではない。

　とくに極東での日用品の調達について会社の活動の初期の頃，会社はロシ

ア人労働者向けに日用品を極東市場で調達しようとしたが難しいことがわかり，買い付けのための特別許可をソ連側に求めたが，省庁間会議では会社の希望は極東ではかなえられないとして，日本からの供給リストの拡大を認めた[73]。

会社は，毎年2月に食料品・日用品の輸入計画書を提出し，鉱山監督署長が輸入計画を確認することになっていた。会社活動の初期の頃は，会社は駐日ソ連通商代表部に計画書を提出し，組合の申し出のあった商品を輸入品目に盛り込むことで協調関係が成り立っていた。組合や税関のお気に入りの商品を輸入品目に加えることを怠らなかったのだろう。ところが，1932年に鉱山監督署長が輸入計画書に深く立ち入るようになり，輸入数量・品目に関与するようになった[74]。会社が雇用する労働者・職員数と食料品・日用品の輸入には相関関係があり，個別の輸入商品に対してそれぞれノルマが設定されていた[75]。鉱山監督署長が輸入単価を勝手に下げたり，輸入数量を大幅にカットするという事態すら発生した。これに反発した会社側は中央との交渉を重ね，当初の計画数量が認められたが，翌年には再び同じことが起こった[76]。

コンセッション委員会本部は輸入物資削減に関する1934年3月28日付決定にしたがって，会社の輸入申請額を削減させようとしたが，労働人民委員部から出されたデータでは不十分であることがわかって，ソ連人民委員会議との協議を保留した[77]。日本人労働者に対して，1932年には総額27万2000ルーブリ，1933年には総額29万9000ルーブリ相当の食料品・日用品がコンセッション企業の販売部で売られており，この額は労働者の賃金の約20％にあたる。これに対して，会社に働くソ連の労働者に対しては1932年に162万ルーブリ（賃金の63.3％），翌年には170万6000ルーブリ（同63.5％）と，日本の労働者に比べて圧倒的に金額もシェアも大きい。これは日本の労働者は賃金を日本で受け取っているからである。日本の労働者は生活に必要な食料品・日用品を販売店で掛け買いをし，日本で給料から天引きされている。この実態をソ連側が正確に把握しているわけではなく，また労働者数も1931年末現在1375名（うち日本人524名），1932年末現在1705名

(同785名)であり，労働者削減によって輸入額を減らすという状況にもなかった。

とはいえ，会社はソ連の労働者に対する販売においても労働力の雇用ペースを上回って輸入計画量を増やす傾向にあった。それに対して鉱山監督署長は強く反発した。1936年の航海期間には会社は282万5000ルーブリ相当の食料品・日用品の輸入計画を申請したが，鉱山監督署長はこれを179万4000ルーブリへと3割強も削減したのである[78]。食料品・日用品の輸入比率は70対30に定められている[79]。これに合わせて鉱山監督署長は日用品の輸入計画量をより高い比率(約46％)で削減した。日用品のなかで最も削減額の大きかったのは日用品輸入計画額の60％を占める衣服であり，17万5300ルーブリ，45％の削減であった。衣服は会社の輸入で不合格品として紛糾した商品でもあった[80]。食料品・日用品の輸入にあたっては，会社は鉱山監督署長の厳格な対応に悩まされ続けた。

3　労働者の住宅問題

北樺太は激寒の地であり，しかも採掘のピーク時に合わせて季節労働者を大量に送り込む必要があったり，常勤労働者の家族の住居面積をどのように確保するかなどが会社の恒常的な問題となっていた。コンセッション契約第30条には，コンセッション企業は，会社の全ての労働者および職員に対し，ソ連で定められた衛生・住宅基準に合致した住宅を無償で提供する義務があることがうたわれている。これを受けて，団体協約では一定面積の住宅が求められた[81]。この一定面積は組合との間の規定で定められた。住宅面積の標準ノルマをどう設定するかは会社側と労働組合側の団体協約締結交渉の争点のひとつであった。

1931年度の団体協約締結交渉では，家族持ちには1部屋以上を提供すること，労働者および家族の1人当たり居住面積を5 m^2 まで増やすこと，などが要求された。これに対して会社側は強硬に反対し，家族宿舎はその旨賃金帳に記載されている場合のみ提供すること，家族員を除く労働者に平均4 m^2 まで保証するとした[82]。

北樺太の住宅問題は一般に深刻で，年々圧力が強まる会社に対するソ連側組合の要求をのめば，会社の経営を圧迫しかねない。従業員だけでも大変であるのに，従業員家族の居住面積まで認めれば事態はますます深刻になる。家族連れでの勤務を会社側は禁止しても，重工業人民委員部は労働者の自由まで束縛できないとして家族の乗船を許可せざるを得なかった。しかし，収容する住宅があるわけではなく，臨時的なバラックを提供することになり，居住環境の悪さがまた組合と新たな軋轢を生むことになったのである。

　居住面積の法的な基盤となっているのは，ひとつは1927年12月にロシア最高国民経済会議の村落の宿舎に適用された規定であり，いまひとつは1927年8月のソ連労働人民委員部の労働者および職員用臨時住宅建設に関する規定である。前者は個人住宅の1人当たりノルマは9 m²，宿舎は10 m²と定めているのに対し，後者は独身者1人当たり3.5 m²，家族宿舎5 m²と規定している[83]。会社は，当然のことながら，前者の規定を建築の設計標準であり，供給ノルマを規定するものではないとしてはねけた。これに対して鉱山監督署長は1930年6月，会社のソ連労働者の宿舎が狭すぎるとして労働者の住まいの配置換えを要求し，会社の宿舎は恒久的なものであり，ロシア最高国民経済会議の規定が適用されるとして，対立し，住宅が確保できないとして日本人労働者の上陸を拒否する行動をとるようなことが起きた。宿舎の居住面積が狭すぎる問題は，日本人労働者の住宅環境がソ連人労働者のそれよりは恵まれていることが組合の要求を強める一因になった。1935年3月時点では，労働者1人当たり，日本人の場合は8.6 m²であったのに対し，ロシア人は4.04 m²と日本人のおよそ半分しかなかったのである[84]。1936年10月，会社は試掘期間の延長を認めてもらう見返りのひとつとして，会社に働く常勤労働者および職員の家族に対しても無償で住宅を提供することを約束したのである[85]。しかも，その面積はサハリンネフチにおける当該年度の実際の住宅面積以下であってはならないとされており，会社にとっては経済的に重い負担となったのである。

1) 外務省外交史料館『帝国ノ対露利権問題関係雑件　北樺太石油会社関係』1928年。

РГАЭ, ф. 7733, оп. 3, д. 744, лл. 181-183. 日ソ基本条約第6条では，ソ連政府は，ソ連領域内にある鉱物，森林およびその他の資源の開発に対する利権を日本国民，会社および組合に提供する用意があることがうたわれ，さらに附属議定書(乙)では，コンセッション契約による石油，石炭開発の細目が定められている(Документы внешней политики СССР. т. 8. М., 1963. с. 70-77)。

2) コンセッション企業の試掘・採掘作業はオハ，エハビ，カタングリ，チャイウォなどの鉱場(鉱区)で実施されるが，コンセッション契約でうたわれている鉱場長，鉱場各部長の数は40〜50名であった。

3) コンセッション契約では外国人とは何を指すのか明らかにされていない。本コンセッション契約では外国人は主として日本人を指すが，朝鮮人・中国人の雇用もみられる。たとえば，年間累計で1926年には朝鮮人687名，中国人92名，1927年には朝鮮人240名，中国人54名がコンセッション企業で雇用された(ГАСО, ф. 2, оп. 1, д. 102, л. 50)。ソ連による朝鮮人・中国人の雇用はコンセッション事業が進むにつれて減少する傾向にあり，1934年の冬期には朝鮮人92名がオハで雇用されただけであった。朝鮮人については，外務省外交史料館『帝国ノ対露利権問題関係雑件 北樺太石油会社関係』によると，従来の慣例や現地での実際の状況では，日本旅券をもたない朝鮮人がソ連人として扱われているので，コンセッション企業は日本旅券を所有している朝鮮人を外国人として扱っている。

4) РГАЭ, ф. 5240, оп. 18с. д. 2621, л. 73об.

5) РГАЭ, ф. 5240, оп. 18с. д. 2621, л. 169об.

6) 北樺太石炭コンセッションについても外国人の雇用比率は北樺太石油コンセッションと同一である。

7) この条項で雇用された外国人労働者・職員は第31条 a) および b) に規定された雇用比率には含まれない。

8) 1933年6月23日付ソ連中央執行委員会，ソ連人民委員会議および全ソ労働組合中央評議会の決定「ソ連労働人民委員部の全ソ労働組合中央評議会との統合について」。労働人民委員部の主要任務であった社会保険業務も1933年9月15日から労働組合に移管されることになった(Экономическая жизнь СССР: хроника событий и фактов 1917-1965. кн. 1. М., 1967. с. 257)。

9) 1932年1月5日付ソ連中央執行委員会，ソ連人民委員会議の決定「重工業，軽工業，木材工業の人民委員部の設立について」。最高国民経済会議はこの3人民委員部に分割された(Экономическая жизнь СССР: хроника событий и фактов 1917-1965. кн. 1. М., 1967. с. 238)。

10) РГАЭ, ф. 7297, оп. 38, д. 82, л. 8.

11) РГАЭ, ф. 7297, оп. 38, д. 82, л. 8.

12) РГАЭ, ф. 7297, оп. 38, д. 82, л. 8.

13) РГАЭ, ф. 7297, оп. 38, д. 82, л. 19.

14) РГАЭ, ф. 7297, оп. 38, д. 82, л. 22.

第 8 章　北樺太石油会社の雇用・労働問題　231

15) РГАЭ, ф. 7297, оп. 38, д. 82, л. 106. 1934 年を例にとれば，重工業人民委員部の指令はグラフネフチ，グラフストロイプロム Главстройпром，グラフエネルゴ Главэнерго，グラフマシュプロム Главмашпром に伝えられ，さらに末端のトラスト，合同，企業レベルまで下達された。それらはアズネフチ(バクー)，グロズネフチ(グロズヌイ)，マイネフチ Майнефть (ネフチェゴルスク)，メタロストロイ Металло-строй，ザヴォドストロイ Заводострой，サユズヴォドストロイ Союзводстрой，モスエネルゴ Мосэнерго (モスクワ) などである。
16) РГАЭ, ф. 7297, оп. 38, д. 156, л. 31.
17) コンセッション契約第 31 条にうたわれている。
18) РГАЭ, ф. 7297, оп. 230, д. 54, л. 2. 1934 年の募集準備をどの組織も準備しておらず，この問題に責任を負う組織すらなかった。
19) РГАЭ, ф. 7297, оп. 38, д. 227, л. 74.
20) 片山範次「日・ソ労働者雇入」城戸崎益隆ほか編『北樺太に石油を求めて』白樺会，1983 年，93-94 頁。供給不能代用邦人というのは，コンセッション条約第 31 条に定められたソ連領内での労働力の提供が不可能な場合，外国人を雇用できるとする人員のことである。
21) 日本人労働者の募集は，伝統的な石油産業の地域である新潟，秋田地方および乗船の近場の函館，青森で行われた。常勤労働者は 20 代から 40 代を中心に採用され，労働者の頭株を除き全て単身赴任が条件とされた。職種別にみれば鉱手が大部分であり，石油事業の不振のために新潟，秋田出身で石油会社の鉱場で働いていた経験者が多かった。鉄管工(暖房工)は石油鉱場に付随した仕事であり，全て秋田，新潟出身，大工は函館出身が多数を占めた(「「オハ」鉱場及海岸労働者一般情況報告ノ件」外務省外交史料館『帝国ノ対露利権問題関係雑件　北樺太石油会社関係』1930 年 7～12 月)。宿舎は丸太造りあるいはトラスコンで 1 棟 8～10 室，1 室 11 畳余に通常 6 人が住んだ。1 年間働く労働者は，平均 1000 円前後の貯金をして帰還するが，小樽や函館に上陸するやいなや歓楽街で 1 年間の貯蓄を使い果たす不心得者も多かったという。季節労働者は 20 代が多く，新潟，秋田，青森，函館の出身者が多い。夏期には日照時間が長く，労働時間も冬期の 8 時間 (後にソ連は 8 時間制から 7 時間制に移行) から 10 時間に延長され(賃金は 8 時間労働の 1.4 倍)，季節労働者はさらに出来高払い制を採用して，金を稼いだ。宿舎はテントやバラックであり，目一杯の仕事の後はひたすら眠るだけで，住宅環境に不満をもらす暇もなかった。労働者のなかには 1 日 10～15 円を稼ぐ者もあり，季節労働者の過半数は 2 度以上の経験者であった。
22) РГАЭ, ф. 7297, оп. 38, д. 227, л. 31. クライイスポルコムには労働力募集規制委員会を組織化せず，会社の雇用問題を回避しようとした。
23) トラスコン工は鉄骨，鉄板を組み立てる労働者。当時のソ連では調達不可能であった。舟大工は日本仕様の小舟の製造と修理に従事する。鉱手は油井の掘削・採油作業に従事する鉱場労働者で，通常昼夜 3 交代で作業が行われる。当時，ソ連の産油地域で最も重要でおかつ不足している職種であった(РГАЭ, ф. 7297, оп. 38, д. 229, лл.

17-18）。ソ連で調達できないことがわかりきっていながら申請する空募集申請は，ソ連側の批判にもかかわらずその後も続けられた。

24) РГАЭ, ф. 7297, оп. 38, д. 230, л. 58. 会社は1935年春の募集で1年間の職歴，年齢18～55歳という条件を設けたが，同年秋の募集になると3年連続勤務や体格以外に年齢25～45歳，家族持ちも単身赴任を要求し，ますます採用条件が厳しくなった。
25) РГАЭ, ф. 7297, оп. 38, д. 9в, л. 26. ソ連は日本からの労働力を将校や予備兵で埋めようとしていると批判している。日本からの労働力の申請には業種は明記されていない（РГАЭ, ф. 7297, оп. 44, д. 23с, л. 71）。
26) РГАЭ, ф. 7297, оп. 38, д. 82, л. 26.
27) РГАЭ, ф. 7297, оп. 38, д. 82, л. 9.
28) РГАЭ, ф. 7297, оп. 38, д. 82, л. 22.
29) РГАЭ, ф. 7297, оп. 38, д. 301, л. 33.
30) РГАЭ, ф. 7297, оп. 38, д. 79, л. 25. 会社は鉱区試掘期間の延長を認めさせる見返りとして譲歩した。
31) РГАЭ, ф. 7297, оп. 38, д. 27, л. 19об.
32) コンセッション契約第31条解消のほか，コンセッション現地への往復輸送方法，ニコラエフスクおよびアレクサンドロフスク労働部に対する雇用申し込み等全てを無効にすることを請願している（「陳上書説明」，注21）に同じ，1932年）。
33) このことを会社もよく理解しており，「次善ノ策トシテ全従業員ヲ邦人ノミトナシ以テ一致結束業ヲ進ムルノ外ナキコト夙ニ痛感セル所ナルモ之トテ重大且至難ノ要求ニシテ日蘇両政府間ニ何等カ重要ナル政治的交渉ノ契機無クンバ依然問題トスラナシ難カルベキモノト思惟シ来タレル処偶々這般ノ気運ハ之カ実現ヲ企図スルニ最モ格好ナル機会ナルト共ニ不可侵条約ニ対スル考慮上決シテ閑却スヘカラサル対策ナリト確信シ」と述べているように，ソ連側の不可侵条約締結提案に対する政府の政治的交渉のひとつとして取り上げてくれるように請願している（注32）に同じ）。
34) 注32) に同じ。
35) 当時，日本政府が最も心配していたことはソ連共産党の宣伝活動であり，日ソ基本条約第5条では有害な宣伝および敵対行為の阻止を互いに約束している。
36) コンセッション現地において，日本人に対する赤化宣伝活動も1927年頃にはとみに激烈となってきた（鹿島平和研究所編，西春彦監修『日ソ国交問題1917-1945』日本外交史15，鹿島研究所出版会，1970年，104頁）。しかし，コンセッション企業が設立以来雇用した累計約4000～5000名の従業員のうち，真に赤化された者は5～6名にすぎなく，赤化運動もさしたる効果をもたらしていない。
37) 1933年の石油生産量はバクーで1533万t，グロズヌイで486万tであり，この2つの油田でソ連の全生産量2144万tの94%を占めた（村上隆『旧ソ連アジア部におけるエネルギー生産の統計的分析1860-1961年』近現代アジア比較数量経済分析シリーズ No.5, 法政大学比較経済研究所，2000年，24-25頁）。
38) РГАЭ, ф. 7297, оп. 38, д. 82, л. 14об.

39) РГАЭ, ф. 7297, оп. 38, д. 82, л. 6.
40) Гаджиев Б. А. Нефтяники Азнефти — 60летию образования СССР//Нефтяное хозяйство. 1982, No. 12. 1926年の国勢調査によれば，アゼルバイジャンの鉱山労働者数は8393名であり，このうち掘削労働者は1798名，石油汲み出し人夫は2452名である。
41) Мальцев Н. А., Игревский В. И., Вадецкий Ю. В. Нефтяная промышленнность России в послевоенные годы. М., 1996. с. 30.
42) РГАЭ, ф. 7297, оп. 38, д. 156, л. 32.
43) РГАЭ, ф. 7297, оп. 38, д. 82, л. 25. アゼルバイジャン人民委員会議労働力募集規制委員会はアゼルバイジャン共産党（ボ）工業・輸送部に書簡を送って，アゾフネフチから掘削人夫30名，ポンプ番長6名，樽大工6名，鉱手60名の計102名の割当に対して，妨害や反対をしないように要請した。
44) РГАЭ, ф. 7297, оп. 38, д. 82, л. 22.
45) РГАЭ, ф. 7297, оп. 38, д. 229, л. 18.
46) РГАЭ, ф. 7297, оп. 38, д. 156, л. 31.
47) РГАЭ, ф. 7297, оп. 38, д. 229, л. 18.
48) РГАЭ, ф. 7297, оп. 38, д. 299, л. 24.
49) РГАЭ, ф. 7297, оп. 38, д. 156, л. 35.
50) 1934年の募集では46の職種に分けて，それぞれの人員が募集された。表8-3を参照。
51) РГАЭ, ф. 7297, оп. 38, д. 27, л. 19об.
52) РГАЭ, ф. 7297, оп. 38, д. 156, л. 27.
53) РГАЭ, ф. 7734, оп. 1, д. 64, л. 117.
54) РГАЭ, ф. 7297, оп. 44, д. 84, лл. 67-68.
55) РГАЭ, ф. 7297, оп. 38, д. 81, л. 100. この労働者のうちサハリンネフチは500名，会社は2000名，サフレストラスト（サハリン木材トラスト）は3000名，サフルィブトラスト（サハリン漁業トラスト）は1600名などであった。当時，ソ連では女性の就業を積極的に進めており，会社に対しても家族労働の利用の圧力が強まった。しかし，会社はこれを避けようとしたために，ソ連の批判も強まった（РГАЭ, ф. 7297, оп. 44, д. 84, л. 69）。
56) 有効期限内に改訂交渉が成立しない場合は新協約成立まで旧協約の労働条件が適用されると団体協約にうたわれている。
57) 日本人は労働組合に加入する必要はないが，ソ連の労働法を守ることが義務づけられた（「新団体契約」，注21）に同じ，1926年）。
58) 鉱山労働組合が準備した団体協約草案では，最低賃金を45ルーブリとし，等級を17に区分し，それぞれの賃金を定めている（注57）に同じ）。
59) 協約付録として，賃金等級が熟練度別に細かく分類された職種を添付している。第1等級の小使，掃除夫から始まって第17等級の高級事務職まで1業種でも熟練度に

よって等級が異なる(日露貿易通信社『日露年鑑』1929年版, 123-128頁)。
60) 「トラストノ賃金表ニ関スル件」, 注21) に同じ, 1928年1〜12月。
61) 「北樺太石油企業ニ対スル「ソ」連邦側ノ圧迫並会社ノ組織変更方ニ関スル会社側ノ申出内容要領」, 注21) に同じ, 1932年。
62) 鉱山労働組合の強硬な姿勢に対し, 会社側は将来ハバロフスクに交渉の場を戻すこと, 交渉の開始の遅れに対して責任をとる必要がないことを付記してこれを受け入れた(「団体契約」「サガレン地方ヘ赴任スル労働者ニ対スル特典規定ノ実質及之ガ適用問題ノ経緯」, 注21) に同じ, 1931年1〜4月)。
63) この他, 管理・技術者に特別の賃金率を定め, 従来の11級(142.6ルーブリ)から13級(170.5ルーブリ)の範囲にあったものを6級(210ルーブリ)から12級(312ルーブリ)の範囲に改める, 従業員・事務所員は現行の最低37.2ルーブリ, 最高192.2ルーブリを最低55ルーブリ, 最高200ルーブリに変更することが求められた(「一九三一年度団体契約改訂ニ関スル彼滅交渉経緯」, 注21) に同じ, 1931年9〜12月)。
64) 注63) に同じ。
65) 「団体契約改訂」, 注21) に同じ, 1937年1〜12月。
66) 日露貿易通信社『日露年鑑』1938年版, 1000頁。
67) РГАЭ, ф. 7297, оп. 44, д. 94, л. 70.
68) 「コンセッション契約(ロシア語)」, 注21) に同じ, 1926年。第21条にはコンセッション企業に供給される機械, 部品, 技術品, 資材についてもこのような条件が適用されている。
69) この団体協約の有効期間は1927年9月1日〜1928年9月1日の1年間(日露貿易通信社『日露年鑑』1929年版, 117-118頁)。有効期間1929年4月1日〜1930年4月1日の団体協約では, 内容に変更はないが, 新たに独立した条項(第64条)をたてている(日露貿易通信社『日露年鑑』1930年版, 196頁)。
70) РГАЭ, ф. 7734, оп. 3, д. 42, л. 53. 1935年9月1日からコンセッション企業の労働インスペクションは鉱山監督署に移管された。鉱山監督署の上部機関はソ連労働人民委員部であった。
71) РГАЭ, ф. 7297, оп. 38, д. 227, л. 3. 間接費に何が含まれるかは明らかではない。駐日ソ連通商代表部の価格はコンセッション企業によって提示された商品取引所価格。
72) РГАЭ, ф. 7297, оп. 38, д. 227, л. 3.
73) РГАЭ, ф. 7297, оп. 38, д. 27, л. 10. 会社は当時のソ連極東地域の悲惨な物資供給状況をわかっていたとみられることから, 日本からの供給量を増やす戦術であったろう。
74) 食料品・日用品の輸入にあたっては現地鉱山監督署長の審査を受けた上で駐日ソ連通商代表部に提出する。しかし, 1938年になるとモスクワの外国貿易人民委員部の直接審議確認を受けなくてはならないことになった(「用度品酒保品輸入手続変更問題」, 注21) に同じ, 1938年1〜5月)。
75) ГАСО, ф. 302, оп. 1, д. 20, л. 298. 食料品・日用品の1人当たり月間ノルマは労

働者，18 歳以上の家族構成員，18 歳以下の子供別の 3 段階に分けて数量と単価が定められている。

76) 「酒保品輸入申請確認ノ件」，注 21) に同じ，1933 年 3～12 月。
77) РГАЭ, ф. 7297, оп. 38, д. 154, л. 78.
78) РГАЭ, ф. 7297, оп. 38, д. 299, л. 111.
79) ГАСО, ф. 646, оп. 3, д. 100, л. 121. 1936 年 4 月 26 日付ソ連外務人民委員部の省庁間会議の決定。駐日ソ連通商代表部に対して，この関係は 5～10% の枠内で変更し得ることを通達している。
80) РГАЭ, ф. 7297, оп. 38, д. 299, л. 4. 1931 年 12 月には子供服地が品質粗悪であるとして鉱山監督署長によって封印され，送り返すように命じられたが，中央との交渉の結果，輸入が認められた (注 76) に同じ)。しかし，翌 1932 年には外套が税関によって不良品として押収され，関係機関との交渉も成功しなかった。また，1935 年の輸入にあたり，織物，婦人外套，毛皮 5 万 5000 ルーブリ相当が不合格品と認定された。この他，食料品・日用品として不適当な商品として，書籍類，レコード，映画フィルム，スポーツ用品などの文化娯楽品が拒否された (РГАЭ, ф. 7297, оп. 44с, д. 66, л. 56)。
81) 1929 年 4 月からの団体協約によれば，第 65 条にこのことがうたわれている。さらに，第 66 条では会社は労働者・職員に対して家具，暖房，点灯，給水，便所掃除を提供することが盛り込まれている。この条項では無償かどうか判断できないが，当時の会社社員は「すべて会社が無償で提供する義務を負った」と述べている (日露貿易通信社『日露年鑑』1930 年版，196 頁)。
82) 「宿舎関係」，注 21) に同じ，1931 年 1～4 月。
83) 注 82) に同じ。
84) ГАСО, ф. 646, оп. 3, д. 100, л. 140.
85) 1936 年 10 月 10 日調印のコンセッション契約追加協定書では，鉱区の一部を 1941 年 12 月 14 日まで延長してもらう，見返りのひとつとして第 5 条で「利権者ハ利権企業ノ常備労働者及従業員ノ一切ノ家族員ニ対シテモ亦同様ノ標準ニ依リ無料ニテ宿舎ヲ提供スルノ義務アルモノトス」ことを約束した (「利権契約追加協定書」，注 21) に同じ，1936 年 1～12 月)。

第9章　トラスト・サハリンネフチによる石油開発

第1節　トラスト・サハリンネフチの設立

　トラスト・サハリンネフチ Трест〈Сахалиннефть〉がトラストとして正式に設立されたのは1928年8月10日のことである。ソ連労働・国防会議第384号プロトコール附属26項で連邦的重要性をもつ組織としてトラスト・サハリンネフチを設置することが許可され，定款資本額は250万ルーブリと定められた[1]。これによって北サハリン（北樺太）の石油，ガス鉱床の開発のために全ソ的な意義を有するトラストが設立された。ソ連にトラストの形成を急がせた最大の理由は，日本との間のコンセッション契約で碁盤目分割方式によってソ連側が獲得した予定鉱区の採掘を速やかに実行する必要に迫られたからである。北樺太の8カ所の採掘区域は，コンセッション契約第10条に基づき，碁盤目方式で分割され，日本とソ連が互いに隣り合わせて配置された。会社（北樺太石油株式会社）は，保障占領時代に北辰会によってすでに試掘を行っていた鉱区を中心に，コンセッション契約調印後直ちに採掘に移行しており，ソ連割当鉱区の境界線ぎりぎりの会社側鉱区に坑井を建設するような状況も起きたのである。当然のことながら石油の鉱脈は地下でつながっており，ソ連側にはこのまま放置しておけばトラストに割り当てられた鉱区の石油を吸い取られてしまいかねない懸念が生じていた[2]。

　このような碁盤目の区画方式を採用したことによってソ連当局は，極東地

域における将来の石油需要を満たすための供給源を確保できたが，当時，むしろ極東における消費者不在のまま採掘を急がなければならなかった。この方式を採用するソ連の利点は，会社の試掘作業の成果をみて自らの採掘を進めるかどうかを判断できることにある。自らの投資リスクを回避できる巧妙な採掘方法であり，一方，会社にすれば試掘の努力をせずに成果物だけを易々と手に入れるソ連のやり方に苛立ちを覚えたことであろう。

　もっともこのような碁盤目分割方式は北樺太の石油開発で初めて考え出されたものではなく，すでにレーニンのコンセッション誘致構想のなかで語られていたものであった[3]。レーニンは碁盤目状の採掘方式による利点を強調している。北樺太はその打って付けの対象であった。ソ連ヨーロッパ部から遠隔の地にあり，当時のソ連には新規採掘のための資金，採掘用機資材，労働力が極度に不足しており，しかも，潜在的な軍事的脅威が極めて高い地域であったからである。したがって，碁盤目状の採掘方式はソ連側の資源開発に対するコンセッション供与の大前提であった。しかし，このような重要な問題に，当初日本側はあまり注意を払わなかった。日ソ基本条約附属議定書(乙)1には，「油田ノ各ハ各15乃至40「デシァティン」ノ碁盤目方形ニ区分セラルヘク且全地積ノ5割ニ相当スル右方形ノ数ハ日本人ニ割当テラルヘシ」と，碁盤目状に区分された鉱区の5割を日本人に提供することが約束され，その鉱区は「原則トシテ相隣接スヘカラサル」と，日本とソ連の鉱区がお互いに隣接するようにし，「油田中貸付セラレサル残余ノ地区ニ関シテハ「ソヴィエト」社会主義共和国連邦政府カ右地区ノ全部又ハ一部ヲ外国人ノ利権ニ提供スルコトニ決スルトキハ日本国当業者ハ右利権ニ関スル事項ニ付均等ノ機会ヲ与ヘラレルヘキコトヲ約ス」と，ソ連の鉱区を外国人の利権に提供する場合には日本人にも平等の機会を与えることをうたっている。

　附属議定書(乙)で5割の鉱区がソ連側に委ねられることが決まっており，コンセッション契約交渉ではこれを動かしようがなかった。当時，日本側が最も恐れていたことは，ソ連所有の鉱区が外国人，とりわけ米国企業にコンセッションとして供与されるのではないかということであった。日本側としては附属議定書(乙)に外国人にコンセッションを供与する場合には日本人に

も平等の機会を与えるという一項を盛り込むことが，精一杯の要求であったのである。

コンセッション契約交渉に臨んだ中里北サガレン石油企業組合代表は，交渉開始にあたってまず日本側から希望を出して欲しいとするソ連側の要請に応えて，多くの希望のひとつとして「蘇側ニ残サレタル地区ハ我方ノ請負事業ニ付サレタキコト」として，ソ連側鉱区を会社の請負にして欲しい旨を要求したのであった[4]。ソ連は請負契約をにべもなく断った。しかし，合弁会社であれば検討の余地があるということで，日本側はその可能性を検討したが，株式の51%以上はソ連政府に属する，配当は制限される，保証金を前納する，余剰利益をソ連政府に納付する，など日本側にとっては魅力の乏しい内容であり，これを受け入れることができなかった。その後，ソ連はトラストを設立し，独自に開発することとなり，これらの構想は買油方式に変わったのである。

ソ連政府が北樺太の石油を自らの手で開発したいとする意向は1920年代前半にすでにあらわれていたが，国内の経済復興が優先され，また日本軍による保障占領のために，北樺太の石油開発に積極的な政策をとれなかった。

通常，石油採掘に着手するまでには数年間の周到な調査・探査・試掘期間が必要である。1925年4月になってソ連最高国民経済会議は27名の専門家から成る鉱山・地質調査隊をサハリン島に派遣することを決定した[5]。調査隊の隊長にはフジャコフ Худяков, Н. А., 副隊長には地質学者のプリゴロフスキー Пригоровский, М. М., 石油に関する調査では地質学者のコスイギン Косыгин, А. И., クドリャフツェフ Кудрявцев, Н. А., ミロノフ Миронов, С. И. を長とするそれぞれの調査隊が編成された[6]。鉱山技師アバゾフは石油に関する技術・経済隊を組織した。すでに日本人によって北樺太の石油埋蔵量は工業的規模にあることが確認されており，実質的にはこの調査隊派遣の時点が，サハリンの石油・ガス資源の工業採掘を開始することを決めた年とみなすことができる。フジャコフの指揮の下に北樺太に大規模な第2次調査隊が派遣されたのは翌26年夏のことであった。この調査隊の主要目的は，油田の規模を明らかにすることと工業的な採掘の価値があるかどうかを確定す

ることにあった。15隊が派遣され，このうち石油試掘調査は，地質学者のダンペロフДамперов, Д. И., コスイギン，クドリャフツェフ，ミロノフ，ポレヴォイ，シュテンペリ Штемпель, Б. М. をそれぞれ隊長とする6隊であった。1925年にフジャコフの盟友であるモスクワ鉱山アカデミーのコスイギン教授がオハ鉱床の最初の地図を作製している[7]。

　北樺太の石油開発のためにトラストを直ちに設置すべきかどうかの議論は，最高国民経済会議鉱山部 Горный отдел ВСНХ СССР, グラフゴルトプ Главгортоп および石油工業会議 Совет нефтянной промышленности で展開され，1925年8月になってサハリンに全ソ的なトラストを設置することが最高国民経済会議鉱山部によって認められた。1925年当時，ソ連構成共和国で石油開発が行われていたのはアゼルバイジャン，カザフスタン，トルクメニスタンおよび北カフカースなどであり，同年のソ連全体の石油生産量825万tのうち66.9%はアゼルバイジャンのバクー油田，29.3%がロシア北カフカースのグロズヌイ油田で生産されたものであった[8]。1920年代後半になって石油消費地に近く，より便利なロシアやウクライナで新たに有望な石油埋蔵地域を開発する必要性が強調されるようになった[9]。1926年には最高国民経済会議はグラフゴルトプの報告にしたがって，ソ連の新たな地域で石油を探査するために，専門のトラストを創設する必要があることを認めたが，当時，ゴスプランは石油トラストの設立には否定的な結論を出したために，ウラル・ヴォルガ地域(いわゆる第2バクー油田)の石油開発に着手できなかった。埋蔵量が豊かで将来性のあるこの地域ですら開発には二の足を踏んでいたのであり，ましてや東の果ての消費地から隔絶した北樺太の石油開発に，国内経済全体の視点からは目を向けていなかったのである。

　当時，ゴスプランが極東の当面の経済発展方向として重視していた分野は，沿海地方，ニコラエフスク地区およびサハリンの林業，オホーツク海，日本海およびアムール川の漁業，プリアムーリエの採金業，毛皮・海獣採取業であり，将来的にはサハリンの石炭産業を考え，サハリンの石油産業については将来可能であれば開発するといった程度の重要性でしかなかった[10]。つまり，ゴスプランは北樺太の石油開発を焦眉の課題として認識していなかっ

たのである。第2バクーが実際に採掘に着手できるようになったのは1930年代に入ってからのことである。このようにロシア共和国内での石油試掘・採掘活動が緩慢に進められているという状況を考えるとき，ソ連政府が未開の地の北樺太に石油開発のトラストを設置させたのは異例のことである。この背後には，石油開発の促進という経済的目的よりも当時の北樺太のおかれていた環境，つまりソ連が自らも開発に着手しなければ日本の会社のなすがままになるという危機意識と潜在的な日本の軍事的脅威とが強く働いたとみることができよう。

1　初期のトラストの生産活動

　トラストがオハ油田で実際に石油採掘に着手した時期に関して，直接建設作業に携わった鉱山技師アバゾフは回想録に「2度目の夏の調査・試掘作業後の1927年9月12日，トラスト・サハリンネフチはオハ油田の採掘作業を始めた」と記している[11]。トラスト・サハリンネフチの企業長ミルレルがオハに派遣されたのは同年8月のことであり，この時期にトラスト・エンバネフチ Эмбанефть が派遣した総勢45名の技術者・労働者およびトラスト全権ドミトリエフ Дмитриев, М. Д., 技術指導者アバゾフ，技師チェペリャンスキー Чепелянский, П. А. が到着し，オハ油田の掘削準備作業が開始された[12]。採掘作業に着手するのに最初に必要とされるのは木材であり，1928年2月にはサハリンネフチの最初の企業となった製材所が操業を開始した[13]。同年3月には，第5鉱区と第10鉱区で2棟の木造の技術建造物と最初の木造宿舎が完成し，事務所が設けられた。とりもなおさず，住宅や技術建造物，掘削櫓の建設のために木材を切り出し，製材しなくてはならないわけであり，そのためには調達しやすい日本や米国から機械・設備を購入しなければならなかった。また，必要な専門家を受け入れるためには，彼らに食料品や衣類を供給しなくてはならなかった。

　設立当初のトラストの建設作業はとりわけ困難な状況にあった。資金不足に加えて，北樺太がソ連ヨーロッパ部から遠隔の地にあり，現地には石油掘削技術者は皆無の状況にあり，自然・気象条件が極度に厳しかったからであ

る。厚い氷に閉ざされるために航海時期は実質6月から9月までの4カ月しかなく，北樺太東海岸には港と呼べるものはひとつもない。防波堤がないためにしばしば激しい嵐に襲われて，輸送作業は著しく制限されていた。未開の地で採掘作業に着手するには何よりもまずインフラストラクチャーを整備する必要があった。トラストは採掘作業当初から西海岸を経由して，日本や米国で購入した機資材をニコラエフスクから対岸の北樺太バイカル湾のモスカリウォ Москальвоまで輸送したが，コストも割高であった。さらに，モスカリウォから採掘現場までの輸送手段はトナカイに頼るしかなく，その輸送費はプード当たり3ルーブリかかった。第10鉱区からオホーツク海岸までの距離は約13ヴェルスタ，西海岸のモスカリウォまでのそれは約40ヴェルスタであり，トナカイによる長距離運搬には量的に限界があった[14]。モスカリウォからの輸送は，最大2プードの貨物しか積めないトナカイによって夏のみ可能であり，したがって安定した輸送力確保には軽便鉄道の建設が急務とされた。貨物や日用品を輸送するために軽便鉄道の建設が実施に移されたが，そのためには木材を調達し，貨車を用意しなければならなかった。しかし，トラストがソ連国内で調達した貨車6両は使えるような代物ではないことがわかり，トラストの作業に支障をきたすことが明らかになった。計画への影響を隠すために会社の貨車をこっそり盗用するといった工作も行われた[15]。枕木を固定するための金具もなく，会社の金具を盗み，住宅を建設するための釘さえも自前で調達できない有様であった。汽船から貨物を積み下ろすには木製のはしけが必要であったが，その不足のために適時に十分な量を供給できなかった。この面でも会社に支援してもらわざるを得なかった。以上のような品不足はごく一部の例であり，会社の手助けなしではトラストは採掘準備作業を進めることができなかったのである。

　労働力不足の問題も作業開始当初，深刻であった。1927年2月1日にはソ連中央執行委員会および人民委員会議の決定によって，北樺太への移住の優遇措置が拡大され，農業・工業税および兵役義務が免除された[16]。当時，日本の保障占領によって北樺太に住むソ連人は5000名足らずまで減少しており，採掘作業を進めるには技術者や一般労働力を大陸に求めるしかなかっ

た。その場合，雇用機関が適時に募集人員を確保できるかどうかが重要であった。というのは，サハリン航路を利用できる期間は限られており，航海期間に合わせて募集を行わなければならなかったからである。労働力の供給に責任を負っていたのは，ウラジオストクのダリクライトゥルド Даль-крайтруд（極東地方労働部）である。

トラストがオハ油田で最初の掘削を開始したのは第10鉱区のNo.5坑であり，1928年10月5日のことであった[17]。このNo.5坑は，会社が第9鉱区の東境界に設置したK No.2に隣接しており，最も生産性が高かったことから，ソ連はこの場所を選定したのであった。このケースは，会社にすればソ連は試掘で苦労せずに，易々と石油を手に入れていると映るし，ソ連からみればソ連側の鉱区の石油を吸い取られているとみる典型例である。No.5坑は4層の油層を対象とし，11月6日には出油し，日産40tの噴出量をみた。

1928/29年にトラストが掘削したのは第10鉱区で9坑，第3鉱区で4坑であり，もっぱら3層および4層で産油された。1930年夏になって7層で掘削が開始された。

1928～33年のトラストのオハ油田における掘削深度の推移をみれば（表9-1），1928年の483mから毎年大幅な伸びを記録し，1933年には1万4584mに達した。この間の増加率は30倍である。同じ時期の会社のそれは2520mから8962mへと3.6倍の伸びにとどまった。会社とトラストでは掘削開始年が異なり伸び率だけでは判定できないが，絶対的な掘削深度をみても1933年の会社のそれはトラストの61.5％にすぎない。3年後れでスタートさせたトラストの方が1年後の1929年には早くも会社の掘削深度を追い抜き，以後会社のそれを毎年大きく引き離しているのである。このことは会社が浅い層の採掘を重視したのに対して，トラストは深部採掘に次第にシフトさせていったことを意味している。

掘削深度をみる場合，会社とトラストがどのような掘削方法を採用したかも重要である。トラストが重視したのは，綱式掘削からより早く掘削できるロータリー式掘削への転換であり，トラストは1931年の夏の航海時期に

表 9-1　オハ油田における会社とトラストの掘削深度・産油量比較(1921～37 年)

年	会社 掘削深度(m)	会社 産油量(千t)	会社 掘削係数	会社 m当たり産油量(t)	トラスト 掘削深度(m)	トラスト 産油量(千t)	トラスト 掘削係数	トラスト m当たり産油量(t)	オハ油田計 産油量(千t)	オハ油田計 会社の生産シェア(%)
1921	133.4	—	—	—	—	—	—	—	0.0	—
1922	462.0	—	—	—	—	—	—	—	0.0	—
1923	958.7	1.4	68.5	1.5	—	—	—	—	1.4	100.0
1924	1,440.3	12.5	115.0	8.7	—	—	—	—	12.5	100.0
1925	133.7	3.6	37.2	26.9	—	—	—	—	3.6	100.0
1926	1,052.6	28.4	37.2	27.0	—	—	—	—	28.4	100.0
1927	960.4	68.7	14.0	71.6	—	—	—	—	68.7	100.0
1928	2,519.6	106.6	23.6	42.3	483.0	0.2	—	—	106.8	99.8
1929	2,419.6	174.1	13.9	72.0	2,601.5	26.1	100.0	1.0	200.2	87.0
1930	2,433.8	193.0	12.6	79.5	5,231.3	96.3	55.4	18.1	289.3	66.7
1931	4,381.4	188.2	23.3	43.0	8,105.0	127.7	63.5	15.7	315.9	59.6
1932	3,514.9	184.0	19.1	52.5	14,893.8	188.9	79.0	12.7	372.9	49.3
1933	8,961.8	195.6	45.8	21.8	14,584.0	196.4	74.7	13.4	392.0	49.9
1934	5,180.8	172.1	30.1	33.2	19,332.0	241.0	79.8	12.6	413.1	41.7
1935	3,872.1	157.9	24.5	40.8	21,197.0	239.3	88.7	11.3	397.2	39.8
1936	6,989.1	161.6	42.3	23.1	38,180.0	308.0	124.5	7.9	469.6	34.4
1937	9,269.8	139.1	63.4	15.7	35,046.5	281.8	124.5	8.1	420.9	33.0
計	54,683.8	1,786.8	30.6	32.7	159,654.1	1,705.7	93.6	10.7	3,492.5	51.1

出所）РГАЭ, ф. 7734, оп. 5, д. 391, л. 64.

ロータリー式掘削設備を入手した。極寒の時期にロータリー式掘削を採用するのは初めてのことであり，ソ連の他の地域でもこのことを経験したことはなかった。厳しい寒さの下では潤滑油が凍結してしまう。寒さに耐えるためにはマッド[18]の供給や坑井のセメント注入に工夫をこらし，凍結させないために運転を止めずに連続掘削を確保しなくてはならない。オハ油田で初めて冬期のロータリー式掘削に成功し，従来の綱式掘削では実現し得なかった掘削速度を達成したのである。この掘削方法の採用が，会社に比べて大きな差異を生じることになる。綱式とロータリー式を比較した場合(1935 年)，月間 1 掘削機当たりの掘削速度は，トラストではロータリー式が 185 m であるのに対し，綱式のそれは 81 m であった[19]。同時期に会社のそれはロータリー式が 143 m，綱式が 87.5 m であった。1935 年のロータリー式による掘削深度はトラストでは 1 万 8900 m であり，掘削深度の 89.2% はロータリー式によるものであった。これに対して会社のそれはわずか 2100 m であ

表9-2 トラストの油田別産油量 (単位 t)

	合計	シェア	オハ	シェア	エハビ	シェア	カタングリ	シェア
1928	296	100%	296	100%	—	—	—	—
1929	26,065	100	26,065	100	—	—	—	—
1930	96,268	100	96,268	100	—	—	—	—
1931	127,678	100	127,678	100	—	—	—	—
1932	188,889	100	188,889	100	—	—	—	—
1933	196,398	100	196,398	100	—	—	—	—
1934	241,838	100	241,838	100	—	—	—	—
1935	239,315	100	239,315	100	—	—	—	—
1936	307,991	100	307,991	100	—	—	—	—
1937	355,541	100	281,792	79	73,749	21%	—	—
1938	360,902	100	195,015	54	165,887	46	—	—
1939	473,418	100	213,547	45	257,742	54	2,129	0.4%
1940	505,089	100	179,906	36	316,771	63	8,412	1.7
1941	492,985	100	168,470	34	311,166	63	13,349	2.7
1942	540,187	100	152,083	28	364,720	68	23,384	4.3
1943	563,765	100	138,005	24	402,869	71	22,891	4.1
1944	650,735	100	166,438	26	450,071	69	34,226	5.3
1945	752,281	100	183,034	24	512,161	68	57,086	7.6

出所) Ремизовский, В. И. К вопросу об объеме добытой нефти//Вестник Сахалинского музея. 2000. No.7. c. 401.

り，そのシェアは54.2％と遅れが目立った。

2 トラストの年度計画と実績

トラストが実際に生産を開始したのは，第1次5カ年計画の初年度のことであった[20]。「オハ油田開発の概略的5カ年計画」と呼ばれる文書ではトラストの生産計画は，1928/29年に5000 t，1929/30年に7万 t，1930/31年に15万5000 t，1931/32年に21万 t，1932/33年に26万 t と定められた[21]。

いま，生産計画とそれに対応する実績の明らかなロシア国家経済文書館データとを比較してみよう(表9-3)[22]。5カ年計画第3年度の1930年には計画達成率は99.6％に達し，軌道に乗ったかにみえたが，31年の24万 t，32年の30万 t という野心的な生産目標に対して実績はそれぞれ12万7700万 t（達成率53.2％），18万8900 t（同63％）にとどまり，計画に遠くおよばなかった。第1次5カ年計画は全体としては4年3カ月で目標を達成し，期

表 9-3 トラストの生産計画と実績(1930～37年)　　(単位 t)

	1930年	1931年	1932年	1933年	1934年	1935年	1936年	1937年
計　画	96,700	240,000	300,000	330,000	300,000	300,000	300,000	360,000
実　績	96,268	127,678	188,889	196,398	241,838	239,315	307,991	355,541
達成率(%)	99.6	53.2	63.0	59.5	80.6	79.8	102.7	98.8

出所) РГАЭ, ф. 7734, оп. 5, д. 391, л. 81.

限内超過達成を鼓舞して計画経済の優位性が宣伝されたが，新設企業であるトラストの急速な発展は望めなかったのである。しかしながら，トラストの生産計画は過大であり，この間のトラストの生産量は上昇傾向にあり，同時期における会社の生産に比べればむしろ順調に伸びたといえよう。計画目標との対比でみる限り，第2次5カ年計画期初年度の1933年においてもトラストの不振は続き，前年に比べて生産量は増大したものの，計画目標の達成率は59.5％にとどまった。初年度目標は次年度から年間30万tに下げられ，この計画目標は1936年まで同一水準となり，37年になってやっと36万tに増大させる政策がとられた。1934年には計画目標にはおよばなかったものの，24万1800tを記録し，前年比23.1％増を果たした。しかし，翌35年には23万9300tと不振であり，前年に比べてマイナス1.1％となった。1936年になると大幅な増産態勢がとられ，同年の計画目標を2.7％上回る30万8000t(前年比28.7％増)を記録した。この増産傾向は37年も続き，計画目標にはおよばなかったものの35万5500tと前年に比べて15.4％の増産を達成したのである。このようなトラストの増産傾向は，同時期の会社の衰退傾向とは対照的である。

　ソ連の地質学者は，北樺太の埋蔵量の大きさからみれば生産量を倍増できるという見通しをもっており，1932年の時点ですら年間70～75万tの生産量が可能であるとみていた[23]。したがって，トラストの生産動向はソ連当局を満足させるものではなかった。計画経済システムの下では生産計画を超過達成することが最も重要な課題であったことを考慮すれば，会社の生産量との比較ではなく，会社が試掘作業を軽視して自らの生産活動を重視していたことはトラストにとって好ましいことではなかった。ソ連国内から調達で

きる投資資金には限界があることから，ソ連政府にとっての成果を利用できないために，トラストは産油量を増やすことができなかったのである。会社の試掘作業に期待するソ連政府にとって，その軽視は，鉱山監督署の会社に対する監督をさらに厳しくする要因ともなった。

トラストの生産量を年間70万t台に乗せるには大幅な投資が必要になる。しかし，1928～30年の3年間の投資額は1274万ルーブリであり，これに対して掘削深度は1928年に483m，29年に2601m，30年に5231mにすぎず，試掘井に至ってはわずか1400mしか掘削できなかった。投資不足が開発を妨げ，上部組織のサユーズネフチからの支援も得られず，会社の試掘作業が頼みの綱であった[24]。

当時のソ連の石油産業向け投資をみれば，1923～27年間にはソ連南部の産油地域，つまりバクー，グロズヌイおよびクラスノダールに石油部門総投資の90.4％が振り向けられており，この構造に変化がみられるようになったのは第1次5カ年計画が始まって，新たにロシア共和国の産油地域に目が向けられるようになってからのことである。極東への石油部門投資（そのほとんどは北樺太）が開始されたのは1927/28年のことであり，ソ連の石油部門投資の0.3％が振り向けられた。その後投資のシェアは，1928/29年2.1％，30年2.5％，31年3.2％，32年4.4％，33年3.3％と若干増加傾向を示し，以後毎年2～3％台の投資が続いた[25]。石油開発投資は工場建設のように一時期に大規模な初期投資が必要になるわけではなく，試掘，採掘，インフラ投資を徐々に拡大していく傾向がある。1930年代から50年代にかけてソ連が最も重視した産油地域はいわゆる第2バクーと呼ばれるウラル・ヴォルガ地域であり，総投資に占めるその額は1930年の4.7％から1951～55年間（年平均）には40.5％まで拡大した。同時期に極東向け投資は2.5％から3.1％の水準にとどまった。ソ連が，消費地に近く，輸送ルートがすでに確保されており，埋蔵量の大きなウラル・ヴォルガ地域をバクーに代わる一大石油基地として選択した結果であり，北樺太に対して大規模な投資を行って生産量を増やす意図は当時のサユーズネフチにはなかったのである。それは，北樺太がソ連国内の消費地から遠く離れていたこと，開発には膨大な投資が

必要であったこと，開発しても局地的な役割しか期待できなかったことなどから，中央の主要な関心事ではなかった。日本の会社を利用することをむしろ重視し，開発の緊急性というよりも日本による保障占領からの脱却という政治的な動機から北樺太の開発を行っていたのである。

3 1930年代半ば以降のトラストの生産活動

トラストは1930年代に入ってオハ油田で順調な発展を遂げ，1936年には30万8000tの産油量を記録した。この量は，同年の会社のそれの約2倍であり，前年に比べて28.7%増という驚異的な伸びを記録した。これは，ひとつには前の年がマイナス1%成長と振るわなかった反動であり，ひとつには掘削深度が大幅に伸びて採掘に移行できたことであり，さらには1935年末から全国的に展開されたスタハーノフ運動がサハリン州にも浸透したことによるものである[26]。

1936年のトラストの掘削深度は3万9400mと前年に比べて72%もの大幅な伸びを示した。1936年の掘削深度の計画目標をみれば，3万1000mであり，このうち採掘井は1万4000m，試掘井は1万7000mが見込まれ

表9-4 会社とトラストの油層別産油量比較(1936年)   (単位 t)

	3層	4層	5-6層	7-8-9層	11-12-13層	13б層	14-15層	計*
1) 会 社								
産油量	46,196.5	32,613.4	4,004.5	42,724.7	7,161.0	27,834.5	—	160,585.0
坑井数**	75	50	5	41	4	12	—	187
坑井当たり月間平均産油量	56.0	54.5	66.7	87.5	149.0	310.0	—	80.0
含水率(%)	15.1	25.3	32.2	21.8	0.5	0.0	—	17.2
2) トラスト								
産油量	72,835.0	55,771.0	8,641.4	57,474.7	17,220.0	51,067.5	32,470.8	295,480.4
坑井数***	94	58	8	93	22	26	15	314
坑井当たり月間平均産油量	72.0	135.0	120.0	65.0	120.0	240.0	260.0	108.0
含水率(%)	8.1	13.1	5.1	17.3	0.2	11.3	9.7	15.3

注) *   トラップを除く。
    ** 1936年12月現在。
    *** 1937年1月1日現在。
出所) РГАЭ, ф. 7734, оп. 5, д. 391, л. 253.

た[27]。実績をみれば，前者が1万8000m，後者が2万1400mであり，それぞれ計画を28.6%，25.9%上回った。このことから採掘井の掘削深度増大が増産につながっていることがわかる。1936年の計画では既存坑井は212坑，21万8000t，新規坑井は88坑，8万2000tを予定されたが，実績は既存坑井213坑，21万2500t（前年実績比18.5%増），新規坑井101坑，9万3000t（同58.7%増）と，既存の坑井が安定した生産量を確保し，新規坑井の生産量も大きく伸びたことが36年の大幅増産につながった（表9-6）[28]。

さらに，このような首尾よい結果がどの油層から生み出されたかをみれば，4層が1936年の産油量の18.3%を生産し，前年に比べて2.5倍の伸びとなり，最も重要な油層に成長した。4層の増産は新規坑井の導入によるものであり，この層からの生産量は1935年にはわずか3000tであったが，翌36年には約10倍の3万4800tまで伸び，同年の新規坑井における産油量の37.4%を占めるまでに成長したのである[29]。1936年の油層別の生産構成をみれば，3層が94坑（全体の29.9%）から23.9%の産油量を確保し重要であるが，深部の11-12-13層および136層の掘削が進み，これらの層が生産シェアを高めている。この傾向は新規坑井にとくにみられ，1936年には11-12-13層からの産油量は前年に比べて4.7倍の約1万t（36年の産油量の10.8%），136層は4.9倍の1万9100tを記録した。このようにトラストは新規坑井の掘削量を増やし，より深部の掘削を進めたことが1936年の大幅増産を実現させた（表9-6）。

増産が可能になったもうひとつの要因はスタハーノフ運動の展開である。1936年の掘削計画をみれば，第1四半期には計画目標を12.1%下回った。第2四半期以降はそれぞれ27%，41.8%，62.3%の計画超過達成を果たしている[30]。第1四半期には1935年末から始まったスタハーノフ運動がまだ徹底していなかったからである。1936年にはトラスト平均の1カ月当たり掘削機の掘削速度は327mであったのに対し，レズネンコ Резуненко班1274.5m，キリーリン Кирилин班1220.5mなどのように1000mを超える班が6班出現し，掘削速度進展のキャンペーンに利用された[31]。もともとトラストは創立以来深部掘削を重視しており，この面で威力のあるロータ

リー式掘削を広く取り入れた。この傾向は，掘削速度を競うスタハーノフ運動によって一層強まり，1936年にはロータリー式掘削が全体の92.4％を占めるようになり，綱式はわずか7.6％にとどまったのである。ロータリー式の採用には当然周辺機器の装備度を高める必要があり，とくに発電所の増強が求められる。1936年にはロータリー式掘削機の回転板であるローターの回転数は前年に比べて25～50％高まり，同時期にポンプの生産性も80％増となった。しかしながら，スタハーノフ運動も労働者の志気を鼓舞し，新たな機械を投入する余力がある場合には効果があるが，1ヵ月にどれだけ掘削したかという指標だけが重視されると，ノルマ達成にのみ関心が集まり，掘削深度が増える割には産油量が伸びないという状況を生み出す。生産性の高い油層から採油することが最も効果的であり，オハ油田ではすでにこのような油層を発見することが困難になりつつあった。トラストの関心は1936年を境にオハ油田を離れ，エハビやカタングリ鉱床といった新たな石油鉱床の採掘に移っていったのである。

オハ油田では1936年の産油量をピークとしてその後は減産に転じ，1943年には13万8000 tまで落ち込むことになる。

第2節　オハ油田における会社とトラストの生産比較

これまで述べてきたことから明らかなように，オハ油田における会社とトラストの産油量には歴然とした差がみられるようになり，1932年を境としてその乖離は広がるばかりになった。いま，表9-5にみるように統計的に比較しやすい1934年を例にとって，両者の間に何故このような顕著な差がみられるようになったのかを整理してみよう。

1934年時点の採掘年数を比較してみると，会社は14年間であるのに対し，トラストはその半分の7年間である。この間のトラストの産油量は累計87万7400 tと会社のそれの66.8％であり，3割方少なかったが，同時期のトラストの総掘削深度は逆に会社の1.8倍であった。操業以来1937年までの

表9-5 オハ油田におけるトラストと会社の比較(1934年)

	トラスト	会　社
1) 採掘年数	7	14
2) 1934年までの総掘削深度(m)	69,678.3	38,867.4
3) 1934年までの全産油量(t)	877,432.2	1,314,262.4
4) m当たりの産油量(t/m)	12.6	33.8
5) 試掘区域における総掘削深度(m)	3,468.8	6,188.2
6) 試掘区域における総産油量(t)	—	9,371.5
7) 廃坑数	56	37
1) 掘　削		
掘削深度(m)	19,506.9	5,180.8
採掘井に移行した坑井数	42	19
1935.1.1現在の掘削中の坑井数	16	2
2) 採　掘		
1935.1.1現在の採掘中の坑井数	150	156
液体産出量(t)	283,730.6	202,922.5
うち,		
坑井からの産油量	239,621.6	171,295.2
水	41,892.5	30,810.5
液体に占める水のシェア(%)	14.9	15.3
トラップからの石油(t)	2,216.5	1,423.0
新規坑井からの石油(t)	71,933.1	19,331.5
新規坑井のシェア(%)	30.0	12.3
層別産油量の配分(%)		
3層	49坑 (18.8)	63坑 (20.1)
4層	24坑 (9.8)	49坑 (32.1)
5-6層	6坑 (7.1)	6坑 (2.2)
7-8-9層	66坑 (34.7)	41坑 (38.5)
11-12-13-14-15層	21坑 (29.6)	4坑 (7.1)
計	166坑(100.0)	163坑(100.0)
層別水量の配分(%)		
3層	7.4	19.6
4層	20.3	37.1
5-6層	1.5	5.5
7-8-9層	31.8	35.8
11-12-13-14-15層	39.0	2.1
計	100.0	100.0
層別の液体産出量に占める水のシェア(%)		
3層	6.4	14.9
4層	26.6	17.3
5-6層	3.7	27.8
7-8-9層	13.8	14.4
11-12-13-14-15層	18.7	5.4
他の鉱区の活動		
掘削深度(m)	1,287.2	1,963.0
生産深度(m)	0.0	2,138.9

出所) РГАЭ, ф. 7734, оп. 5, д. 391, л. 174.

合計掘削深度は会社の5万4700 m に対して，トラストのそれは2.9倍の15万9700 m であった。トラストの掘削深度がこのように大きいのは，11層以下の深部掘削を重視したからである。一方，会社は，すでに工業的規模の石油の存在が明らかになっていて，比較的容易に産油できる上層部の掘削を重視した。この結果，会社の生産性はトラストのそれより高く，創業以来の合計では掘削深度1 m 当たりの産油量は，会社が32.7 t に対してトラストのそれはその3分の1の10.7 t であった(表9-1)。一般に採掘が進むにつれて1 m 当たりの産油量は低下する傾向にあるが，会社の生産性の低下率がトラストのそれよりも大きい。

どの油層から産油しているかを比較してみれば，1934年にはトラストの坑井は11層以下に21坑(全体の産油量の29.6%)の採掘井があり，これに対して会社による11層以下の採掘井は4坑，7.1% にすぎず，トラストは産油量の3分の1を11層以下の深部で採掘していることがわかる。逆に，上層部の3層および4層では会社の採掘井は112坑であり，産油量の52.2% を産出している。これに対してトラストのそれは73坑，28.6% であった。1936年になるとこれらの構成には変化がみられる。つまり，会社の11層以下への採掘シフト，トラストの上層部への採掘シフトである。

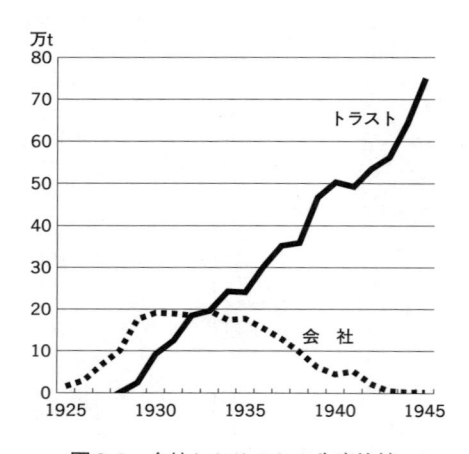

図9-1　会社とトラストの生産比較

3層および4層における会社の産油量は125坑，49.1％と若干減少したのに対し，11層以下では16坑，全体の産油量の21.8％を獲得したのである。一方，トラストは11層以下では63坑，34.1％を産油し，3層および4層では152坑によって全体の43.5％とこれらの層の採掘が進んだ。トラストでは4層において新規坑井の採掘が進み，1935年の3000ｔから36年には11倍余の3万4800ｔを記録しており，このことが3層および4層の比重を高めた（表9-6）。また，11層以下では1935～36年間に14-15層で4分の1に減少したのに対し，11-12-13層では同時期に4.7倍，13б層では4.9倍に増えた。会社にとっては目先の利潤追求が経営上の至上命令であり，採掘の容易な上層部採掘は短期的にみれば生産量増強に寄与した。しかし，資金的な余裕がないために限界があったものの，長期的にみれば大きな生産量を見込

表9-6 トラストのオハ油田における坑井種類別・層別産油量(1935～36年)

油　層	1935年 産油量(t)	水量(t)	含水率(%)	1936年 坑井数	産油量(t)	水量(t)	含水率(%)
1) 既存坑井							
3	53,667.0	3,527.2	6.2	70	57,921.3	6,092.0	9.5
4	19,429.7	8,245.5	29.8	25	20,962.2	7,195.1	25.6
7-8-9中央オハ	37,646.6	13,799.3	26.8	38	32,462.4	18,938.5	36.8
5-6	2,763.6	552.0	16.6	6	8,480.5	371.0	4.7
7-8-9北オハ	20,801.5	209.5	1.0	43	23,795.8	1,112.8	4.5
11-12-13	4,273.1	181.9	4.1	8	7,167.4	295.2	4.0
13б	28,271.5	11,065.5	3.8	13	31,948.4	6,484.0	16.9
14-15	12,460.2	3,434.5	23.0	10	29,760.4	3,488.5	10.5
計	179,313.2	41,015.4	18.6	213	212,498.4	43,977.1	17.5
2) 新規坑井							
3	14,139.7	553.6	3.8	24	14,914.4	352.8	2.3
4	3,000.7	54.2	1.3	33	34,808.8	1,239.8	3.4
5-6	5,852.9	1.8	―	2	160.9	93.7	36.8
7-8-9中央オハ	10,359.3	462.5	4.3	4	2,037.9	―	―
7-8-9北オハ	8,461.0	41.2	0.5	8	9,178.6	283.6	3.0
11-12-13	2,134.5	0.5	―	14	10,052.6	24.2	0.2
13б	3,930.9	―	―	13	19,119.1	49.4	0.3
14-15	10,908.6	―	―	3	2,710.4	10.0	0.4
計	58,787.6	1,113.8	1.9	101	92,982.7	2,053.5	2.2

出所）РГАЭ，ф. 7734, оп. 4, д. 282, лл. 18б-19．

める深部の掘削を軽視できなくなった。この上層部採掘重視は，後々生産量の増加に影響をおよぼすことになる。一方，目先の生産増をある程度犠牲にして，トラストが深部掘削を重視した背景には，掘削深度という計画指標が生産高指標とは別に定められており，国家計画の評価はこれら指標を達成できるかどうかにもかかっていたという事情がある。計画目標の達成に最大の関心が払われ，効率的であるかどうかは問題ではなかったのである。

オハ油田の試掘区域における1934年の会社の総掘削深度は6200mとトラストのそれのほぼ倍であり，掘削深度とは異なった傾向を示している（表9-5）。これは，トラストが試掘区域における会社の作業に全面的に依存して，会社の結果をみて掘削に着手するという方針をとっていたからであり，試掘区域におけるトラストの掘削深度が少ないのも当然の結果であった。しかし，会社の試掘量はトラストの期待通りには進まず，トラストは，会社が採掘井を重視して，試掘区域の掘削を軽視していると批判しており，1936年には試掘区域の許可年数が切れるその2年前の1934年になって，やっと会社は試掘鉱区の掘削に本格的に着手したのである。

会社による試掘作業の遅れは新規坑井の産油量の割合がトラストに比べて低いことにもあらわれている。1934年にはその割合はトラストが30%であったのに対し，会社のそれは12.3%にすぎなかった。一般に，新規坑井の方が生産性は高い。いま，統計の明らかな1937年をみれば，オハ油田における会社の全産油量に占める新規坑井の割合は14.3%であり，1坑井当たりの平均産油量は既存坑井が1.9tであったのに対し，新規坑井のそれは4.6tであった[32]。

同年のトラストの新規坑井と既存坑井とを比較してみれば，新規坑井の割合は38.9%と会社に比べてはるかに高い。平均産油量も7.1tに達している。とくに，深部の136層および14-15層の生産性が抜きん出て高く，1坑井当たり平均産油量はそれぞれ21.1t，27.1tとなっている。これら両層の新規坑井の産油量は新規坑井全体のそれの63.7%を占めており，会社とトラストの明暗をはっきり分けている。

会社の生産不振は，主として新規坑井の掘削が資金不足のために思うに任

せなかったことと，直接的には1936年11月の日独防共協定によってソ連側の圧迫が強まり，開発に支障をきたしたことによる。1938年にはトラストもオハ油田の産油量を前年比で30.8％も落ち込ませたが，その主因はスターリンの大粛清の嵐が北樺太にもおよび，生産現場の多くの幹部が逮捕されて，生産活動に打撃を与えたことによる。

第3節　カタングリ鉱床における会社とトラストの生産活動

　カタングリ鉱床の採掘鉱区は，ナビリ湾入り口から狭軌鉄道で8kmの地点にあるカタングリ・ノグリキ第Ⅷ試掘区の領域に位置している。オハからナビリ湾までは海路で南方260kmの距離であり，開発の中心のオハ油田から孤立していることが，トラストにとっては投資や輸送の点で開発を遅らせる決定的なマイナス要因となった。この鉱床はヌイウォ鉱床やノグリキ鉱床の採掘鉱区に隣接しており，カタングリ鉱床の開発が進めば，さらに生産量を拡大させる潜在力をもっている。しかし，これら2鉱床は，結局手つかずに終わった。カタングリに会社の支所の前身である北辰会の事務所が設置されたのは1922年のことであり，この事務所を拠点に採掘の準備作業が行われた[33]。

　会社は北辰会から3坑を引き継いでおり，1928年には採掘井1坑から自家消費分として10tを産油した。カタングリ鉱床の石油開発は1935年まではもっぱら自家消費のために産油されており，日本向けに搬出されることはなかった。採掘はもっぱら最上層のK層で行われた。

　会社がカタングリ鉱床の開発に本腰を入れるようになったのは1936年である。カタングリ鉱床への大型投資によって，採掘作業が急速に進むことになる。何が会社をこの油田開発に駆り立てたのであろうか。

　第1は，カタングリ鉱床がオハ油田に次ぐ北樺太第2の重要な油田として，期待されていたことである。カタングリ鉱床の採掘鉱区および試掘鉱区1ヵ所の1937年1月1日現在のA＋B＋C_1確認埋蔵量は300万t（うちA埋蔵

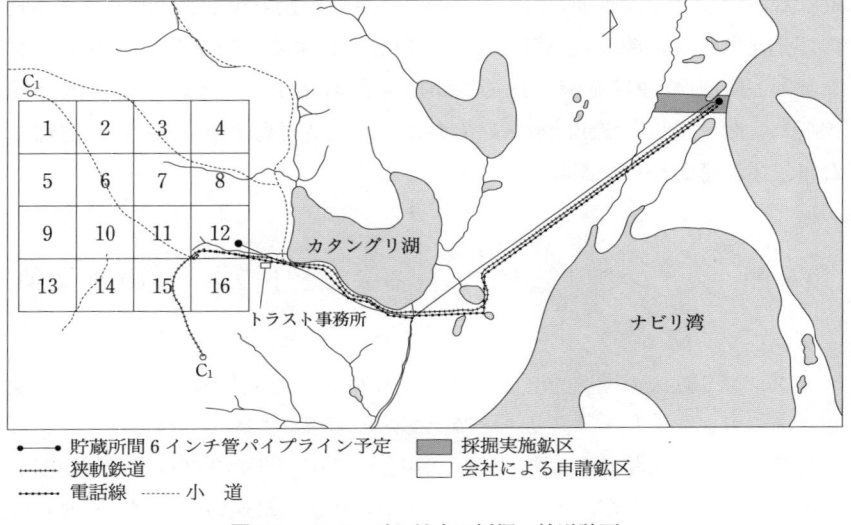

```
     ●━━● 貯蔵所間6インチ管パイプライン予定    ▓▓ 採掘実施鉱区
     ┄┄┄ 狭軌鉄道                              □ 会社による申請鉱区
     ┅┅┅ 電話線    ┄┄ 小 道
```

図9-2　カタングリ鉱床の採掘・輸送計画

出所）РГАЭ, ф. 7297, оп. 38, д. 78, л. 283.

量は100万t，B埋蔵量は200万t）であり，その他工業採掘規模の埋蔵量を有する鉱区が存在する[34]。カタングリ支所が管轄するのは，この他ヌイウォ鉱床，ウイグレクトゥイ鉱床，カタングリ鉱床第3鉱区，第4鉱区，第5鉱区の3鉱区であり，これらの総面積はオハ油田よりもかなり大きく，100平方ヴェルスタを包含している。オハ油田に次ぐ第2の産油地域に育て上げるために，これまでこの鉱床で実施されていた採掘作業を中断し，試掘期限が直前に迫っていることから試掘に主力を注ぐこととなった。カタングリ第Ⅰ試掘区に2坑井，第Ⅲ試掘区に2坑井，第Ⅳ試掘区に1坑井，第Ⅴ試掘区に2坑井の合計7坑井が掘削された。このうち，第Ⅰ試掘区は成功し，1934年に新たに採掘鉱区に編入されたが，第Ⅲ試掘区の2坑井および第Ⅴ試掘区の1坑井は失敗に帰し，第Ⅳ試掘区の1号井および第Ⅴ試掘区の2号井は掘削中であった[35]。

　試掘作業に劣らず，左近司社長の指揮の下に採掘作業も重視され，1936年には旧採掘鉱区内に10坑，新規採掘鉱区内に11坑の計21坑の掘削が予

定され,同年度の産油量は1万1190t(うち自家消費量は6000t)を見込まれた。純産油量はタンクに貯蔵され,翌年搬出する計画であった。このような試掘・採掘作業のために158万円が投資され,軌道,土道などの輸送設備,掘削,産油,送油,貯油,電気,給水などの生産関連設備をはじめ,宿舎,倉庫,技術建造物に投入されるはずであった。

第2は,カタングリ鉱床の坑井の生産性が高いことである。新坑井は深度50〜150mの浅い油層で,1坑井当たり日産平均20tを記録し,オハ油田に比べて格段に優れた成績であった。産油しても貯蔵するタンクが不足し,減産せざるを得ないという事態も生まれたのである。カタングリ鉱床の既設貯油タンクは5000t容量2基であり,さらに緊急に5000tタンク2基を増設した。

会社はカタングリ鉱床の開発に大きな期待を寄せたが,早くも1937年には窮地に追い込まれることになる。日独防共協定の調印はカタングリの現場にも影響をおよぼし,ソ連政府当局による会社に対する圧迫が強まり,建設許可申請が却下されるという事態が発生したのである。とくに,原油搬出のための輸送力強化を妨害されたことはカタングリ鉱床の産油量拡大に決定的な打撃を与えた。会社は,海岸から係留所まで海底パイプライン(口径10インチ,延長約2500m)を申請したが許可されず,この輸送方法を諦めて陸上のパイプラインからバージに原油を積み替えて,艦船に積み込む方針に切り替えた[36]。ところが,重工業人民委員部は,パイプライン建設の許認可は政府が決定することになっており,会社が鉱山監督署鉱区に申請したのはコンセッション契約条項に違反していると批判した。ここに会社によるカタングリの開発を阻止しようとする姿勢があらわれている。一方,トラストは1932年初めまでにカタングリ油田で11坑を掘削しており,このうち10坑は工業採掘規模の埋蔵量が確認されていた。にもかかわらず,上部機関のグラフネフチは1932年に採掘を休止させてしまった。トラストが産油を休止している間に,会社はカタングリ鉱床の主人になった。重工業人民委員部外国部長カシツィン Кашицин はグラフネフチ部長バリノフ Варинов 宛に手紙を書き,われわれの目的は日本の開発を阻止することにあり,会社はオハ油

田に並ぶ産油量を近い将来見込めるカタングリ鉱床を狙っている，この油田開発に必要な対策をこれまでとってこなかったグラフネフチの立場を全く理解できない，と激しく抗議している[37]。

　現地のトラストはカタングリ鉱床の開発には関心を抱いていた。1932年にはカタングリ鉱床第16鉱区のK層でNo. 1, No. 2, No. 3, No. 4, No. 5の5坑の掘削が行われた。第16鉱区に隣接する第15鉱区では会社によってNo. 96, No. 97, No. 98, No. 99, No. 100の5坑が掘削されていた。しかし，トラストの採掘作業は，グラフネフチによって停止させられた。輸送手段が確保されない限り，採掘は難しいと判断され，当分見送られたのである。しかし，トラストにしてみれば，この鉱床は会社によってすでに採掘されており，しかも隣接鉱区で産油されているから，トラストの割当地の石油も会社によって吸い取られてしまうという危惧が強かったのである。当時，会社はオハ油田の事業を縮小している一方で，カタングリ鉱床では生産活動を活発化させようとしていることにトラストは警戒心を強めていたのである。会社が重工業人民委員部外国部に提出したカタングリ鉱床の生産計画によれば，1937年には8万t，38年には12万t，39年には16万t，40年には17万tを見込んでいた[38]。このためには，10インチ管海底パイプラインの建設が必要であり，会社の生産活動を思いのままにやらせたくないソ連政府当局は海底パイプラインの建設を認めるはずはなかった。

　カタングリ鉱床の坑井の深度は60〜150mという浅部に位置し，会社のデータによれば，坑井当たりの噴出量は第I試掘区では18〜53tと良好であった[39]。したがって，会社の動きを封じ込めるためにもトラストは採掘を進める必要があり，1938年に採掘に移行するために，前年の第4四半期に掘削および採掘に必要な設備を入手し，これを輸送しなければならず，その費用は600万ルーブリと見積もられた。1939年の2100tの産油量を皮切りに，その後ゆっくりとしたペースではあったが，増産を続け，1945年には5万7000tまで拡大したのである。この間の会社の産油状況はどうであったか。ソ連の輸送面の圧迫のために産油量を増やすことができず，1936年の2万5000tをピークとして急激に減少し，1940年には遂に撤退せざる

を得なくなったのである。期待された搬出量は結局合計で4万6000tにすぎず，会社が投資した生産・生活関連インフラも，整備されただけでソ連側に引き渡す破目に陥ったのである。

第4節　エハビ鉱床における会社とトラストの生産活動

　オハ油田におけるトラストの産油量が1940年代前半に年産15万t程度まで落ち込んだが，その減産を補い，かつトラストの増産に貢献したのはエハビ鉱床であった。この鉱床の開発は1937年から開始され，戦時中にもかかわらず毎年増産を続け，1945年には51万2200tを記録し，同年におけるトラストによる北樺太の全産油量の68%を占めるに至った。

　エハビ鉱床はオハの石油鉱区から南10kmに位置し，オハに容易にアクセスでき，さらにオハ～モスカリウォ間鉄道を利用することによって石油を搬出できる。このようにエハビは輸送の便利な場所に位置しており，1937年にはオハまで6インチ管石油パイプラインが敷設されたことによって，輸送路が確保された。

　1937年1月1日現在のエハビ鉱床のA＋B＋C_1確認埋蔵量は4万6800tであり，このうちC_1埋蔵量が3万7200tと大きな量を占める[40]。坑井の平均深度は670～700m，軽質油で比重は0.84～0.85，オクタン価90以上のガソリン分を含んでいて，良質である。北樺太におけるトラストの採掘作業では初めて自噴井がこの鉱床でみられた[41]。

　トラストはエハビ鉱床の開発にあたって，採掘状況が会社に知れるのを警戒しており，警備が厳しくて日本人は現場には近づけなかった[42]。生産性の高い油田であること，確認埋蔵量がまだ小さいこと，会社が参入すれば鉱区が荒らされること，などの懸念があったからである。

　1937年の採掘井は6坑であり，これらは日産約250tを産油しており，1938年には年産15万t，近い将来年産30万tは可能であるとみていた[43]。しかし，採掘開始当初は厳しい状況にあった。1937年には6インチ管石油

パイプラインが敷設されただけで，鉱区での作業は遅れた。オハからの採掘用機資材が予定通り到着しなかったために，掘削作業に支障をきたしたのである。しかし，このような状況も一時的なものであった。1938年には年末までに採掘井35坑，掘削深度2万m，産油量13万5000tが予定され，翌39年には90坑，4万m，27万tの産油量を実現させる計画であった[44]。1938年の産油量実績は16万5900tと早くも計画目標を上回り，翌年には目標を達成できなかったものの，増産率は前年比55.3%増の25万7700tを記録したのである。このような増産傾向は1945年まで続いた。

　トラストのエハビ鉱床における好成績に対して会社はどのように対応したのであろうか。エハビ鉱床においても日ソ双方が碁盤目状の区分にしたがって鉱区を所有しており，トラストが会社の従業員を近づけないように監視を厳しくしても，限界があった。採掘にあたっては試掘鉱区を採掘鉱区に編入させる手続きが必要であり，1936年には第Ⅰ試掘区においてその手続きを進めた。1938年になって会社は採掘に必要な軌道，高圧送電線，貯油所，パイプラインなどの生産関連設備や宿舎の建設に着手しようとしたが，ソ連政府当局が圧迫を加え，採掘に必要な設備建設は遅々として進まなかった[45]。わずかに軌道の一部と宿舎1棟，若干の附帯設備の建設が行われたにすぎなかったのである。これらは会社による採掘を抑え込みながら，建設を認めることによって，いずれはソ連側に帰属する施設であり，トラストは採掘を円滑に進めることができる。会社がエハビで試掘作業を開始したのは1931年のことであり，この年に第Ⅰ試掘区で開坑準備がとられた。その後，第Ⅰ試掘区および第Ⅱ試掘区で試掘作業が実施されている。しかし，試掘作業は本腰を入れたものではなかったが，トラストの順調な発展に刺激されて，採掘鉱区への編入手続きを進めた。1939年になってもソ連側の当局による圧迫は和らがず，それどころかソ連人労働者の送り込みを拒絶し，日本人従業員の送り込みも大幅に制限したのである。その結果，10月28日をもって作業を中止せざるを得なくなった。

1) Социалистическое строительство на Сахалине 1925-1945 гг. Сборник документов и материалов. Южно-Сахалинск, 1967. с. 134. トラストの長にはトラスト・エンバネフチから派遣されたミルレル Миллер, В. А. が任命された。トラストは 1922 年 9 月の最高国民経済会議制定の「トラストについての標準規定」および附属文書および 1927 年 6 月の「国有工業トラストに関する規定」に基づいている。ホズラスチョート (経済計算制) への移行の主要形態として国有工業企業に適用された。法人格を有し, 国家から定額資本を受け, 自立的経済単位体として機能する。サハリンネフチの上部組織は重工業人民委員部に直属するサユーズネフチ Союзнефть (後のグラフネフチ)。

2) 1927 年 8 月, 北樺太の鉱山監督署は, 鉱区境界から 50 m 以内に坑井を建設してはならないとする 1927 年 6 月 14 日付政府指令を通告してきた。会社は, これによって鉱区のおよそ 4 分の 1 の面積を失うことになり, 日ソ基本条約附属文書およびコンセッション契約に違反すると厳重に抗議, 1928 年 4 月 25 日になって例外措置として 50 m を 30 m とする旨連絡があった (中里重次『回顧録』其二, 1937 年, 33-34 頁)。当時, 鉱区開発にあたって米国においても中立地帯を設けており, 会社はある程度やむを得ないものとしてこれを受け入れたのである。このような措置はソ連側の会社に対する警戒のあらわれでもある。

3) Ленин В. И. Сочинения. т. 31, с. 450.

4) 中里重次『回顧録』其の一, 1936 年, 20 頁。

5) 1925 年 4 月 2 日付ソ連最高国民経済会議決定 No. 657。

6) この他, 石炭, 森林, コンセッション, 地形測量に関する調査隊が編成された (Геологический комитет, Сахалинская горно-геологическая экспедиция 1925 года. Л., 1927. с. 6)。

7) Администрация Сахалинской области, Нефтегазовая вертикаль (ред.) Нефть и газ Сахалина. 1998. с. 24.

8) 村上隆『旧ソ連アジア部におけるエネルギー生産の統計的分析 1860-1961 年』近現代アジア比較数量経済分析シリーズ No.5, 法政大学比較経済研究所, 24-25 頁。

9) Стрижов, И. Н. は『商業・工業新聞』(1928 年 7 月 15 日付) に「新たな場所で石油を探さなくてはならない」と題する論文を寄せ, 石油採掘地域をより販路に便利な地域に転換させる必要性を強調し, 影響をおよぼした (Лисичкин С. М. Очерки развития нефтедобывающей промышленности СССР. М., 1958. с. 189)。

10) РГАЭ, ф. 4372, оп. 15, д. 225б, л. 5.

11) Ремизовский В. И. Хроника Сахалинской нефти. ч. 1: 1878-1940 гг. Хабаровск, 1999. с. 17.

12) РГАЭ, ф. 7297, оп. 38, д. 25, л. 12. サハリンネフチは当初エンバネフチの 1 部門として設置され, その後独立している。

13) 製材設備は日本で買い付けられ, 1927 年 10 月半ばに北樺太の東海岸にあるカイガンから第 10 鉱区に輸送され, 11 月 7 日に据え付けられた (РГАЭ, ф. 7734, оп. 1, д. 64, л. 12)。

14) РГАЭ, ф. 7297, оп. 38, д. 25, л. 35.
15) СЦДНИ, ф. 2, оп. 1, д. 102, л. 83.
16) 注11) に同じ, c. 16.
17) РГАЭ, ф. 7734, оп. 1, д. 64, л. 13.
18) 泥水。ロータリー式による掘削作業中に坑井内を循環する液体。その機能には掘り屑の除去、ビットの冷却などがある。
19) РГАЭ, ф. 7297, оп. 38, д. 26, л. 192.
20) 第1次5カ年計画期は1928/29～1932/33年、当時は10月1日から翌年の9月30日までを1年とする「経済年」の制度がとられていた。
21) ГАСО, ф. 217, оп. 4, д. 4, л. 1.
22) РГАЭ, ф. 7734, оп. 5, д. 391. л. 81.
23) ГАСО, ф. 217, оп. 4, д. 4, л. 2. ソ連重工業人民委員部燃料管理総局ГУТ НКТП СССРおよび燃料会議で承認された1933～37年のサハリンネフチの5カ年計画によれば、石油生産量は、1933年30万t、34年40万t、35年70万t、36年125万t、37年200万tという野心的な目標が掲げられており、これらに比較すれば実績は極めて低い水準にあった(ГАСО, ф. 217, оп. 4, д. 8, л. 1)。1937年1月1日現在のオハ油田の確認埋蔵量は、A_1が69万7000t、A_2が169万2000t、Bが155万8000t、C_1が1755万3000tの合計2150万tと評価されていた(РГАЭ, ф. 7734, оп. 5, д. 136, л. 107)。
24) ГАСО, ф. 217, оп. 4, д. 4, л. 2.
25) Лисичкин С. М. Очерки развития нефтедобывающей промышленности СССР. М., 1958. c. 191.
26) スタハーノフ運動は、技術習得を基礎として労働生産性を向上させようとする運動であり、1935年8月末日、ドネツ炭田の採炭労働者スタハーノフが圧搾空気ハンマーを導入して、1交代時間の間に102tという当時としては驚異的な採炭を実現したことから、これを範として展開された。
27) РГАЭ, ф. 7734, оп. 4, д. 282, л. 9б.
28) РГАЭ, ф. 7734, оп. 4, д. 282, л. 17б.
29) РГАЭ, ф. 7734, оп. 4, д. 282, л. 19.
30) РГАЭ, ф. 7734, оп. 4, д. 282, л. 11б.
31) РГАЭ, ф. 7734, оп. 4, д. 282, л. 11б.
32) РГАЭ, ф. 7734, оп. 5, д. 391. л. 66.
33) РГАЭ, ф. 7297, оп. 38, д. 28, л. 24. この他、1921年から22年にかけて倉庫4棟、食堂付宿舎が建設された。貨物や労働力は海路で輸送され、沖合でランチに積み替えられ、さらに陸上を狭軌鉄道で現場まで運ばれた。航行期間は6月15日から10月までである。
34) РГАЭ, ф. 7734, оп. 5, д. 136, л. 107б.
35) 「石油会社「カタングリー」鉱場ノ発展振リ並ニ同地ニ外務省員駐在ノ必要ニ関ス

ル件」外務省外交史料館『帝国ノ対露利権問題関係雑件　北樺太石油関係』1936 年 1〜12 月。
36）РГАЭ, ф. 7297, оп. 38, д. 79, л. 125.
37）РГАЭ, ф. 7297, оп. 38, д. 79, лл. 141-141б.
38）注 35) に同じ。
39）РГАЭ, ф. 7734, оп. 5, д. 136, л. 108.
40）РГАЭ, ф. 7734, оп. 5, д. 136, л. 107.
41）注 22) に同じ。
42）「「サハリンネフチ」トレスト事業概況ニ関スル件」1937 年 10 月 15 日付書簡，注 35) に同じ，1937 年 1〜12 月。
43）РГАЭ, ф. 7734, оп. 5, д. 136, л. 107б.
44）РГАЭ, ф. 7734, оп. 5, д. 136, л. 6.
45）「昭和十三年度決算報告書」，注 35) に同じ，1938 年 6 月の株主総会報告。

第10章　トラスト・サハリンネフチによる石油供給

第1節　北樺太石油会社のソ連からの石油購入

1　原油購入の契機

　コンセッション契約によってソ連が獲得した鉱区をどのように開発するかは，ソ連政府にとって切実な問題であった。会社(北樺太石油株式会社)は碁盤目状に分割したオハ油田ですでに開発に着手しており，このまま放置しておけば会社によって，ソ連側に属する鉱区の石油も吸い取られてしまうという危機意識が，北樺太の開発事業に着手する動きを早めたのである。しかしながら，北樺太で採油をしても，極東には製油所がない。したがって，いずれは製油所が設置されるだろうが，それまで産出油をどのように処理するかが課題として残されていたのである。もうひとつの大きな問題は，ソ連側が取得した鉱区を開発するには掘削機をはじめさまざまな採掘機資材や発電所のような周辺設備が必要である。それらは極東域内では調達できず，海外に供給源を頼らなくてはならない。そのためには，購入資金が必要になる。ここに必然的に鉱区をソ連独自で開発するにしても，何らかの形での外国企業の参加が求められたのである。

　1927年1月，現地調査隊長のフジャコフは第4回技術会議で非公式に会社がトラストの原油を購入する意思があるかどうかを，日本側に打診してきた[1]。これを契機に，ソ連側割当分の鉱区をどのように開発するか，日ソ間

で水面下の交渉が行われることになる。ソ連は，独自で開発に着手したいがそのための資金も技術力も十分ではない。そこで外国の力を借りて，1928年に設立を予定しているトラスト・サハリンネフチを開発の軌道に乗せるために，日本にまず接近してきたのである。

　会社にとっても，隣接するソ連の鉱区で第三者が開発事業に参加することを是が非でも避けたい。会社は，ソ連獲得の50％鉱区を第三者にコンセッションによって提供するようなことがあれば，日本人に対しても均等の権利を与えるように主張することを怠らなかった[2]。当時，スタヘーエフ商会のカシンがソ連側に鉱区獲得を働きかけ，スタンダード石油のような大会社も北樺太への資本投入に関心をもっているという内容の新聞記事がしばしば登場した。会社は，将来，あらゆる機会にソ連所有の鉱区の採掘権を得るように努めることが当然と考えており，鉱区の50％をソ連に引き渡さざるを得なかった無念さが会社の現場サイドには強く残っているのである。

　まず，会社が要求したのはソ連の鉱区の請負掘りであった。しかし，ソ連側はコンセッション契約の範囲外であるとして請負形態を議題に取り上げることを拒否した。会社がソ連側と契約を結ぶ場合，請負契約，合弁契約および原油購入の3案が検討された。請負契約の場合，ソ連は難色を示しているが，この方式を認めたとしても現行のコンセッション契約を準用し，会社に対して各種の義務や負担を課してくるだろうから得策ではないと会社は判断した。合弁契約の場合は，ソ連は鉱区の現物提供を行い，会社が資金を提供することになる。鉱区の評価をめぐって双方の意見対立が予想され，社長はソ連側になるだろうし，利益配当に制限が加えられる可能性が十分にある。原油購入では価格問題が最大の争点になるものと予測された。以上のことから，請負や合弁では会社は不利な条件を除去できない。原油購入が唯一の案であろうということになった。

　1927年8月13日，オハ在住のフジャコフを介してソ連政府が正式に問い合わせてきた案は，①日ソ双方の鉱区を対象にトラストをつくる，②ソ連鉱区のみを対象にトラストをつくる，の2案であった。もちろん，第1案はコンセッション契約を無視したものであり，検討の余地はなかった。とくに，

日本政府はこの考え方に警戒心を強め、海軍はせっかく獲得した鉱区を断じて手放してはならないと強硬であった。フジャコフと会社のオハ事務所との間ではしばしば会合がもたれ、合弁、採油の買い上げ案が検討されたが、フジャコフの意見は、私見としながらも資本金を日本から借り、政府のみで作業を行い、原油を日本に売却する方法が最適だろうと述べた。

1928年1月になると、会社は、トラストに対し所要資金を融通し、トラストは会社に対して産出油の一手購入権を与えることを提案した。

2 購入条件交渉

1928年4月、来日したサハリンネフチ社長ミルレルは、日本は石油大消費国であり、会社と日本政府との関係も深いので、石油販売に関しまずもって会社と協議するのが義務であると考えていると述べ、今回の訪日の目的を日本工業の現状の視察、採油販売の可能性およびオハ油田での事務的関係の設定であると語った。そして、今後の協議の前提として以下の点での日本側の見解を正したのである[3]。

① 会社はトラストの石油購入に関心をもっているか。
② 購入する石油に対し、前渡金を期待できるか。その場合、価格に対して何パーセントか。
③ 引き取り条件と価格について、鉱区におけるトラストのタンクより会

表10-1 会社のトラスト原油購入契約

日 付	数 量(t)	受渡期間	価格(t当たり円)	前渡金(円)	利息(年)
1928. 9. 5	65,000	1928.10.1～1930.7.22	23.1	1,000,000	7分
1930.11.26	150,000	2年間、各6.15～9.30	19.0	2,850,000	7分3厘
1931. 9.19	30,000～40,000	～1931.10.15	10.5		
1932. 3.11	50,000		13.5	675,000	
1933. 5. 2	125,000	1933.6.1～10.10	20.0	2,500,000	8分
1934. 4. 2	100,000	1934.4.10～11.30			8分
1935.10. 2	40,000	1935.10.2～12.31	21.3		
1936. 9	40,000				
1937. 7	100,000				

出所) 外務省外交史料館『帝国ノ対露利権問題関係雑件 北樺太石油会社関係』より作成。

社のタンク渡し，北樺太における船側渡し，CIF 小樽タンカー渡し，のいずれか。
④　日本製の機資材を供給できるか。その価格およびクレジット条件はどうか。
⑤　会社はトラストのためにタンクを建設できるか。その条件はどうか。
⑥　給油のための港の問題をどう解決するのか。オハからバイカル湾に至るパイプライン，桟橋および道路建設に会社が興味をもっているという報道は本当か。
⑦　会社による海から採掘鉱区まで狭軌鉄道を建設する計画があるそうであるが，トラストが利用する場合いかなる条件か。

以上の内容から，トラストは前渡金を条件として原油を販売し，そのお金で採掘機資材を購入して，ソ連に属する採掘鉱区を独自で採掘する方式を採用したいことがわかる。引き続いて販売契約交渉に入り，トラストは原油販売契約案を作成し，1928 年 4 月 24 日付で会社側に提示した。会社は，同年 5 月，トラストの債務履行に対する確実な保証と前渡金に対する金利を負担するという条件で原油供給量 6 万 5000 t に対しカリフォルニア州産の同一ボーメの原油の井戸元値段を標準として計算した総価額の 100% の前渡金を供与することを認めた。その場合，契約期間終了後はさらに更新する，原油購買に関する優先権を付与するなどの諸条項を追加することを条件とした。これに対して，トラストは原油価格を除いてはおおむね合意した。トラストは契約期間満了後の石油購入に対する優先権を会社に提供することに関して，重油の将来的な受け入れの可能性を会社に問い合わせている。重油の輸入可能性については，その後トラストと会社との間では協議にならなかったが，では何故ソ連はこの時期に重油のことを持ち出したのか。ミルレルの中里社長宛書簡には「将来原油ノ代リニ重油ノ引渡問題ハ主トシテ吾カ西比利市場ニ不足ヲ告ゲツツアル灯油ヲ得タル為メソヴィエト連邦極東地方ノ一都市ニオケル製油所建設カ吾人将来ノ計画ニ含マレ居ルカ為メ提起セルモノニ御座候」と述べている[4]。この内容から，ソ連は灯油を確保するためにすでに極東の一都市に製油所の建設を計画しており，完成のあかつきには日本への原

第10章 トラスト・サハリンネフチによる石油供給

表10-2 北樺太産原油とカリフォルニア州産原油の単価比較

	カリフォルニア州産原油				
年度	t当たりFOB （ドル）	為替相場 （ドル）	換算額 （円）	日米間の 運賃・保険料(円)	本邦到着 t当たり（円）
1926年度	6.6	49,000	13.47	11.05	24.52
1927年度	7.22	47,500	15.2	11.05	26.25
1928年度	6.43	46,500	13.83	11.05	24.88
1929年度	6.21	44,000	14.11	10.55	24.66
1930年度	6.25	49,375	12.66	10.05	22.71
1931年度	6.17	49,375	12.5	8.55	21.05

	北樺太産原油			
年度	オハ〜内地間 運賃・保険料(円)	オハt当たり FOB(円)	手数料他 10%(円)	t当たり オハ原油FOB(円)
1926年度	6.05	18.47	1.85	20.32
1927年度	6.05	20.2	2.02	22.22
1928年度	6.05	18.83	1.88	20.71
1929年度	5.55	19.11	1.91	21.02
1930年度	5.55	17.16	1.72	18.88
1931年度	5.55	15.5	1.55	17.05

注）カリフォルニア州産原油を基礎として北樺太石油産原油値段を算出。
出所）外務省外交史料館『帝国ノ対露利権問題関係雑件 北樺太石油会社関係』1932年。

表10-3 北樺太原油の販売差引損益

(単位 円)

年度	原油販売数量	販売平均値段	標準市価*	差引市場安	減収**	各年度利益金	差引損益
1926年度	13,878	32.3	20.32	11.98	166,258	81,943	84,315
1927年度	44,877	32.3	22.22	10.08	452,359	503,504	51,145
1928年度	90,318	32.32	20.71	11.68	1,048,600	1,032,915	15,685
1929年度	131,539	32.11	21.02	11.09	1,458,768	1,470,742	11,974
1930年度	199,002	30	18.88	11.12	2,212,902	1,878,169	334,733
1931年度	272,758	23	17.05	5.95	1,622,910	1,548,507	74,403
計	752,372				6,961,797	6,515,780	446,017

注）＊ カリフォルニア州産原油値段を基礎とする標準市価。
　　＊＊ カリフォルニア州標準市価による原油価額減収。
出所）表10-2に同じ。

油の輸出の代わりに，灯油精製の過程で生まれる重油を会社に引き取ってもらうことを念頭においているのである。この製油所建設を示唆した書簡は，ソ連の戦略を読みとる上で極めて重要であり，会社は何故，この時点で製油

所建設に敏感に反応しなかったのか大きな疑問が生じるところである。まだ販売契約が結ばれていない時点で、いずれ供給を停止するであろう原油の買い取り交渉を進めているわけであり、その背後には、会社がこの交渉を進めなければ、第三国の交渉に委ねられてしまうかもしれないという状況を察知したことがあったといえよう。ミルレルの交渉に臨む姿勢には日本が引き取らないならば別の手だてがあることを匂わせていた。採掘現場のオハでも、責任ある立場のフジャコフ調査隊長は「飽ク迄日本企業ヨリ資本ヲ借リ入レ採掘セル石油ヲ日本ニ輸出シ貴国ト提携シテ作業スルヲ切望シ居ルモノナルカ若シ交渉成立セサル時ハ米国ヨリノ投資ヲ希望シ居ル次第ナリ」と述べており[5]、会社との交渉決裂の場合は、会社は将来禍根を残すことが十分に想像されたのである。

　販売契約交渉は難航し、1928年4月より同年9月まで続いた。ミルレルは交渉中途で帰国し、駐日ソ連通商代表部首席代理トレチャコフと法律顧問ベークマンが彼に代わってソ連政府を代表し、9月5日になってやっと成立の運びとなった。最も困難を極めたのは価格問題であった。当初、トラストは1t当たり28円69銭を要求、会社側は16円を提示し大きな開きがあった。6月に入って原油購入交渉は一時中断され、価格を除く原油購入契約の案文が検討された。価格交渉も最終的に両者が歩み寄って妥結し、契約に盛り込まれた。この契約書は巻末資料17にみるように、全文14条から成り、契約当事者はソ連側がネフチシンジケートの委任を受けたトレチャコフ駐日ソ連通商代表部首席代理、日本側が中里重次北樺太石油株式会社社長であった。ソ連側がトラスト・サハリンネフチではなく、ネフチシンジケートであることの理由はひとえに外国貿易権の問題である。人民委員会議による外国貿易の国有化布告が1918年4月22日付で出され、貿易は国家の全権機関が行うこととなった。1922年10月16日付全ロシア中央執行委員会および人民委員会議布告によって6種の組織に対して外国貿易を行う権限が付与されたのである[6]。それによってネフチシンジケートは国内唯一の石油輸出を扱う組織となった。ソ連におけるシンジケートは、もともと社会化商業部門の卸売り商業を行う組織であり、原料調達・工業製品販売の促進組織として

1922年から組織化され始めた。ネフチシンジケートが組織されたのは1922年であり，その取引高も大きい[7]。

契約内容の重要な点は以下である（表10-1）。

① 原油6万5000tを向こう3カ年間に引き渡すものとする。
　第1年度（1928年10月1日より1929年9月30日まで）　　1万t以上
　第2年度（1929年10月1日より1930年9月30日まで）　　1万5000t以上
　第3年度（1930年10月1日より本契約期間終了まで）　　残額数量
② 価格は，オハ油田における会社のタンク渡し，t当たり23円10銭。
③ シンジケートは前渡金完済まで年7分の利息を支払う。

第2節　サハリン原油によるハバロフスク製油所の稼働

1　製油所設立の経緯

コンセッション契約の成立により，ソ連は鉱区の半分の開発権を手に入れることができたが，問題は，どのような形態でその開発を行うかであった。最終的にはトラスト・サハリンネフチの設立ということに落ち着いたが，その際最も重大な問題は採掘した原油をどのように利用するかであった。原油を精製して，灯油，軽油，ガソリン，重油，潤滑油などにしなくては最終需要家は利用できない。しかしながら，当時極東には製油所はひとつもなく，会社が現場での石油利用のために小規模な製油所を保有していたにすぎなかった。

トラストの原油を極東で消費するには極東域内に製油所を建設する必要があり，ソ連は第2次5カ年計画期（1933〜37年）にハバロフスクに製油所を建設することを決めたのである。しかし，開発に並行して製油所を建設したわけではなかった。北樺太でソ連に割り当てられた鉱区をどのように開発するかの明確な将来計画が，コンセッション契約成立の当時にあったわけでは

ない。日本のコンセッションによる開発を傍観していたのである。ところが，会社の開発が本格化し始めると，ソ連当局に自らの鉱区の石油までが会社によって吸い取られるのではなかろうかという危機意識をもたらした。とはいえ，製油所を簡単に建設するわけにはいかない。そこでトラストで採掘された原油をコンセッションに販売し，それによって得た利益を採掘のための機資材の購入に充てるという方法を思いついたのである。当然のことながら，この方法は開発のための資金を獲得するという点では有効であったが，極東での石油消費を自前による域内の石油で賄うという方針には合致しなかった。

1928年からの第1次5カ年計画のスタートにより，重工業優先政策による工業基盤が次第に整備されてくると，極東に製油所を建設する計画が日の目をみるようになる。

極東に製油所を建設しようとする動きはいつ頃から起きたのであろうか。ここに1927年12月，モスクワに滞在していた会社の通訳フィンクが駐ソ日本大使館に送った興味深い書簡がある[8]。彼によれば会社によってソ連側鉱区から残油の30%が吸収されていることに危機感をつのらせたソ連が，1926年に地質調査隊を派遣し，トラストの設置が必要であるという結論に達したという。その場合，以下の2案が検討された。

第1案は，大型投資（外国資本も排除せず）により，日本および中国市場に原油を供給すると共にソ連国内の極東市場，とりわけ黒龍江国営河航汽船会社に原油を供給するというものである。これによって，会社によるソ連鉱区からの原油吸い取りを防げること，高価なカフカース原油を低廉な北樺太産の原油に切り替えられること，一大燃料消費者である黒龍江河航汽船会社の薪による燃料を低廉な原油に切り替えられること，残油を日本および中国に輸出できること，などの利点を挙げている。しかし，極東には豊富な石炭資源があり，黒龍江河航汽船会社以外にその一大消費者はいないために，石炭に代わる段階でウラジオストクあるいはハバロフスクに製油所を建設するが，ハバロフスクは黒龍江を利用できることから輸送に便利で，ウラジオストクより有利であるとしている。

第2案は，創設期のトラストを100万ルーブリの小規模な組織とし，外国

資本を入れない，当初の資金不足を補うために既存の国営トラストに従属させる，極東に製油所の建設を必要とするが必ずしも黒龍江河航汽船会社を原油供給範囲内に取り込まない，開発当初 1～2 年間は生産量の 70～80％ を日本および中国に輸出するが不利益であることがわかればこれを止めて，坑井を一時閉鎖する，というものであった。

結局，第 2 案が採用された。上述のような内容のフィンクの書簡は，その後のソ連の動きをみればわかるように極めて当を得た内容であり，会社がこの書簡を重視して急場しのぎのために輸出するというソ連側の戦術を理解しておれば，いずれは原油供給は打ち切られるだろうことがはっきりしており，製油所稼働開始の局面で何らかの対応の仕方があったのではなかろうか。

2　極東の製油所建設

1932 年 2 月の第 17 回共産党大会で，クイブィシェフ Куйбышев, В. В. は「第 1 次 5 カ年計画期には他の地域に比べて発展の弱かった極東は第 2 次 5 カ年計画期には最も急速な発展を遂げなくてはならない」と演説した[9]。1932 年にはハバロフスク地方の経済を変えるために新たな工業センターを創設する作業が展開された。中国国境から離れた地域の重工業地帯として生まれたのがアムール川沿いのコムソモリスク Комсомольск という都市である。この名前が示すように，若いコムソモール突撃隊によって建設が開始された。この町はその後，製油所，製鋼所，軍用飛行機製造工場などが建設され，ハバロフスク地方第 2 の都市に成長した。この町の人口は 1932 年 5 月にはわずかに 150 人を数えるにすぎなかったが，同年末には早くも 6000 人となり，1934 年には 2 万人，1939 年には 7 万 1000 人まで成長した[10]。

第 2 次 5 カ年計画期にハバロフスクでも製油所の建設が予定された。在オハ分館主任代理田村正太郎の報告によれば，ハバロフスク製油所の 1935 年現在の設備は以下のような内容である[11]。

① 　クラッキング　2 基　ソ連製
　　航空用ベンジン 1 号および 2 号，年産能力 7 万 5000 t×2 基，計 1 万 5000 t

② 六蒸留釜装置

　ディストレート1号，2号およびリグラインを製造，月産能力1万2000 t

③ 油製造装置

　機械油の製造，月産能力1000 t

④ アスファルト製造装置

　アスファルトの製造，月産能力1000 t

⑤ 貯蔵施設[12]

　タンク5000 t×2基，2000 t×16基

3　原油輸送方法とその供給能力

　オハ油田で採掘されたトラストの原油は，サハリン北部のバイカル湾に位置するモスカリウォ港までの36 kmをパイプラインで運ばれる。オハから20 km地点までは6インチ管，その先16 kmは8インチ管が敷設されている。1933年10月に試験送油開始。ポンプは2台(送油量は1台1時間100 t，計200 t)。

　モスカリウォ港のタンクは1万t1基，5000 t×2基の合計2万t貯油能力を有する(図10-1)。タンクの海岸沿いに鉄道が敷設されており，海上に向けて延長318 m，幅3 mの桟橋が架設され，その桟橋の両側に軌道を敷設している。桟橋中央にパイプラインが敷設され，最初の10 mが口径10インチ，それに続く250 mが口径8インチで装備され，先端にはゴムホース2本(各約10 m)が接続されている。桟橋の先端の水深は30尺。干満潮差は4尺。海底パイプラインの延長は420 m，口径8インチ，係留ブイが前後に2個，計4個設置されている。原油の搭載能力は1昼夜900 tと見積もられている。1935年8月時点でこの桟橋は旅客専用となり，桟橋(延長318 m)は流氷期には岸から120 mまで氷でもち上げられるために毎年，航海期終了後撤去され，航海開始前に新規に杭打ちが行われる。

　モスカリウォ～ハバロフスク間はアムール川をバージ輸送される。このバージはブラゴヴェシチェンスク Благовещенск で1000 t能力10隻を建造

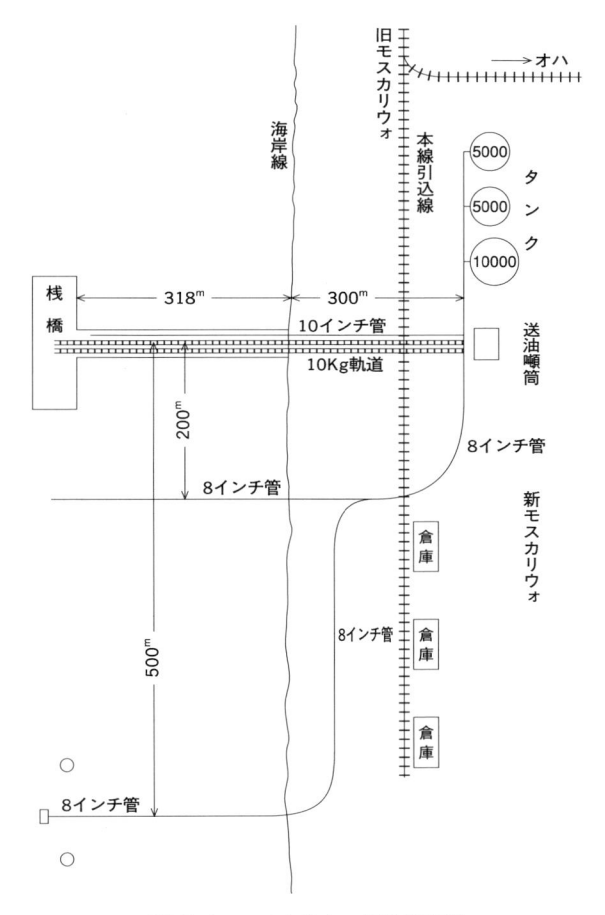

第 10 章　トラスト・サハリンネフチによる石油供給　275

図 10-1　モスカリウォ石油積出港
出所）外務省外交史料館『帝国ノ対露利権問題関係雑件　北樺太石油会社関係』1935 年 1〜12 月。

する計画であり，1933 年夏までに 4 隻が完成した[13]。しかし，これを牽引する小蒸気船の馬力が小さく，バージが大きいために風の影響を強く受け，設計上のミスとみられた。1935 年 8 月のモスカリウォ視察記によれば[14]，モスカリウォ〜ニコラエフスク間は外海用バージ(積載量 3500 t，バージ喫

水7尺),曳船800馬力3隻,ニコラエフスク～ハバロフスク間は河川用バージ4隻(積載量4000t),曳船1200馬力2隻となっている。航行時間は前者が22～24時間,後者が4昼夜を要するという。

モスカリウォへの船舶の航行は水先案内なしでは無理であり,濃霧の際には入港が不可能になり,沖に停泊する。また,西風が強いときは湾内でも波が高く,船舶を桟橋に係留できない。

アムール川岸から製油所までは1933年現在,10インチ管1本が敷設されている。

1935年8月初めまで3500tバージ17隻,5万9000tが輸送され,1935年度の計画数量の約36％を消化した。輸送期間は6月15日から10月25日までであるが,実際は11月半ばまで輸送される。

製油所の作業は機資材供給の遅れによって遅延しており,オハ～モスカリウォ間パイプラインの原油漏れ,バージ輸送の失敗など計画初期にみられる欠陥が露呈して,製油能力に支障をきたした。しかしながら,問題を含みながらも極東への石油製品供給の基地として,確実に足固めをしており,これを会社はどのようにみていたのか,会社への原油供給が将来的にみて続き得るのかどうかを判断する上で,製油所の能力が重要になってくる。

ハバロフスク製油所へのトラストの原油供給能力について,トラスト副社長ウォリフは以下のように評価している[15]。

① 極東地方および東部シベリアなどの内陸市場へは現在まで海路および陸路でカフカースの石油製品が供給されてきた。

② カフカース～ハバロフスク間のt当たり平均海上輸送費は42～45ルーブリ,鉄道は150ルーブリに対し,北樺太からの輸送費はt当たり7～8ルーブリにすぎない[16]。しかも,カフカースの石油輸送は外国船の傭船によって行われている。

③ 第2次5カ年計画期における極東地方の石油製品需要量(計画)は,1933年度25万tをベースとして計画伸び率から計算すれば絶対量は1934年度31万t,35年度40万t,36年度50万t,37年度67万5000tを予定される。

④　この需要量を積載量7000〜8000tタンカーで黒海から4カ月航海期間として見積もれば，控え目にみても1934年度15隻，35年度20隻，36年度25隻，37年度32隻となる。鉄道の場合には50tタンクローリーが，1934年度2100両，35年度2700両，36年度3300両，37年度4500両であり，カフカース〜極東間の往復には4カ月必要である。

⑤　ハバロフスク製油所での石油製品化率を50%，トラストの自家消費を生産量の10〜12%とすれば，必要な産油量は1934年度70万t，35年度90万t，36年度110万t，37年度150万tとなる。しかしながら，深部掘削によって軽質油が増えることや製油所の効率向上によって白物率が増えることから，実際には産油量は1935年度65〜70万t，36年度80〜90万t，37年度120万t程度と予測される。

⑥　これほどの生産量を確保することが可能かどうかは，新規油田開発，既存油田の深部採掘，技術的問題の解決による生産性向上，インフラ整備，輸送力・港湾設備の強化にかかっている。

このような評価から判断すれば，トラストの輸出余力に期待することは極めて難しい。会社はトラストからの安定した購入方法に苦慮しており，結局有効な手だてを講ずることができなかった。ハバロフスク製油所の生産活動が軌道に乗るようになるとトラストの域内供給量が増加し，会社への供給量削減という方法がとられたのである。極東に製油所が建設されたことと日ソ関係の政治的悪化とによって，遂に会社への原油供給は1939年に全く行われなくなった。

1939年4月の人民委員会議の決定案では極東の石油製品の自給がうたわれており，以下の案が盛り込まれた[17]。

①　1942年までに重油および軽油の極東への移入を完全に禁止し，ガソリン，灯油およびリグロインの移入を最大限削減する。

②　極東の産油量を1940年に75万t，1942年に132万tとする。

③　極東の石油精製量を1942年に110万t，製油所の精製能力を135万tまで高める。このうち，ハバロフスク製油所を35万tとし，年産50万t製油能力の製油所をコムソモリスクに2カ所建設する。

④ 極東の製油所の石油輸送を抜本的に改善するために第 3 次 5 カ年計画期にサハリンから大陸まで石油パイプラインを建設することが必要であることを認める。

1)「昭和二年一月十八日付けオハ成富発, 本社宛書簡」外務省外交史料館『帝国ノ対露利権問題関係雑件　北樺太石油会社関係』1928 年 1〜12 月。
2)「トラスト問題交渉経緯」, 注 1) に同じ, 1927 年。
3)「昭和三年四月十二日付ミルレル社長の北樺太石油会社中里社長宛書簡」, 注 1) に同じ, 1928 年 1〜12 月。
4)「昭和三年五月十二日付ミルレル社長の北樺太石油会社中里社長宛書簡」, 注 1) に同じ, 1928 年 1〜12 月。
5)「豊原分館主任発田中外務大臣宛書簡」, 注 1) に同じ, 1928 年 1〜12 月。
6) 6 種とは, ①外国貿易人民委員部およびその管轄機関, ②独立して輸出入権を与えられた経済機関, ③在外通商代表部中に自己の代表をおく権利を有する国家機関, ④ツェントロサユース, ⑤輸出入を目的として設立された株式会社, ⑥その他国家機関, 企業, 組合機関, 私人の 6 種は免許によって輸出入業務を行える。ネフチシンジケートは②の独立して輸出入権を与えられた経済機関に該当し, 1924 年の外国貿易法で認められた。石油輸出の独占組織としてネフチシンジケートが認められた。
7) 笹川儀三郎『ソビエト工業管理史論』ミネルヴァ書房, 1972 年, 231 頁。
8)「国営トラスト「サハリンネフチ」ヨリ原油購入ニ関スル問題ニ就テ」, 注 1) に同じ, 1928 年 1〜12 月。
9) Куйбышев В. В. О второй пятилетке//XVII Конференция Всесоюзной коммунистической партии (б): стенографический отчет. М., 1932. с. 170.
10) Пензин И. Д. Хабаровский край: население, города, культура. Хабаровск, 1988. с. 18.
11)「哈府 10 年, 製油所ニ関スル件」, 注 1) に同じ, 1935 年 1〜12 月。
12)「哈府製油所ニ関スル報告書」, 注 1) に同じ, 1934 年 1〜12 月。
13) 注 12) に同じ。
14)「モスカリウォ見学記」注 1) に同じ, 1935 年 1〜12 月。
15)「薩哈連石油トラスト副社長「ウォリフ」嘗テ密林タリシ場所ニ石油都市—極東ノ「バクー」カ建設セラレツツアリ薩哈連石油ノ問題」, 注 1) に同じ, 1933 年 3〜12 月。
16) 遠方のカフカースから船舶あるいは鉄道で輸送されてくる石油製品の t 当たり価格は平均 450〜500 ルーブリであり, サハリンからの原油をハバロフスクおよびウラジオストクの製油所で処理すれば大きな節約が可能になる (РГАЭ, ф. 7734, оп. 1, д. 64, л. 26)。
17) РГАЭ, ф. 4372, оп. 37, д. 74, лл. 3-4.

第11章　ソ連当局による北樺太石油会社への圧迫

第1節　ソ連当局の圧迫の基本的要因

　会社(北樺太石油株式会社)は，設立以来事業を進めるにあたって現地のソ連当局の監督の下に多くの申請許可を必要とし，その手続きに多大な時間を費やした。コンセッション成立初期の1925年から30年頃までは会社とソ連関係当局との間に，基本的には協調関係が存在していた。とくに，1928年にトラスト・サハリンネフチが設立された当初は，会社の活動期間のなかでソ連との間に最も良好な関係をもつことのできた時期であった。日ソ双方の労働者の友好的な協力関係のなかで作業は進められた。その最大の要因は，ソ連側が自らのトラストの生産活動を軌道に乗せるために会社の支援を必要としたからである。当時，資本，設備，労働力が極度に不足していたトラストは，これらの調達を会社に仰ぎ，自らの生産基盤を確固としたものにしていったのである。やがて，トラストの石油開発が軌道に乗り始めてくると，会社の生産面での優位性が失われ，トラスト一企業の政策としてではなく，ソ連のコンセッション政策として会社への締め付けを厳しくするようになった。この時期は，ソ連が困難な経済復興からようやく立ち直り，第1次5カ年計画期において生産力に自信をつけ始めた頃であり，ネップ期を終えて，外国資本を締め出す時期に合致していた。外国資本によるコンセッション企業は，ソ連にとって，もはや用なしの存在であり，政府間協定によって守ら

れていたはずの会社もその例外ではなかった。会社による対ソ交渉の大部分は，ソ連当局の圧迫による抗議，日本政府への陳情に終始するようになる。日常の生産活動を妨げ，会社を悩ませ続けたのは現場での関係当局，とくに現場の鉱山監督署による圧迫問題である。会社からみれば利益を最大限に確保できるのは，現地において会社が自由に活動できることである。しかし，ソ連側からみれば，外国資本の企業であってもソ連の国内法と双方によって締結されたコンセッション契約を遵守することが大前提であり，コンセッション企業がこれらを守っているかどうかを厳しく監督することが最も重要となる。そのことはコンセッション企業にとっては，ともすれば生産活動を故意に妨げているのではないかという被害者意識に発展する。実際問題として，現地当局の判断でコンセッション企業の活動にブレーキをかけることが可能になり，会社を悩ませ続けた。

　北樺太におけるコンセッション企業を主として監督するのは，鉱山監督官(以下，鉱監)，労働監督官(労監)および技術監督官(技監)である[1]。鉱監は生産活動の監督を行うが，これにとどまらず日本から輸入される食料品・日用品の価格設定権その他コンセッション契約で定められたさまざまな権限を有している。鉱監はコンセッションが成立した当初から配置されたが，労監がオハに配属されたのは 1927 年 8 月のことであった。それまでは鉱監が兼務していた。翌 28 年秋には技監が赴任し，技術面の監督にあたった。これら監督官の現場での影響力は強く，監督官の命令で会社の作業が中止させられ，現場で埒が明かない場合，会社はモスクワでの交渉で打開の方法を探るということが頻繁に発生した。会社が違反しているかどうかの監督官の判断基準は，基本的にはソ連の国内法およびコンセッション契約にあり，これらを援用して会社の作業を中止させるのが常套手段であった。会社にとって監督官は重くのしかかるやっかいな存在であり，会社に対して寛大な立場の人か会社を厳しく監督するタイプか，あるいは悪意をもって対処するタイプかによって直接会社の生産活動に大きな影響をおよぼしたのである。

　会社の北樺太におけるコンセッション活動には少なくとも 2 つの大きな特徴があった。そのひとつはコンセッションの生産活動が当時のソ連の計画経

済システムには馴染まない組織であったということである。ソ連の経済復興の過渡的段階に存在した経営形態であり，ソ連経済が立ち直れば消滅する運命にあった。したがって，異端分子は常にいじめられる立場にある。

いまひとつはコンセッションの現場が未開の地で，物資および労働力の供給地から遠隔の地にあり，自然・気象条件が厳しく，輸送期間が年間を通じて実質4カ月という限られた時期しか活動できないことである。この問題は人と物の供給の自由な選択余地を奪い，会社が臨機応変に対応できないためにソ連当局のとった手段を回避するには限界があり，しばしば妥協せざるを得なかった。それだけに当局の圧迫は会社を締め付けるには効果的であった。

立場が違えば，当局の行為が圧迫であるのか単なる契約違反に対する正当な行為であるのかの評価が異なる。トラスト設立から1930年代半ばにかけて，会社に対して不当な要求を行い，不当な処置をとった最も好ましくない監督官として，1929年8月から32年4月までの3年間技監として勤務したルーベクが挙げられる[2]。彼は赴任以来，官僚的言動で高圧的な命令を重ね，その要求は日々厳重過酷を極め，会社が命令にしたがって実施しようとしても北樺太の地理的・気候的条件や労働力，機資材の現地における有無等で困難なことがあるにもかかわらず，これらを考慮することなく，命令が守れなければ作業を停止あるいは閉鎖すると威嚇し，会社を窮地に追い込んだ。また，職権以外の労働問題にも干渉することがはなはだしかった。監督官によっては会社の立場を理解し，技監ヴィトチェンコのように公明正大の人物が会社と良好な関係を保つことができたが，こうした会社にとって好都合な人物に限って，ある日突然解任され，その消息も全くわからなくなるという状況も発生している。

会社の事業が円滑に進むかどうかは監督官に左右されるということが実際には起きていたが，これとは別に会社にとって将来の経営を不可能にさせるような，客観的にみても圧迫と判断できるような状況を生み出したのは1936年秋の日独防共協定の締結であった。これを境にしてソ連の会社に対する圧迫はますます露骨になり，ソ連の不快感は会社に対してまで徹底的に示されたのである。この時期は，おりしもスターリンの大粛清と重なり，会

社は両面から激しい圧迫を受けることになる。

　会社がソ連当局に圧迫されていると映る典型的な例は，会社とトラストとでは対応が異なることである。コンセッション企業であれ国内企業であれ，ソ連の国内法が平等に適用されているにもかかわらず同一の問題に対する同一の監督官の判断や命令に違いが生じているのである。会社には厳しく，トラストには甘いというケースが頻繁に，しかも露骨に示された。

　その例を挙げれば，ひとつは鉱区内の土道の新設，幅員，舗装に関する対応であり，当局は会社に対して厳しい基準を遵守するように要求し，命令期限までに実施しないとポンピングパワーの運転を封印するといった非常手段に訴えた。一方では，トラストに対しては寛大で仮設道に板を並べるだけでも当局は何の改善命令も出さなかった。第2は宿舎建築の例である。当局は会社に対し「ストウ・ノルマCTO」を守ることを要求し[3]，さらに宿舎建築にともなって食堂，休憩室，更衣室，乾燥室等の附属施設を建設することを義務づけた。一方，トラストの建てた建物に対しては建築基準どころかおよそ住まいとはいえない粗末な住宅でも認められていたのである。第3の例は技術建造物であり，当局は会社に対して臨時的な設備を許さず，恒久的不燃焼建造物を求めたのに対して，トラストが不燃焼建造物として守ったのは発電所，鉄工場および倉庫の一部に限られた。汽罐場の内部構造についてもコンクリート床，換気，機械配置，ガラス掃除，油煙の室内漏出等について会社に対し厳格に規律を守るように規制したのに対し，トラストには適用されなかった。第4は櫓装置である。櫓装置は防火上厳しい規制を受けており，他の建物との距離など会社も基準を守らないケースがしばしばみられたが，トラストには安全基準を守らない箇所が多数存在した。会社の所有する櫓装置に不備が見つかれば運転を許可しなかったのに対し，トラストの場合は無検査のまま見過ごされた。両者の間の差別待遇は採油装置に最も典型的にあらわれ，当局の生産施設への露骨な圧迫により採油作業に大きな影響をおよぼすことになった。第5は防火施設の問題であり，当局は木造の消防庫を撤去するように命令し，大掛かりな消防庫の完備を要求したのである。石油開発にあたっては防火問題は最も重要で，安全性の点から徹底させる必要があ

り，消火給水網，消火栓の設備の完備が求められたが，トラストの設備は貧弱で会社とはその差が歴然としていたにもかかわらず放置されたし，貯蔵タンクの土壕についても，会社にその構築を厳しく要求したのに対し，トラストのそれについては何の要求もされなかった。上記以外にも明らかに差別待遇とみられる当局の待遇が随所にみられ，そのことは会社に対して圧迫を加えている典型例として会社の抗議の対象になったのである。

いよいよ日ソ間の軍事的関係が緊張を生んでくると，北樺太コンセッションへの圧迫もますます過激になってきた。ソ連の圧迫方針を決定した文書として，当時の琿春領事瀬山靖次郎の駐満州国特命全権大使植田謙吉宛文書がある。ここでは，「蘇連駐日大使ヘノ入報ニ拠レハ蘇連ハ極東会議ニ於テ北樺太ニ於ケル日本利権問題ヲ討議セルカ米国政府ノ希望，積極的支那民心刺激ノ必要及日英会談等ヲ考慮ニ置キ日本側ノ在北樺太事業圧迫ヲ促進スルコトニ決定セリト而シテ対日交渉ハ専ラモスクワニ於テ行フコトトシ日本輿論ニ対シテハ可然ク問題ノ内容ヲ宣伝シ日本軍部ノ伝フル如ク蘇連邦カ英米ノ対日包囲陣ニ参加シ居レリトノ印象ヲ与ヘサラシム如ク積極的手段ヲ講シ特ニ北樺太問題ヲ軍部ノ宣伝資料ニ利用スルコト困難ナラシム如ク工作スヘシ」と述べている[4]。

以下，いま少し会社に対する圧迫の具体例を検討してみよう。ここに述べる例証は，政治経済体制の異なる国で，しかも軍部の影響力の強い環境のなかでコンセッション契約に基づく会社経営がいかに困難かを如実に物語っており，そのことは軍事的問題が低下している今日においても，ロシアが外国資本を受け入れる場合に共通する要素をもっている。

第2節　輸送関係における圧迫

北樺太の北東部海岸には港はなく，氷の影響を受けない6月から10月までの5カ月間，実際には4カ月しか沖合での原油積み込み作業ができない。石油開発当初，バージで石油を運び，給油を行っていたが，搬出量が増えて

くるとバージを増やし，多数の労働者を雇用しなくてはならず，効率上極めて不利であった。しかも，北樺太北東部海岸は流氷のない時期であっても濃霧が多く，波浪の高い日も多い。そのために，外海における積み込み作業は危険をともなっており，バージによる輸送作業には自ずと限界があった。会社はひと夏に10万t以上の作業をバージで行うのは困難であると判断し，その解決方法として海底パイプラインを敷設する方法を採用することとなった。1927年夏にまず試験的に4インチ管の敷設を実施し，同年9月にはこれを完了した。当時，ソ連には海底にパイプラインを敷設する技術がなく，日本側は作業が複雑であるためにコンセッション契約による労働力雇用形態とは別枠で日本人労働力のみで敷設作業を行うように要請し，これに対してソ連は寛大にこの方針を受け入れたのであった。この頃，ソ連は協力的であったのである。

　ソ連は専門的な技術を要するとして日本人労働者だけによるパイプライン敷設作業を許可したばかりか，陸上でパイプラインを1本(延長5500尺)につなげ，5000t級の艦船で海中に曳き込み，海底に錨で止め，パイプラインの先端に6インチホースを装着して特務艦に原油を積み込む作業も許した。また，外海にあるパイプラインの末端地点に艦船を係留する設備が必要であり，外海でこの作業を実施する技術力は日本にも民間になかったために，帝国海軍の支援を受けなくてはならなかった。そのためにはソ連当局の許可を得る必要があり，駐日ソ連通商代表部の協力を得て，表面上は民間の作業として許可されたのである。日本への原油搬出にあたっては，海軍に供給されるということもあって実質的には海軍の作業となった。原油を引き取る艦船も特務艦(給油艦)であった。この時期，海軍は石油の輸送に特務艦を北米，ボルネオに派遣しており，北樺太にも夏の時期に派遣していた。1928年を例にとると，6月1日から8月15日までの3カ月間，特務艦洲崎，佐多，隠戸，知床，早鞆，神威，尻矢を合計12回オハに派遣している。オハで積載された石油は全量を徳山燃料廠に運んだ[5]。このように北樺太の石油搬出にあたって初期の頃はあからさまな海軍による石油の引き取りが行われ，引き取りにあたっては事前にソ連当局の許可を求めることになっていたからソ

連側もこのことを十分に知っていたのである。石油搬出の初期の頃は公然とした海軍の行動をソ連側は容認していたのである。

しかしながら，現場当局は帝国海軍の行動に寛大であったわけではなく，基本的には厳しく監視する姿勢を崩さなかった。海軍との関係で最初の軋轢が起きたのは1927年9月初めのことであった。オハ近海で暴風雨があり，会社所属のバージ5隻，発動艇3隻が係留所から離れたために，会社は当時沖合に停泊していた特務艦早鞆および貨物船北成丸に救助を依頼したところ，海上30マイルの沖合に漂流していることがわかった[6]。両船による曳航許可を会社の鉱場長よりソ連の国境検査官代表および税関長に求めたが，ソ連当局は各代表が日本の特務艦に乗船しなくては許可できないとしてこれを断った。当時，波浪が高く，実際にはとても乗船できるような状況にはなかったが，国境検査官は北成丸についてはソ連側代表者の乗船がなくても出動できるとしたものの，税関はあくまでも乗船を求めた。もちろん，特務艦はソ連側の乗船を拒否したから，会社は輸送のためのバージを全て失うことになり，大損害を受けたのである。

特務艦の行動予定計画は毎年ソ連政府によって承認される必要があり，次第にその監督が厳しくなった。1928年7月には特務艦のタンク検査および計量を主張し，ソ連当局の乗船を認めざるを得なかったし，30年には特務艦乗組員の漕艇訓練を禁止しようとしたし，さらに翌31年には，同年3月28日付「ソ連邦領海ニ来航スル外国軍艦ニ対スル暫定規定」を遵守することを求め，艦船乗組員の名簿提出を条件に上陸を許可したのである[7]。1932年になるとソ連はそれまでの特務艦に対する国際慣例を止めて，石油輸送の行動自体が商業活動であるとして商船同様の扱いにすると通告してきた。「商行為（積取リ）ヲ行フ為ソ連邦港湾ニ来航スル外国運送艦船ニ関スル特別規則」を適用して，乗組員および上陸する乗組員の名簿提出，上陸人数30名以内，上陸行動区域などの制限を要求してきたのである[8]。帝国海軍はこれに強く反発し，従来通り特別扱いとされた特務艦の国際慣例を楯に上陸を断行，一歩も譲らなかった。ソ連側は海軍の上陸行動を実力で阻止はしなかったが，双方にますます軋轢が生じたのはたしかである。

ソ連がソ連領内の海域の特務艦の動きに神経質になっていたのは当然のことであり，税関は国内法規にしたがって厳格に規則を採用した結果，事故の場合でも柔軟性を欠いていた。一方，ソ連当局が輸送手段としての海底パイプラインの敷設に協力的であった背景には，日本がトラスト産の石油を購入しており，これが順調に進まなければトラストは石油売却による収入を確保できないという事情があった。積み込み用海底パイプラインは試験的に設置され，その後も修理され，使用されている第1号4インチ管海底パイプライン，第2号8インチ管海底パイプラインの2本があり，1931年7月には第3号8インチ管海底パイプラインが敷設されることとなった。

　労働組合の規定も会社にとっては障害となった。航海可能な夏期4カ月間でしかも波浪の高い日があり，時として荷役作業を時間外でも行わざるを得なかったが，1931年夏には組合はこれを許可せず，荷役作業に打撃を受けた。また，1933年夏には海底パイプラインが破損し，復旧作業を休日出勤および時間外で行わざるを得なかったが，組合は通常の勤務体制で修理可能であるとしてこれを認めなかった[9]。当時のソ連の労働組合の規則と日本の企業の考え方とには大きな隔たりがあり，会社にとってみれば企業活動を妨害する意図をもった行動と映ったのであった。

　年間を通じて航海時期が短いことから，石油の輸送のみならず物資や労働力輸送にも大きな影響を与える。会社側はこれらの輸送を適時に実施するために日本船の使用を希望していた。1928年度には例外として広通丸のウラジオストクからオハまでの航海が許可されたが，以後沿岸輸送は沿岸航路法規に基づきソ連の商船隊を通じて行うと通告してきた[10]。翌年度においても会社の傭船による航海をソ連に要請したが，受け入れられず，あくまでもソ連の商船隊を通じてのみ沿岸航路輸送が可能であるとして許可しなかった。会社は，沿岸航路はコンセッション契約第35条に基づき樺太東海岸の自由航行権の枠内であること，また技術的な点で社船の運航を許可すべきであると主張したが，ソ連商船隊を通じて傭船する方針を崩せなかった[11]。しかも，1931年1月から海上輸送を希望する者は輸送計画(種別，数量，期日，行き先等記載)をあらかじめ，前の年の9月15日までに提出することを義務

づけたのである。これはソ連の計画的輸送配分の制度の典型である。会社としてみれば来年度の人員および物資はコンセッション契約によって毎年4月および7月に申し込むことになっており，ソ連側の輸送計画の日程には合致しないとして特殊事情を考慮し，特別扱いにするようソ連関係機関と交渉せざるを得なくなった。このような場合，そのときの交渉相手が柔軟な考え方であれば問題を速やかに解決できるが，頑強で原則に固執する交渉相手であると妥結の余地がなくなり，時間切れで労働力や物資を現場に適時に供給できなくなり，会社に大きな損失を与えることになるのである。

東海岸の会社の支所への労働力輸送にもソ連側は制限を加えており，1932年に就航した社有船おは丸がオハより支所向けに労働者を大量に輸送することに異議をとなえ，さらに6月来航の浦塩丸の支所への大量人員輸送を禁止した。しかし，小型船による人員輸送は危険であり，現地税関との交渉の結果，航海開始および終航の各2回は大型外航船の寄港が許されることとなった。

会社の石油開発に大きな影響を与えたのは，カタングリ鉱床における海底パイプライン建設のソ連コンセッション委員会本部による不許可である。会社側は，オハにおける海底パイプラインによる特務艦への積み込みという方式をカタングリでも採用できるものと楽観視していた。パイプライン敷設はその種類の如何を問わずコンセッション契約に基づいた会社の権利とみなしていたのである。1937年2月，10インチ管海底パイプラインをカタングリの海岸から2500m沖合に敷設する計画書をコンセッション委員会本部に提出した[12]。オハにおける敷設作業と同様，陸上で連結したパイプを特務艦で曳き出しながら敷設する方法である。しかし，ソ連はこの計画に対して何の応答もせず，会社のモスクワ事務所の問い合わせに対しても，現在審議中であるとして暗礁に乗り上げたままであった。カタングリの鉱区でせっかく採油しても，海岸の貯油所の収容能力には限界があり，その解決方法として海底パイプラインを申請したのである。1937年7月末，海岸のタンクは満杯となり，採油中止という状態になった。事態を憂慮した会社は非常手段として海底パイプラインの許可が下りるまでの間，貯油所から海岸ま

で 10 インチ管パイプラインを敷設し，海上はバージによって積み込むという方法をとることでソ連政府に申請した。重工業人民委員部は同年 8 月，貯油所 6 号タンクからナビリ海岸桟橋までの 330 m の陸上パイプラインの敷設を許可，但しその口径は 6 インチ管以下とすることを条件とした。会社は送油能力の面から少なくとも 8 インチ管パイプが必要であるとして交渉したが，ソ連はカタングリの埋蔵量からみて 6 インチ管以下で十分であるとして応じなかった。しかしながら，会社によって 6 号タンク南端から東 100 m の地点の送油所まで，すでにパイプラインが敷設してあり，6 インチ管パイプラインということであれば，実際にはその必要はないと反駁したのであった。加えて，地元の鉱監は重工業人民委員部の許可を受けていないとして作業に入ることを拒んだために，さらに作業は遅れ，1938 年 6 月 19 日になってやっと重工業人民委員部から鉱監への入電が確認された[13]。オハ油田では許可されていた海底パイプラインの敷設が何故カタングリでは許可されなかったのか。その理由のひとつは，1936 年 11 月の日独防共協定への不快感のあらわれであり，またソ連自身によるカタングリ開発停止の状況下で，カタングリからの石油輸送力が強化されるのを好ましく思わなかったからである。

　日独防共協定の影響は，東海岸における会社の支所への船舶寄港禁止という処置にもあらわれた。従来，ソ連側は支所のある地域の閉鎖港に対して交通人民委員部との協定に基づいて日本船の入港を認めていた。1937 年度も例年通り 4 月にナルコムヴォド Наркомвод（水運人民委員部 Народный комиссариат водного транспорта）に対して寄港申請書を提出したが，審議中として回答が引き延ばされ，航海開始時期になってオハ以外のピリトゥン，チャイウォ，ヌイウォ，ダギ，カタングリおよびコンギへの寄港を禁止すると通告してきたのである[14]。過去 11 年間何の問題もなく許可されていたことであり，会社は従来通り配船計画を立て，おは丸，豊彦丸およびパナマ丸がオハに入港し，その後おは丸は支所に寄港することができず支所宛の荷物をオハに陸揚げせざるを得なくなった。物資が届かないために支所における作業が中断し，労働者への食料品・日用品供給が実現できないために人道上の問

題を引き起こしたとして，ソ連側に厳重に抗議，7月8日になってやっと許可が下りたが，作業計画や配船計画に影響を与え，会社は打撃を受けたのである。

東海岸の荷役用地設定についても，1937年春に会社はコンセッション契約第36条に基づき，ダギおよびカタングリに海岸荷役用地を設定する申請を行った[15]。ダギについては申請が却下されたため試掘に着手できず，またカタングリについては物資供給基地として隣接のナビリ湾の狭い用地を許可されたが，再三の交渉も受け入れられなかった。

日本人潜水夫の使用についても従来，コンセッション契約第31条にしたがって毎年日本人によって作業を行ってきたが，1937年度はこれを許可せず，ロシア人潜水夫4名1組として2カ月間で7000ルーブリの支払いを求めてきた[16]。会社側からみればロシア人の作業効率は悪く，予定通り作業が遂行できないために会社に経済的損失を与えており，このことはソ連側のコンセッション契約違反であるとして抗議した。

海岸気象観測器具についても，1937年7月1日になって，ソ連はその使用を禁止すると通告してきた。この器具は駐日ソ連通商代表部の商務官の査証を得導入されたものであり，コンセッション契約第24条による会社の権利であると主張したが，ソ連側は応じなかった。

オハ油田に次ぐ有望な開発地域としてエハビ鉱床が重視され，会社によってエハビ第Ⅰ試掘区の採掘鉱区への編入を，1937年3月に申請したが，ソ連は故意に引き延ばし，区域の画定作業を実施しなかった[17]。また，オハ海岸からエハビ鉱床に至る鉄道建設は1937年2月に許可され，すでに2000mを建設していたが，1938年7月になって鉱監は，鉱区画定がまだ完了していないこと，また鉄道建設には最終的な許可を与えたものではないとして，建設を禁止したのである[18]。会社はこの行為は不当であるとして，中央交渉に委ねた。

第3節　生産関連施設における圧迫

　技術建造物の建設にあたって，現地の労監は，1927年11月のハバロフスクの労働支部の命令であるとして，一切の技術建造物について石造煉瓦またはコンクリート建てとすることを要求してきた[19]。会社がこの条件を受け入れれば，多大な建設費用と長い工期を強いられることになる。会社の生産活動は建物もないゼロの状態から出発しており，年間の航海期間が実質4カ月しかないことや，通年で労働力を雇用して建設活動に従事させることは気象条件が厳しいためにできないことから，建設作業量も物理的に限界がある。現地では釘やセメントを調達できず，輸入に全面的に依存しなくてはならない。さらに，試掘地域においては建造物は一時的なものになる可能性が大きく，試掘結果が悪ければ生産活動に移行できず，せっかく永久的な建物を建てても廃墟と化してしまう。労監の言い分を全面的に受け入れれば，会社にとって経済的な負担は莫大になる。労監の要求は北樺太の客観条件を全く無視したものであるとして，会社は便利で経済的な耐火耐震建築様式のトラスコン方式あるいは臨時的な設備として木造様式を主張した。現地でも労監以外の鉱監やサハリン革命委員会議長あるいはトラストの代表は会社の見解に理解を示したものの，労監は突如ポンピングパワー，地質資料実験室および建設中の無線電信通信室をハバロフスク労働支部の指令違反として使用禁止にしてしまった。汽罐場も不燃性構造を条件としており，会社はトラスコン方式に改造していたが，トラストのそれは実際には不燃性建造物ではなく，当局はトラストに対し何ら要求しなかった。

　ハバロフスク労働支部に直接交渉した結果，建造物について米国方式の鉄製建築を使うことで了解がとれたが，ハバロフスク労働支部は衛生技術安全規則を厳守すること，物件毎に現場労監と協議し，許可を得ることという条件を付したのである。現場労監に判断基準を委ねたことで，木造あるいはトラスコンの建造物も労監の判断で認められることになり，会社にとってはど

う判断されるかが不透明になり、その立場は極めて不安定となった。

　坑井櫓の建設にあたってソ連の法規ではお互いに20m以上離すことを定めており、ソ連当局は会社に対してこれを厳格に適用し、その一方ではトラストの櫓は2〜3mという至近距離にあるものもあり、この例は、前に述べた通り、会社に対してのみ厳しくあたっている典型であった。たとえば、オハ油田で豊富な埋蔵量をもつ6油層が発見され、1931年度に8坑を掘削する計画であった。ところが、ソ連側は2坑の掘削を許可したものの、残る6坑についてはトラスト鉱区に隣接しているとして、トラストの採掘状況を考慮して、許可しなかった[20]。この行為は不法であるとして会社は再三ハバロフスク当局と交渉した結果、2カ月後に許可を得ることができた。コンセッション契約によって鉱区は碁盤目状に分けられ、日ソ双方が交互に保有しており、埋蔵量の豊かな鉱区で会社だけが採掘を進めると隣接のトラストの石油まで吸い取られる可能性がある。この不許可の例はトラストの利益を守るために、会社の活動にブレーキをかけたものであった。

　1931年に技監は「石油瓦斯採掘工場及製油工場ニ於ケル安全規定」にしたがい、全鉱区に幅5m半の土道網を建設することを要求してきた[21]。現場の土壌が粘土質でキールやツンドラがあり、容易に建設できるものではなかった。会社は、すでに軌道網があることからこれに並行して2〜3m幅の土道をつくることの方が現実的であると主張したが、技監は1931年7月になって強引にポンピングパワーを止めたために11坑の採油が不可能になった。会社はやむを得ず土道建設3カ年計画をつくり、建設を進めることとなったが、技監はその範囲をさらに拡大し、実行しなければポンプを止めるという強硬手段にでたのである。さすがに、この強引なやり方はハバロフスクとの交渉で排除されることとなった。上記安全規定に基づき、技監はタンク周辺に同容量の土壌を築造することを要求してきたが、会社側は北樺太のように積雪が8カ月にもおよぶ北樺太で、バクーと同じような法律を適用すること自体おかしなことであるとして、技監の要求を拒否していたのである。

　会社の掘削作業に対する当局の干渉は1934年頃から強まり、坑井の位置の変更、労監の櫓設計確認の遅延によって会社の作業が1〜9カ月以上遅れ、

労働力の使用に影響を与え，会社の経済的損失も大きなものとなった。1934年度の会社の掘削計画が遅延したのは，オハ油田の第16鉱区4層のC168坑，同7層のP37坑およびP39坑，第21鉱区13層のP19坑，第28鉱区13層のP1坑，第41鉱区7層のP65坑の6坑であった[22]。会社は1934年度の櫓建設の出願を年度早々の4月に提出したが，労監は前労・技監の建設確認を受け入れず，再設計を強要し，櫓の建設作業を意図的に100日以上も遅らせることになり，その結果労働者を空費させ，翌年度に作業を繰り越さざるを得なくなり，会社は大きな損害を蒙った。限られた航海期間と冬場の激寒が，計画の狂いによって会社に大きな打撃を与えることになったのである。従来，技監が単独で検査，交渉にあたっていたが，1934年からは労監と技監とが揃わないと検査が実施されず，そのために作業は遅れ，事務的にも遅れを招くこととなった。

　会社の生産活動に対する不当圧力は将来性の見込めるカタングリ鉱床やエハビ鉱床において，会社の作業に意図的に妨害を加えることとなった。カタングリの既存タンク3万tは1937年7月以後には満杯となるために，新規の1万t4基の完工を目前にして，技監が建設作業の続行を禁止し，ゲーペーウーГПУ(国家政治局 Государственное политическое управление)によって動力源が絶たれ，作業は全く進まなくなった。日本人労働者の受け入れ拒否，日本人労働者の多数検挙，必要資材の輸入難，カタングリ海底パイプライン建設の不許可等によりカタングリおよびエハビをはじめとする全試掘区域の作業も中止せざるを得なくなったのである。

　不幸なことに同年11月21日にオハ第9鉱区で発生したロータリー式65号井の火災を契機として年末まで技監および防火監督官(防火監)は防火規定および技術安全規定に基づくと称して採掘井合計65本の運転を停止させる口実をつくることとなった[23]。そのため採油量は日産約200t以下に減少したが，火災という災害に対しては当局の主張を聞き入れざるを得ず，翌年3月までに作業を復旧させ日産300万tまで回復させることができたのである。

　1940年10月には，オハ油田において鉱監は315号命令を発して，5坑井の即時採油停止，3坑井の即時改修着手，27坑井の泥塞，6坑井の廃坑，約

80 坑井のシャフトセメント注入，全採掘井の湛油面測定，10 日に 1 回の水分測定，半年に 1 回の水の完全分析，3 カ月に 1 回の省略分析，ポンプ位置および回転数の調整等，事実上事業を困難にする数多くの要求を突きつけてきた[24]。会社としては緊迫する国際情勢のなかで実施期間延長を当局と交渉したが，応じないために中央との交渉に委ねることとした。しかし，途中で会社のモスクワ駐在員が引き上げたために最終的な決着をみることができなかった。

　1943 年 4 月，鉱監の会社に対する圧迫はますます意図的になり，ソ連の規則を楯にその遵守を求め，守れないと制限を加えるという方法をとるようになった。その典型例は海岸タンクの封鎖である。鉱監は諸設備検査を理由に海岸タンクを封印した上で計量の必要があると説明した。会社側は計量検査であれば封印の必要はないと主張したが，受け入れられず，鉱監は形式的な一応の封印であると説明し，計量後は解除すると述べたのである。ところが，計量後も封印を解除することなく，会社に署名を要求し，これを断ると封印のまま現場を離れたのである。貯蔵タンクが封印されれば，注油することができなくなり，したがって採掘作業を中断せざるを得ない。ソ連側はこのことを狙っており，計画的に陥れようとする欺瞞的な行動であると抗議したところで，ソ連側の要求をのまざるを得ない。鉱監はタンクのバルブの封印を解除するにはかねてからの防火命令を実施することが条件であるとした。1 万 t 容量 13 基，5000 t 容量 1 基から成る海岸タンク全てが封鎖され，また 5000 t 容量 5 基，1 万 t 容量 1 基からなる鉱場タンクについては，土壌築造の要求に応えた 5000 t タンク 2 基を除く全てを封印したのである[25]。海岸タンクに関して鉱監が要求したことは，①土壌築造，②フォーマイト室の建設，③消防隊員 34 名収容の消防哨所の建設，④タンク地帯周囲半径 200 m にわたる灌木，雑草，泥炭の清掃，⑤バブトワイヤー槽の修理，⑥タンク内からの水泥の排出施設の完備，⑦集油池の建設，⑧原油張込パイプ延長等であった。これらの要求に対する会社の言い分は，例年実行されていた所用労働力の提供がなかったために④〜⑧を実施できなかったとし，①〜③については会社の見解は異なるとして譲歩しなかったのである。①の土壌築造

は，建設当時には防火規則になかったこと，トラストも土壌を築造していないこと，海岸タンクは人里離れた湖沼，湿地帯に位置し，立ち入り禁止地帯でもあり，長い期間積雪があり，火災の広がる危険性は全くないこと，を理由とした。消防については，当然のことながら45名体制の哨所建設は必要なく，タンク使用の夏場に若干名の警備員を配置することで十分であるとしたのである。

　採油を停止に追い込んだ圧迫のひとつにポンピングパワーの検査がある。鉱監および消防技士(火技監)は第4号および第2号の検査の結果，多くの箇所で欠陥が見つかり，安全上ポンプの運転を停止させた[26]。会社は致命的な部分の修理を終え，運転開始を要望したものの，当局は指摘した他の部分の修理ができていないとして許可しなかった。第1号についても故障部分の電気モーターを取り替えたものの，故障原因が究明されていないとして，運転を許可しなかった。これらのケースはその後解決されて運転が再開されたが，数カ月間の運転中止によって採油することができず，会社は，当局がこれを狙って意図的に圧迫する目的で運転停止に追い込んだものとみているのである。

　北樺太のような孤島では国内あるいは日本との通信手段をいかに確保するかが経済活動を進める上で決定的な役割を演じる。通信手段は，一面では軍事的重要性と機密漏洩という国家の安全保障にかかわる問題を内包しており，北樺太が日本軍の保障占領の地域であったことやコンセッションの背後に帝国軍部の影が濃厚に残っていたことから，ソ連当局は無線通信の使用には神経を尖らせていたのである。

　本社と北樺太現地の通信手段は，以下の方法で行われていた[27]。
① 　オハ無線通信所の連絡
　・オハ～大泊間　午前7～8時
　・オハ～落石間　午前10～11時および午後3～4時
② 　亜港(アレクサンドロフスク)経由による有線電信連絡
　日本から南樺太を経て亜港，さらにオハに連絡
③ 　夏期航海可能期間(4カ月)は会社の所有船あるいは傭船による郵便連

絡
④　ウラジオストク経由による郵便連絡
⑤　南樺太経由による郵便連絡

このように電信2系統，郵便3系統を有するが，アレクサンドロフスク経由による電信系統は早くても10日，遅ければ1カ月を要し，ほとんど使い物にならず，駐日ソ連通商代表部も北樺太のトラストおよび当局への連絡はオハ無線通信所経由による依頼電報に負っていた。

郵便では夏期船舶による配達は期間限定で，1週間を要し，ウラジオストクおよび南樺太経由の郵便船は1〜2カ月を必要とし，しかも信頼性に欠ける。したがって，オハ無線通信所が唯一の信頼できる通信手段であった。

オハおよびチャイウォの長波無線通信所は，保障占領時代に日本海軍によって備え付けられたものであり，北京条約交渉ではその取り扱いをめぐって紛糾し，結局附属公文が作成され，無線通信所の運用に関する問題を留保することとなり，先送りされていた。ソ連側の原則は，ソ連の法律によって私人および外国人の無線通信所の設置を禁止しているということであり，1925年10月から改めてモスクワで運用に関して協議が始まった。日本側は現状維持が最善の選択であると判断し，運用問題に積極的に取り組むと結局不利な結果を招きかねないことから，引き延ばし作戦にでた。交渉は散発的に行われたが，妥結をみるには至らなかった。日本側は無線通信所を無償で引き渡すことを前提として，日本の運用時間6割確保，日本文字使用，日本人通信手の雇用，3カ年電信料金無料などの条件交渉に入ったがまとまらず，月日が流れた。日本側は現状を維持する形で通信を行っていたために，ここまで引き延ばした方が得策であるとして問題解決に取り組もうとはしなかったが，ソ連政府は1937年5月，再び日本政府に対しオハ無線通信所の運用停止に関する交渉を開始したい旨申し入れてきた。ところが，同年9月になってソ連現地通信部は突如中央の指令であるとして無線通信所の運用を禁止し，以後日本との通信はソ連側無線通信所を経て行うと通告してきた[28]。会社はオハ領事分館を通じて抗議したが，これを中央に移譲し，解決までは封印するとして閉鎖してしまったのである。

第4節　生活インフラ関連への圧迫

　コンセッション企業設立当時，北樺太は全くの拓殖地域であったために，大量の労働力の流入にともなって食料品・日用品の輸入が必要であった。これらの輸入にあたってはコンセッション契約第21条によって，会社は，会社で働く労働者および職員に対して物資を無税で輸入する権利を与えられ，第22条では地方当局の許可がない限り，現地市場で販売してはならないことになっていた。現実には，北樺太には会社の販売組織(酒保所)以外に物資を販売する組織がないために，当局の希望およびトラストの熱望によって会社への供給を妨げない限り会社以外にも販売することが慣例となっていた。日本から輸入される食料品・日用品は会社関係者以外の人々の生活に欠かせないものとなっていたし，会社にとっても実際には物資の売却によって労働者の賃金に振り向けることができたから，現地調達資金獲得の重要な手段となっていたのである。ところが，1928年4月，ソ連の守備隊が家宅捜索を行った結果，コンセッション契約および税関規則に違反する物品を発見したとして会社の酒保部員を召喚するという事件が発生した[29]。当局による会社以外の組織に対する販売禁止措置に対し，トラストや革命委員会は何故販売されないのか抗議をもって会社に照会してきた。彼らのモスクワ当局への請願によって問題は解決したが，会社からみれば北樺太の税関，革命委員会，鉱監等当局の間に何ら協議が行われていないことから事件が発生したことであり，それを会社の責任に帰したことが紛糾を招いたとして遺憾の意を表している。

　北樺太への赴任者の現地携行品についてソ連の税関法では新品の携行を禁止している。1930年6月，オハ到着の赴任者に対して税関はこの規則を適用したことから問題が起きた。会社側は日本との気候風土の違い，遠隔な距離等を理由に新品携行はやむを得ないとして抗議，しかし翌年にも同様の事件が発生した[30]。会社は駐日ソ連通商代表部商務官を通じて再び抗議，そ

の結果北樺太に必要なもので日本では使用しないものに限り，新品の携行を許可することで，会社の要求の一部が認められたのであった[31]。この他，税関との間にさまざまな紛糾が生じており，その多くは会社とコンセッション委員会本部あるいは駐日ソ連通商代表部とで合意された内容が現地の税関に伝わっていないというものであった。たとえば，会社の輸入貨物に対する消費税課税問題で，1930年度の初航船おは丸による輸送貨物の通関の際に税関は，茶，砂糖以外のアルコール，タバコ，マッチ，ゴム長靴等55品目に対し消費税支払いを要求したことがある。これら品目については，会社とコンセッション委員会本部との間で1930年度より茶，砂糖以外に消費税を課税しないことが取り決められていたものである[32]。

会社が現地労働者・職員に供給する輸入物資は一旦酒保倉庫に保管されるが，現地における極端な物資不足という環境にあっては盗難，輸送途上の抜き荷，紛失が多発した。会社の桜井業務部長の出張報告によれば，現地で商品が消えるということばかりでなく，「日本ニ於テ物資カ不足ニナッタ事カ重大ナ原因デアリマセウ」と推測し，数量が送り状と一致しない，日本国内輸送途中の抜き荷，送り状の記載誤り等さまざまな原因があり，会社は原因を究明し，善処することが必要であると指摘している[33]。桜井報告は，食料品および日用品の数量不足が現地での不正によって生じたばかりでなく，もともと日本で起きた部分もあることを示している。

物資供給で会社を悩ませた一大問題はソ連当局による供給制限である。コンセッション契約第21条および労働組合との団体協約に基づき，食料品・日用品の一定契約量を毎年夏期中に現地に輸入する義務を負ったが，鉱監は数量を極度に制限し，駐日ソ連通商代表部との間に円滑な連絡を欠き，そのために商務官の許可した輸入品の一部は没収，競売あるいは陸揚げせずに逆送という事態が発生した[34]。その結果，冬期における物資不足，労働組合からの契約違反の苦情が生じた。何よりも会社を困らせたのは，食料品および日用品を販売することによって得られたルーブリを労賃に充当していたことから，財政を圧迫したことである。供給量が少なくなれば労働力を削減するか会社の財源から費用を捻出しなければならず，いずれの場合でも会社の

経営を圧迫するのである。

　鉱監の圧迫は供給量制限にとどまらなかった。1931年夏に日本から輸入した子供服用服地および下着生地について品質粗悪として，同年12月に販売を禁止すると共にこれらを封印し，日本に送り返すように命令した[35]。会社は，鉱監の行為がコンセッション契約違反であるとして厳重に抗議したものの，鉱監はコンセッション契約に定められた販売許可および禁止に関する鉱監の権限を主張して譲らなかったために，中央での審議に委ねられた。中央交渉の結果，鉱監の処置の誤りが確認され，封印は解かれた。しかし，1932年には弥彦丸に積まれた婦人合着外套850着が税関によって不良品と判断され，値下げして販売しなければ封印するとして結局封印された。これらに対する会社の主張は，駐日ソ連通商代表部商務官の輸出許可を得たものであり，品質には問題なく，ソ連当局が故意に難癖をつけようとしているものであるということであった。ただ，会社が利ざやを稼ぐために品質を落とした安価な商品を供給したのではないかという疑念を拭い去れない。

　宿舎問題も紛糾の原因となり，会社とすれば実情を全く考慮しないソ連当局の会社を苦しめるための故意の行為であると映った。1930年6月，労監はオハへの渡航労働者約400名中250名の上陸を禁止した[36]。会社はやむを得ずバラック4棟の建設を条件として上陸の許可を得たが，急成長する開発事業にともなって多数の労働者を収容する宿舎が間に合わず，要求通り宿舎を建設できない事情を斟酌しないソ連側の要求は意図的な圧迫と解釈せざるを得ないとみなしたのである。

　宿舎面積の問題も会社とソ連当局との間の紛糾の原因となった。1930年6月，オハの労監は会社雇用労働者の宿舎が狭いことを理由に労働者の配置換えを要求，また宿舎を恒久的なものとみなしてロシア最高国民経済会議の定める標準に準拠するように要求してきた[37]。会社は標準規定は義務的なものではないとしながらも，住宅面積ノルマについて中央と交渉することとしたが，技監はロシア人の宿舎設備の不完全と家族宿舎の狭いことを理由に日本人労働者の上陸を拒否する行動にでたのである。会社は傭船した船舶に乗客を乗せたまま，オハ東海岸には港がないために沖合にとどめておくことに

は限界があり，乗客を上陸させ，一時海岸に労働者を収容すると共に，技監に強引に談判した結果，命令を撤回させ事なきを得たが，輸送手段の選択肢がないだけにソ連当局の態度によっては会社は大きな打撃を受けることになる[38]。

第5節　労働関連の圧迫

　会社の北樺太における生産活動の期間中，絶えず会社を悩ませ続けてきたのは労働問題であり，労働者擁護の立場にある団体協約の存在であった。労働組合と会社との間に毎年締結される団体協約は社会主義制度の看板的存在であり，労働者搾取を前提とする当時の日本の会社経営からすれば，ことごとく対立する要素を内在していたのである。団体協約は難産の末1926年から結ばれ，27年，29年と改訂が行われ，30年4月にさらに改訂交渉が始まった。改訂交渉は年中行事と化し，組合は改訂のたびに最低賃金をはじめその他の労働条件について過大な条件を突きつけ，交渉が長期化するのは当たり前となった。1930年の改訂期においても最低賃金の上昇，鉱山専門学校，小学校，食堂等の新築，倶楽部の増築などを要求してきた。労働者の要求を受け入れれば，企業の経営が圧迫されるために，会社は北京条約附属議定書(乙)第7項の収益的経営を妨げてはならないとする条項に違反するとして抵抗したが，時の流れと共に次第に労働組合に押し切られることとなった。団体協約を後ろ楯にして年と共にエスカレートする組合の要求は，会社からみれば企業潰しと映った。

　コンセッション契約によって会社が支払う社会保険料は総賃金の16%と定められているが，オハ保険代表は住宅建築資金に充当させる目的で保険料の付加税1.2%の追加請求を一方的に決め，支払いを命じてきた[39]。期限内に支払わなければ強制執行すると通知してきたが，会社は労働者に対して無償で住宅を提供しており，支払う必要はないことを中央に厳重に抗議し，納付の義務がないことを取り付けたが，現地の会社出先機関の弱い立場に付け

込んで支払いを強要して，手に入れた分についてはそのまま保留となった。会社の支所における社会保険料支払いについても現地保険機関がなく，支払い方法も定まっていない状況で，一方的に過大な延滞料を請求してくるやり方は，地方当局の無理解と高圧的な態度によるものとして，会社は中央に対して厳重抗議を行ったが，現場の態度は変わらなかった。

　7時間制労働への移行問題も会社にとっては寝耳に水であった。1929年1月2日付中央執行委員会および人民委員会議決定によって全生産企業は1933年10月1日までに7時間制労働に移行することが決められた[40]。オハ労監は会社新設の鉄工場の操業開始時点から7時間労働に移行するように提議してきたが，会社はこの工場は修理工場であり，その適用を受けないとして拒否した。オハ技監は一方的に会社の関連生産施設の3時以降の作業を禁止したために，会社はモスクワの労働人民委員部と交渉，時間的猶予を得た。しかし，航海期間が限られているなかで季節労働者の働く時間が短くなれば宿舎等の施設建設の作業が遅れ，会社にも経済的負担をさらに課すことになる。さらに，休日出勤の禁止，休日前日の勤務時間6時間等，時間的制限が会社の作業にブレーキをかけることになった[41]。

　勤務時間のみならず，さまざまな手当ても企業の経営を圧迫した。労働者に対する特典規定は，北樺太の植民政策を進める上で労働者に刺激を与えるために設けられた制度であり，これをコンセッション企業にも適用しようとしたのである。一時手当て，日当，旅費，家族手当て，在勤加俸（勤続1年毎に定昇10%）支給などであるが，会社は収益的経営に反するし，すでにコンセッション契約で織り込み済みであるとして抗議，裁判に訴えたが上告でも敗訴し，納付せざるを得なくなった。

　ソ連労働法第47条によって労働者が1カ月に合計3日間無断欠勤した場合には解雇できるとした従来の規則が1932年11月15日付ソ連人民委員会議決定で1日に短縮され，宿舎提供，食料品供給に関する権利も失うことに変更され，会社にもこれを適用した[42]。

　日ソ関係が緊迫してくると，きな臭い事件が発生するようになる。1941年3月，オハ油田第2鉱区で根株伐採を行っていた日本人労働者2名が突然

武装したソ連人に暴行され，鉱山監督署に連行されるという事件が起きた[43]。当局は許可証不携帯を理由としたが，会社は市長，監督署，駐日ソ連大使館に厳重に抗議を申し込んだ。

第6節　裁判，ゲーペーウー関連による圧迫

　コンセッション提供の特殊環境の下に，全く体制の異なる地域で企業を経営すればさまざまな軋轢が必然的に発生する。石油採掘の現場でとくに危険性の高いのは火災発生であり，その事件を契機に安全を口実に管理・規制をますます厳しくしようとするソ連当局と，故意に会社を陥れようとするものであると反発する会社との間に紛争が頻発した。1930年に焼死者10名，重傷者4名，軽傷者十数名を出したオハの手配所建物火災は，双方の軋轢を生む最たる事件であった[44]。ソ連当局は，揮発油の管理の杜撰さが被害を大きくしたとして，古沢所長以下鉱業所幹部を可燃性物質の保管および使用の管理責任，消防器具の不備を問題にして，起訴したのである。会社側は「今回ノ起訴決定書ヲ看ルニ其ノ殆ント全部カ強テ会社側ヲ陥入レンカタメノ誤レル判定ニ過キス」として，虚構の事実を積み上げて故意に管理部に責任を転嫁しようとする悪意とみなさざるを得ないと反発した。しかし，苛酷な刑の宣告を受けたために極東裁判所に控訴したが，結局古沢所長，西見係長の2名に対しては罰金刑が科せられ，罰金を支払わざるを得なかった。

　責任者に対する管理責任追及は，突如一方的に科料を課すという方法でしばしば会社を脅かした。たとえば，1931年12月，鉱監は会社の造材係長に対し不完全な伐採小屋に労働者を収容した廉により100ルーブリ，建築係長に対し木工場室温が15度以下で規定に違反したとして100ルーブリ，機械係長に対して同じく木工場の室温違反で100ルーブリ，総務課長に対し技監命令未遂行の廉で100ルーブリ，支所課長に対し朝鮮人伐採夫を不完全な天幕に収容したとして100ルーブリ，労務係長に対し室温違反で100ルーブリの科料を課してきたのである[45]。

1937年11月，カタングリ鉱床の酒保倉庫事務室付近より火災が発生し，消火にあたった日本人12名がそのまま拉致され，取り調べ後，帰宅を許された。この事件は終航船の浦塩丸入港の前日の出来事であり，うち7名は最終船に乗船できず現地に越年のやむなきに至ったが，2名は拘禁されるという事態となった[46]。そのうちのひとり，菅原渉は「サハリン幽囚の記」という手記を寄せており，菅原はスパイの廉で2年6カ月の刑を受け，ハバロフスクの刑務所で刑期を終え，1940年7月7日釈放された。ロシア語ができるということが当局の目にかなう条件であり，スパイ活動の嫌疑で脅し，ソ連に協力すれば自由にするというソ連当局の協力者に仕立て上げる常套手段の罠にはめられたのである[47]。

1937年のスターリンの大粛清の波は，辺境の地サハリンにも押し寄せ，とりわけ会社に働くソ連人は落ち着きを失い，不信，中傷，密告の日々に明け暮れた。1937年11月以降翌年3月までに会社に働くソ連人183名が拘引され，新たな検索を恐れて帰還したいと希望する者は200名を超える有様であった[48]。日本人も粛清の影響を受けずにはおかなかった。オハ市長の通告により，会社に働く外国人は許可なしでコンセッション区域外に出ることが禁止され，区域外に出る場合にはその都度許可を受けること，常にパスポートを携行すること，が義務づけられた。

さかのぼって1933年度には会社に絡む刑事訴追事件は起こらなかったが，労働賃金をめぐっての訴訟事件が数件発生した[49]。その例を挙げれば，①蒸気汽罐組み立て出来高作業賃金追加払いに関するプロムコム提訴問題，②ソ連人労働者解雇に対する宿舎明け渡し訴訟事件，③エハビ第Ⅱ試掘区伐採夫労働争議に関するプロムコム提訴ならびに熊倉エハビ支所長訴追問題，④日本人労働者14名の出来高作業評価に関するプロムコム提訴問題，などである。

①については，1932年10月，日本人3名，ソ連人4名に対して汽罐組み立てを請負による出来高払いとして679ルーブリ，さらに休日前日の割増を支払うべきところ320ルーブリしか支払われなかったとして，プロムコムはオハ人民裁判所に訴訟を起こした。裁判所は359ルーブリの追加支払いを行

第 11 章　ソ連当局による北樺太石油会社への圧迫　303

うように判決を下したために会社はこれを不服としてアレクサンドロフスクの裁判所に上告したのである。②は，1932 年 10 月をもって季節労働終了と共に解雇されたソ連人労働者および自分の意思で退職した者計 18 名が 2 週間以内に宿舎を立ち退く義務があるのに，そのまま居座ったために，会社がオハの人民裁判所に訴訟を起こしたケースである。裁判所は会社の訴訟を正当と認めたものの，家族持ちについてはサハリンの特殊事情に鑑み，来年の初航船の到着を待って立ち退くという温情の判決を下した。しかしながら，会社は家族に宿舎を提供しないことを取り決めてあるにもかかわらず，これを無視した結果であるとしてアレクサンドロフスクの裁判所に控訴した。③のエハビにおける労働争議および支所長提訴の問題は，1932 年 12 月，エハビに働くソ連人伐採夫 8 名の出来高払いの評価が低いとして，日給作業で支払うように要求，会社はこれを拒絶したために支所長の責任を追及する裁判を起こしたことである。しかし，組合に対して日給で支払うこと，支所長に対しては法規違反であり，被告として予審に服するように判決が下された。④の日本人労働者の出来高作業評価については，オハの人民裁判所は会社の評価を正当であるとみなし，プロムコムの訴訟を棄却した。

　団体協約第 24 条には出来高評価および生産高標準は会社の定めるところと規定しているが，会社とプロムコムとの間に大きな開きがある場合には団体協約第 8 条に定められた双方の代表で構成される評価争議委員会で決めることになっている。しかし，プロムコムの過大な要求のために協定が成立せず，訴訟に発展することがしばしば起こったのである[50]。

表 11-1　ソ連当局に

年	圧迫の対象	ソ連の要求	会社の理由説明
昭和3年 (1928)	1）バージ救助のための艦船の出動	1）国境検査官および税関の乗船	1）1927年9月1日，オハ近海の暴風雨で会社所属の発動艇3隻，バージ5隻が沖合係留所から流離，当時沖合停泊中の特務艦（給油艦）早柄，貨物船北成丸に救助依頼。ソ連の国境検査官代表および税関長に対し出動許可要請
	2）企業職員・労働者以外の者への物資供給	2）コンセッション契約および税関規則に違反	2）会社以外に物資供給機関がなく，関係当局，トラストの懇望により，人道上，食料，その他日用品を供給
	3）技術建造物の建設	3）一切の技術建造物は石造煉瓦またはコンクリート建てとすること	3）ソ連側の鉱業技術監督規定にしたがいハバロフスク労働支部に申請した。過渡期的臨時設備は操業，衛生の安全に配慮すれば木造様式，また耐火耐震建築様式としてトラスコン式，油井事業は移動するので木造その他簡易建築がよいと考える
	4）時間外労働および公休出勤	4）一切の時間外労働および公休出勤を許可せず	4）作業の進行上必要に応じて法規の許す範囲内で超過労働を求めてきたが，突如としてハバロフスク労働支部の命令として，労働法の規定を無視した残業はいかなる場合も許さないとするのは奇怪である
昭和5年 (1930)	1）ソ連人労働者・職員に対する特別優遇規定適用	1）コンセッション企業で働く労働者が優遇手当て支給要求，裁判で勝訴	
	2）社会保険料建築目的税賦課	2）1929年12月20日，オハ保険代表は突然鉱業所に対し社会保険料建築目的税（税額5万ルーブリ）支払い要求	2）社会保険料建築目的税は労働者の住宅建築資金に充当する目的のものであり，コンセッション契約によって労働者に住宅を無償で提供しているので支払う義務なし
	3）ポロマイ，ヌトウォ，カタングリにおける社会保険料支払い遅延料	3）1月，突然延滞料として1500ルーブリ要求	3）交通不便のために支所からの精算書類到着遅れのために精算が遅滞する結果となった
	4）会社鉱区内を横断するソ連側鉄道敷設	4）オハ～バイカル間トラストの鉄道が会社鉱区を貫通すること	4）会社の採油に多大の不便をきたすとして迂回を要求
	5）赴任者携帯品	5）6月，赴任者の携行品のう	5）気候風土の違い，遠距離のために新品携行はやむを得

よる会社圧迫の例

ソ連当局の圧迫	会社の対応	結　果	年
1 a）関係当局の各代表者の乗船がなければ不許可 1 b）北成丸についてはその後国境検査官は乗船せずとも出動許可，しかし，税関は完全拒否	1 a）艦船との連絡方法がないとして乗船を拒否 1 b）不可抗力による緊急時の対応であり，ソ連の処置は了解できない。流出による損害甚大，しかも被害バージは会社の全所有，送油能力全消失したとして，ソ連コンセッション委員会本部に抗議（1928 年 4 月）		昭和 3 年 (1928)
2）非企業労働者レーズマンが守備隊を率いて家宅捜査，摘発，11 月 28 日酒保部員を召喚，コンセッション契約および税関規則違反として公式に会社に通告	2 a）企業関係者以外の販売を直ちに停止 2 b）税関以外は事情を知らないために，販売継続を懇願，税関長，革命委員会，鉱監等の事前協議が全くなく，会社に罪をきせる態度。コンセッション委員会本部に遺憾を表明		
3）すでに木造建築許可の出ている建物，建設中の無線電信室も建設中止	3 a）操業わずか 2 年で緊急に多くの設備を建設しなくてはならず，しかも荒野の現地では釘 1 本，セメント一握りから輸入しなくてはならず，輸送期間は 4 カ月しかない 3 b）将来廃墟となる可能性のある試掘作業地まで固定的建造物を求めるのはおかしい 3 c）革命委員会議長やトラストが同意しているのに，労監チュナリオフが許可しないために東京コンセッション委員会およびハバロフスク労働支部に事情を具申。ハバロフスク労働支部は例外として臨時的木造建造物の許可を現場労監が与えられるとしたが，空文とならないよう希望		
4）時間外労働および公休出勤禁止	4）東京コンセッション委員会，コンセッション委員会本部，ハバロフスク労働支部と交渉。労働支部からオハ労働監督署は作業実施の必要を考慮するように訓令した旨の回答を得たが，今後穏かつ機宜に対応するかまことに不安，支部の精神に逆らわないように重ねて要請		
1）評価争議委員会の審議を経て裁判に移される	1）労働者側の勝訴に対し，会社側はハバロフスクの上級裁判所に控訴	1）審理継続	昭和 5 年 (1930)
2）オハ保険代表は支払いを強要	2）中央と交渉の結果，納付義務がないと決定した場合将来の保険料に振り替えることを条件として支払う	2）2 月，ソ連側は将来の分は免除するが，過去の分は留保。会社側は抗議	
3）支払い強要	3）金額を支払うと共に中央に対し抗議，支払い金額を供託扱いにするように申し入れ	3）将来の納金引き当てとする	
4）会社の要求を拒否		4）交渉	
5）税関の輸入禁止措置	5）非常識としてソ連側に抗議	5）新品の携行に

年	圧迫の対象	ソ連の要求	会社の理由説明
昭和5年 (1930)	および輸入貨物に対する税関の不当待遇	ち新品を理由に通関禁止，また，おは丸入港の際，茶，砂糖以外の50余種に対し総額2万1700ルーブリの消費税課税	ない，また茶，砂糖以外に対しては消費税免除の規定がある
	6）渡航労働者の上陸禁止	6）6月，労監は会社の宿舎が法定基準に達せず，かつ，食堂，炊事場等の補助施設が完備していないことを理由に渡航者400余名中250名の上陸禁止	6）会社の事業が急激に発展しているために作業員が急増していること，ソ連側の要求が欧露に比べても過大であり，要求通り宿舎を建設することは困難
	7）渡航労働者に対する入国査証拒絶	7）邦人労働者700名に対し300名に制限	7）1930年度ソ連人労働者1000名雇い入れをハバロフスクに申し込んだところ300名可能，残る約700名をコンセッション契約に基づき邦人労働力で補充
	8）ソ連人職員の渡航禁止	8）ウラジオストク当局は労働者引率のソ連人の樺太行き査証拒絶	8）ソ連人労働者300余名を引率して樺太に渡航
昭和6年 (1931)	1）7時間制労働移行	1 a）1929年1月2日付中央執行委員会および人民委員会議決定により，ソ連の全生産企業は1933年10月1日までに7時間制に移行する 1 b）全てのコンセッション企業は1931年度中に7時間労働に移行予定，新鉄工場は運転開始の日から7時間労働に移行，会社は1931年度第4四半期中に7時間労働に移行	1）新鉄工場は附帯修理工場で生産企業ではない
	2）オハ，チャイウォ無線通信所協定	2）ソ連の現行法は外国人の無線通信所建設禁止，使用を限定	2）ヌトウォ，カタングリとオハ間の通信は第一順位として受け付け，伝送することを規定
	3）チャイウォ無線通信所器具盗難事件後始末	3）電信室を勝手に教師の住宅として利用	
昭和7年 (1932)	1）土道築造命令に関連した採油機関停止	1 a）1931年春オハ油田および宿舎地域に幅員5mの土道築造命令 1 b）改造を要求，不可能なら前側の手配所建物を交換使用	1 a）過大な要求。土道軌道混用案で交渉 1 b）技監出張中に労監との間にトラスコンに立替の労監協定を結んだが，技監は狭いとして改造要求，しかし協定が有効であること，材料調達の時期が過ぎていることから明年まで延期要請
	2）狭軌道使用停止	2）1931年5月，修理完了まで軌道全線7里余の使用禁止	2）軌道による運搬作業は坑井掘削および附帯作業の遂行に多大な影響を与える
	3）休祭日前の労働時間	3）技監は新たに定めた1931年4月17日休日の前日の労働時間を6時間とすることを要求	3）特別休日であり，労働法第111条の適用を受けない

ソ連当局の圧迫	会社の対応	結　果	年
		ついては交渉，消費税については在京商務官の斡旋で解決	昭和5年 (1930)
6）コンセッション企業が苦しむことを目的とした故意による行為		6）所管外鉱監と協定して新たにバラック4棟を建設することを条件に上陸許可	
7）前年のソ連人労働者解雇事件のため，解雇されたと同種の労働者の入国を拒否	7）コンセッション契約による便宜供与の義務に逆行	7）遺憾	
8）査証拒否は会社側に忠実であるとみなされた結果と推測。真面目に勤務しようとするソ連人は不安	8）事務の支障のほか，滞船料その他の物質的損害は多大として抗議		
1）オハ技監は建て替え木工所，新製材所，新酒保に対し3時以降の作業禁止	1 a）せめて中央執行委員会および人民委員会議決定の時期まで延長要請 1 b）3時以降作業禁止措置につきハバロフスク労働支部と交渉，7時間制労働交渉中は従来通りとなり，技監に通告，ソ連組織内で連絡徹底せず 1 c）航海時期が限られ労働力調達に限界，増加する宿舎建設は7時間労働では実行できない。ソ連の法律にしたがうが1932年7月まで延期要請		昭和6年 (1931)
2）ソ連側は無視，電報は8日もかかっている	2）厳重に抗議		
	3）厳重抗議，責任者の処罰，損害賠償を要求	3）要領を得ない回答でうやむやにしようとする	
1 a）7月15日，技監は突如第9鉱区のポンピングパワーを停止，11坑の採油不能 1 b）頑として受け付けず，改造に着手するか交換使用を強要して譲らず，他の作業施設に難癖をつけて妨害しようとする	1 a）社長視察のおり，土道建設に同意 1 b）解決を中央政府に上申	1 a）ポンピングパワー停止解除 1 b）遂に交換で応諾	昭和7年 (1932)
2）部分使用も認めず約2週間使用禁止	2）技監の措置は不当		
3）6時間に短縮命令，8時間回答の場合は短縮2時間分814ループリ支払い要求	3）ハバロフスクに問い合わせ	3）8時間回答に対し，技監は支払う約束と共に洗濯場，穴倉設計図面	

年	圧迫の対象	ソ連の要求	会社の理由説明
昭和7年 (1932)			
	4）責任者に対する科料	4）1931年12月以来連日労働監督署は責任者に罰金支払い命令；造材係長に規定違反の伐採100ループリ、建築係長に法規上の温度に達しないとして100ループリ、機械係長に同額の罰金、総務課長に建物の基本設備替えを実行しないとして100ループリ、支所課長に対し労働者を不完全な天幕に収容したとして100ループリ、労務係長に宿舎が規定温度に達していないとして100ループリ	
	5）事務所および北オハ給水用ボイラーハウス閉鎖	5）突如第15鉱区の事務所に対し収容ノルマ不足、床高不足、換気装置のないことを理由に改造命令、北オハ給水用ボイラーの天井改造要求	5）事務所の新築を予定しており、それまで臨時使用を認めて欲しい、ボイラーは唯一の鉱区の給水機関であり、これが止まれば作業は全面休止になる
	6）1932年度事業計画包含事項の命令	6）計画に含める要求事項数十項目	6）百数十万円を要する要求で、しかも多くは不急不要のもの
	7）天幕使用禁止	7）臨時作業地域でも使用禁止	7）団体契約で認められている、従来は何の問題もなく、使用許可されていた
	8）完全な下水溝設備	8）鉱区の下水溝設置	8）起伏のある場所、ツンドラ、埋設物の錯綜している場所もあり、鉱区全体での完全な下水溝設備は不可能
	9）宿舎暖房	9）宿舎暖房線を壁より10cm以上離すこと	9）スチーム線の温度上昇で火災が発生した例はない
	10）タンク廻りの土壌築造	10）1929年以後築造のタンクに土壌設置	10）タンクは1929年以前のものと以後のものが混在しており、この命令はどのような意味をもつのか
	11）土道拡張および狭軌道使用禁止	11）幅員をさらに5.5mに拡張、全鉱区に築造	11）土道は土地柄築造困難、不可能に近い。土道狭軌道混合案が適当である
	12）給水管の改造および移動ポンプ不要	12）防火給水管を全部6インチ、ホース2インチ半に	12）移動ポンプが不要になることはわかっていたはず、それによってスペースが生まれるのに技監は無定見
	13）新発電所運転不許可	13）欠陥の改善	13）旧発電所のジーゼル機を至急大修理の必要があり、新発電所の微細な欠陥を逐次直すことで許可を欲しい
	14）ツェフコムに部屋提供	14）新手配所内に2室提供	14）新団体協約改訂まで保留したい
	15）高圧架線作業禁止	15）高圧架線工は9級資格	15）至急架線を直す必要があり、7級電工に対し9級賃金を支払う

第11章　ソ連当局による北樺太石油会社への圧迫　　309

ソ連当局の圧迫	会社の対応	結　果	年
		遅延に対し罰金，抗議で撤回，罰金を要求せず	昭和7年(1932)
		4）罰金支払い	
5）受け入れられなければ閉鎖，ボイラーの封印延期の代わりに18戸建て宿舎1棟明け渡しの交換条件を持ち出す	5）法規の濫用であるとし，妥協の道を探す	5）応諾せず，要求を容認せざるを得ず	
6）悪意ある非常手段で威嚇	6）到底会社は承認できないとして拒否		
	9）数十棟の建物全部にスチーム管を敷設できない		
11）土道の完成をみるまでは狭軌道の建設を認めず，さらに土道の上敷きにコンクリート，アスファルトもしくは川石を要求	11）法規には狭軌道の使用禁止の規定はない	11）ハバロフスク労働支部と交渉	
12）次々と欠陥を指摘	12）命令の根拠が法的である以上受け入れざるを得ない		
13）ハバロフスクの特別許可が必要として認めず	13）ハバロフスクと協議，申請		
14）許可と交換条件に新発電所の運転問題と絡める	14）組合との協定に拠るべき，団体協約改訂まで保留		
15）9級賃金支払いで技監は作業許可	15）技監の作業禁止は資格の問題ではなく，単に賃金支払いに拘泥	15）技術安全に関係ない	

年	圧迫の対象	ソ連の要求	会社の理由説明
昭和7年 (1932)	16) トラストとの差別待遇	16 a) 技術建造物に対し恒久的不燃焼性建物要求 16 b) 櫓の構造および建設 16 c) 宿舎条件 16 d) 共産的待遇 16 e) 運輸状態	16 a) トラストに対しては発電所，鉄工場等2, 3の建物が不燃焼性 16 b) 櫓間距離に関し会社に対しては法規通り要求，トラストには法規違反が多く，2〜3m間隔のものも許可 16 c) 会社に対しては法規通り宿舎提供を要求，冬期天幕使用禁止，トラストは皮板バラックを認める 16 d) 会社は電灯，暖房，薪，水無償配給，トラストは管理部員以外は概して有償 16 e) 会社に対して土道築造を要求，トラストには土道があるというが実施されたのを見たことがない
	17) 会社嘱託弁護士拘引	17) モスクワの命により拘引	17) オハ油田手配所の火災事件に関する裁判に出席できず，弁護士なく孤立無援
	18) 朝鮮人労働者拘引・護送	18) 個人的理由による監禁の要ある犯罪	18) ゲーペーウーにより家宅捜索，拘引。領事分館主任より釈放要請，しかしハバロフスクに護送
	19) 邦人駅舎番起訴	19) 密漁，密売などの不正行為	
	20) 会社邦人配管工の起訴	20) ソ連人配管工に暴行，刑法違反により強制労働	20) 暴行の事実なく，言語の不通のために生じたもの
	21) ソ連人労働者拘留	21) 酒保品の転売，不正行為により家宅捜索を受けた者1月以降25名を検挙	21) 検挙者は概して中堅の真面目な労働者・職員
	22) 酒保品に関する罰金命令	22) オハ税関は会社に対し4件の罰金7283ルーブリを通知	
	23) 馬夫への日用品供給差し止め	23) 会社馬夫(個人的運搬夫)に対する日用品供給を差し止め，酒保帳を税関に提出	23) 96頭の馬匹を使役する馬夫全体が会社を去ることとなり，会社の作業に一大支障をきたす。コンセッション契約第21条の曲解であり，個人的雇用とはいえ会社労働者に準じるべき
	24) 酒保品の封印	24) 鉱監は販売中の子供洋服地および下着生地の品質粗悪として封印	24) 駐日ソ連通商代表部商務官の正式登録手続きを経て輸入，鉱監自ら価格を設定し，許可したもの。企業の酒保品にケチをつけようとするもの
	25) 採掘井の改修作業	25) 採掘井に水分のある場合は厳格な出水調査，改修実施	25) 些少の水であっても要求するのはおかしい。掘削組の要員が不足している
昭和8年 (1933)	1) 酒保品輸入申請確認	1) 会社買付価格を2分の1に削減	1) 酒保品の輸入にあたって鉱監の確認を得ていたが，価格の改竄はコンセッション契約違反
	2) 酒保品の封印	2) 子供服用サージおよびフランネルを粗悪品として販売禁止，封印，本国に送り返すこと	2) 鉱監の行為はコンセッション契約に違反
	3) 試掘地森林伐採	3) エハビ試掘地の薪材伐採を許可せず	3) コンセッション契約第29条で森林伐採，利用権を認められている

第 11 章　ソ連当局による北樺太石油会社への圧迫　　311

ソ連当局の圧迫	会社の対応	結　果	年
			昭和7年 (1932)
19) 刑法違反で起訴			
20) 刑法違反で強制労働, エハビで伐採作業服役			
21) 相次ぐ検挙	21) 労働者間に不安が広がりかねない		
	22) それぞれ正当な理由を付し, ハバロフスクに抗告	22) 罰金徴収停止	
23) ゲーペーウーの発動で馬夫の酒保帳を押収, 検挙してまで取り上げる強制手段をとる	23) 強い抗議	23) 極東税関は季節労働者への供給ノルマにしたがい許可をオハ税関に通知, 若干緩和	
24) 今後は輸入品の品質検査を厳格にし, 輸入禁止の権限で不合格品を送り返す	24) コンセッション契約第22条の明白な解釈上の誤り。コンセッション委員会本部に抗議	25) コンセッション委員会本部から現地鉱監に権限なしと指令	
25) 掘削作業を禁止			
	1) 中央交渉, 物資輸入計画は労働者数に対応するが, 実際とは異なる	1) 会社の主張通り大部分解決, しかし再び繰り返す	昭和8年 (1933)
2) 鉱監は酒保品の販売許可, 禁止の権限を有す	2) 中央審議請願	2) 鉱監の措置を誤りと認定し, 封印解除。しかし, 婦人合着外套でも同じことを繰り返す	
3) 中央より回答があるまで不許可	3) 会社の権利を無視し, 作業を妨害。今後ますます発生する可能性があるために中央での解決依頼	3) エハビについては許可。しかし, 一般試掘地の伐採	

年	圧迫の対象	ソ連の要求	会社の理由説明
昭和8年 (1933)			
	4) ソ連当局の差別的待遇	4 a) 油層保護に関して厳重な監督 4 b) 掘削櫓および掘削内部装置の安全基準	4 a) トラストに対しても会社と同等の厳格さで臨んで欲しい。トラストには坑井休止のまま放置の例が多い 4 b) 会社は改良を加え、安全基準に合致。トラストは不完全なまま作業を続行
	5) 時間外労働の禁止	5) 時間外労働の禁止	5) 林務署に非番の消防夫、労働者を山焼き作業に従事させるのは会社の作業の能率に影響。海岸作業は気象激変と夏期4カ月しか作業ができないので時間外作業を認めるべき、海底パイプライン破裂事故に時間外労働を認めるべき
	6) 時間外作業	6) 時間外作業不許可	6) 必要な時間外労働は認めるべき
	7) 鉄工場2交代制作業	7) 鉄工場交代作業中止	7) 団体協約で2交代制は認められている
	8) 出来高作業妨害	8) 出来高作業に対する高価な評価	8) 労働者が出来高評価による作業を希望しているのに、組合は制止、直接労働者との交渉禁止は団体協約違反
	9) 馬夫の山掃除使用に関する組合の妨害	9) 馬夫を山掃除に使役禁止	9) 組合は山掃除の出来高評価で高額を要求、自己の馬をもつ馬夫を使役
	10) ソ連人季節労働者解雇	10) ソ連人季節労働者解雇	10) 季節終了と同時に解雇すべきものであり、越年させるかどうかは会社の選択
	11) ソ連人季節労働者精算反対	11) 日本人季節労働者解雇判明まで精算を行わない	11) 現地の特殊事情を考慮することなく組合は要求
	12) 邦人労働者解雇	12) 解雇反対	12) 船舶の関係で数度にわたり帰還、その際残留組は季節時間外として扱う
	13) 組合特別被服不当要求	13) 組合は団体協約以外にさまざま要求	
	14) 組合、邦人労働者の不当昇給	14) 邦人労働者の昇給	14) 何の理由もなく邦人労働者50名の昇給要求は受け入れられない
	15) 交代作業支払い	15) 交代作業に対する法規以上の支払い	15) 団体協約に基づいて支払っており、それ以上の要求には応じられない
	16) 宿舎欠陥排除に関する不当要求	16) 宿舎欠陥を2日間で修理	16) 組合の非常識な要求
	17) 手配所火災事件裁判	17) 所長以下社員に苛酷な刑	17) 公明正大に釈明、労監と組合の犠牲になったとし、不当な決定によるもの
	18) 解雇労働者の宿舎明け渡し	18) 家族持ちの立ち退き時期延期	18) 団体協約により解雇労働者は宿舎を明け渡す、19名の無権利者に対し宿舎明け渡し訴訟提起
	19) 汽罐組み立て作業評価	19) 追加支払い訴訟	
	20) エハビでソ連	20) 評価が低いとして日給賃金	20) 会社は日給を拒絶

第11章　ソ連当局による北樺太石油会社への圧迫　　313

ソ連当局の圧迫	会社の対応	結　果	年
		について決定までに至らず	昭和8年(1933)
4 a) 会社に対してのみ厳しい姿勢 4 b) 会社にのみ厳格に要求	4 a) トラストが油層保護を怠れば会社の坑井にも影響。トラストに対して厳格な監督を希望		
5) 通常の作業で可能として時間外労働を認めず	5) 会社の作業を妨害しようとする意図が明白		
6) 何らかの理由をつけて妨害	6) 断固として時間外労働実施		
7) 組合との協定が必要として中止命令	7) 団体協約規定にしたがい断固として実施		
8) 団体協約改訂作業中は作業を開始してはならない	8) 厳重抗議		
9) 法規違反で処罰すべきと威嚇			
10) 事業縮小の際は組合員に残留優先権があり，適用すべき。家族持ち労働者を残留させ，会社の宿舎収容計画に打撃			
11) 会社の作業を妨げる			
12) 解雇に反対，解決まで出帆中止要求	12) 組合の越権行為		
	13) 特別被服は団体協約に基づき支給		
15) 要求を止めず		15) 7時間作業移行に重大な影響をおよぼす	
16) 無理な要求を敢えて実行	16) 非常識な要求を許さないよう厳重な抗議		
17) トラスト推薦の弁護士の弁護も顧みない		17) 不当な罰金を納入	
	18) 不当決定とし，アレクサンドロフスクの裁判所に控訴		
19) 出来高作業単価低廉として追加支払い要求，これを拒否したために訴訟	19) アレクサンドロフスクの裁判所に上告		
20) 支所長を告訴			

年	圧迫の対象	ソ連の要求	会社の理由説明
昭和8年 (1933)	人造材出来高作業拒否	支払い	
	21) 北オハ給水所建設	21) 給水所設置要求	21) 協定を無視し無断で給水所建設に着手
	22) オハ川水盗用	22) 自己のホースを勝手に接続	22) 圧力低下の原因調査で発見，謝罪なく，文書で給水を申請は遺憾
	23) 北オハのトラストによる伐採	23) 試掘鉱区の伐採	23) 林務署の許可なく，鉱監黙認，中止を要請
	24) 1931年アソレズプロムホズ廃止後，トラスト継承	24) 造材作業に不当要求	24) 延期を認められていた北オハ伐採期限取り消し，エハビの伐採と同時に山掃除要求，材木搬出禁止，根株の高さを30 cmとすること，払い下げ林地に対し新料金設定は不当，エハビ木材無検収搬出として罰金
	25) 探照灯使用	25) ゲーペーウーが海岸での使用禁止	25) すでにソ連側の許可を得ており，時化模様で使用
	26) 外航船による支所行き労働者輸送	26) 外航船による大量人員輸送禁止	26) 小型船は危険
	27) 会社ソ連人職員不当拘禁	27) ソ連人職員の不当拘禁	27) 理由を示さないで上級職員を検挙したために不安を生じる。恐日的神経過敏になっている
昭和9年 (1934)	1) 労監の不当処置による櫓建設遅延		1 a) 第21鉱区P 19坑の位置変更要求のため中央交渉に日数要し遅延 1 b) 第28鉱区P 1坑の開坑不許可 1 c) 労監が第16鉱区のC 168坑の設計確認を遷延 1 d) 労監が第41鉱区のP 65坑の確認を遷延したため多数の坑井掘削遅延 1 e) 労監が第16鉱区のP 37坑確認遷延，鉄工場との距離を問題にし，櫓の建設一時中止 1 f) 労監が第16鉱区のP 39坑の確認遷延，ポンピングパワーとの距離を問題視，一時禁止 上記開坑遅延による産油不足は8035 t
	2) 労監による櫓建設遅延		2) 櫓建設出願を4月3日手続き，労監は審議上関係のない鉱区の許可提出を要求，再設計を強要，出張で審議を延期，1カ月間停止，7月中旬決定，距離を問題として許可を与えず
昭和12年 (1937)	1) カタングリ海底パイプライン敷設不許可	1) 原油搬出はバージ使用	1) 審議未了として不許可，1938年度も不許可
	2) エハビ第I試掘区の採掘鉱区編入不許可	2) さらに2坑の掘削	2) 3月手続き，追加掘削要求手続き遷延
	3) ダギ海岸荷役用地設定不許可		3) 本年春，試掘のために用地設定申請，不許可。1938年7月，会社の申請を却下，試掘に着手できず
	4) ナビリ海岸荷役用地設定不許可		4) カタングリ用物資荷役用として申請，極めて狭小の地帯を許可するのみ，再三申請を不許可

第 11 章　ソ連当局による北樺太石油会社への圧迫　　315

ソ連当局の圧迫	会社の対応	結　果	年
			昭和 8 年 (1933)
	21）厳重抗議		
	22）トラストは反省するところなし，厳重抗議		
	23）厳重抗議		
25）必要な場合はその都度ゲーペーウーの許可を受ける	25）緊急の場合の使用であり，現実に即さない		
		26）航海開始後 2 航，終了直前 2 航認める	
1 a）労監が櫓の設計確認を遷延，タンクとの距離を問題とし建設許可せず 1 b）前記未解決を理由に設計確認を遷延	1 a）中央と交渉 1 d）1935 年度に繰越 1 e）櫓と鉄工場との距離は何ら差し支えなし 1 f）距離は法規上問題ないことを主張	1 b）労監最終確認のないため掘削中止	昭和 9 年 (1934)
2）決定を引き延ばし，会社に損害を与える	2）願書提出から確認まで 100 日以上かかり，労働者手配に支障，P 5 坑の翌年繰越		
			昭和12年 (1937)

年	圧迫の対象	ソ連の要求	会社の理由説明
昭和12年 (1937)	5）森林伐採不許可		5）森林無料伐採は8油田のみとして，許可せず，用材利用も禁止，本年11月以降の数次の申請却下，1938年以後日本から輸入を余儀なくされる
	6）オハ無線通信所閉鎖	6）オハ無線通信所閉鎖	6）北京条約交換公文およびコンセッション契約第34条で日本の運用を認められていたが，5月ソ連は運用停止協議申し入れ
	7）オハ第16鉱区P7坑掘削不許可		7）1937年度予定のP7坑の136層採掘不許可
	8）カタングリ第22, 第27鉱区採掘不許可		8）鉱区境界に配置するのは合理的採掘ではない
	9）海岸気象観測器具封印	9）海岸気象観測器具封印	9）駐日ソ連通商代表部商務官が許可した海岸気象観測器具の使用を7月突然禁止したために，作業に支障をきたし，航行にも問題発生
	10）全試掘地域にわたる全部の作業中止，エハビ，カタングリにおける大部分の試掘作業停止		10）邦人労働者の大量輸入を不許可，裁判による多数の邦人労働者の処分，必要資材の輸入難，カタングリパイプライン敷設禁止等により作業停止のやむなき
	11）邦人労働者送り込み	11）邦人労働者受け入れ拒否	11）試掘延長1年目にコンセッション契約第31条に基づき邦人750名およびソ連人代用の邦人送り込みを申請
	12）会社船舶の支所寄港不許可		12）コンセッション契約第35条で会社の船舶，傭船の会社作業地寄港の特権にもかかわらず遷延
昭和13年 (1938)	1）邦人労働者送り込み	1）邦人労働者受け入れ拒否	1）比率対応権利数およびソ連人供給不能代用人数を認めること
	2）会社船舶支所寄港		2）コンセッション契約第35条により船舶の作業地への寄港を認められているが，12年度配船許可を遷延，7月初旬寄港許可のため試掘作業に大きな影響をおよぼす。13年度配船についてもソ連と交渉中，無回答
	3）カタングリ海底パイプライン敷設		3）1937年度よりカタングリの石油搬出のため，コンセッション契約第25条によって海底パイプライン敷設を申し入れ，審議未了とされ不許可のため200万円以上の損害
	4）物資輸入	4）日用品，食料品の一定量輸入拒否	4）コンセッション契約第21条により毎年夏期に日用品・食料品の一定規約量を輸入する義務あり，しかし鉱監は数量を極度に制限，不足が生じることは明らか
	5）エハビ第I試掘区採掘鉱区編入遷延		5）1932年7月11日，協定第4条により採掘鉱区編入を届け出たが，今日まで鉱区の分割選定を行わず
	6）邦人潜水夫使役	6）邦人潜水夫使役禁止	6）毎年邦人潜水夫を使役していたが，1937年度には突然ソ連側拒否

第11章　ソ連当局による北樺太石油会社への圧迫　317

ソ連当局の圧迫	会社の対応	結　果	年
			昭和12年 (1937)
6）9月，通信はソ連側無線通信所を通じて行うよう通告し，オハ無線通信所を一方的に閉鎖	6）条約違反として厳重抗議		
9）突然の封印	9）コンセッション契約第24条に違反，多年にわたる権利		
11）受け入れを拒否		11）試掘作業が大頓挫	
12）初航船以下の入港を不許可	12）作業に多大な影響，強硬に抗議	12）7月初旬寄港許可	
1）中央と交渉しているが何ら回答なし			昭和13年 (1938)
2）故意に回答を遷延	2）中央と交渉		
3）審議中として回答遷延，本年度においても審議中	3）重工業人民委員部に交渉		
4）輸入の極度の制限	4）規定通り配給できるよう申し入れ	4）ソ連受け入れず	
5）画定作業を遷延	5）協定違反		
	6）4名1組のロシア人に7000ルーブリという不当な賃金支払い，しかし能率悪く，契約違反を主張		

年	圧迫の対象	ソ連の要求	会社の理由説明
昭和13年 (1938)	7) エハビ採掘鉱区の林木		7) 無償払い下げを受けた林木を施設内建造物に利用しないとして発給済みの伐採切符を廃止するのはコンセッション契約第29条に違反
	8) 荷役用地設定不許可	8) 荷役用地設定不許可	8) コンセッション契約第36条により, ダギおよびカタングリ海岸荷役用地を申請
	9) 居住権延長	9) 1年間が6カ月, さらに3カ月に短縮	
	10) 用度品, 酒保品輸入手続き変更	10) 外国貿易人民委員部の審査	10) 従来, 用度品は駐日ソ連通商代表部に目録提出, 酒保品は鉱監の予備審査, 駐日ソ連通商代表部に目録提出許可を得て輸入, 1937年度は酒保品については外国貿易人民委員部の許可
	11) 薪取得困難	11) オハの伐採不許可	11) コンセッション契約第29条に基づき3回も伐採許可申請したが不許可, このため配給困難になり, 5000t輸入, しかし実行困難
	12) オハ採掘井採油不当制限	12) 採油禁止	12) 11月21日オハ第9鉱区ロータリー式15号井火災後65本の採油を禁止, 採油量は日産200t以下の減少, その後約300tまで回復
	13) 衛生所設置	13) 衛生所設置要求	13) 衛生監督官はオハ海岸に入浴所その他設備の建設要求
	14) 櫓建設作業10時間制	14) 10時間制不許可	14) 従来10時間作業を実施, 12年8月から不許可
	15) 坑井櫓間火防距離	15) 櫓附属小屋間20m間隔	15) 石油鉱場安全規定では20mは櫓基本枠間と指示してあり, 不当
	16) 汽罐場と坑井櫓間火防距離	16) 60m間隔	16) 石油鉱場安全規定では30m
	17) 防火監の非常識態度	17) 過剰な要求	17) 3月21日のオハソ連人宿舎のボヤの原因は蝋燭にあり, 居住者の不注意であったが, 防火監は取り扱い法を教えずとして, 今後厳重な監督を要求
	18) 宿舎ノルマ	18) 継続雇用のための宿舎確保	18) 一連のソ連側不当措置により生産を縮小せざるを得なくなり労働者の一部解雇, ソ連受け入れず, 宿舎面積不足のため邦人宿舎提供
	19) 作業部門委員会居室提供	19) 季節宿舎2棟の明け渡し	19) 従来と条件が変わっていないにもかかわらず, 居室不足として増加を要求
	20) 出来高単価不当値上げ	20) 出来高単価不当値上げ	20) 組合は最近出来高単価を不当に値上げ
	21) 時間外作業申請手続き変更	21) 予備当直員をおく	21) 従来労働法第104条による時間外作業の事後承認を, 本年から予備当直員をおき, これに備えるよう変更
	22) カタングリ邦人不法拘引		22) 1937年11月11日カタングリ鉱床酒保建物事務室付近より火災, 消火にあたった12名拉致, 出国禁止, うち7名最終船に乗船できず, うち2名アレクサンドロフスクに収監
	23) 会社責任者起訴		23) 1937年中に2名を国外追放, 罰金を課せられた者十数名, 1938年3月22日5名の責任者起訴, 出国禁止, 同27日鉱業所長を起訴, 出国禁止

第 11 章　ソ連当局による北樺太石油会社への圧迫　319

ソ連当局の圧迫	会社の対応	結　　果	年
7）伐採切符廃止	7）鉱監および林務署に要請		昭和13年 (1938)
8）ソ連は不許可	8）中央と交渉		
10）1938年度からは全て外国貿易人民委員部の許可が必要			
11）伐採不許可			
12）過剰な制限	12）ソ連当局の命令実施に努力，作業復旧		
	14）中央と交渉，しかし未解決		
	16）防火監の要求は不当		
17）過剰な防災要求			
18）労働者の解雇に反対	18）邦人宿舎をソ連人労働者に振り替え		
19）刑法第135条を引用し，威嚇的言辞			
	20）最近出来高で協定に達したものなく，事実上出来高作業実施は不可能		
	22）安否を確認できず		
23）責任者起訴による会社経営圧迫	23）責任者6名の犯罪事実なしか極めて些細な事項を摘発		

年	圧迫の対象	ソ連の要求	会社の理由説明
昭和13年 (1938)	24) ソ連人労働者拘引		24) 1937年11月以降拘引されたソ連人労働者は約185名，検挙を恐れ帰還希望は200名を超える
	25) 邦人の行動制限		25) 4月4日，オハ市長は邦人従業員のコンセッション鉱区域外に出ることを禁止。ソ連のコンセッション地と隣接し，鉱区外で作業を行う必要がある
	26) オハ市長申し渡し事項	26) 企業に従事する外国人の許可なくコンセッション区域外へ出ることを禁止，域外に出ることを希望する者はその都度申請が必要，海岸地域に常住する者は許可が必要，常時旅券携行，守らない場合は処罰	
	27) 邦人出張者宿泊休憩拒絶		27) 1月20日，カタングリ支所会計主任のオハ出張にあたって途中宿泊を禁止，激寒のなかでのこの措置は非人道的で，アレクサンドロフスク領事館を通じて抗議，宿泊提供を約したが，帰りも再び宿泊拒絶
昭和14年 (1939)	1) 休止支所残存供給品搬出要求	1) 休止支所残存供給品搬出	1) 駐日ソ連通商代表部の正式許可を得て輸入したもので違反ではない，1939年度には労働力の供給がないために搬出不可能
	2) 火技監不当命令	2) 膨大な作業命令 ・高圧線と他の電線・道路との交差点保護装置 ・スチーム幹線を不燃性材料で絶縁 ・各建物のスチーム線を不燃性材料で絶縁 ・北オハ給水所の拡張，非常ポンプの増設 ・オハ給水所に2000 m³ 貯水池増設 ・海岸タンク地帯に土壕構築 ・海岸タンク地帯にフォーマイト消火装置の建設	
昭和15年 (1940)	1) 防火監不当要求事項	1) 防火監の不当要求 ・第28鉱区および海岸に消防庫または哨所の建設 ・警防係手配所を消防当直室とすること ・フォーマイト自動車を備えること ・給水網の根本改革 ・第9, 16, 28鉱区および北オハに容量550 t 以上の貯水槽1基建設 ・第16鉱区に350 t 貯水池構築	1) 会社としては必要限度を逸脱，認めず

第 11 章　ソ連当局による北樺太石油会社への圧迫　321

ソ連当局の圧迫	会社の対応	結　果	年
			昭和13年 (1938)
25) 邦人の行動制限	25) コンセッション活動を減殺するもはなはだしく，撤回を交渉		
	27) 外務当局より交渉		
1) 8月20日，鉱監より本年中に供給品を搬出するように提議，同22日税関が1カ月以内に搬出しなければ没収	1) 中央と交渉	1) コンセッション委員会本部は税関の要求を支持	昭和14年 (1939)
			昭和15年 (1940)

年	圧迫の対象	ソ連の要求	会社の理由説明
昭和15年 (1940)		・消防夫定員を243名に増員	
	2) 技監および衛生監督官要求事項	2) 2月下旬, 1940年度事業計画に以下を予定 ・家族宿舎をクバルチーラ式とする ・建物基礎を煉瓦, 石造またはコンクリートとする ・宿舎内部の「壁」の厚さを55 cmとする ・汽罐場にシャワーを設置する ・自動掘削装置, 重量測定器を使用する ・注油は1カ所より自動流下式装置とする ・ビームおよびポンピングジャックを金属製にする ・ブローホイールを起重機に変更する ・汽罐場, 浴場, パン焼場, 鉱監住宅を建設する ・すでに命令済みの作業全部を実施する	
	3) 1939年度供給品不足	3) 不足品に対し金銭代償	3) 1939年最終航行が天候不良で物資輸入不可能となり, 不可抗力で不足品発生
	4) 麦粉およびパン販売価格不当値下げ	4) 麦粉, パン価格値下げ	
	5) 遠隔地派遣の労働者特典規定適用	5) 組合が労働法で定めた特典規定適用	5) 多数労働者募集の場合は別に定める規定によるとする条項に基づき組合要求を拒否
	6) 託児所および幼稚園維持費負担	6) 会社労働者の子供を収容する託児所および幼稚園の施設維持費	
	7) 浴場設計案却下	7) 浴場設計案の基礎部分をコンクリートあるいは石造とする	7) 気候条件からみて従来の杭打ちを適当と認める
	8) 北オハ4坑井採油禁止	8) 北オハ4坑井の採油禁止	8) 4月29日, 綱式1号井のソ連側要求完了, しかし難癖をつけ許可せず, 別の3坑井も同様
	9) 職員査証簡易手続き	9) 一般個人査証手続き	9) 前年まで慣行となっていた簡易査証手続きを拒絶
	10) 第28鉱区第8パワー運転禁止	10) 当該鉱区に消防庫設置	
	11) 第28鉱区に消防哨所建設	11) 大きな建物建設	11) 建設案を提出したが, ソ連側は消防庫にも匹敵する大きな建物を要求し, 設計案を却下

第 11 章　ソ連当局による北樺太石油会社への圧迫　　323

ソ連当局の圧迫	会社の対応	結　果	年
			昭和15年 (1940)
3）解決しなければアレクサンドロフスクで裁判			
4）品質低下を理由に15年度輸入麦粉売値を1 t 17カペイキ，パンを1 t 19カペイキにそれぞれ2カペイキ値下げ			
5）いつか別の規定を発布する可能性ほのめかす	5）この問題は毎年組合より提起		
7）建設計画案を却下	7）中央と交渉		
8）防火上危険，改善後も難癖をつけ不許可	8）ソ連側要求にしたがって改善	8）しかし，不許可	
10）運転禁止			

年	圧迫の対象	ソ連の要求	会社の理由説明
昭和15年 (1940)	12) 坑井に関する鉱監の不当命令	12) 10月19日，鉱監は以下の命令 ・含水量の大きな5坑の採掘井禁止 ・含水量の大きな3採掘井の改修まで禁止 ・休止井の泥塞(21坑) ・火災その他のため休止井の泥塞(6坑) ・試掘および採掘井で泥塞したものの廃坑化(6坑) ・湛油面測定を半年毎に行うこと ・水分内容を10日目毎に報告のこと ・ポンプ位置を油層の上に置き換えること ・パワー回転数を制限すること ・採油ポンプ・ストロークを短縮すること	
昭和16年 (1941)	1) 鉱場タンク使用不許可	1) タンクの土壌築造	1) 1940年10月28日土壌構築完了，しかし防火監は新規作業を命じ許可せず
	2) 麦粉売価値下げ	2) 麦粉品質不良として売価値下げ	2) 当方の抗議により中央は共同分析に同意
	3) 酒保品売価認定	3) 前年同様の売価	3) 酒保品売価は団体協約による賃金に連動していたが，現在無団体協約状態で，日本国内の物価高騰しているために買入価格で申請
	4) 315号命令	4) 1940年10月19日，鉱監は油井状態調整に関し，315号命令を発し，5坑井の即時停止，3坑井の即時改修，27坑井の泥塞，6坑井の廃坑，約80坑井のセメンティング，全採掘井の湛油面測定，10日に1回の水分測定，半年に1回の水の完全分析，3カ月に1回の省略分析，ポンプ位置および回転数調整等を要求	4) 労働力，資材不足にもかかわらず最大限の実行計画をたて，実施計画の延長を要請
	5) 鉱区ならびに用地画定		5) 4月16日，1941年度事業計画に関連する鉱区および鉱区外使用地確定願い
	6) 片山重役査証発給遅延		6) 夏期現場視察のため査証申請
	7) 不用品国外搬出	7) 一部搬出不許可	7) 77点の不用品を1941年度航海期間中に日本に搬出申請
	8) 小川所長および荒谷課長起訴	8) 小川所長を団体協約違反，荒谷課長を防火規則違反で起訴	8) 中央交渉で沙汰止み，その後再び蒸し返し起訴，裁判する旨通知あり

第 11 章　ソ連当局による北樺太石油会社への圧迫

ソ連当局の圧迫	会社の対応	結　果	年
			昭和15年 (1940)
1）新たな要求	1）中央交渉で，当期には作業不能のため翌年夏に延期	1）タンクの使用を許可せず	**昭和16年** **(1941)**
2）鉱監はこれを拒否		2）共同分析行われず	
3）前年同様の売価のみ許可	3）現地で交渉	3）継続	
4）鉱監は応ぜず，督促ますます熾烈	4）中央交渉，しかしモスクワ駐在員の引き揚げ	4）最終決定を得ず	
5）夏期作業季節が迫っているのに画定官を派遣せず			
6）極力交渉したが未解決	6）外交交渉に移牒	6）査証入手	
7）鉱監，再三立ち会い検査を求め，44点のみ許可，残りは修理可能として5倍額の保証金供託を要求	7）現地で交渉	7）交渉	
8）再起訴	8）中央交渉に移牒	8）裁判は一時延期	

年	圧迫の対象	ソ連の要求	会社の理由説明
昭和16年 (1941)	9) 消防隊長助手の設置	9) 会社の消防隊にソ連人助手を設ける	9) 現在ソ連人教官がおり，隊長助手は義務的ではない
	10) 邦人労働者に対する当局暴行	10) 根株伐採許可証不携帯	10) オハ第2鉱区で根株伐採中の邦人労働者2名に暴力をふるい作業具を押収，鉱監に引き渡し，不法尋問，さらに邦人1名も連行
	11) 東京～オハ間電報用語	11) オハ通信部は中央の指令により英仏文による交信のみ許可	11) 日本文ローマ字による電報を受け付けるように領事に依頼
	12) 会社船舶支所寄港		12) 会社の1941年度配船表に対しソ連は無回答
	13) 海岸検疫所設置	13) ソ連法規に基づいて検疫室，健康診断室，ベッド5床の隔離室，シャワー室，消毒室等をもつ検疫所設置	13) 1938年にも同様の要求があり，中央交渉で解決
	14) ジャガイモおよびきゅうり漬け配給ノルマ遁減	14) 配給ノルマ遁減に対し補償金	14) ジャガイモは雑損が多く，きゅうり漬けは許可量少なく，腐敗が多く，配給不能が予想されるために配給遁減を組合と交渉
	15) 所要労働力送り込み	15) 邦人労働力削減	15) 1941年度所要人数としてソ連人1469名，邦人542名，交代の邦人職員75名を申請したが，邦人労働者100名，職員30名のみ許可，ソ連人200名の現地供給を通知，さらに邦人労働者250名，職員30名追加，総計労働者350名，職員60名の送り込み許可，しかし邦人労働者192名，職員15名不足
	16) オハ海岸～鉱場間軌道整備	16) 臨時に熟練工の使用禁止	16) 積雪が多く，軌道除雪および整備のために熟練工を利用
	17) 長谷川春次遺族扶助料支給	17) 会社の過失による扶助料支払い訴訟	17) 北オハの計量タンクで墜落死した遺族に対し，遺族扶助料を支払わないため，支払い訴訟を起こす
	18) カタングリ原油搬出設備	18) 鉱場閉鎖当時作成の調書に基づく修理	18) 鉱場発電所の応急修理による臨時使用を要請
	19) 物資輸入	19) 1941年輸入分の物資削減	19) 物資の許可証の到着が遅れたために，滞船を余儀なくされる
	20) 技監の不当行為	20) 不当行為	20) 汽罐，ポンピングパワー全般にわたる苛酷，厳重な検査により一時全面運転停止，些細な事項に関しいちいち調書作成し一方的見解を記入，作業物件の検査日の勝手な変更，目的外の物件の検査要求，技術的知識不足のための愚問愚答による時間浪費，態度不遜で侮辱的言辞

ソ連当局の圧迫	会社の対応	結　果	年
	9）要求を一蹴		昭和16年 (1941)
10）根株伐採許可証不携帯で一応拘留	10）市長，鉱監長および駐日ソ連大使に抗議	10）釈放	
		11）中央解決まで現状維持	
12）回答引き延ばし		12）終航直前に鉱監は社船5隻のカタングリ寄港を許可	
	13）拒否		
14）金銭補償を要求	14）中央交渉に移牒，不足分を翌年に現物補償，ノルマは逓減すること	14）不足分を翌年に現物補償，ノルマは逓減することで妥結	
15）所要人数を意図的に満たさず			
16）団体協約違反，橋梁の修理にあたっては技監がいろいろ難癖をつける		16）運輸作業に一大齟齬	
17）社会保険部は支払い訴訟提起	17）責任転嫁は不当	17）裁判所は審理を一時延期	
	18）オハより多大な労力，資材をカタングリに送り，計画通り搬出実施		

1) 労働監督官は労働人民委員部に属し，労働者の労働条件，生活および健康保護，団体協約等に関し広範な監督の権限をもつ。
2) 「オハ労監署ノ当石油利権企業ニ対スル不法要求並ニ不当処置ニ関スル報告書」外務省外交史料館『帝国ノ対露利権問題関係雑件　北樺太石油会社関係』1933 年 3～12 月。
3) ストウ・ノルマとは 1931 年にソ連労働国防会議全連邦標準委員会発布の建設計画の単一規格のことであり，コンセッション企業にもこの基準の適用を求めた。
4) 「蘇連邦ノ北樺太利権圧迫方針決定ニ関スル件」，注 2) に同じ，1941 年 1～12 月。
5) 「北樺太方面行動特務艦行動予定表」，注 2) に同じ，1928 年 1～12 月。
6) 「現場当局ノ頑迷ニ関シ抗議ノ件」，注 2) に同じ，1928 年 1～12 月。
7) 「北樺太石油積取帝国特務艦関係問題」，注 2) に同じ，1933 年 3～8 月。
8) 注 7) に同じ。
9) 「現地ソ側当局及組合等ノ不当処置ニ関スル件」，注 2) に同じ，1933 年 3～12 月。
10) 「沿岸航路関係附浦塩傭船関係」，注 2) に同じ，1931 年 1～4 月。
11) もちろん，日本からの労働力および物資輸送は会社所有のおは丸および会社の傭船によって行っていた。データの明らかな 1932 年度の配船予定表をみると，6 月から 11 月初めにかけておは丸は 9 航海，5000～9000 t 級傭船が 4 航海しており，小樽発ナビリ経由オハ往復が 8 航海，横浜～オハ間が 5 航海となっている（「昭和七年度配船予定表」，注 2) に同じ，1932 年 1～5 月）。
12) 「カタングリ十吋海底鉄管曳出作業援助ニ関スル請願」，注 2) に同じ，1937 年 1～12 月。
13) 「カタングリバージ搬出六吋管敷設許可ノ件」，注 2) に同じ，1938 年 6～12 月。
14) 「対ソ懸案事項ニ関スル件」，注 2) に同じ，1937 年 1～12 月。
15) 「北樺太ニ於ケル我石油企業ニ対スルソ連邦ノ態度ニ就テ」，注 2) に同じ，1938 年 1～5 月。
16) 注 15) に同じ。
17) 「ソ当局ノ企業圧迫ニ関スル件」，注 2) に同じ，1943 年 1 月 1 日。
18) 「エハビ鉄道建設ニ関スル件」，注 2) に同じ，1938 年 6～12 月。
19) 「技術的建築物ニ関スル件」，注 2) に同じ，1928 年 1～12 月。
20) 「再蘇国官憲ノ態度竝会社ノ将来ニ就テ」，注 2) に同じ，1931 年 9～12 月。
21) 「技術関係法規ノ緩和」，注 2) に同じ，1932 年。
22) 「九年度事業計画掘削井ノ中作業遅延セルモノ」，注 2) に同じ，1934 年 1～12 月。
23) 「蘇官憲ノ企業圧迫ニ関スル件」，注 2) に同じ，1938 年 1～5 月。
24) 「昭和十六年度ニ於ケルソ側ノ会社ニ対スル圧迫事件」，注 2) に同じ，1941 年 1 月～42 年 12 月。
25) 「海岸タンク封印ニ関スル件」，注 2) に同じ，1943 年 1 月 1 日。
26) 「圧迫命令ニ関スル解説」，注 2) に同じ，1943 年 1 月 1 日。
27) 「利権地及内地間無線通信確保ニ関スル件　通信ノ現状」，注 2) に同じ，1932 年。

28) 注15) に同じ。
29) 注6) に同じ。
30)「我北樺太石油企業ニ対スル「ソ」連邦側ノ圧迫竝会社ノ組織変更方ニ関スル会社側ノ申出内容要領(其ノ二)」, 注2) に同じ, 1930年1～6月。
31)「サガレン地方ヘ赴任スル労務者ニ対スル特典規定ノ実質及之カ適用問題ノ経緯」, 注2) に同じ, 1931年1～4月。北樺太赴任の永住者に対しては18カ月以上の居住権査証が, 短期旅行者には外国渡航旅券査証が東京商務官によって発行された。
32)「企業地赴任者携帯品及輸入貨物ニ対スル税関吏ノ不当待遇問題」, 注2) に同じ, 1930年1～11月。
33)「桜井業務部長出張報告」, 注2) に同じ, 1941年1月～42年12月。
34) 注15) に同じ。会社従業員および一般に配給する物資輸入に関し, 1936年のコンセッション契約追加協定交渉の覚書では以下の原則が決定された。
　① ソ連人労働者に対しては支払い賃金の総額(予算)
　② 邦人労働者に対しては過去の経験に基づく実際の需要量
　③ 社外人に対する供給は協定による
　④ 毎年6月末における在庫残高は1936年6月末の実際の残高の水準において決定する
　以上の原則に基づいて, 会社は1936年度の輸入総額を420万ルーブリと決定し, これに邦人に対する支払い賃金分として342万2000ルーブリ, ソ連人のそれに対して391万7000ルーブリの合計733万9000ルーブリ, 6月末在庫残高予定67万6000ルーブリを計上したのである。しかしソ連鉱監は本年度輸入額420万ルーブリに対して270万ルーブリが妥当であるとして, 会社の主張を受け入れず, 輸入を許可しなかった。
35)「ソ側当局, 組合等ノ不当処置ニ関スル報告(其ノ一)」, 注2) に同じ, 1933年3～12月。
36) 注30) に同じ。
37)「宿舎関係」, 注2) に同じ, 1931年1～4月。
38)「ソ側当局組合等ノ不当処置ニ関スル報告書(其ノ二)」, 注2) に同じ, 1933年3～12月。
39)「蘇国官憲ノ態度ニ鑑ミ会社ノ将来ニ関スル件」, 注2) に同じ, 1930年1～6月。日本人労働者も社会保険料納付の対象になっているが, 実際にはその恩恵をほとんど受けていない。日本人は文化の異なるソ連の国営保健機関を好まず, 会社の用意した診療所を利用しており, 扶助料給付も一定の勤務年数が必要であり, 対象にならない。休養所もウラジオストクやチタにあり, 日本人には利用できないし, 失業保険も受ける資格がなく, 実際には保険料を支払っている意味がないのである。
40)「七時間制労働移行問題」, 注2) に同じ, 1931年9～12月。その後, 1930年8月21日付ロシア労働人民委員部附属委員会の訓令でロシア共和国の全産業の7時間制移行は1931年10月から翌年9月末までに完了することが定められた。

41) 1933年夏，海底パイプライン破損のために，コンセッション契約の特殊規定に基づいて復旧作業を行おうとしたが組合は許可せず，会社は企業活動を妨害するものと判断した(注35)に同じ)。
42) 注35)に同じ。
43)「昭和十六年度ニ於ケル蘇側ノ会社ニ対スル圧迫事件」，注2)に同じ，1941年1月～42年12月。
44)「手配所火災事件起訴ニ関スル件」，注2)に同じ，1931年1～4月。
45)「現場当局ノ会社ニ対スル態度ニ関スル件」，注2)に同じ，1932年1～5月。
46) 注15)に同じ。
47) 菅原渉「サハリン幽囚の記」城戸崎益隆ほか編『北樺太に石油を求めて』白樺会，1983年，213-229頁。
48) 注15)に同じ。
49)「昭和八年度北樺太石油利権関係諸問題調書，訴訟問題」，注2)に同じ，1933年3～12月。
50) 1933年1月1日施行の極東地方行政区画改正の結果，従来のサハリン管区はサハリン州となり，アレクサンドロフスクにある裁判所がオハ人民裁判所の上級裁判所となった。

第12章　北樺太石油コンセッションの終焉

　1936年11月調印の日独防共協定は，ソ連政府の対日警戒感を決定的なものにし，その反発は最果ての北樺太のコンセッション現場にもおよび，会社（北樺太石油株式会社）はさまざまな経営妨害にあって，生産活動はじり貧を続けた。さらに，1938年の張鼓峰における日ソ軍事衝突事件，翌39年5月のノモンハン事件の勃発は日ソ関係を一段と悪化させることとなった。おりしも，ドイツを核とする国際情勢も緊張の度を加え，ソ連との外交調整の道を模索していた日本にとって，1939年8月の独ソ不可侵条約の調印は当時の平沼内閣を総辞職に追い込むほど衝撃的な出来事であった。日本としてもノモンハン事件にけりをつけ，日ソ関係を平静化させることがソ連政府の重慶政権支援を封じ込め，米国政府の日本に対する圧迫態度を抑え込むのに役立つと計算され，ソ連との関係改善が日程にのぼるようになったのである。

　1939年7月には米国は遂に日米通商航海条約破棄を通告し，日本に対して経済的圧迫を加える意図を明確に示したが，日本が重慶政権への圧迫を止めない限り米国の態度を変更させることは不可能であった。事態を重くみた東郷茂徳駐ソ大使は，日本のとるべき方策として「ソ連と協力して日本の地歩を固むると共に重慶との間に穏和且合理的な条件を以て和を講ずるの外なし」と考え，その趣旨を東京に電報したのである[1]。ソ連と協力する方法として，東郷は不侵略条約および通商協定の締結を眼目とすることを提言した。時を同じくして，ソ連との間に不可侵条約締結論が政府内にもあらわれ始めた。しかしながら，当時の阿部内閣はこれにはまだ慎重であり，懸案事項の

解決，国境紛争処理および国境画定に関する2つの委員会設置という現実的な対応を重視する方針を崩さなかった。阿部内閣が米国寄りであったことから米国の対日圧迫政策に変更を求めることになる東郷大使の具申は受け入れられなかったのである。阿部内閣の外交方針を受け継いだ米内内閣も日ソ不可侵条約締結には消極的であったが，泥沼化しつつある日中戦争の収拾策を模索する参謀本部から，重慶政権への支援ルートを断ち切る手段としてソ連との提携論が議論されるようになり，1940年4月には参謀本部内で「日ソ中立条約」が準備された。しかし，東郷提唱の，日ソが手を結ぶことによって重慶政権に対して打撃を与え，米国の日本に対する圧迫を変更させることを狙った対ソ積極的接近策は，政府部内ではまだ少数派の意見であった。阿部内閣の野村外相も米内内閣の有田外相も対ソ接近には慎重で，対米英関係のこれ以上の悪化を防ぐ意味からも，むしろソ連の蔣介石支援行為を注意させることを主眼として，東郷大使に対して不侵略条約ではなく中立条約をソ連に提案するように訓令したのである[2]。中立条約では現下の国際情勢に対応できないとして不侵略条約を主張する東郷大使と日本政府との間に意見の違いがみられたが，政府は中立条約の訓令執行を命じ，1940年7月2日，東郷大使はモロトフ外相と会談して，提議を行った。東郷大使が口頭で伝えた中立条約の要旨は以下のようなものであった。

 第1条 両国は日ソ基本条約を相互関係の基礎とすることを確認し，平和的親善関係を維持するために互いに領土的保全を尊重する。

 第2条 もし締約国の一方が第三国より攻撃を受けた場合，締約国の他の一方は紛争の継続中，中立を守る。

 第3条 本協定の有効期間は5年間とする。

 これに対するモロトフの回答は，おおむね趣旨に同意したものの，ソ連側にとって得るところがないのに対し，日本側には著しく有利であるために，ソ連としては相当の代償を求めなくてはならないという内容であった。日ソの接近が，米ソ，ソ中の関係を悪化させる反面，日本にとっては支那事変の処理が進み，南方への積極行動が可能になるというのである。日本政府が最も懸念するソ連の重慶政権に対する支援を中止するようにという要望に対し

ては，モロトフは，現在支援を止めていると述べるにとどまった。

中立条約第1条に含意のある石油コンセッション問題について，モロトフは「業者が誠意をもって法規を遵守することが先決問題」と述べて，この条項については難色を示した[3]。ノモンハン事件以後北樺太の石油コンセッションに対するソ連側の熾烈な圧迫が1925年の日ソ基本条約に違反しているという日本側の主張に対して，ソ連の国内法を守ることが先決として取り合わなかったのである。

ソ連側の迅速な回答を約して，その日の会議は終了したが，その後ソ連政府の回答は遅れ，8月14日になってやっとモロトフから東郷大使に伝達された。このような回答の遅れには，この間，日本では内閣の交代があったことで対ソ関係にどのような影響を与えるかを見極める必要があったことや，モロトフはソ連最高会議で日本側に対ソ関係改善の兆候がみられると発言したことから，中立条約締結によってどのような見返り要求を行うかを逡巡していたのではないかとみられる。

モロトフの回答は日本政府の3条項に同意したものの，日ソ基本条約が若干の部分で時代遅れになったとして，「北樺太利権の無活動に鑑み利権者の投資に対する正当な賠償を条件として北樺太における石炭並びに石油利権を清算すべきものと認める。但し，ソ連政府は日本政府に対し5年間10万t北樺太原油を提供すべきである」とコンセッションの解消を求めてきた[4]。

このモロトフ回答の直前に米内内閣が倒れ，第2次近衛内閣の外相として松岡洋右が就任したことによって，これまでの中立条約交渉は放棄され，8月29日には東郷大使の突如帰朝の命令が下り，代わって建川美次陸軍中将が駐ソ大使として赴任することとなった。モロトフとの間に中立条約がまさに成立しようとした矢先の出来事であった。ただ，東郷大使だけに鉾先が向けられたわけではなく，重光および来栖両大使を除く全ての大使および多くの公使に対して帰朝命令が下されたのである。帰朝した東郷は松岡外相との会談でも自ら辞表を提出しなかったし，再度の提出要請も受け付けなかった。東郷の自伝によれば，辞表提出拒否の表向きの理由は，英米独に対する考え方は松岡外相の方針と異なり自分の意見が正しいと信じているから自分から

進んで辞職することは正しくないこと，外務省上級官吏の全部を罷免することは悪例ともなり不賛成であるから辞表を提出しないことにあったが，本心は松岡の乱暴なやり方に対して誰も直言した者がないようであったから，困らせてやろうといういたずら心が働いたためだという[5]。東郷はモロトフとの会見で「北樺太利権に関して話合い成立すれば，当時わが方より熱望したる蔣介石援助打切りの条項を加えて即時にも条約成立の運びにいたるべき情況になった」と回想録で述べている[6]。日本政府が当時ソ連に対して最も懸念していたのはソ連の蔣介石に対する支援であり，ソ連が交渉材料として北樺太コンセッションの解消を持ち出してきたことは，条件さえ合意すれば蔣介石支援打ち切りを盛り込んだ中立条約が結べると踏んだのであった。東郷は北樺太コンセッションを取引材料にすることを考えていたのである。おそらく，東郷の目には日独防共協定以後ソ連当局による圧迫で疲弊しきった北樺太コンセッションはその生産力を極度に落としており，悲鳴をあげる現場の声が外務省を通じ，東郷大使のもとにも届いており，もはや北樺太コンセッションが実質的な活動を行えず，これに固執する必要はないと判断したのではないかとみられる。

　東郷の中立条約交渉は，松岡人事によってご破算となってしまった。松岡の描く構想は，ドイツの仲介によってまず三国同盟を成立させ，これを日・独・伊・ソの「四国協商」に持ち込み，これを背景に米国に対しアジア・ヨーロッパへの介入を止めさせ，日本の南進政策を推進させるというものであった。

　三国同盟成立後の外交戦略として外務省が作成したのは，10月3日付の「日蘇国交調整要綱案」であった。この案の特徴は，従来の日ソ中立条約案を止めて，独ソ不可侵条約型の日ソ不可侵条約を締結し，コンセッション問題については8月14日のモロトフ回答の希望を入れて幾分譲歩するというものである。

　要綱の3では日ソ経済関係を新たなる立場から以下により調整・再建することがうたわれた[7]。

　(イ)　北樺太ニオケル石油及ビ石炭ニ関スル利権及ビコレ等物資ノ本邦輸入

ヲ確保スルニツトムルモノトス。
　㈹　ソ連側ノ要望モ尊重シ他方日本人ノ北洋漁業ヲ安定セシムル目的ヲ以テ新タナル地盤ノ上ニ漁業権ヲ確保ス。但シ北樺太ニ於ケル石油全部ヲ獲得シ得ルニ於テハ漁業権放棄ヲ考慮ス。
〔㈨㈡略〕

　この要綱は8項目から成るが，「四国協商」による勢力範囲分割として，北樺太および沿海州については将来の適当な時期に平和裡（買収または土地交換）に日本側の勢力範囲に入れることを見込んでいるが，この案はいま直ちに持ち出すものではないとしている。

　「四国協商」構想によって，内蒙，華北，東南アジアを日本の勢力範囲，外蒙，新疆，中近東をソ連のそれとして相互に承認しあい，独伊と提携して新たな世界秩序を推進しようとする計画がこの要綱によって公式的なものとなったのである。この「日蘇国交調整要綱案」は，10月3日に陸軍省内部で検討され，同日，陸・海・外3省事務当局の協議会にかけられた。要綱案は若干の修正が施され，陸軍側の主張によって，まず不可侵条約を結び，第2段階で個別の交渉に入ることが決定された。要綱では北樺太コンセッションが条件次第では解消されることになっており，これに対して海軍はどのような姿勢をとったのであろうか。もとより海軍はコンセッション解消には異議をとなえていた。北樺太からの石油は良質であり，たしかに近年供給量は減少の一途を辿っていたが，海軍としては米国からの供給停止の可能性，南方での石油開発の不確かさを考えれば捨てがたい魅力があったのである。しかし，陸軍のなかには北樺太コンセッション放棄論が有力であり，協議会の席上でもソ連提案を受け入れる意見が聞かれたのである。陸軍の主導権におされて海軍は譲歩せざるを得なかったのか，あるいはもはや北樺太コンセッションに固執することを諦めたのか，極めてあいまいである。

　新任の建川駐ソ大使より10月30日にモロトフに対し日ソ不可侵条約の提案が行われた。建川は，その際まず不可侵条約を締結し，コンセッション解消その他の案件の解決を後回しにすることを主張した。しかし，モロトフはコンセッション解消が先決であるとして，不可侵条約の締結については保留

にするとしたのである。

　建川大使に対して色好い返事を示さなかったモロトフとの交渉を進めるために，松岡はモロトフの訪独の機会に仲介の労をとってくれるようにリッベントロップ独外相に正式に求める訓電を来栖駐ドイツ大使に送った。しかし，モロトフの立場は堅く，リッベントロップの調整は実を結ばなかった。リッベントロップ提案に対する回答は，11月26日に駐ソ独大使に手渡されたが，そのなかには日本は北樺太の石油，石炭コンセッションを放棄することがうたわれていたのである[8]。

　ベルリンから戻ったモロトフは建川大使を招いて，リッベントロップを通じて北樺太コンセッションに関する日本側の譲歩の意向を聞いたと述べ，ソ連側案を提示した。その内容は，中立条約を本文としており，その附属議定書は北樺太の石油，石炭コンセッションの解消を規定するものであった。日本側の不可侵条約提案に対して中立条約で答えたということになる。石油コンセッションの解消にあたっては，モロトフが以前に条件として提示した，会社の投資に対しては公平な代償を支払うことと，毎年向こう5年間にわたって10万tずつ北樺太の石油を供給することがソ連案に盛り込まれていた。

　このソ連政府の提案に対し，松岡外相は11月20日，「利権解消は考慮しがたい。逆に北樺太買収を提議すべきである」と建川大使に訓令した。政府部内にはさまざまな意見があった。外務省内にはコンセッション問題を棚上げにして，中立条約だけを結ぶべきとする意見や，毎年20万tの石油を供給することを条件にコンセッションを放棄すべきであるとする意見などである。しかし，松岡は強硬論を変えず，12月12日の大本営政府連絡会議でも「利権代償による日ソ国交調整は不可」と発言して，その立場を変えなかった[9]。

　松岡にとって北樺太コンセッションは日本にとっての石油，石炭の重要性にあるのではなく，あくまでも交渉の材料であり，日ソ中立条約をひとつのステップと考えていたから，安易にソ連側の要求をのむことができなかった。松岡は構想を実現させるにはドイツ政府の仲介が必要であると判断し，1941

年1月6日にはベルリン訪問の準備として「対独伊蘇交渉案要綱」が作成された。そのなかの日ソ国交調整条件のひとつとして北樺太コンセッションについては，「ドイツノ仲介ニ依リ北樺太ヲ売却セシム。若シソ連ガ右ニ不同意ノ際ハ北樺太利権ヲ有償放棄スル代リニ向ウ5ヶ年間250万トンノ石油供給ヲ約サシム。モットモ，コレガタメ要スレバ我ガ方ニ於テ北樺太ニ於ケル原油増産ヲ援助スルモノトス。右両者ノイズレニ依ルベキカハ事態如何ニ依リ決定ス」という条件をドイツの仲介に委ねたのである[10]。

　3月12日東京を出発した松岡一行は満州の長春を経由し，豪華な特別車両でシベリアを横断し，3月23日モスクワに到着した。クレムリンでモロトフと会談し，会談にスターリンが加わったが，日ソ国交調整問題の実質的議論には入らず，ベルリン訪問後の会談を照準とした地ならし的性格の会談であった。翌24日にはベルリンに向かう。ベルリンでの松岡の主な関心事はソ連問題であったが，独ソ関係はもはや危機的な状況に直面しており，ドイツ側の関心は「四国協商」でも日ソ交渉の斡旋でもなく，日本にシンガポール攻撃を実施させることであった。

　4月7日，モスクワに到着した松岡はモロトフと本格的な交渉を開始した。松岡は，北樺太の買収と不可侵条約の締結を主張した。これに対するモロトフの回答は，先に建川大使に回答したソ連の立場を一歩も変えるものではなかった。そこで松岡は，1940年11月18日に建川大使に回答した中立条約を，コンセッション解消に関する附属議定書を抜きにした形で調印することを求めた。しかし，モロトフはコンセッション解消が必須条件であるという立場を変えず，附属議定書を中立条約から切り離せないと主張したのである。もちろん北樺太買収は一蹴された。松岡はかねてから不可侵条約を主張していたが，4月9日の第2回目のモロトフ会談では中立条約を無条件で受け入れるところまで譲歩した。しかし，モロトフのコンセッション解消の主張は揺るがなかった。交渉が行き詰まった松岡一行は，翌日レニングラードで過ごし，4月11日には第3回目の松岡・モロトフ会談が行われた。モロトフは第1条の内容を若干修正するように提案したが，北樺太コンセッションの解消に関しては一字もふれなかった。これに対し松岡は，妥協案として半公

信書簡案を提案したのである。そこには北樺太コンセッションに関し「1925年12月14日，モスクワで調印された契約にもとづく北樺太利権に関する問題を，両国間の友好関係の維持に貢献しないすべての問題を除去するという見地に立って，解決するために努力することを私は期待し，希望いたします」と述べられた。モロトフはなお同意しなかったために，松岡は，中立条約未調印のまま予定通りモスクワを発つしかない，ついてはスターリンに別れの挨拶をしたいと申し入れたのである。11日の夜になって，スターリンから連絡があり，翌日の会見で急転直下，中立条約調印となった。中立条約附属議定書案は撤回され，形式的には松岡の主張が通ったが，松岡の半公信書簡案の内容に重要な修正が施されたのである。書簡案にスターリン自らが筆を入れて，「北樺太コンセッションの解消に関する問題を数カ月内に解決すべく努力する」と改められた。コンセッション解消の問題を数カ月以内に解決することを約束させられたのである。この文言だけで「コンセッション解消」を松岡が容認したとは断言しにくい。スラヴィンスキーによれば，4月12日スターリン・松岡会談で，スターリンは「よろしい。コンセッション解消の議定書を松岡の書簡に換えよう。これに対しては，もちろん，モロトフ同志の返書を差し上げることになろう。松岡書簡は条約と一体をなし，公表しないものとする。それでよければ，書簡にいくつかの修正を加えることにしたいがどうか」と述べた。松岡は「すでにモロトフに話したように，問題解決の最善で簡単な方法は日本に北樺太を売却することである。しかし，ソ連側がこの提案を受け入れない以上コンセッションに関する問題解決の別の方法を探さなくてはならない」と語った。スターリンは「コンセッションの解消のことか」と尋ねたのに対し，松岡は「そうだ。この問題を長引かせたくない」と答えた[11]。この発言からもコンセッション解消を前提として，数カ月以内に問題を解決することを意味していることは明らかであり，残るのは日本側にとっていかに有利な条件でコンセッションをソ連に移譲するかであった。

また，1944年3月28日付外務省条約局・政務局作成の「北樺太利権移譲関係擬問擬答集」には，「中立条約成立ニ際シ北「サガレン」ニ於ケル日本

国ノ石油及石炭利権ノ解消ニ関スル了解ガ日「ソ」両国政府間ニ成立シ居リシハ事実ナリヤ」という問いに対し，「了解ガ成立シテ居リマシタ即チ政治的了解トシテ松岡大臣ノ半公信ヲ通ジ日本国政府ニ於テ北「サガレン」ニ於ケル利権ノ整理ヲ考慮スルノ意思アルモノト了解セラレ居ツタ次第デゴザイマス」と答えている[12]。この松岡書簡はコンセッション解消を条件として中立条約を締結したものであり，松岡書簡は秘密扱いとされ，中立条約のみが松岡の外交の成果として明らかにされたのである。

たしかに，北樺太コンセッションはすでに風前の灯であったことから，日本が有利な条件で中立条約を締結するための交渉材料としたという見方が可能である。しかし，実際には調印された中立条約がどれだけ日本に有利であったかは疑問であるし，何よりも風前の灯のコンセッション解消を何故公にできなかったのか，裏返せば明らかにすれば周囲に与える影響力があまりにも大きいことを松岡自身が認識していたのではないかと思われる。一方，ソ連からみれば中立条約成立によって，北樺太から完全にコンセッションを放逐できるわけであり，原理原則が貫かれたのである。松岡外交は，当初の不可侵条約締結案から中立条約に後退し，コンセッションを失ったことで敗北したのである。

数カ月以内にコンセッション解消問題を解決するとした約束は，日本側によって守られなかった。松岡は，1941年5月31日に建川駐ソ大使を通じて，ソ連政府に対して「日本側は日ソ中立条約調印日から遅くとも6カ月以内にコンセッションの解消問題を解決する義務がある」ことを声明していたのである[13]。しかしながら，1941年6月に独ソ戦が勃発し，同年7月下旬松岡外相が更迭された。松岡のコンセッション解消の約束は事実上棚上げされた。独ソ戦を契機として日本側は戦局の状況を見守ることが優先され，あえてコンセッション解消問題にはふれなかった。ソ連も独ソ戦の対応に追われており，おりにふれてコンセッション解消問題についての日本側の意向を打診する程度にとどまっていたのである。コンセッション解消問題が再び動き出したのは，6カ月の期限が切れてから2カ月後の12月に入ってからのことである。スメターニン大使は西春彦外務次官と会談し，コンセッション解消に

ついて日本側の見解を正したのに対し，西は独ソ戦の結果，調印直前であった通商協定が調印できなくなったこと，長期漁業協定がソ連側の譲歩がなかったために締結できなかったことを挙げ，もしこれらが解決されていればコンセッション解消に好ましい影響を与えただろうと説明した。スメターニンは独ソ戦のためにコンセッション解消問題についての松岡外相との合意は効力を失ったと結論づけてよいのかと詰め寄ったのに対し，西は効力を失ったと言っているのではなく，合意の実施が不可能になったのだと答えている。松岡の日ソ中立条約交渉の時点から通商協定と長期漁業協定の締結が日本側の要求事項であり，とくに長期漁業協定は日本国内で早期締結を求めていたものであった。

　日本国内には，この時期，コンセッションの解消どころかソ連の圧迫にもかかわらず，コンセッションを継続させる主張も強かった。その具体的なあらわれは，1941年12月14日に期限の切れる試掘鉱区をさらに5年間延長しようとする試みである。1000平方ヴェルスタ試掘区域の作業の権利は，1925年の日ソ基本条約附属議定書に規定されており，すでに1度5年間延長された。その際の協定で再延長を認めないことが定められており，ソ連が日本の再延長要求を拒否するのも当然であった。

　日本側のコンセッション解消に対する消極的な姿勢は1942年いっぱい続いた。松岡書簡は秘密扱いとされていたし，日本にとってこの問題を静観していた方が有利であると判断されたからである。一方，ソ連もコンセッション解消について日本側の進捗状況を正したものの，ドイツとの戦争対応に追われ，コンセッション解消問題どころではなかった。とはいえ，日本の約束反故に対しては強く反発しており，次第にコンセッション企業への圧迫が強まり，千島通過中のソ連船の臨検事件等により日ソ関係はますます悪化の方向に向かった。日本においてもコンセッションの未解決が日ソ関係改善の障害になっており，ソ連に中立条約を厳守させることが日本にとって有利であると判断されるようになり，1943年6月19日の大本営政府連絡会議および6月26日の陸・海・外3省会議においてコンセッションをソ連側に有償で移譲することが決定されたのである。

7月3日には佐藤尚武駐ソ大使からモロトフに対してコンセッション解消問題の交渉開始が伝えられ，7月8日の佐藤・モロトフ会談ではコンセッション問題と漁業問題とを同時に交渉することが佐藤大使から提案され，モロトフはこの並行審理には一応同意した。おりから，独ソ戦の緊迫下，ソ連側の交渉相手はロゾフスキー代理に移された。この会談で佐藤大使が申し入れたのは以下の4項目である[14]。

(1)　石油及石炭会社ノ現地施設及会社解散ニ伴フ諸経費ニ対スル適当ナル補償。
(2)　経営権移譲ノ日ヨリ利権期間満了（1970年）迄ノ我方利権ニ対スル補償。
(3)　前2項ノ補償金額ハ帝国ノ希望スル物資ヲ以テ弁済セラルベシ。
(4)　ソ連政府ハ利権解消後一定年間北樺太石油及石炭ノ一定量ヲ公正ナル価格ヲ以テ日本側ニ売却スベシ。

　この提案のなかで第(2)項の1970年までのコンセッション有効期限の補償に対しては，モロトフは日本側の新たな提案であり，日本側は限りない要求をしてくると不快感を露わにした。
　コンセッション解消交渉にあたって，日本側が漁業条約本交渉と同時進行を希望したために，ソ連側との交渉はしばらく停滞状況が続いた。ソ連はコンセッション解消が解決した後に，漁業交渉に入るという姿勢を崩さなかったために，11月10日になって佐藤大使はモロトフに対して両交渉の再開を申し入れたのである。第1回目のコンセッション解消交渉は，佐藤大使とロゾフスキー代理との間で行われ，佐藤大使から7月8日の申し入れ事項の説明が行われた。ロゾフスキー代理は将来の権利放棄に対する補償は，会社の経営不振の結果生じたものであり，支払いの根拠はないとこれを拒否した。第2回目の解消交渉では，佐藤大使は将来の権利放棄に密接な関係があるとして，5年間に石油を毎年年間20万t を要求した。
　以後，1944年に入っても交渉は続けられたが，双方の主張には大きな乖離があった。1月11日になって佐藤大使は5年間毎年15万t 案を提示したが，ロゾフスキー代理はこれを受け入れなかった。結局，1月25日のモロ

トフ・佐藤会談に持ち込まれ，モロトフは戦略物資である石油とゴムの相互供給を提案してきたが，翌日，ロゾフスキー代理は，新たにソ連政府は日本政府に対し500万ルーブリを支払うこと，ソ連政府は戦争終了後5年間にわたって毎年5万tの石油を供給すること，を提案してきたのである。日本側はこの問題を早く片づけて，漁業条約を締結したい強い希望があったために，先行き見通しのない石油コンセッションを切り捨て，5カ年延長に関する漁業条約の早期締結を優先させたのである。

北樺太の石油コンセッションの移譲議定書（正式には北「サガレン」ニ於ケル日本国ノ石油及石炭利権ノ移譲ニ関スル議定書）がモスクワにおいて調印されたのは，1944年3月30日のことである。移譲議定書の骨子は，①北樺太石油株式会社が所有する一切の財産を現在の状態のままソ連政府に引き渡す，②ソ連政府は500万ルーブリを日本政府に支払う，③ソ連政府はオハ油田の石油を通常の商業条件で，「現在ノ戦争終了ノ時」から5年間毎年5万tを日本政府に供給する，④北樺太石油株式会社が貯蔵し，所有する石油の無税搬出を保証する，というものであった。

第1に，施設，設備，材料，予備品，食料品等の一切の財産は，現状のままでソ連政府に引き渡すことになった。500万ルーブリ（1ルーブリは約80銭，402万円）という数字は何を根拠にしたものであろうか。コンセッション契約では，契約期間終了後，つまり45年後の1970年には一切の財産を現状のままでソ連政府に引き渡すことになった。この問題は契約交渉でこじれ，結局何らふれないまま調印に至った経緯がある。したがって，契約解消にあたって財産をソ連政府に引き渡す際に，500万ルーブリが正当な評価であるかどうかである。南弘顧問官の500万ルーブリの根拠についての質問に対し，安東条約局長は，日本側から会社の全財産および将来の権利に対する補償を求めたところ，ソ連政府は現地財産に対しては減価償却の上代償を支払うことに同意した，しかし，将来の権利については補償できないとし，逆に日本側に，ソ連の法律違反に対する罰金，契約不履行に関する巨額の支払い要求を突きつけてきたために，日本側の持ち出しになる可能性があったので政治的決着をはからざるを得なかった，と答弁している[15]。ソ連政府に引き渡

される財産の帳簿価格は，石油会社の分として，施設・設備1113万円(減価償却済み)，貯蔵品(材料，予備品，食料品等) 1061万円の計2174万円となっている[16]。日本政府の試算では，政治的考慮により極めておおづかみの数字としながらも，石油・石炭両会社の現地財産合計は約2300万円と推定している。これに対して，ソ連政府は両会社の契約違反，法規違反に対し石油会社793万ルーブリ余，石炭会社2806万ルーブリの合計3600万ルーブリを要求してきた。日本政府は，会社設立以来の支出総額(石油会社1億3344万円，石炭会社4203万1000円)から，収入総額(前者5994万9000円，後者2132万7000円)のうち減価償却費，配当金および実在財産を差し引いた未回収投資額概算3190万円をソ連請求額と相殺することとし，これとは別にソ連政府は500万ルーブリを支払うことで妥結したのである。このような計算がされているものの，必ずしもコンセッション企業の現地財産に対する代償ではなく，あくまでも政治的決着であるとされている。財産の客観的評価を行えば，このような少額にとどまるはずはなく，ソ連の言い分を全面的に受け入れる結果となった。

　移譲議定書には適用条件が添付されており，枢密院の清水顧問官は戦争が起きれば駄目になるので，ソ連側はいつまでに500万ルーブリを支払うのかと問いただしたのに対し安東条約局長は適用条件に「1週間以内ニ」と規定されており，漁業条約が締結されれば，その支払金と相殺できるので支払われないことはないと答弁している[17]。議定書実施日より1週間以内にモスクワのソ連国立銀行内日本政府特別勘定にルーブリで支払うことになっている。また，日本政府の要請がある場合には，ルーブリを純金量1g当たり5.96396ルーブリ(1g 4円80銭)の価格で金塊に換え，満州里駅において日本政府の代表者に引き渡すことを定めている。

　適用条件には，ソ連政府に引き渡す財産のなかに食料品および生活必需品が含まれているが，会社の従業員はまだ現地に勤務しており，従業員の出発までの生活に必要な範囲内において，無償でこれらを利用する権利が定められていた。

　会社の財産のなかには，タンク内の石油があり，議定書にはソ連政府が無

税で石油を搬出することが定められている。その際，適用条件によって，両国の代表者により搬出される石油の計量が行われ，1944年の航海開始日から4カ月以内に搬出を行うことが約定された。

会社の所有するタンク内の石油量は約4万5000tであり，t当たり80円として計360万円であるから，政治的決着とはいえ会社の現地タンク内貯油量とほぼ同じ破格の安値で，会社の財産を処分したことになる。コンセッション解消後無償でソ連に引き渡すという，もともと日本にとって不利なコンセッション契約が，期限満了になる前にソ連の要求で解消しても生き続けており，事実上ソ連によって接収されることになったのである。

次に石油供給の問題であるが，日本政府は当初要求量から大幅に後退して，年間毎年5万tで妥結することとなった。その場合，商業的条件で提供されることになり，その意味するものは供給時における同質の石油の国際相場によって決定されることである。さらに，「現在ノ戦争終了ノ時ヨリ」は，太平洋戦争および独ソ戦争の双方を指すものと判断している[18]。日本が米英との戦争中に戦略物資である石油を供給することが中立義務違反となることを恐れたのである。

邦人従業員の引き上げに関し，1944年の航海開始後遅滞なく出発することが適用条件にうたわれていた。引き上げの邦人従業員は22名である。しかしながら，会社には残務整理があり，とくに貯油量の搬出問題があったために，ソ連政府と交渉した結果，10名の残留が認められた。退職金の支払いでは，議定書適用条件に邦人労働者・職員の退職手当ては会社が，ソ連人労働者・職員のそれはソ連政府が支払うことを定めている[19]。

1943年頃になるとソ連の会社に対する圧迫はさらに激しくなり，労働者・職員が現地に渡航することすら困難になった。おりしも，日本海軍は南方油田の獲得に努め，クラモノ油田(ニューギニア)に注目し，百一燃料廠の管轄下に第1調査隊(隊長箕浦大佐)を編成したが，同隊には石油掘削の労働者が不足していた。そこで，北樺太への渡航のために待機していた職員・労働者315名が海軍徴用として南方に派遣されることになったのである(隊長片山清次常務取締役・予備役海軍少将)。同隊は1944年2月1日に佐世保を

出発，この行動は伏せられたために，その名も北樺太石油株式会社南進隊と呼ばれた[20]。

実際には戦渦のなか，クラモノ油田で採油に従事できたのは北樺太の315名のうち半数であり，到着までに隊は先行隊，後続隊に分かれ行動したが，1944年5月初めから1945年5月までの1年間に160名の戦死者，戦争病死者を出した。生存者の大部分は帰国後，帝国石油株式会社に復職した。

1) 東郷茂徳記念会編，東郷茂徳『時代の一面―東郷茂徳外交手記』外相東郷茂徳［Ⅰ］，原書房，1985年，143頁。
2) 中立条約と不侵略条約との違いについて，鹿島平和研究所編，堀内健介監修『日独伊同盟・日ソ中立条約』日本外交史21(鹿島研究所出版会，1971年，268頁)によれば，中立条約とは相手国が第三国との武力紛争に巻き込まれた場合，中立を守るということを約束するものであり，このような武力紛争が起こった場合のみ適用されるが，不侵略条約は相互に相手国に対し侵略しないことを誓うもので，常時遵守の義務をもつ。また不侵略条約は相手国の第三国との武力紛争に際し，その第三国を援助しないことをも約束するのが通例である。したがって，不侵略条約の方が当事国の義務を積極的かつ明確に規定しており，義務の範囲も中立条約に比べて広い。この他，不侵略条約は敵対的連合不参加，紛争の平和的処理，内政の不干渉，宣伝禁止等に関する条項を含むのが一般的である。なお，文献によって日ソ間について日ソ不侵略条約あるいは日ソ不可侵条約が使用されているが，外務省は日ソ不侵略条約という表現を用いている。
3) 細谷千博「三国同盟と日ソ中立条約(一九三九年〜一九四一年)」日本国際政治学会太平洋戦争原因研究部編『三国同盟・日ソ中立条約』太平洋戦争への道―開戦外交史5，朝日新聞社，1963年，258頁。
4) 工藤美知尋『日ソ中立条約の研究』南窓社，1985年，74頁。この他，「日本がポーツマス条約の重大な違反を行っており，全面的に有効であるとは認められない。ポーツマス条約がいかなる範囲まで効力を保有しているか審議すべきである」と述べている。
5) 注1)に同じ，148頁。
6) 注3)に同じ，260頁。
7) 注3)に同じ，266頁。
8) 注3)に同じ，275頁。ソ連政府の回答は，「四国協商」参加の条件としてドイツのフィンランドからの即時撤退，ソ連・ブルガリア相互援助条約の締結，バクーからペルシャ湾にかけてのソ連の領土的希望，を要求しており，ドイツ政府はソ連側の回答に接して「四国協商」を放棄，対ソ戦争の決意はここに不動のものとなった。

9) 注3)に同じ，278頁。
10) 注3)に同じ，300頁。
11) Славинский Н. Б. Пакт о нейтралитете между СССР и Японией: дипломатическая история 1941-1945 гг. М., 1995. с. 93-94.
12) 「北樺太利権移譲関係擬問擬答集」外務省外交史料館『一九四四年北「サガレン」ニ於ケル日本国ノ石油石炭利権ノ移譲ニ関スル議定書及日・蘇漁業条約ノ五ヶ年間効力存続ニ関スル議定書及附属文書締結関係一件』。
13) Внешняя политика Советского Союза в период Отечественной войны. т. 2. М., 1946. с. 94.
14) 注4)に同じ，170頁。
15) 注12)に同じ。宮中東溜ノ間控室で行われた審査委員会に出席したのは，枢密院側から原議長，鈴木副委員長をはじめ22名，政府側から東条首相，重光外相をはじめ24名であった。
16) 注12)に同じ。石炭会社の帳簿価格は149万円であり，合計で2323万円となっている。
17) 「移譲議定書適用条件」，注12)に同じ。
18) 「北「サガレン」ニ於ケル日本国ノ石油及石炭利権ノ移譲ニ関スル議定書」，注12)に同じ。
19) 会社に属する職員・労働者の内訳は，現地において職員12名，労働者6名の計18名，内地において238名(在籍者で応召者，南方進出者を含む)，この他，予備労働者約400名，ソ連人は71名であった。
20) 城戸崎益隆ほか編『北樺太に石油を求めて』白樺会，1983年，134頁。

資　　料

目　次

1　尼港事件陳謝ニ関スル公文 ……………………………………………349
2　株式会社北辰会定款 ……………………………………………………349
3　日ソ基本条約(日本国及「ソヴィエト」社会主義共和国連邦
　　間ノ関係ヲ律スル基本的法則ニ関スル条約) ………………………351
4　日ソ基本条約附属議定書(甲) …………………………………………354
5　日ソ基本条約附属議定書(乙) …………………………………………355
6　日ソ基本条約附属議定書添付資料 ……………………………………357
7　在支「ソヴィエト」連邦大使ヨリ帝国公使宛来翰 …………………359
8　在支帝国公使ヨリ「ソヴィエト」連邦大使宛往翰 …………………360
9　コンセッション契約 ……………………………………………………361
10　利権契約追加協定書 ……………………………………………………382
11　コンセッション契約追加協定 …………………………………………385
12　日ソ基本条約附属議定書(乙)及交換公文所載ノ期間延長ニ関スル告示 …390
13　北樺太石油株式会社定款 ………………………………………………390
14　日ソ中立条約および共同声明 …………………………………………393
15　北樺太利権移譲議定書(北「サガレン」ニ於ケル日本国ノ
　　石油及石炭利権ノ移譲ニ関スル議定書) ……………………………394
16　移譲議定書適用条件 ……………………………………………………395
17　石油製品輸入契約書 ……………………………………………………397

1　尼港事件陳謝ニ関スル公文

大正 14 年(1925 年) 1 月 20 日北京ニ於テ署名
大正 14 年(1925 年) 2 月 27 日告示

「ソヴィエト」社会主義共和国連邦及日本国間ノ関係ヲ律スル基本的法則ニ関スル条約ニ本日署名スルニ当リ「ソヴィエト」社会主義共和国連邦ノ全権委員タル下名ハ茲ニ日本国政府ニ対シ 1920 年ノ「ニコラエウスク」事件ニ対スル誠実ナル遺憾ノ意ヲ表スルノ光栄ヲ有ス

1925 年 1 月 20 日北京ニ於テ
エル，カラハン(印)

〔出所〕茂田宏・末沢昌二編著『日ソ基本文書・資料集――一八五五年-一九八八年』世界の動き社，1988 年，34 頁〕

2　株式会社北辰会定款

第 1 章　総　　則
　第 1 条　商号ハ株式会社北辰会ト称ス
　第 2 条　営業ノ目的ハ左ノ如シ
　　1. 石油其他ノ鉱物ノ採取精製及売買
　　2. 前号ノ業務ニ関係アル化学工業
　　3. 以上ノ目的ヲ達スル為必要ナル附帯ノ業務
　第 3 条　本店ハ東京市ニ置キ支店又ハ出張所ハ営業ノ都合ニヨリ之ヲ設置ス
　第 4 条　資本金ハ 500 万円トス
　第 5 条　公告ハ東京市ニ於テ発行スル時事新報ニ之ヲ掲載ス

第2章 株　式
　第6条　株式ハ10万株トシ1株ノ金額ハ50円トス
　第7条　株式ハ記名式ニシテ10株券，100株券ノ2種トス
　第8条　株金払込ノ期日，金額及方法ハ取締役会ノ決議ヲ以テ之ヲ定ム
　第9条　株金ノ払込ヲ怠リタル株主ハ其払込期限ノ翌日ヨリ払込当日ニ至ル迄100円ニ付1日4銭ノ割合ノ遅延利息ヲ支払且遅延ニ依リ生シタル費用及損害ヲ弁償スヘシ
　第10条　株主ハ住所及印鑑ヲ届出ツヘシ之ヲ変更シタルトキ亦同シ外国居住ノ株主ハ豫メ日本国内ニ仮住所ヲ定メ届出ツヘシ
　第11条　株式ハ本会社ノ承諾アルニ非サレハ之ヲ譲渡シ又ハ質入スルコトヲ得ス
　第12条　株式ヲ取得シタル者又ハ株券記載ノ氏名其他ニ変更ヲ生シタル為株券ノ書換ヲ請求セントスル者ハ株券裏面ニ記名捺印シ之ニ請求書ヲ添ヘテ差出スヘシ株式譲渡ノ場合ニ於テハ譲渡人及譲受人連署ヲ以テ其旨申出テ其他ノ場合ニ於テハ本会社ノ適当ト認ムル証明書ヲ差出スコトヲ要ス
　第13条　毎年6月1日竝12月1日ヨリ定時総会終了ノ日迄及臨時総会ノ日ニ限リ株券ノ名義書換ヲ停止ス但シ豫メ公告シテ臨時総会開会前相当ノ期間ノ名義書換ヲ停止スルコトアルヘシ
　第14条　株主其株券ノ交換ヲ要スルトキハ請求ニ依リ旧券引換ニ新券ヲ交付シ若シ株券ヲ失ヒタルトキハ其理由ヲ詳記シ本会社ノ適当ト認ムル保証人2名以上ノ連署ヲ以テ新券ノ交付ヲ請求スヘシ本会ハ本人ノ費用ヲ以テ其旨ヲ公告シ30日ヲ経過スルモ株券ヲ発見セス又ハ故障ヲ申立ツル者ナキトキハ新券ヲ交附シ爾後旧券ヲ無効トス
　　　　　新券交付手数料ハ1通ニ付キ30銭トス

第3章 株主総会
　第15条　定時総会ハ毎年6月及12月之ヲ招集ス
　第16条　株主カ代理人ヲ以テ議定権ヲ行使セントスルトキハ其代理人ハ本会社ノ株主タルコトヲ要ス
　第17条　総会ノ議長ハ取締役会長之ニ任ス会長支障アルトキハ他ノ取締役之ニ任ス
　第18条　総会ノ決議事項ニ対スル意見ニシテ可否同数ナルトキハ議長之ヲ決ス
　第19条　総会ノ事項ハ其要領ヲ決議録ニ記載シ議長及出席ノ監査役之ニ記名捺印シテ保有ス

第4章 役　員
　第20条　取締役7名以内監査役5名以内ヲ置ク取締役ハ本会社株式200株以上ノ所有者，監査役ハ100株以上ノ所有者ヨリ株主総会ニ於テ之ヲ選任ス
　第21条　取締役ノ内ヨリ互選ヲ以テ会長1名ヲ置クコトヲ得
　第22条　取締役ノ任期ハ3年トシ監査役ノ任期ハ2年トス但シ任期満了ノトキ其任期中ノ最終ノ配当期ニ関スル定期総会カ未タ終了セサルトキハ其終了ニ至ル迄

其任期ヲ伸長ス
　　　補欠員ノ任期ハ前任者ノ期限ニ増員ノ任期ハ在任者ノ期限ニ従フ
第23条　取締役及監査役ノ報酬ハ株主総会ニ於テ之ヲ定ム
第24条　取締役ハ其所有ニ係ル本会社株券200株ヲ監査役ニ供託スヘシ
第25条　計算ハ1年ヲ2期ニ分チテ毎年5月31日及11月31日ノ両度ニ決算ヲ為ス
　大正10年5月30日
　　　　　　　　　　　　　　　　　　　　株式会社北辰会
　　　　　　　　　　　　　　　　　取締役会長　橋本圭三郎（日石）
　　　　　　　　　　　　　　　　　取締役　　　中野鉄平（日石）
　　　　　　　　　　　　　　　　　同　　　　　津下紋太郎（日石）
　　　　　　　　　　　　　　　　　同　　　　　田辺勉吉（久原）
　　　　　　　　　　　　　　　　　同　　　　　島村金治郎（三菱）
　　　　　　　　　　　　　　　　　同　　　　　林　幾太郎（大倉）
　　　　　　　　　　　　　　　　　常務取締役　渡部忠寿（大倉）
　　　　　　　　　　　　　　　　　監査役　　　田中次郎（日石）
　　　　　　　　　　　　　　　　　同　　　　　大倉久米馬（大倉）
　　　　　　　　　　　　　　　　　同　　　　　斎藤浩介（久原）
　　　　　　　　　　　　　　　　　同　　　　　奥村政雄（三菱）
〔出所〕外務省外交史料館『帝国ノ対露利権問題関係雑件　北樺太石油会社関係』1928年1～12月〕

3　日ソ基本条約（日本国及「ソヴィエト」社会主義共和国連邦間ノ関係ヲ律スル基本的法則ニ関スル条約）

大正14年（1925年）1月20日北京ニ於テ記名
大正14年（1925年）2月25日批准
大正14年（1925年）2月26日実施
大正14年（1925年）2月27日公布
大正14年（1925年）4月15日北京ニ於テ批准書交換

日本国及「ソヴィエト」社会主義共和国連邦ハ両国間ニ善隣及経済的協力ノ関係ヲ促進セ

ムコトヲ希望シ右関係ヲ律スル基本的法則ニ関スル条約ヲ締結スルコトニ決シ之カ為左ノ如ク其ノ全権委員ヲ任命セリ

日本国皇帝陛下

　　支那共和国駐劄特命全権公使従四位勲一等芳沢謙吉

「ソヴィエト」社会主義共和国連邦ノ中央執行委員会

　　支那共和国駐劄大使「レフ，ミハイロヴィチ，カラハン」

右各委員ハ互ニ其ノ全権委任状ヲ示シ之カ良好妥当ナルコトヲ認メタル後左ノ如ク協定セリ

第1条

両締約国ハ本条約ノ実施ト共ニ両国間ニ外交及領事関係ノ確立セラルヘキコトヲ約ス

第2条

「ソヴィエト」社会主義共和国連邦ハ1905年9月5日ノ「ポーツマス」条約カ完全ニ効力ヲ存続スルコトヲ約ス

1917年11月7日前ニ於テ日本国ト露西亜国トノ間ニ締結セラレタル条約，協約及協定ニシテ右「ポーツマス」条約以外ノモノハ両締約国ノ政府間ニ追テ開カルヘキ会議ニ於テ審査セラルヘク且変化シタル事態ノ要求スルコトアルヘキ所ニ従ヒ改訂又ハ廃棄セラレ得ヘキコトヲ約ス

第3条

両締約国ノ政府ハ本条約実施ノ上ハ1907年ノ漁業協約ノ締結以後一般事態ニ付発生シタルコトアルヘキ変化ヲ考量シ右漁業協約ノ改訂ヲ為スヘキコトヲ約ス

右改訂協約ノ締結ニ至ル迄ノ間「ソヴィエト」社会主義共和国連邦政府ハ日本国臣民ニ対スル漁区ノ貸下ニ関シ1924年ニ確立セラレタル実行方法ヲ維持スヘシ

第4条

両締約国ノ政府ハ本条約実施ノ上ハ左記ノ原則ニ従ヒ通商航海条約ノ締結ヲ為スヘク且右条約ノ締結ニ至ル迄ノ間両国間ノ一般交通ハ右原則ニ依リ律セラルヘキコトヲ約ス

　　（一）　両締約国ノ一方ノ臣民又ハ人民ハ他方ノ法令ニ従ヒ（イ）其ノ領域内ニ到リ，旅行シ且居住スルノ完全ナル自由ヲ有スヘク（ロ）身体及財産ノ安全ニ対シ恒常完全ナル保護ヲ享有スヘシ

　　（二）　両締約国ノ一方ハ私有財産権並通商，航海，産業及其ノ他ノ平和的業務ニ従事スルノ自由ヲ最広キ範囲ニ於テ且相互条件ノ下ニ他方ノ臣民又ハ人民ニ対シ自国領域内ニ於テ自国ノ法令ニ従ヒ付与スヘシ

　　（三）　自国ニ於ケル国際貿易ノ制度ヲ自国ノ法令ヲ以テ定ムルノ各締約国ノ権利ヲ害スルコトナク，両国ノ通商，航海及産業ヲ成ルヘク最恵国ノ地歩ニ置クハ両締約国ノ意向ナルニ依リ両締約国ハ両国間ノ経済上又ハ其ノ他ノ交通ノ増進ヲ妨クルニ至ルコトアルヘキ禁止，制限又ハ課金ヲ他方締約国ニ対シ差別的ニ行フコトナカルヘキモノトス

又両締約国ノ政府ハ両国間ニ於ケル経済上ノ関係ヲ調整シ且促進スル為通商及航海ニ関連

スル特別ノ協定ヲ締結スルノ目的ヲ以テ事態ノ要求スルコトアルヘキ所ニ従ヒ随時商議ヲ為スコトヲ約ス

第5条

両締約国ハ互ニ平和及友好ノ関係ヲ維持スルコト，自国ノ法権内ニ於テ自由ニ自国ノ生活ヲ律スル当然ナル国ノ権利ヲ充分ニ尊重スルコト，公然又ハ陰密ノ何等カノ行為ニシテ苟モ日本国又ハ「ソヴィエト」社会主義共和国連邦ノ領域ノ何レカノ部分ニ於ケル秩序及安寧ヲ危殆ナラシムルコトアルヘキモノハ之ヲ為サス且締約国ノ為何等カノ政府ノ任務ニ在ル一切ノ人及締約国ヨリ何等カノ財的援助ヲ受クル一切ノ団体ヲシテ右ノ行為ヲ為サシメサルコトノ希望及意向ヲ厳粛ニ確認ス

又締約国ハ其ノ法権内ニ在ル地域ニ於テ(イ)他方ノ領域ノ何レカノ部分ニ対スル政府ナリト称スル団体若ハ集団又ハ(ロ)右団体若ハ集団ノ為政治上ノ活動ヲ現ニ行フモノト認メラルヘキ外国人タル臣民若ハ人民ノ存在ヲ許ササルヘキコトヲ約ス

第6条

両国間ノ経済上ノ関係ヲ促進スル為又天然資源ニ関スル日本国ノ需要ヲ考量シ「ソヴィエト」社会主義共和国連邦政府ハ「ソヴィエト」社会主義共和国連邦ノ一切ノ領域内ニ於ケル鉱産，森林及其ノ他ノ天然資源ノ開発ニ対スル利権ヲ日本国ノ臣民，会社及組合ニ許与スルノ意向ヲ有ス

第7条

本条約ハ批准セラルヘシ

各締約国ノ右批准ハ成ルヘク速ニ其ノ北京駐劄外交代表者ニ由リ他方ノ政府ニ通知セラルヘク且本条約ハ右通知中後ニナサレタルモノノ日ヨリ完全ニ実施セラルヘシ

批准書ノ正式交換ハ成ルヘク北京ニ於テ行ハルヘシ

右証拠トシテ各全権委員ハ英吉利語ヲ以テシタル本条約2通ニ署名調印セリ

1925年1月20日北京ニ於テ作成ス

芳 沢 謙 吉(印)

エル，カラハン(印)

〔出所〕外務省編『日本外交文書』大正十四年第1冊，1982年，488-491頁〕

4　日ソ基本条約附属議定書(甲)

大正 14 年(1925 年) 1 月 20 日北京ニ於テ記名
大正 14 年(1925 年) 2 月 27 日公布

日本国及「ソヴィエト」社会主義共和国連邦ハ両国間ノ関係ヲ律スル基本的法則ニ関スル条約ニ本日署名スルニ当リ同条約ニ関連スル諸問題ヲ規定スルノ有益ナルコトヲ認メ其ノ各全権委員ニ由リ左ノ諸条ヲ協定セリ

第 1 条
各締約国ハ他方ノ大使館及領事館ニ属スル動産及不動産ニシテ自国ノ領域内ニ現存スルモノヲ右他方ニ引渡スコトヲ約ス

東京ニ於テ前露西亜国政府ノ占有シタル土地カ東京ノ都市計画又ハ公共ノ目的ノ為ニスル事業ニ対シ支障トナルカ如キ位置ニ在リト認メラルル場合ニ於テハ「ソヴィエト」社会主義共和国連邦政府ハ右支障除去ノ為日本国政府ノ為スコトアルヘキ提議ヲ考慮スルノ意嚮アルモノトス

「ソヴィエト」社会主義共和国連邦政府ハ「ソヴィエト」社会主義共和国連邦ノ領域内ニ設置セラルヘキ日本国大使館及領事館ニ対スル相当ノ敷地及建物ノ選定ニ付キ一切ノ適当ナル便益ヲ日本国政府ニ与フヘシ

第 2 条
前露西亜国政府即チ露西亜帝国政府及之ヲ継承シタル臨時政府ノ発行シタル公債及国庫証券ニ依リ日本国ノ政府又ハ臣民ニ対シテ負ヘル債務ニ関スル一切ノ問題ハ日本国政府ト「ソヴィエト」社会主義共和国連邦政府トノ間ノ将来ノ商議ニ於ケル調整ニ留保セラルルコトヲ約ス

尤モ右問題ノ調整ニ当リ日本国ノ政府又ハ臣民ハ一切ノ他ノ条件ニシテ均シキニ於テハ「ソヴィエト」社会主義共和国連邦政府カ同様ノ問題ニ付他ノ何レノ国ノ政府又ハ国民ニ与フルコトアルヘキモノヨリモ不利益ナル地位ニ置カルルコトナカルヘシ

又締約国ノ一方ノ政府ノ他方ノ政府ニ対スル請求権又ハ締約国ノ一方ノ国民ノ他方ノ政府ニ対スル請求権ニ関スル一切ノ問題ハ日本国政府ト「ソヴィエト」社会主義共和国連邦政府トノ間ノ将来ノ商議ニ於ケル調整ニ留保セラルルコトヲ約ス

第 3 条
北「サガレン」ニ於ケル気候ノ状態カ現ニ同地方ニ駐屯スル日本国軍隊ノ即時本国輸送ヲ妨クルニ鑑ミ右軍隊ハ 1925 年 5 月 15 日迄ニ同地方ヨリ完全ニ撤退セラルヘシ

右撤退ハ気候ノ状態カ之ヲ許スニ至ラハ直ニ開始セラルヘク且日本国軍隊ノ撤退シタル北

「サガレン」ノ総テノ地方ハ直ニ「ソヴィエト」社会主義共和国連邦ノ当該官憲ニ完全ナル主権ニ於テ還付セラルヘシ

行政ノ引渡及占領ノ終了ニ関スル細目ハ「アレクサンドロウスク」ニ於テ日本国占領軍司令官ト「ソヴィエト」社会主義共和国連邦代表者トノ間ニ協定セラルヘシ

第4条

両締約国ハ其ノ一方カ何レカノ第三国ト結ヒタル軍事同盟ノ条約若ハ協定又ハ其ノ他ノ秘密協定ニシテ他方締約国ノ主権，領土又ハ国家的安全ニ対スル侵害又ハ脅威ト成ルヘキモノノ現ニ存在セサルコトヲ互ニ声明ス

第5条

本議定書ハ同日附ヲ以テ署名セラレタル日本国及「ソヴィエト」社会主義共和国連邦間ノ関係ヲ律スル基本的法則ニ関スル条約ノ批准ト共ニ批准セラレタルモノト看做サルヘシ

右証拠トシテ各全権委員ハ英吉利語ヲ以テシタル本議定書2通ニ署名調印セリ

1925年1月20日北京ニ於テ作成ス

芳沢 謙吉(印)

エル，カラハン(印)

〔出所〕外務省編『日本外交文書』大正十四年第1冊，1982年，491-492頁〕

5　日ソ基本条約附属議定書(乙)

大正14年(1925年)1月20日北京ニ於テ記名
大正14年2月27日公布

両締約国ハ日本国ト「ソヴィエト」社会主義共和国連邦トノ全権委員間ニ本日署名セラレタル議定書(甲)第3条ニ規定セラレタル所ニ従ヒ日本国軍隊カ北「サガレン」ヨリ完全ニ撤退シタル日ヨリ5月内ニ締結セラルヘキ利権契約ニ対スル基礎トシテ左ノ如ク協定セリ

1　「ソヴィエト」社会主義共和国連邦政府ハ日本国代表者ニ依リ1924年8月29日連邦代表者ニ交付セラレタル覚書ニ記載セラルル北「サガレン」ニ於ケル油田ノ各ノ地積5割ノ開発ニ対スル利権ヲ日本国政府ノ推薦スル日本国当業者ニ許与スルコトヲ約ス右開発ノ為日本国当業者ニ貸付セラルヘキ地積ヲ決定スルノ目的ヲ以テ右油田ノ各ハ各15乃至

40「デシァティン」ノ碁盤目方形ニ区分セラルヘク且全地積ノ5割ニ相当スル右方形ノ数ハ日本人ニ割当テラルヘシ但シ右日本人ニ貸付セラルヘキ方形ハ原則トシテ相隣接スヘカラサルモ日本人ノ現ニ掘鑿又ハ作業中ナル一切ノ坑井ヲ包含スヘキモノトス右覚書ニ記載セラルル油田中貸付セラレサル残余ノ地区ニ関シテハ「ソヴィエト」社会主義共和国連邦政府カ右地区ノ全部又ハ一部ヲ外国人ノ利権ニ提供スルコトニ決スルトキハ日本国当業者ハ右利権ニ関スル事項ニ付均等ノ機会ヲ与ヘラレルヘキコトヲ約ス

2　又「ソヴィエト」社会主義共和国連邦政府ハ利権契約締結ノ後1年内ニ選定セラルヘキ1000平方「ヴェルスト」ノ地積ニ亙リ北「サガレン」ノ東海岸ニ於テ5年乃至10年ノ期間油田ヲ調査試掘スルコトヲ日本国政府ノ推薦スル日本国当業者ニ許可スルコトヲ約ス又油田カ日本人ニ依ル右調査試掘ノ結果確定セラレタル場合ニ於テハ右確定セラレタル油田ノ地積5割ノ開発ニ対スル利権ハ日本人ニ許与セラルヘシ

3　「ソヴィエト」社会主義共和国連邦政府ハ利権契約ニ於テ決定セラルヘキ特定ノ地積ニ亙リ北「サガレン」ノ西海岸ニ於テ炭田ノ開発ニ対スル利権ヲ日本国政府ノ推薦スル日本国当業者ニ許与スルコトヲ約ス又「ソヴィエト」社会主義共和国連邦政府ハ利権契約ニ於テ決定セラルヘキ特定ノ地積ニ亙リ「ドゥーエ」地方ニ於ケル炭田ニ関スル利権ヲ日本国当業者ニ許与スルコトヲ約ス又前2項ニ掲ケラルル特定ノ地積以外ノ炭田ニ関シテハ「ソヴィエト」社会主義共和国連邦政府カ之ヲ外国人ノ利権ニ提供スルコトニ決スルトキハ日本国当業者ハ右利権ニ関スル事項ニ付均等ノ機会ヲ与ヘラルヘキコトヲ約ス

4　前諸号ニ規定セラルル油田及炭田ノ開発ニ対スル利権ノ期間ハ40年乃至50年タルヘシ

5　日本人タル利権取得者ハ右利権ニ対スル報償トシテ炭田ノ場合ニ於テハ其ノ総産額ノ5分乃至8分ヲ又油田ノ場合ニ於テハ其ノ総産額ノ5分乃至1割5分ヲ「ソヴィエト」社会主義共和国連邦政府ニ対シ毎年提供スヘシ但シ自噴油井ノ場合ニ於テハ右報償ハ其ノ総産額ノ4割5分迄之ヲ増加スルコトヲ得

報償トシテ提供セラルヘキ産額ノ割合ハ利権契約ニ於テ確定的ニ定メラルヘク且右契約中ニ定メラルヘキ方法ニ依リ年産額ノ率ニ応シ等差ヲ設ケラルヘシ

6　右日本国当業者ハ企業ノ目的ニ要スル木材ヲ伐採スルコトヲ且交通並物資及生産物ノ運輸ヲ容易ナラシムル為諸般ノ施設ヲ為スコトヲ許サルヘシ右ニ関スル細目ハ利権契約ニ於テ定メラルヘシ

7　前記ノ報償ニ鑑ミ又企業カ当該地区ノ地理上ノ位置及其ノ他ノ一般状態ニ依リ受クヘキ不利益ヲ考量シ右企業ニ要スル又ハ之ヨリ得タル何等カノ物件、物資又ハ生産物ノ輸入及輸出ハ無税ニテ許可セラルヘク且右企業ハ其ノ収益ノ経営ヲ事実上不可能ナラシムルコトアルヘキ如何ナル課税又ハ制限ヲモ加ヘラルルコトナカルヘキコトヲ約ス

8　「ソヴィエト」社会主義共和国連邦政府ハ右企業ニ対シ一切ノ適当ナル保護及便益ヲ与フヘシ

9　前諸号ニ関連スル細目ハ利権契約ニ於テ協定セラルヘシ

本議定書ハ同日附ヲ以テ署名セラレタル日本国及「ソヴィエト」社会主義共和国連邦間ノ

関係ヲ律スル基本的法則ニ関スル条約ノ批准ト共ニ批准セラレタルモノト看做サルヘシ
右証拠トシテ各全権委員ハ英吉利語ヲ以テシタル本議定書2通ニ署名調印セリ

1925年1月20日北京ニ於テ作成ス

芳沢謙吉(印)

エル，カラハン(印)

〔出所〕外務省条約局編『「ソ」連邦諸外国間条約集』外務省条約局，1939年，1225-1230頁〕

6 日ソ基本条約附属議定書添付資料

1924年8月29日日本国代表者ニ依リソ連邦ノ代表者ニ交付セラレタル覚書
〔備考〕 この覚書は日ソ基本条約附属署名議定書に添付されたものである。

石油試掘作業
1 此等試掘作業ハ政府ノ為ニ株式会社北辰会ニ依リテ行ハレ居レリ

2 作業	位 置	地 積	試掘井 出油	試掘井 無油
「オハ」	「オハ」河ノ流域ニ於テ「ウルクト」湾ノ西2里半	エーカー 2,500	4	7
「エハビ」	「エハビ」湾ノ西1里	1,600	ナシ	3
「ピルトゥン」	「ピルトゥン」河ニ沿ヒ「キヤックル」湾ノ南西6里	1,200	ナシ	3
「ヌトヴォ」	「ヌトヴォ」河口ヨリ西5里	2,500	1	2
「チャイヴォ」	「ボアタシン」河ニ沿ヒ「チャイヴォ」湾ノ西3里	1,200	1	1
「ヌイヴォ」	「ノグリック」河(「トゥイミ」河ノ支流)ノ流域ニ於テ「ヌイヴォ」湾ノ西7里	1,600	1	1
「ヴイグレクトゥイ」	「トゥイミ」河ノ流域ニ沿ヒ同河ノ河口ノ南3里	800	ナシ	2

| 「カタングリ」 | 「ナビリスキー」湾ノ北「カタングリ」湖ノ岸 | 1,600 | 1 | 4 |

3 使用セラルル専門家　　　　　　　20
　労働者　　　　　　　　　　　　400（夏期）
4 機　械
　「ハイドロリック，ロータリ」式　　3 ⎫ 深掘用
　「スタンダード，ケーブル」式　　　5 ⎭
　「ダイアモンド，ボーリング」式　　2 ⎫
　「スプリング，ボーリング」式　　　　⎬ 浅掘用
　　　　　　　（入力ニ依ルモノ）　10 ⎭
5 設　備
（イ）通信用　各所ノ作業ヲ連絡スル電話線，「オハ」及「チャイヴォ」ニ於ケル無線電信所
（ロ）運搬用　艀及伝馬船12隻ノ外各所ノ作業ヲ連絡スル為夏季使用セラルル小型蒸汽船1隻及発動汽船数隻
（ハ）建設物

	「オハ」	「エハビ」	「ピルトゥン」	「ヌトヴォ」	「チャイヴォ」	「ヌイヴォ」	「ヴィグレクトウィ」	「カタングリ」
職員及労働者用家屋	30	1	2	7	8	6	1	15
掘鑿用櫓	11	3	3	3	1	2	2	5
汽罐場	6			1				1
貯油所(土製)	3							
燃料油「タンク」(鋼製)	4							

6 軽便鉄道
　「ウルクト」湾ト「オハ」ニ於ケル工場トノ間2里半ニ亙ル「トロッコ」線及「カタングリ」ト「ナビル」トノ間約3里ニ亙ル他ノ「トロッコ」線
7 石油ノ輸出　ナシ

炭坑作業〔略〕

芳沢謙吉

〔出所〕外務省条約局編『「ソ」連邦諸外国間条約集』外務省条約局，1939年，1239-1244頁〕

7 在支「ソヴィエト」連邦大使ヨリ帝国公使宛来翰

以書翰啓上致候陳者本官ハ日本国ノ全権委員ニ依リ1924年8月29日「ソヴィエト」社会主義共和国連邦ノ全権委員ニ手交セラレタル覚書ニ記載セラルル油田及炭田ニ付北「サガレン」ニ於テ現ニ日本人ノ実行中ナル作業ハ日本国軍隊カ北「サガレン」ヨリ完全ニ撤退シタル日ヨリ5月内ニ行ハルヘキ利権契約ノ締結ニ至ル迄続行セラルヘキコトニ「ソヴィエト」社会主義共和国連邦政府ニ於テ同意スルコトヲ本国政府ノ名ニ於テ声明スルノ光栄ヲ有シ候但シ左記条件ハ日本人ニ依リテ遵守セラルヘキモノニ候
1　作業ハ1924年8月29日ノ覚書ニ掲ケラレタル地区，使用セラルル労働者及専門家ノ数，機械並其ノ他ノ条件ニ関シテハ右覚書ノ記載事項ニ厳ニ準拠シテ続行セラルヘシ
2　石油及石炭ノ如キ産出物ハ之ヲ輸出シ又ハ販売スルコトヲ得ス右作業ニ関係アル従業員及装備ノ用ニ限リ之ヲ充ツルコトヲ得ヘシ
3　「ソヴィエト」社会主義共和国連邦政府ニ依リ許与セラルル作業続行ノ許可ハ将来ノ利権契約ノ規定ニ何等影響ヲ及ホササルヘシ
4　北「サガレン」ニ於ケル日本国無線電信所ノ運用ニ関スル問題ハ将来ノ協定ニ留保セラルヘク且私人及外国人ノ無線電信所設置ヲ禁止スル「ソヴィエト」社会主義共和国連邦ノ現存法令ニ合致スル方法ニ於テ調整セラルヘシ

本官ハ茲ニ閣下ニ向テ敬意ヲ表シ候　敬具

1925年1月20日北京ニ於テ
エル，カラハン

日本国特命全権公使　芳沢謙吉閣下

〔出所〕外務省条約局編『「ソ」連邦諸外国間条約集』外務省条約局，1939年，1231-1233頁〕

8　在支帝国公使ヨリ「ソヴィエト」連邦大使宛往翰

以書翰啓上致候陳者本官ハ閣下ヨリノ本日附左記ノ書翰ヲ領承スルノ光栄ヲ有シ候
本官ハ日本国ノ全権委員ニ依リ 1924 年 8 月 29 日「ソヴィエト」社会主義共和国連邦ノ全権委員ニ手交セラレタル覚書ニ記載セラルル油田及炭田ニ付北「サガレン」ニ於テ現ニ日本人ノ実行中ナル作業ハ日本国軍隊カ北「サガレン」ヨリ完全ニ撤退シタル日ヨリ 5 月内ニ行ハルヘキ利権契約ノ締結ニ至ル迄続行セラルヘキコトニ「ソヴィエト」社会主義共和国連邦政府ニ於テ同意スルコトヲ本国政府ノ名ニ於テ声明スルノ光栄ヲ有シ候但シ左記条件ハ日本人ニ依リテ遵守セラルヘキモノニ候

1　作業ハ 1924 年 8 月 29 日ノ覚書ニ掲ケラレタル地区，使用セラルル労働者及専門家ノ数，機械並其ノ他ノ条件ニ関シテハ右覚書ノ記載事項ニ厳ニ準拠シテ続行セラルヘシ
2　石油及石炭ノ如キ産出物ハ之ヲ輸出シ又ハ販売スルコトヲ得ス右作業ニ関係アル従業員及装備ノ用ニ限リ之ヲ充ツルコトヲ得ヘシ
3　「ソヴィエト」社会主義共和国連邦政府ニ依リ許与セラルル作業続行ノ許可ハ将来ノ利権契約ノ規定ニ何等影響ヲ及ホササルヘシ
4　北「サガレン」ニ於ケル日本国無線電信所ノ運用ニ関スル問題ハ将来ノ協定ニ留保セラルヘク且私人及外国人ノ無線電信所設置ヲ禁止スル「ソヴィエト」社会主義共和国連邦ノ現存法令ニ合致スル方法ニ於テ調整セラルヘシ

　　本国政府ノ名ニ於テ本官ハ日本帝国政府ハ右書翰ニ全然同意ナル旨ヲ陳述スルノ光栄ヲ有シ候
本官ハ茲ニ閣下ニ向テ敬意ヲ表シ候　敬具

　　　　　　　　　　　　　　　　　　　1925 年 1 月 20 日北京ニ於テ
　　　　　　　　　　　　　　　　　　　　　　　芳 沢 謙 吉

「ソヴィエト」社会主義共和国連邦大使
　　「レフ，ミハイロヴィチ，カラハン」閣下
　〔出所〕外務省条約局編『「ソ」連邦諸外国間条約集』外務省条約局，1939 年，1234-1236 頁〕

9　コンセッション契約

1925年12月14日モスクワ市において。

1925年12月8日付ソ連人民委員会議決定(議定書第134号第1項)の決定に基づいて行動する最高国民経済会議議長ジェルジンスキー，フェリクス・エドムンドヴィチに代表される最高国民経済会議の名におけるソヴィエト社会主義共和国連邦(ソ連)政府(以下，政府と称す)を一方とし，北サガレン石油企業組合(北サハリン石油企業者コンツェルン，以下コンセッション会社と称す)を他方として，以下の条件で鉱業企業の本コンセッション契約を調印した。同コンツェルンは，ソ連外務人民委員部宛1925年7月7日付駐モスクワ日本大使の通告にしたがって，1925年1月20日に中里重次の名において北京において調印された日ソ基本条約附属議定書(乙)に規定されている日本政府推薦のコンツェルンである。中里重次は，同人が上記コンツェルンの代表者であり，同コンツェルンの名において本契約に署名する権限を実際に有することを述べた1925年12月5日付駐モスクワ日本大使の第4号証明書に基づいて行動している。

第1条
ソ連政府はコンセッション会社に対して，一般法令の例外として，また本契約の枠内において，本契約で定められた領域において鉱山探査，採掘，附帯作業を行い，これらの活動によって利益を得る権利を提供する。

上述の目的をもって政府はコンセッション会社に対し，本契約の期間と条件で本契約に示されたソ連に属する財産の利用を提供し，新たな施設およびそれらを本契約の条件を守って利用する権利を提供する。

コンセッション企業は本契約によって提供された権利と特典の枠内で行動し，活動を実施しながら，よく整備された工業・商業企業を目指し，本契約に定められた自らの義務を実施しなくてはならない。

第2条
本契約においてとくに条件が定められていない限り，コンセッション会社はソ連の領域において現行のまた将来ソ連で制定される一般法令およびこれら法令に基づいて行われる権力の命令にしたがわなければならない。

第3条
本契約実施のためにコンセッション会社は，ソ連の一般法令を遵守しつつ，本契約においてとくに条件が定められていない限り，商取引を結び，財産を賃借，取得し，これらを譲渡し，裁判で訴え，責任をとる権利を有し，全体として，ソ連において法人の一般的義務である公開報告の規則にしたがって法人の権利を行使する。

第4条

　本契約にしたがって，コンセッションの中止の際政府に引き渡さなくてはならないコンセッション企業の財産は収用あるいは担保の対象とならず，コンセッション会社の債権者による取り立てに当てられない。

　採油業の設備の修理，改造，補充を行うにあたって古い機械，設備，資材が不要になる場合には，完全にコンセッション会社の処分に任せ，前もって政府に通知することを条件に収用し，無税かつライセンス料の支払い免除で外国に輸出することができる。

　本条に示された条件は，すでに現存する設備，またコンセッション会社によって新たに輸入された設備にも適用される。

第5条

　コンセッション企業の財産は，徴発，没収その他強制収用を受け得ない。しかしながら，コンセッション会社は，戦時の軍用需要のための徴発に関する一般規則にしたがう。その際，正当な報酬が支払われる。

　同様に，コンセッション会社は交通および通信線の需要のための土地収用に関する法令や規則にしたがう。

　本条はソ連における現行の租税，郵便，税関の一般法令に基づき実施される徴収手続きを変更するものではない。

第6条

　本コンセッション契約の効力発生後，本契約の効力に属する権利を制限したり，廃止するようなソ連の中央あるいは地方権力の法令，決定，命令が出される場合には，ここから発生するコンセッション会社の全ての損失は政府によってコンセッション会社に償還される。上記規定は第40条に定められた場合を除き，政府の一方的な行為によるコンセッション契約の期限前の中止あるいは変更を意図するものではない。

第7条

　本契約実施全期間中，コンセッション企業はコンセッション会社の排他的経済的利用および管理にあるが，政府は全権を通しコンセッション会社の生産および商業活動の経過を監督する権利を留保する。しかしながら，このような活動がソ連の法律あるいはコンセッション契約の条件に違反していない限り，このような監督の過程で政府の全権はコンセッション会社の生産・経営活動に干渉してはならない。

第8条

　コンセッション会社は政府によって派遣される地質学者，技術者，技師に対してコンセッション会社の作業を研究することを許容する義務がある。この他，コンセッション企業は1923年5月22日付布告（1923年度政府法令集第49号第484条）の規則に基づき，ソ連の専門技術学校の学生および卒業生を実習のために毎年コンセッション会社の作業に採用する義務がある。

第9条

　コンセッション会社は本契約の効力発生日から1年以内に株式会社を設立する義務があ

資　料　363

る。コンセッション会社は本契約から発生する一切の権利と義務をこの株式会社に引き渡すものとする。

　上記引き継ぎは政府によって承認されなくてはならない。その際このような承認は設立された会社の日本政府による推薦を条件としてのみ与えられる。

　コンセッション会社によるこの引き継ぎのほか，将来設立される株式会社による本契約から発生する権利と義務は，政府による許可の場合のみ完全にあるいは部分的に第三者に引き渡すことができる。

第10条

　政府は，コンセッション会社に対して本契約で述べられた期間と条件で，北サハリン東海岸の石油鉱床の以下の鉱区における石油，キールおよび可燃性ガスの工業的試掘・採掘の排他的権利を与える。

1. オハ石油鉱床

　総面積925デシャチーナ。本区域は30の鉱区に分割される。このうち20鉱区（正方形）は各35デシャチーナ，計700デシャチーナ，また10小鉱区は各22.5デシャチーナの計225デシャチーナ，総計925デシャチーナとする。5小鉱区は本区域の西側に配置され，残り5小鉱区は東側に配置される。区域の輪郭を定めるにあたっての主要地点に対してはロータリー式掘削第1号が採用され，区域の境界までの距離は座標に沿って以下のように定める。

　北の境界までは592.16サージェン，南の境界までは856.99サージェン，東のそれまでは738.21サージェン，西のそれまでは793.72サージェン。ロータリー式掘削第1号井に含まれる鉱区はコンセッション会社に提供される。この鉱区にしたがって，全ての鉱区は碁盤目方式（隣接し合わない）でコンセッション会社に与えられる。綱式掘削1号井はこのような分割にあたって政府に属する鉱区に入るが，北京条約を基礎にして，本条項で述べられている8石油鉱床に位置する全ての日本の掘削井は日本側の鉱区に含められなくてはならないことを考慮して，双方の合意によって交換が行われる。すなわち，小鉱区の列も含めた鉱区の西の境界から3列目および区域の北の境界から3列目に位置する綱式掘削第1号井をもつ鉱区はコンセッション会社に属する。その代わりとして，上記鉱区の西（隣接する）への列によって配置される鉱区および小鉱区の列も含めた区域の西の境界から2列目に位置し，区域の北の境界から数えて3列目にある鉱区は政府に属する。上記の鉱区に関して，当該計画で赤色で塗られた鉱区は政府に属し，塗られていない鉱区はコンセッション会社に属する（図参照）。

2. エハビ石油鉱床

　総面積592デシャチーナ。区域は16鉱区に分けられ，各37デシャチーナ，合計592デシャチーナとする。区域の輪郭を定めるにあたっての基点としては上総（手掘り）第3号井が採用され，К3と標記される。К3から座標に沿い区域の境界までの距離は以下の通りである。北の境界までは151.25サージェン，南の境界までは1040.75サージェン，東の境界までは370.50サージェン，西の境界までは821.50サージェンである。К3と標記され

る手掘り第3号井を含む鉱区はコンセッション会社に属する。この鉱区に応じて全ての鉱区は碁盤目方式(隣接し合わない)でコンセッション会社に属する。上記鉱区に関連して当該計画で赤色に塗られた鉱区は政府に属し、塗られていない鉱区はコンセッション会社に属する(図参照)。

3. ピリトゥン石油鉱床

　総面積は444デシャチーナ。各37デシャチーナの正方形の12鉱区に分けられ、合計は444デシャチーナとなる。総面積の輪郭を定めるにあたっての基点としてK1と標記される上総(手掘り)式第1号井が採用され、そこから座標に沿って区域の境界までの距離は次の通りである。北の境界までは339.24サージェン、南の境界までは852.72サージェン、東の境界までは497.23サージェン、西の境界までは396.74サージェンとなる。K1と標記される上総掘り第1号井に含まれる鉱区はコンセッション会社に属する。この鉱区に応じて全ての鉱区は碁盤目方式(隣接し合わない)でコンセッション会社に属する。上記鉱区に関連して当該計画で赤色に塗られた鉱区は政府に、塗られていない鉱区はコンセッション会社に属する(図参照)。

4. ヌトウォ石油鉱床

　総面積は925.20デシャチーナ。それぞれ38.55デシャチーナずつの正方形の24鉱区に分けられ、合計925.20デシャチーナとなる。総面積の輪郭を定めるにあたっての基点としてP1と標記されるロータリー式掘削第1号井が西部においては採用され、そこから座標に沿って区域の境界までの距離は以下の通りである。北の境界までは565.84サージェン、南の境界までは1259.18サージェン、東の境界までは381.67サージェン、西の境界までは226.67サージェンとなる。東部では総面積の輪郭を定めるにあたっての基点としてK1と標記される上総掘り第1号井が採用され、そこから座標に沿って区域の境界までの距離は以下の通りである。北の境界までは980.01サージェン、南の境界までは236.67サージェン、東の境界までは107.50サージェン、西の境界までは1413.35サージェンとなる。P1と標記されるロータリー掘削第1号井およびK1と標記される上総掘り第1号井に含まれる鉱区はコンセッション会社に属する。この鉱区に応じて全ての鉱区は碁盤目方式(隣接し合わない)でコンセッション会社に属する。上記鉱区に関連して当該計画で赤色に塗られた鉱区は政府に、塗られていない鉱区はコンセッション会社に属する(図参照)。

5. チャイウォ石油鉱床

　総面積は444デシャチーナ。区域はそれぞれ27.75デシャチーナずつの正方形16鉱区に分けられ、合計444デシャチーナである。総面積の輪郭を定めるにあたっての基点としてはC1と標記される綱式掘削第1号井が採用され、そこから座標に沿って区域の境界までの距離は以下の通りである。北の境界までは558.64サージェン、南の境界までは473.64サージェン、東の境界までは458.64サージェン、西の境界までは573.64サージェンとなる。C1と標記される綱式掘削第1号井に含まれる鉱区はコンセッション会社に属する。この鉱区に応じて全ての鉱区は碁盤目方式(隣接し合わない)でコンセッション会社に属する。上記鉱区に関連して当該計画で赤色に塗られた鉱区は政府に、塗られていない

鉱区はコンセッション会社に属する(図参照)。
6. ヌイウォ石油鉱床

　総面積は 592 デシャチーナ。面積はそれぞれ 37 デシャチーナずつの正方形 16 鉱区に分けられ，合計は 592 デシャチーナとなる。総面積の輪郭を定めるにあたっての基点として C1 と標記される綱式掘削第 1 号井が採用され，そこから座標に沿って区域の境界までの距離は以下の通りである。北の境界までは 507.25 サージェン，南の境界までは 684.75 サージェン，東の境界までは 526 サージェン，西の境界までは 666 サージェンである。C1 と標記される綱式掘削第 1 号井が含まれる鉱区はコンセッション会社に属する。この鉱区に応じて全ての鉱区は碁盤目方式(隣接し合わない)でコンセッション会社に属する。上記鉱区に関連して当該計画で赤色に塗られた鉱区は政府に，塗られていない鉱区はコンセッション会社に属する(図参照)。

7. ウイグレクトゥイ石油鉱床

　総面積は 295.92 デシャチーナ。面積はそれぞれ 24.66 デシャチーナずつの正方形 12 鉱区に分けられ，合計 295.92 デシャチーナとなる。総面積の輪郭を定めるにあたっての基点として K2 と標記される上総掘り第 2 号井が採用され，そこから座標に沿って区域の境界までの距離は以下の通りである。北の境界までは 173.28 サージェン，南の境界までは 556.56 サージェン，東の境界までは 601.56 サージェン，西の境界までは 371.56 サージェンとなる。K2 と標記される掘削井第 2 号井が含まれる鉱区はコンセッション会社に属する。この鉱区に応じて全ての鉱区は碁盤目方式(隣接し合わない)でコンセッション会社に属する。上記鉱区に関連して当該計画で赤色に塗られた鉱区は政府に，塗られていない鉱区はコンセッション会社に属する(図参照)。

8. カタングリ石油鉱床

　総面積は 592 デシャチーナ。面積はそれぞれ 37 デシャチーナずつの正方形 16 鉱区に分けられ，合計 592 デシャチーナとなる。総面積の輪郭を定めるにあたっての基点として P1 と標記されるロータリー式掘削第 1 号井が採用され，そこから座標に沿って区域の境界までの距離は以下の通りである。北の境界までは 939 サージェン，南の境界までは 253 サージェン，東の境界までは 467.25 サージェン，西の境界までは 724.75 サージェンとなる。P1 と標記されるロータリー式掘削第 1 号井が含まれる鉱区はコンセッション会社に属する。この鉱区に応じて全ての鉱区は碁盤目方式(隣接し合わない)でコンセッション会社に属する。上記鉱区に関連して当該計画で赤色に塗られた鉱区は政府に，塗られていない鉱区はコンセッション会社に属する(図参照)。

備考：

1. ある区域における実測作業の結果，コンセッション契約締結時に現行の掘削井が政府の区域に入る区域であることが明らかになった場合には，政府は坑井を中心として半径 15 サージェンに制限される地域と共に当該坑井を自らの鉱区から分与する。この場合に，コンセッション会社の鉱区からの同一の規模の領域が，政府の選択にしたがって政府の鉱区に追加されなくてはならない。

2．面積を定める座標は経線および緯度の方向に引かれる。
3．本条に記載された 8 つの石油鉱床の図面は本契約に添付される。
4．添付図面に色塗りされていない 8 つの石油鉱床の採掘鉱区は本契約の考え方ではコンセッションの領域を構成する。

第 11 条

　工業的試掘および採掘のためにコンセッション会社に引き渡された鉱区の範囲内にあり，

オハ油田

エハビ石油鉱床

ピリトゥン石油鉱床

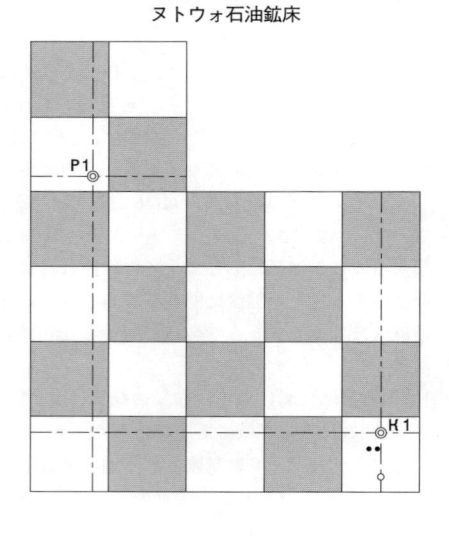

ヌトウォ石油鉱床

資 料 367

チャイウォ石油鉱床　　　　　ヌイウォ石油鉱床

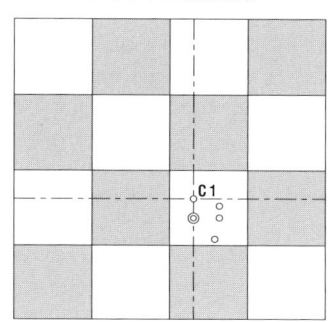

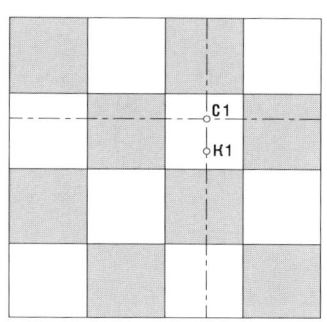

ウイグレクトゥイ石油鉱床　　カタングリ石油鉱床

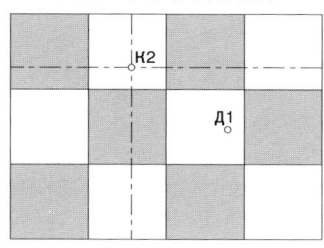

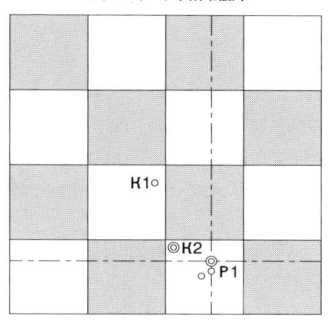

　また前記鉱区以外にこの目的のためにコンセッション会社にとくに引き渡された鉱区内にある建物および動産で，石油企業に直接関係し，かつ政府に属するか契約の調印時まで政府に占有されていないものは，コンセッション会社の利用に引き渡される。使用のために引き渡されるものはコンセッション会社が希望する建物および動産に限る。双方の代表者の立ち会いの下に引き渡される財産の全てに対して財産目録および評価表が作成され，引き渡しに関しては双方の代表者によって署名された文書がつくられる。この文書は本コンセッション契約に添付される。
　本契約第10条にしたがってコンセッション会社に引き渡される石油鉱区の実地境界線の決定および標柱の建設は，契約調印直後の夏期の間に，コンセッション会社の代表者の立ち会いの下に政府によって行われる。それと同時に実地で割り当てられた石油鉱区を記載した最終的な地図は，双方の代表者の立ち会いの下に，作成される。双方によって調印された文書および地図は本契約に添付される。財産の移転および割り当て作業に関する一切の費用はコンセッション会社によって支払われる。

備考：
1. 本契約の効力発生日から政府による財産のコンセッション会社への正式な引き渡しの時点まで，コンセッション会社はこれら財産を利用する権限を有する。

第12条

政府は，本契約の効力発生日から数えて11年間の期間，本契約に記載された条件で，北サハリンの東海岸における1000平方ヴェルスタの石油，キールおよび可燃性ガスの排他的探査・試掘権を与える。

上記領域は本契約の効力発生日から1年の間にコンセッション会社との合意に基づいて政府によって定められ，その境界は地図に記載され，当該地図は本契約に添付され，本契約の不可分の部分となる。

第13条

前条に掲げた領域内においてコンセッション会社は，試掘期間内に毎年，任意の場所および数量において，地質調査の結果にしたがって，工業的試掘を決定するために一定のそれぞれ960デシャチーナの試掘区域を選定する権利を有する。

前項に示された探査区域は長方形の形態を有し，その辺は経線および緯線に沿って3対2の割合で配置される。

コンセッション会社は，地方鉱山監督署機関との合意後期限内に前記の区域の選択に関し当該機関に通知する。通知を得た時点から最短期間かつ気候条件が許す限りにおいて，鉱山監督署はコンセッション会社の代表者の参加の下に実地で通知された試掘区域を区切り，地図上にそれらの境界を記入し，試掘区域をそれぞれ80デシャチーナの12試掘区域（1対2の割合）で分割する。

第14条

試掘作業の結果，任意の試掘区域が工業的価値をもっていないことが明らかな場合には，コンセッション会社は地方鉱山監督署にこのことを通知する義務がある。また，この区域は政府の裁量下に入る。

地質調査の結果と共に地質作業がコンセッション会社の申告にしたがって試掘区域の工業的価値を見出した場合，地方鉱山監督署によって80デシャチーナの試掘区域は，それぞれ40デシャチーナの採掘鉱区に二分される。

工業的価値を有する幾つかの区域が試掘完了日から6カ月の期間内にコンセッション会社によって申告されていないことを，政府が試掘データで認めた場合には，これらの区域は政府の裁量に移る。

コンセッション会社によって960デシャチーナの試掘面積を掘削する全坑井のうちから，コンセッション会社は1本の基本坑井を指定する。

試掘区域が採掘鉱区に分割された後，政府は，政府によって選択された採掘鉱区に採掘井があるかないかにかかわらず全体の鉱区量の50％を碁盤目方式（隣接し合わない）で選択する権利を有する。政府はコンセッション企業に対して選択された採掘鉱区にある採掘井の掘削による支出を支払わない。残り50％は政府によってコンセッション会社の採掘

に委ねられる。

　政府によって選択された採掘鉱区にコンセッション会社によって予定された基本坑井がある場合には，政府は，コンセッション会社の鉱区に隣接した地域の相当する面積の再配分によって自らの鉱区から前記の坑井を分け与える。コンセッション会社の鉱区から地域の同一の規模が政府の選択に応じて再配分されなくてはならない。

第15条

　コンセッション会社は，コンセッション企業に提供された試掘地域および採掘鉱区において，極東鉱山管理局によって公布され，鉱山監督署およびコンセッション会社の代表者から成る混合委員会によってコンセッション会社で実施される石油埋蔵の保全に関する特別規則の遵守を定めているソ連鉱山諸法によって許可された方法で探査，試掘および採掘を行う義務がある。

　コンセッション会社は，本契約の効力発生日から1年以内に，極東鉱山管理局に対して営業年の採掘鉱区における石油の試掘および採掘の全体計画を提出しなくてはならない。試掘地域に関しては最近の営業年度の試掘計画が，コンセッション会社によって極東鉱山管理局に対して試掘地域の決定日から6カ月以内に提出されなくてはならない。今後このような計画は営業年度に入る2カ月の間に毎年提出される。

　石油の試掘および採掘計画，その実施方法は，最も完全な試掘と正当で無駄のない油田採掘が保証されるように設計されなくてはならない。

　技術・統計報告情報をコンセッション会社は地方鉱山監督署機関との合意に基づき所定の期間内に当該機関に提出する義務がある。これとは別に地方鉱山監督署機関は，全期間を通じてコンセッション会社によって行われる試掘・採掘作業を調べる権利を有する。その際，コンセッション会社は検査の実施にあたって同機関に完全に協力し，彼らの要求に応じて試掘・掘削日誌，各坑井に関する毎日の掘削レポートのコピー，土壌から取られた分析データおよびその他技術データを提供する義務がある。また，コンセッション会社は，コンセッション会社のデータのチェックを目的として，当地方鉱山監督署機関の代理人に石油見本の取得を許可する義務がある。

第16条

　それぞれの採掘鉱区受領後1年間に，コンセッション会社によって地形測量が実施され，全ての技術的およびその他の施設および試掘作業を示した5m間隔を超えない等高線のある5000分の1の地図が作製されなくてはならない。

　この地形測量を基礎にして2年間にわたって地層学，地質構造，含油層，含水層を明らかにし，垂直地質断層および関連記述のある地質図が作製されなくてはならない。

　毎年過去1年間の試掘データを基礎に上記地質図に関連の記述を盛り込んだ追加が作製されなくてはならない。

　地形および地質図の作製に関してコンセッション会社は地方鉱山監督署にこのようなサンプルの一部および毎年，地質図への追加を提出しなくてはならない。

　政府による1000ヴェルスタ決定の日から3年間でコンセッション会社は全ての前記地

域の地形測量を実施し，20m間隔を超えない等高線，可能ならば試掘の結果得られたデータを盛り込んだ2万分の1以上の規模の地図を作製しなくてはならない。

　第14条にしたがって試掘地域を等分する申請を出すにあたって採掘鉱区の分割の対象について，コンセッション会社は地方鉱山監督署機関に対して，試掘作業の結果得られた全てのデータを示した5m間隔を超えない等高線をもつ5000分の1以上の960デシャチーナ試掘地域の地形図のサンプルを提出しなくてはならない。

第17条

　本契約はその発効日から数えて45年間の期間で締結される。

注）本条項で示された期間は第12条で定められた1000ヴェルスタの試掘地域のための11年の試掘期間も含まれる。

第18条

　本契約によってコンセッション会社に提供された権利と特典に対して，コンセッション会社は自噴井を除いて以下の規模で石油の全生産量から報償を政府に支払う：

5%	年間総生産量3万tまで
5.25%	年間総生産量4万tまで
5.50%	年間総生産量5万tまで
5.75%	年間総生産量6万tまで
6%	年間総生産量7万tまで
6.25%	年間総生産量8万tまで
6.50%	年間総生産量9万tまで
6.75%	年間総生産量10万tまで
7%	年間総生産量11万tまで
7.25%	年間総生産量12万tまで
7.50%	年間総生産量13万tまで
7.75%	年間総生産量14万tまで
8%	年間総生産量15万tまで
8.25%	年間総生産量16万tまで
8.50%	年間総生産量17万tまで
8.75%	年間総生産量18万tまで
9%	年間総生産量19万tまで
9.25%	年間総生産量20万tまで
9.50%	年間総生産量21万tまで
9.75%	年間総生産量22万tまで
10%	年間総生産量23万tまで
10.25%	年間総生産量24万tまで
10.50%	年間総生産量25万tまで
10.75%	年間総生産量26万tまで

11%　　年間総生産量27万tまで
11.25%　年間総生産量28万tまで
11.50%　年間総生産量29万tまで
11.75%　年間総生産量30万tまで
12%　　年間総生産量31万tまで
12.25%　年間総生産量32万tまで
12.50%　年間総生産量33万tまで
12.75%　年間総生産量34万tまで
13%　　年間総生産量35万tまで
13.25%　年間総生産量36万tまで
13.50%　年間総生産量37万tまで
13.75%　年間総生産量38万tまで
14%　　年間総生産量39万tまで
14.25%　年間総生産量40万tまで
14.50%　年間総生産量41万tまで
14.75%　年間総生産量42万tまで
15%　　年間総生産量43万tまでおよびそれ以上

　自噴井の場合にはコンセッション会社によって以下の割合で報償が支払われる。
15%　全日産量デシャチーナ当たり10tから50tまで
20%　全日産量デシャチーナ当たり60tまで
25%　全日産量デシャチーナ当たり70tまで
30%　全日産量デシャチーナ当たり80tまで
35%　全日産量デシャチーナ当たり90tまで
40%　全日産量デシャチーナ当たり100tまで
45%　全日産量デシャチーナ当たり100t以上

　本条第2項で示された自噴井は機械化手段の採用なしに個々の坑井から自噴で日産10t以上を考慮している。
　コンセッション会社は掘削井のガスから得られるガソリンの全生産量に対しては以下の割合で政府に支払う：
10%　ガス1000m³フィート中ガソリン成分2ガロンまで
15%　ガス1000m³フィート中ガソリン成分2ガロンから3ガロンまで
20%　ガス1000m³フィート中ガソリン成分3ガロンから4ガロンまで
25%　ガス1000m³フィート中ガソリン成分4ガロンから5ガロンまで
30%　ガス1000m³フィート中ガソリン成分5ガロンから6ガロンまで
35%　ガス1000m³フィート中ガソリン成分6ガロンおよびそれ以上

　報償はコンセッション会社によって毎年，営業年度の終了日から3カ月以内に金平価による米国ドルによってウラジオストクのソ連国立銀行支店に支払われる。

報償として支払われる石油量を貨幣の相当額に換算する規準としては，米国の石油雑誌"National Petroleum News"に発表される情報により，重質油についてはカリフォルニアにおける井戸元の相当品質の原油，軽質油についてはガルフ(米国)における井戸元の相当品質の原油の営業年度終了までの3カ月間の平均価格が採用される。

報償として支払われるガソリンを貨幣の相当額に換算する規準としては，米国の同一の石油雑誌に発表される情報により，ガルフ(米国)における相当品質のガソリンの営業年度終了までの3カ月間の平均価格が採用される。

注1) 雑誌"National Petroleum News"の発行停止の場合には政府とコンセッション会社との間の合意によって別の米国の石油雑誌が選択される。

注2) 軽質油とは 0.903 およびそれ以下の比重の原油をいう。重質油とは 0.903 以上の比重の原油をいう。

注3) コンセッション企業の営業年度は4月1日から3月31日までとする。

横浜取引所でサハリンの石油の相場が定められ，北サハリンの東海岸から横浜港までの商業船舶の海上運賃が定められる場合には，政府とコンセッション会社との合意があれば横浜取引所の相場による報償の貨幣換算の計算に移行することが可能である。この場合，当該の品質のサハリン石油の横浜 CIF (通常の運賃および保険料のみを差し引く)の営業年度の終了までの3カ月間の横浜取引所での平均相場が規準として採用される。

報償の支払い遅延の場合にはコンセッション会社は，未払い額につき月1%の罰金を支払う。1年間の報償支払い遅延は，政府に本契約第40条に基づいてコンセッション契約を破棄する権利を与える。

第19条

コンセッション会社は，会社によって採掘された石油，ガソリン，キールを支障なく，無税で外国に輸出する権利を有する。これを実施するためにコンセッション会社は毎年駐日ソ連通商代表あるいはソ連内外商業人民委員部の担当機関に石油，ガソリン，キールの予想輸出量を申告し，申告した石油，ガソリンおよびキールの輸出ライセンスを無償で得る。

第20条

裁判手数料，本契約でとくに掲げられた課徴金および支払いを除く一般的な国家および地方の税金および課徴金の代わりに，コンセッション会社は政府に対して支払うべき報償を全生産量から控除した原油およびガソリンの年間総生産量の価格の 3.84% を政府に支払う。石油およびガソリンの価格は本契約第18条にしたがった報償の計算のための方法によって定められる。

コンセッション会社は本節で定められた税総額を毎年一括してウラジオストクにあるソ連国立銀行支店に報償の支払いと共に納入する。

税総額納入遅延の場合は，コンセッション会社は未払い額に対して月1%の罰金を支払う。1年間の税支払い遅延は本契約第40条に基づいてコンセッション契約を破棄する権利を政府に与える。

第21条

　コンセッション会社は，コンセッション企業に供給および設置するためにあらゆる種類の機械，部品，技術品および資材，ならびに労働者および職員に供給するために必要な日用品および食料品を支障なく，無税かつライセンス料の支払いなしで輸入する権利を有する。

　この権利を行使するためにコンセッション会社は，毎年駐日ソ連通商代表あるいはソ連内外商業人民委員部の関連機関に上記対象物の正確な仕様書と当該年度に輸入する量を示したリストを輸入許可のために提出する。

　コンセッション会社はコンセッション企業では成し得ない修理を必要とする個別の機械を無税で輸出し，再輸入する権利を有する。修理の必要性は地方鉱山監督署機関によって証明されなくてはならない。輸出された機械は，輸出日から遅くとも13ヵ月以内にコンセッション企業に再輸入されなくてはならない。機械の輸出にあたっては，コンセッション会社はウラジオストクあるいはアレクサンドロフスクの国立銀行支店に輸出機械の5倍の価格を担保に入れなくてはならない。修理のために輸出された機械が期間内に返送されないか同時期に同価格の機械に交換されない場合には，コンセッション会社によって寄託された担保は政府の処分に帰する。

　コンセッション会社が補助企業に設備および施設に関する個別の作業を請け負う場合，政府は補助企業の所有にある生産手段および資材の輸出入を無税かつライセンス料の支払いなしで行う権利を与える。生産手段および資材の輸出入のリストは，請負契約を結んだコンセッション会社によって提出され，当該請負企業に当該請負作業実施の権利を与えた政府の許可証を基に駐日ソ連通商代表かソ連内外商業人民委員部のしかるべき機関によって承認されなくてはならない。

　コンセッション企業の労働者および職員の個人財産は，その対象に対し効力をもつ法令によりソ連への輸入および輸出が許可される。

　駐日ソ連通商代表部あるいはソ連内外商業人民委員部関連機関によって許可されたリストに盛り込まれた全ての物品は，個々のライセンスの取得なしにソ連税関によって許可される。

　国外から輸入され，またソ連内で取得される生産物および必需品の，コンセッション企業の労働者および職員への供給は原価でコンセッション会社によって実施される。その際価格は北サハリンの鉱山監督署長によって承認される。

第22条

　第21条にしたがって，コンセッション会社によって外国から輸入された全ての日用品および食料品は，当該地域の政府機関の許可がなければ，コンセッション会社によって国内市場で販売してはならない。

　このような許可が与えられない場合，コンセッション会社に対して支障なく，無税かつライセンス料の支払いなしで上記物品を外国に返送する権利が与えられる。

第23条

　石油の試掘および採掘に関する作業のためコンセッション会社が必要とする限り，試掘区域および採掘鉱区の地表の無償利用権をコンセッション会社に与える。この目的をもってコンセッション会社は上記区域に居住用，非居住用建物ならびにあらゆる種類の技術建造物その他を導入できる。

　上記区域の地表およびその外側において，コンセッション会社に農業人民委員部の地域機関との合意によって，コンセッション会社およびその労働者および職員への供給のために必要な農業のための土地区域および農地が与えられる。農業用地の利用は法令の一般原則に基づいて行われる。

　本条の規定は第三者，地域機関の法的利用にある土地の地表区域には適用されない。仮にコンセッション企業の組織化と発展のためにコンセッション会社がこのような区域を確保する必要性が明らかにされた場合には，コンセッション会社にその利用者とそのことに関し協定関係に入る権利が与えられる。

第24条

　コンセッション会社は，コンセッションの期間を超えない期間で，試掘区域および採掘鉱区ならびにこの目的のために地域機関と合意した上記区域以外で無償で得られた区域で，引込線，無舗装道路，狭軌鉄道，ロープウェイ，修理所，製材所，実験室，鍛造工場，倉庫，ガソリンプラント，大規模ではない精製装置，発電所，および企業の需要の直接サービスに必要なその他設備などあらゆる種類の附帯設備を建設し，かつコンセッション企業の職員および労働者に供給品および必需品の生産のための各種作業所や食料品倉庫を建設する権利を有する。

　コンセッション会社による石油精溜・精製工場の建設は政府との特別の協定によってのみ許可される。

　地域機関および鉱山労働者組合との協定によって，コンセッション企業の労働者および職員のために文化・教育施設および医療・衛生施設を建設する権利がコンセッション会社に対して与えられる。

第25条

　コンセッション会社は個々の油田相互間および個々の油田と海岸とを結ぶ石油パイプラインを無償で建設する権利を有する。このような石油パイプラインの方向の選択，設計および建設の全ての技術的条件は政府によって承認されなくてはならない。

　コンセッション会社は北サハリンの領海水域において石油タンカーの投錨地まで海中で石油パイプラインを無償で引く権利を有する。このような石油パイプラインの方向の選択，設計および建設の全ての技術的条件は政府によって承認されなくてはならない。

　一油田において個々の採掘鉱区をパイプラインでつなぐことをコンセッション会社が望む場合，このような権利は方向に関する問題について地方鉱山監督署とあらかじめ合意するという条件にしたがって，コンセッション会社に提供される。

　コンセッション会社は政府の要求に応じて，コンセッション企業の作業に支障をきたさ

ない限り，政府に属する石油をコンセッション会社の石油パイプラインで輸送することを受け入れる義務がある。そのために政府は自らの石油パイプラインをコンセッション会社のそれに接合する権利を有する。

政府に属する石油のコンセッション会社の石油パイプラインによる輸送に対する支払いは，コンセッション会社の石油輸送原価によって定められる。

第26条

コンセッション会社は，外部への売却を目的とせずにコンセッション企業の需要のために，粘土，砂，石，石灰のような一般に普及している鉱物をコンセッションの区域において無償で採掘することができる。コンセッション企業の需要のためにこれらの一般に普及している鉱物をコンセッションの区域外でも無償で利用することができるが，その場合，地方の鉱山監督署長の発行した許可証が必要である。

第27条

コンセッション会社は，コンセッション会社に与えられた鉱区の域内における水，水域および水力を無償で利用する権利を有する。そのためにコンセッション会社は地方権限機関の許可を得て各種施設を建設する権利を有する。

コンセッション会社は与えられた権利を行使すると共に，以下の義務を負う。

a) 水，水域，水力の利用に関して隣接鉱区の利益を犯さないこと。
b) コンセッション会社の鉱区に隣接する鉱区の排水および誘水のための溝渠，排水路その他の設備の架設を鉱区を通して行うことを許可する。またコンセッション区域を通して隣接鉱区からの道路および輸送施設を設けることを妨げない。
c) 一般利用の流水に関しては衛生監督基準を遵守すること。
d) あらゆる場合において水，水域および水力の利用にあたって，漁業に関しても，交通に関しても地域住民の利益を犯してはならない。

コンセッション区域以外における水および水域の利用は地方権力機関との特別協定によって無償で許可される。

第28条

コンセッション会社は，あらかじめ交通人民委員部の極東機関によるこれら作業の事前承認によって，またその監督下に浚渫作業を行う権利を有する。

コンセッション企業の上記作業は水路の公共利用の利益を犯さず，隣接鉱区の作業実施を妨げてはならない。

第29条

コンセッション会社は，売却のためではなく企業の需要のために必要である限り，試掘区域および採掘鉱区の森林を利用する権利を有する。

上記区域以外ではコンセッション会社は，極東土地管理局との協定によって，北サハリンにおいてコンセッション会社の需要のために伐採に必要な森林面積を取得することができる。

本条第1項および第2項によりコンセッション企業に提供された森林は，第10条で示

された8カ所の油田の採掘鉱区の森林を除き，現行公定価格による支払い条件で供与される。

　前記条件はコンセッション契約実施の各5年毎に政府によって見直される。

　第10条で示された8カ所の油田の採掘鉱区の森林は，企業の需要，コンセッション企業の住宅，文化・教育，衛生施設建設の需要，また暖房のために無償でコンセッション企業に引き渡される。

　道路および石油パイプラインの建設，火災予防措置の採用ならびに建物および設備のための用地整地のための森林伐採作業は，地方鉱山監督機関の証明に基づき発給された農業人民委員部の地域機関の許可によって実施される。この手続きで伐採された森林は支払い対象とはならない。

第30条

　コンセッション企業における労働条件は，ソ連の現行法令ならびにこの件に関し今後制定される法令，コンセッション会社と当該労働組合との間に締結される団体協約によって規律される。

　上記条件は，国籍には関係なくコンセッション企業の全ての労働者および職員に適用される。

　労働者および職員の社会保険の支払いは，同種の国営企業と同一の額でコンセッション会社によって納入される。

　コンセッション会社は，コンセッション企業の全ての労働者および職員に対して，ソ連において規定されている住宅・衛生規則に適合する住宅を無償で提供する義務がある。

第31条

　コンセッション企業へのサービスのためにコンセッション会社は以下の権利を有する：

a）　外国人の管理・技術要員および高資格労働者を50％まで雇用すること。

　注）上記制限は所長，鉱場長および鉱場各部長には適用されない。

b）　外国人の中・低資格労働者ならびに雑役夫を総数の25％まで雇用すること。

　コンセッション会社は，毎年4月1日および7月15日までに資格別労働者の必要数をウラジオストク市の労働部に申告すること。ウラジオストク市の労働部は，コンセッション会社によって提出された申請にしたがって，上記労働部が彼らに提供し得る労働者および職員の人数を5月15日および8月30日以前に通知しなくてはならない。ウラジオストク市からコンセッション企業地までの労働者および職員の往復輸送はコンセッション会社によって実施される。その際輸送にかかわるあらゆる種類の費用はコンセッション会社の勘定で行われる。コンセッション会社は雇用目的でウラジオストク市から輸送される労働者および職員に対し，乗船までの7日間から数えて賃金を支払う義務がある。

　ウラジオストク市の労働部がコンセッション会社の要求に応じてソ連市民あるいはソ連領内に居住する外国人のなかから所要の労働者数を提供できない場合，コンセッション会社は自らの裁量で不足する数の外国人労働者および職員を採用する権利を有する。コンセッション会社の要求によってウラジオストク市の労働部から提供される外国人労働者お

よび外国人職員は，本条a項およびb項に定められた外国人の割合には含まれない。

　政府との合意によりコンセッション会社が北サハリンのアレクサンドロフスク市およびアムール河岸のニコラエフスク市にある労働部において労働力を調達することが許される。

　a項およびb項に示された外国人労働者および職員の割合は徐々に引き下げられるものとし，3年毎に見直しがなされる。

　コンセッション企業内の現場で深刻な損傷が発生し，コンセッション企業の労働者では復旧し得ないとき，緊急に復旧する必要がある場合，コンセッション会社に対してこのような損傷を修理するために，そのために必要な期間にわたって自らの裁量による員数で専門家および労働者を招く権利が提供される。

　本条で規定されたソ連市民の労働者および職員と外国人の労働者および職員の比率は，1926年10月にコンセッション会社によって達成されなくてはならない。これに関連して全ての移動は1926年の航海時期にコンセッション会社によって実施されなくてはならない。

第32条

　コンセッション企業の労働者および職員ならびに彼らの家族の出入国にあたって旅券手続きの相当の便宜が規定される。そのために政府は東京および函館のソ連領事館ならびに北サハリンの外務人民委員部全権にしかるべき指令を与える。

第33条

　それぞれ個別の採掘鉱区内における内部連絡を確保するために，コンセッション会社に対して，自らの裁量で無償で電話線を新設し，現行の電話線を利用する権利が与えられる。コンセッション会社が同一油田における個々の採掘鉱区を電話線で結びたい場合は，その権利は政府の採掘鉱区が管轄下にある機関との実施についての事前協定を条件としてコンセッション会社に与えられる。

　コンセッション会社がさまざまな油田にある採掘鉱区あるいはコンセッション企業の個々の設備をコンセッションの全電話網と接続したいか，あるいは1000平方ヴェルスタ試掘区域，または試掘区域と採掘区域との間に電話網を設置したい場合には，これら電話線の設置と利用が郵便・電信人民委員部の法令および規則に完全に合致し，この人民委員部の地域機関の監督下でコンセッション会社により行われることを条件として，このような権利が付与される。上記条件は各油田の域外にある現存の電話線にも適用される。

　コンセッション会社は政府機関および北サハリンのその代理人が無償で利用できるように提供する義務がある。この利用はコンセッション企業の作業を妨げてはならない。このような利用手続きは政府機関とコンセッション会社との間の協定で定められる。

第34条

　オハおよびチャイウォの無線通信所をソ連政府に引き渡すことに関するソ連政府と日本政府との間の協定締結まで，ソ連政府は，ソ連領域における無線通信所の運用に関する現行規則にしたがって，郵便・電信人民委員部の地方機関の監督の下に上記無線通信所の経営をコンセッション企業に対して許可する。

コンセッション契約期間中に必要性が生じ，ソ連政府がコンセッション会社に必要な無線通信を保障できない場合，コンセッションの領域における新規無線通信所の建設権が，郵便・電信人民委員部との個別協定に基づいてコンセッション会社に供与される。

第35条

コンセッション企業の船舶ならびにコンセッション会社によって傭船された船舶が北サハリンの沿岸における一般利用港に入る権利は，ソ連の現行法令に基づいてコンセッション会社に供与される。但し，役務に対して現在定められており，また将来定められ得る一切の料金を支払うものとする。

北サハリンの沿岸の別の地点への船舶の立ち寄りは，交通人民委員部のこのような地点に関し事前協定がある場合のみ許可される。さらに，この場合には船舶は最寄りの税関地点で検査を受け，税関から該当する証明書を得なくてはならない。この他，地方税関当局との協定により，船舶の検査は荷積み，荷下ろしの場所で行うことができる。さらにその場合，税関代理人の出張手当はコンセッション会社の勘定で行われる。

上記船舶は，コンセッション企業の生産物あるいはその設備および供給品の輸送，ならびに企業の労働者および職員向け供給の食料品および物品の輸送，職員，労働者，その家族，コンセッション企業に派遣される人員の輸送にのみ利用されなくてはならない。

石油バージの曳航，コンセッション企業の需要のための木材，食料品，供給物品の輸送，職員，労働者，その家族の輸送に従事する小型補助船舶(40馬力までの小型舟艇，モーターボート，登録総トン数150ｔまでの１隻の汽船)は北サハリンの東海岸に沿って自由に航行する権利を有する。

第36条

コンセッション会社に対して，当該地方権力機関と事前協定を結んで，小規模の積荷埠頭を建設し，クレーンおよびその他積下ろし，積荷装置を設置する権利が与えられる。

企業の発展にともなって，将来コンセッション会社が港湾設備を必要とみなした場合には，港湾の配置場所，その建設計画および条件をあらかじめ交通人民委員部と協定しなくてはならない。

コンセッション会社によって建設された港湾は交通人民委員部の管理に入る。その際，コンセッション会社に対して，交通人民委員部との協定による条件に基づいて，港湾の一定区域がコンセッション会社による経済的利用に引き渡されることが事前に定められる。

第37条

コンセッション企業のあらゆる建造物および設備に対して，一切の設備および動産と共にコンセッション会社は，現行価格でかつソ連保険機関における火災保険に関する現行規則に応じて，コンセッション会社の勘定で，かつ政府の名において火災保険をかける義務がある。コンセッション会社は掘削井におけるケーシングパイプ，石油パイプライン，水道，蒸気管，予備管，狭軌鉄道および土木工事に保険をかけない権利を有する。それらの火災による破壊あるいは損傷の場合，これらの設備を自らの勘定で再建する義務がある。

保険料は同種の国営企業と同一水準でコンセッション会社から徴収される。

付保された財産が火災を受けた場合には，保険機関は規則で定められた保険期間に火災による損失評価を行わなくてはならない。また，精算の終わりにはコンセッション会社の要求により精算書類のコピーをコンセッション会社に交付しなくてはならない。コンセッション会社は，火事の現場への保険企業全権の到着を待たずに，火事によって消失あるいは損傷された資産の復旧に着手する権利がある。さらに，この場合には火災による損失の暫定評価は地方権限機関の代表の参加の下にコンセッション企業によって行われなくてはならない。

火災による損害に対する保険金は，コンセッション会社の名においてソ連国立銀行支店のひとつに供託される。このような保険金は，企業の復旧の程度に応じて部分的に前渡金として受理され，政府の監督の下にコンセッション企業の復旧に対してのみコンセッション会社によって支出される。

第38条

コンセッションの期間満了後，コンセッション企業はあらゆる建造物，改良工事，設備および動産と共に，本契約により最後の5年間平均で実施されたよりも少なくない量で，生産が支障なく行われるような形態と状況において政府に無償で引き渡す。

コンセッションの期間満了後6カ月以内に，政府は本契約実施期間の最後の10年間にコンセッション企業において実施された建物および改良工事の減価償却未了の部分をコンセッション会社に償還しなくてはならない。但し，これらの支出が政府の合意で行われること，以下のように減価償却を計算することを基礎とすることを条件とする：

石造建物，鉄製タンクおよびパイプに対しては3%

機械・設備に対しては7%

木造建物および木製バージに対しては5%

資材，食料品および供給品の貯蔵品，完成品，半製品，資金およびその他運転資金はコンセッション会社の所有に残される。

コンセッション会社は，本条の条件を遵守してコンセッション期間満了後から3カ月以内に企業を政府に引き渡す義務がある。この期間にコンセッション会社は政府とのあらゆる清算を終了しなくてはならない。上記条件履行後，コンセッション会社の所有に残される財産は，1年間にコンセッション地域から支障なく，無税で搬出することができる。

上記期間にコンセッションの地域から搬出されないコンセッション会社の財産は無償で政府の所有に帰する。

コンセッション会社のいかなる債務や義務も，その発生の場所にかかわりなく，政府に移転されない。

第39条

本契約の実施中あるいは契約の実施中の任意の時期における個々の条件の実施が不可抗力により不可能となった場合には，不可抗力の存在期間に両当事者はお互い当該義務の遂行の延期を提起する義務がある。但し，基本的な契約期間を延長しない。

第 40 条
　政府は以下の場合，期間満了前にコンセッションを中止する権利を有する。
a)　ソ連の裁判機関あるいは外国の裁判機関の判決の法的効力が発生したことにより，コンセッション会社が支払い不能債務者であると宣言した場合。
b)　本契約第 15 条第 1 項，第 18 条，第 20 条および第 22 条に掲げられたコンセッション会社による条件に違反した場合。これにあたっては，政府の側から，契約の破棄に至るまで，1 カ月の期間内に 2 回の書面による通告を行わなくてはならない。
　これらの場合，コンセッション企業は本契約第 38 条の規定にしたがい，無償で政府に移転する。
　政府は本条にしたがって，コンセッションを中止することなく，上記条項の条件違反によって政府が蒙った損失の補償をコンセッション会社に要求し，また如何なる時期においても上記違反の除去を要求する権利を留保する。

第 41 条
　政府は本契約の違反によって生じた損害の補償をコンセッション会社に請求する権利がある。

第 42 条
　本契約の解釈および執行，ならびに本契約およびその附属および追加に関して，政府とコンセッション会社との間のあらゆる紛争および不一致はソ連最高裁判所によって解決される。
　コンセッション会社と第三者，たとえば国家組織，協同組合その他機関および個人との間の私的・法的性質の紛争は一般手続きでソ連の裁判機関によって解決される。
　しかしながら，このことは，当事者が合意する場合，紛争の解決のために仲裁裁判者の審理に委ねる双方の権利を排除するものではない。

第 43 条
　本契約の効力発生日からコンセッション会社は，政府によって移転された財産に対し，本契約第 11 条にしたがって，本契約第 11 条に規定された評価にしたがって上記財産価格の 4% の規模で年間賃貸料を政府に支払う。
　賃貸料は本契約の第 18 条に定められた報償と同時にウラジオストクのソ連国立銀行支店にコンセッション会社によって振り込まれる。

第 44 条
　本コンセッション契約は，コンセッション会社に対して，コンセッションの地域において発見し得る石油，キール，可燃性ガスを除くその他の有用鉱物の採掘権を供与しない。
　上記規定は一般に普及している鉱物の採掘に適用されない。これらの開発権は本契約第 26 条にしたがってコンセッション会社に対し供与される。

第 45 条
　本契約は，不確定額の契約として，1923 年の国家印紙税に関する定款適用に関する規則第 13 条「a」項により通常印紙税によって支払われる。

本契約に関する比例印紙税は，各前年度に対するコンセッション会社から政府に支払われ，契約調印時には正確に定められ得ない報償ならびにその他種類の支払いの額に基づいて計算される。

毎年支払われる比例印紙税は，本契約第18条に定められた報償の納入と同時に，コンセッション会社によってソ連国立銀行の地方支店で支払われる。

第46条

本契約の原本はソ連人民委員会議総務部に保管され，コンセッション会社に対してソ連人民委員会議書記によって認証された写しが交付される。

第47条

ソ連人民委員会議の全権およびコンセッション会社の全権によって署名された日をもって本契約の効力発生日とする。

第48条

政府の法律上の住所：

 モスクワ市，マーラヤ・ドミートロフカ，18番地

 ソ連人民委員会議附属コンセッション委員会本部

コンセッション会社の法律上の住所：

 モスクワ市，革命広場，ボリショイ・モスクワ・ホテル

上記住所は両者にとって義務的住所であり，これにしたがって配達された通信は受取人の署名がある場合は手渡されたものとみなす。

住所のあらゆる変更に関しては双方は遅滞なく書面をもって互いに通知する義務がある。

 1925年12月8日付決定（議定書第134号第1項）にしたがって，ソ連人民委員会議の全権として

 ソ連最高国民経済会議議長

  F. ジェルジンスキー

 北サガレン石油企業組合代表者

  中里重次

 1925年12月8日付決定（議定書第134号第1項）にしたがって，ソ連人民委員会議の全権として本協定を認証する。

 外務人民委員部副議長

  M. リトヴィーノフ

契約原本に対し印紙税1ルーブリ65カペイキが支払われた。

 原本に相違なし。

  ソ連人民委員会議書記

   L. フォチエヴァ

〔出所〕外務省外交史料館『帝国ノ対露利権問題関係雑件　北樺太石油会社関係』1928年1〜12月。ロシア語より現代かなづかいで著者訳出〕

10　利権契約追加協定書

1936年10月10日　モスコー市

　一方ソヴィエート社会主義共和国連邦(ソ連邦政府以下政府ト称ス)ハ1936年10月10日附ソ連邦人民委員会議決定(議定書第1826号)ニ基キ行動スル重工業人民委員代理ルヒモーヴィチニ依リ代表セラルルソ連邦重工業人民委員部ヲ通シ又他方北樺太石油株式会社ハ同会社ノ取締役社長ニシテ同会社ノ名ニ依リ実際ニ本追加協定ニ署名スルノ権限ヲ有スル旨ノ1936年10月1日附在モスコー日本大使館発給ノ証明書第9号ニ基キ行動スル，同会社取締役社長左近司政三ヲ通シ左記ノ如ク利権契約ノ追加協定ヲ締結セリ

第1条　利権契約第12条ノ変更トシテ政府ハ利権者ニ対シ左記ノ権利ヲ1941年12月14日迄ノ期限ニテ延期スルコトヲ決定ス

　(A)坑井ノ深度及位置ニ関シソ連邦重工業人民委員部ト利権者トノ間ニ協定済ナル(重工業人民委員部発利権者宛1934年6月27日附第13, 16, 7号書信1934年9月14日付第13, 18, 7号書信及1935年3月4日附第1322号書信本協定ニ添付ス)坑井ノ試掘権

　(B)ダーギ，ナムビ，ワエンゲリ地方ニ於ケル利契第12条規定ノ試掘実行権

　(C)本協定第2条ノ面積狭小区域ニ於ケル利契第12条規定ノ試掘実行権

第2条　ノ(1)利権契約第13条決定ノ例外トシテ利権者ニ対シ左記面積狭小試掘区域ヲ例外的ニ設定スルモノトス

　(A)北オハ試掘地方第3面積狭小試掘区域

　　其ノ境界線ハ左ノ方法ニ依リ決定セラル

　　南方ニ於ケル境界線ハ元北オハ第1試掘区域ノ境界線ニ沿ヒ東部ニ於テハ元北オハ第1試掘区域(第64号鉱区)ノ東標柱ヨリ西方ニ1,130米ノ距離ニ在リ西方ニ於テハ同上標柱ヨリ西方ニ3,790米ニ在リ北方ニ於テハ北オハ試掘地方ノ北境界線ニ沿フモノトス

　(B)エハビ試掘地方第5面積狭小試掘区域

　　北境界線ハエハビ第3区ノ南境界線トー致ス

　　南境界線ハ試掘地方境界線ノ南境界線トー致ス其ノ他ノ境界線ノ横ハエハビ第3区ノ同様境界線子午線トー致ス

　(C)クイヅイラニー試掘地方第2面積狭小試掘区域

　　其ノ境界線ハ左ノ方法ニ依リ決定セラル

　　南境界線ハ重工業人民委員部発1935年3月4日附第1322号書信ニ依リ確定セラレタルクイヅイラニー試掘区域ノ北境界線ヲ通過スル一線ニシテ北境界線ハ南境界線

資料　383

ヨリ2,660米ノ距離ニ離レタル一線ナリ東境界線ハ前記クイヅイラニー試掘区域ノ東境界線ヨリ東方ニ500米ノ距離ニ離ルル経線ニシテ西境界線ハ前記クイヅイラニー試掘区域ノ東境界線ヨリ西方ニ2,160米ノ距離ニ離ルル経線ナリ

(D)カタングリ試掘地方第2面積狭小試掘区域

ウイグレツク採掘区域ニ至ル迄ノカタングリ第4区ノ南境界線カ北境界線ニシテ南境界線ハカタングリ第3区ノ東境界線ニ至ル迄ノカタングリ採掘区域ノ北境界線ナリ

西境界線ハウイグレツク地方ヨリカタングリ採掘区域ノ北境界線ノ通過スル並行線ニ至ル迄ノ第3区ノ東境界線ニシテ東境界線ハ第4区ノ東境界線ノ継続ナリ

(2)本条記載ノ面積狭小試掘区域ノ実地画定並之等区域ノ試掘鉱区ヘノ分割及更ニ試掘鉱区ヘノ分割ハ利権契約第13条及第14条記載ノ鉱区ニ大サ及形状ニ左記変更ヲ加ヘ利権契約第13条及第14条ニ依リ行ハルルモノトス

(A)北オハ試掘地方第3面積狭小試掘区域ハ左ノ方法ニ依リ8試掘鉱区ニ分割セラレ即チ全区域ハ緯線ニ沿ヒ2等分セラレ経線ニ沿ヒ4等分セラレ其ノ結果8試掘鉱区ヲ得ルモノトス

(B)エハビ試掘地方第5面積狭小試掘区域ハ左ノ方法ニ依リ12試掘鉱区ニ分割セラレ即チ全区域ハ緯線ニ沿ヒ3等分セラレ経線ニ沿ヒ4等分セラレ其ノ結果12試掘鉱区ヲ得ルモノトス

(C)クイヅイラニー試掘地方第2面積狭小試掘区域ハ北オハ第3試掘区域ニ対スル本項(A)規定ト同様ノ方法ニ依リ8試掘鉱区ニ分割セラル

(D)カタングリ試掘地方第2面積狭小試掘区域ハ1個ノ北方鉱区及5個ノ南方鉱区ヨリ成ル6試掘鉱区ニ分割セラル北方鉱区ノ南境界線ハウイグレクーツイ採掘鉱区ノ南境界線ノ継続ニシテ5個ノ南方鉱区ハ残リノ部分ヲ経線ニ沿ヒ等ノ部分ニ分割スルコトニ依リ得ラルルモノナリ

本項(A)(B)(C)及(D)記載ノ試掘鉱区ノ採掘鉱区ヘノ分割ハ前記利権契約第14条規定ノ場合ニ於テ各試掘鉱区ヲ緯線ニ沿ヒ2個ノ等分採掘鉱区ニ分割スル方法ニ依リ行ハルルモノトス

第3条　利契第13条ニヨリ定メラルヘキ南方3地方ニ於ケル各試掘区域ニ関スル坑井ノ数，位置及深度並狭小区域ニ関スル坑井ノ数，位置及深度ハ1932年7月11日附重工業ト利権者トノ協定ニ定メラレタル如ク両者ノ間ニ協定セラルルモノトス

尚狭小区域ニ於ケル坑井数ハ960デシヤチンノ区域ニ於ケル坑井数ト同様ノモノタルヘシ即チ2坑井乃至4坑井トス

第4条　本協定ニ定メナキ試掘ニ関スル事項ハ総テ利権者ニヨリ利契ノ規定通リ実施セラルルモノトス

第5条　利権契約第30条ニ左記項目ヲ追加ス

利権者ハ利権企業ノ常備労働者及従業員ノ一切ノ家族員ニ対シテモ亦同様ノ標準ニ依リ無料ニテ宿舎ヲ提供スルノ義務アルモノトス

本条ニ依リ利権企業ノ労働者及従業員並常備労働者及従業員ノ家族員ニ対シ提供セラルヘキ宿舎ハ在樺太ソ側石油企業ニ於ケル当該年度実在ノ標準ヨリ以下タルヲ得ス

第6条　利権契約第31条第2項初メヨリ「労働者及従業員ノ輸送」ナル語迄ヲ左ノ通リ記載ス

利権者ハ自己ノ必要トスル熟練別労働力数量ニ関スル申込書ヲ毎年4月1日及7月15日迄ニ哈府重工業全権宛写ヲ鉱監宛提出スルモノトス

哈府重工業全権ハ利権者ノ提出セル申込書ニヨリ提供シ得ヘキ労働者及勤務員ノ員数ヲ5月15日及8月30日迄ニ利権者ニ通知スルモノトス

右通知ニハ浦塩ニ於テ何名即チ如何ナル労働者及勤務員カ利権者ニ提供セラルルヤ又オハニ於テ何名即チ如何ナル労働者及勤務員カ利権者ニ提供セラルルヤヲ記載スルモノトス

重工業人民委員部全権ニ依ル労働者及従業員ノ引渡シ及利権者ニ依ル之レカ受入ハウラジヲ市及オハ市ニ於テ行ハルルモノトス、ウラジヲ市及オハ市ニ於テ利権者ハ労働者及従業員ノ職名熟練及作業経歴ヲ確認スル当該機関発給ノ書類ニシテ之等労働者及従業員ノ提示セル書類ニ基キテノミ労働者及従業員ヲ受入ルルモノトス

第7条　利契第31条第3項ノ「浦塩ニ於ケル労働支部」ナル字句ヲ「哈府ニ於ケル重工業人民委員部全権」ナル字句ニ改ム

第8条　利契第31条ニ左記条項ヲ追加ス

利権者ハ労働者、従業員ヲ作業ニ受入レラレタル熟練ニ応シ彼等ヲ利用スルモノトス

利権者ハ第一順序トシテ企業ニアル労働者及従業員中ヨリ自己ノ必要トスル労働者及従業員ヲ満スモノトス特ニ季節労働者及従業員ヲ常備労働者及従業員ニ移ス方法及常備労働者及従業員ヲ更ニ今後ノ作業期限ニ残留セシムル方法ニ依ルモノトス，季節労働者及従業員ヲ季節期間終了後常備労働者及従業員ニ移ス方法ニ依リ労働者及従業員ヲ編入スルコト及常備労働者及従業員ヲ契約期限終了後更ニ今後ノ作業期間ニ残留セシムルコトハ若シ之等労働者及従業員ノ熟練カ所要ノ常備労働者及従業員ノ熟練ニ相応シ居ル場合ニ行フモノトス

第9条　(1)本追加協定ハ利権契約ノ不可分ノ部分ヲナス

(2)本追加協定ハソ連邦人民委員会議及利権者ニ依リ夫々之レカ全権ヲ与ヘラレタル者ニ依リ署名セラレタル日ヨリ其ノ効力ヲ発生スルモノトス

第10条　本協定書原本ハ人民委員会議事務局ニ保管セラレ利権者ニハ署名セラレタル謄本ヲ交付ス

備考　前記各条項中ノ利権契約ナル字句ノ上ニハ総テ「1925年12月14日附」ナル字句ヲ挿入スル事

〔出所〕外務省外交史料館『帝国ノ対露利権問題関係雑件　北樺太石油会社関係』1936 年 1～12 月〕

11　コンセッション契約追加協定

モスクワ市，1927 年 2 月 21 日

　1927 年 2 月 15 日付ソ連人民委員会議の決定(議定書第 203 号第 11 項)に基づいて行動するソ連最高国民経済会議クイブィシェフ，ワレリー・ウラジロヴィチに代表されるソ連最高国民経済会議の名におけるソ連政府(以下政府と称する)を一方とし，会社の全権成富道正の名における北サハリン石油企業組合の法的相続人である北樺太石油株式会社(以下コンセッション会社と称する)を他方とし，1925 年 12 月 14 日付コンセッション契約によって北樺太石油株式会社に属する石油，キールおよび可燃性ガスの探査・試掘の独占権のコンセッション会社による行使のために，サハリンの東部沿岸の 1000 平方ヴェルスタの規模の地域の分割に関する本協定を調印する。

第 1 条
　本協定で指定される上記区域は，1925 年 12 月 14 日付コンセッション契約第 12 条によってコンセッション会社との合意により，政府によって定められた。

第 2 条
　1000 平方ヴェルスタの試掘区域は 11 の独立した地域に分けられる。
　第 1 から第 9 までの 9 区域は，辺が経度および緯度の方向に走る長方形の形態を成す。
　第 10 の区域は，東部沿岸を除いて辺が経度および緯度の方向に走る長方形の形態を成す。
　第 11 の区域は現在正確には定められていないが，下記に定められた境界(第 4 条)内で，辺が経度および緯度の方向を成すように，100 平方ヴェルスタの規模の区域の境界を，本協定の発効日から 2 年間の間に正確に定める権利がコンセッション会社に対して供与される。

第 3 条
　それぞれの区域の境界設定にあたっては基点が定められ，頂点の位置が基点に対する座

標にしたがって定められる。

区域の項点は次の文字で表示される：

「a」 それぞれの区域の北東の角を表示する。

「b」 それぞれの区域の南東の角を表示する。

「c」 それぞれの区域の南西の角を表示する。

「d」 それぞれの区域の北西の角を表示する。

第10区域は8つの点、「a」「b」「c」「d」「e」「f」「g」「h」で定められる〔訳注：原文では第9区域とあるが、明らかに誤りである〕。

経度の方向は天文経度にしたがうものとする。

第4条

区域の番号は北から南に向けてつけられる。

第1区域—北オハ

区域の規模は50平方ヴェルスタ。

基点はオハ油田のロータリー掘削井1号井（P1号井）。

頂点の位置は以下のように定められる：

「a」 北に8ヴェルスタ217サージェン，東に2ヴェルスタ

「b」 北に2ヴェルスタ92サージェン，東に2ヴェルスタ

「c」 北に2ヴェルスタ92サージェン，西に6ヴェルスタ

「d」 北に8ヴェルスタ217サージェン，西に6ヴェルスタ

第2区域—エハビ

区域の規模は100平方ヴェルスタ。

基点はオハ油田のロータリー掘削井1号井（P1号井）。

頂点の位置は以下のように定められる：

「a」 南に7.75ヴェルスタ，東に9ヴェルスタ

「b」 南に20.96ヴェルスタ，東に9ヴェルスタ

「c」 南に20.96ヴェルスタ，東に1ヴェルスタ

「d」 南に7.75ヴェルスタ，東に1ヴェルスタ

第3区域—クイドゥイラニ

区域の規模は50平方ヴェルスタ。

基点は河口から約6ヴェルスタに位置するクイドゥイラニ川左岸の石油の露頭。

頂点の位置は以下のように定められる：

「a」 北に6.25ヴェルスタ，東に2.5ヴェルスタ

「b」 東に2.5ヴェルスタ

「c」 西に5.5ヴェルスタ

「d」 北に6.25ヴェルスタ，西に5.5ヴェルスタ

第4区域—ポロマイ

区域の規模は100平方ヴェルスタ。

基点はピリトゥン鉱床の手掘り掘削井Ｋ１号井。
頂点の位置は以下のように定められる：
 「ａ」　北に 16.5 ヴェルスタ，東に 5 ヴェルスタ
 「ｂ」　北に 4 ヴェルスタ，東に 5 ヴェルスタ
 「ｃ」　北に 4 ヴェルスタ，西に 3 ヴェルスタ
 「ｄ」　北に 16.5 ヴェルスタ，西に 3 ヴェルスタ

第 5 区域―北ボアタシン
区域の規模は 25 平方ヴェルスタ。
基点はチャイウォ鉱床の綱式掘削井 1 号井（Ｃ１号井）。
頂点の位置は以下のように定められる：
 「ａ」　北に 4 ヴェルスタ 121 サージェン，東に 2 ヴェルスタ
 「ｂ」　北に 558.64 サージェン，東に 2 ヴェルスタ
 「ｃ」　北に 558.64 サージェン，西に 6 ヴェルスタ
 「ｄ」　北に 4 ヴェルスタ 121 サージェン，西に 6 ヴェルスタ

第 6 区域―南ボアタシン
区域の規模は 75 平方ヴェルスタ。
基点はチャイウォ鉱床の綱式掘削井 1 号井（Ｃ１号井）。
頂点の位置は以下のように定められる：
 「ａ」　南に 473.64 サージェン，東に 1 ヴェルスタ
 「ｂ」　南に 10 ヴェルスタ 160 サージェン，東に 1 ヴェルスタ
 「ｃ」　南に 10 ヴェルスタ 160 サージェン，西に 7 ヴェルスタ
 「ｄ」　南に 473.64 サージェン，西に 7 ヴェルスタ

第 7 区域―チェメルニ・ダギ
区域の規模は 200 平方ヴェルスタ。
基点は河口から約 3 ヴェルスタにあるウイニイ川左岸の石油の露頭。
頂点の位置は以下のように定められる：
 「ａ」　北に 17 ヴェルスタ，東に 3 ヴェルスタ
 「ｂ」　南に 8 ヴェルスタ 160 サージェン，東に 3 ヴェルスタ
 「ｃ」　南に 8 ヴェルスタ 160 サージェン，西に 5 ヴェルスタ
 「ｄ」　北に 17 ヴェルスタ，西に 5 ヴェルスタ

第 8 区域―カタングリ・ノグリキ
区域の規模は 100 平方ヴェルスタ。
基点はヌイウォ鉱床の綱式掘削井 1 号井（Ｃ１号井）。
頂点の位置は以下のように定められる：
 「ａ」　北に 2 ヴェルスタ，東に 6 ヴェルスタ
 「ｂ」　南に 12.27 ヴェルスタ，東に 6 ヴェルスタ
 「ｃ」　南に 12.27 ヴェルスタ 160 サージェン，西に 2 ヴェルスタ

「d」 北に2ヴェルスタ，西に2ヴェルスタ

第9区域―メンゲ・コンギ

区域の規模は100平方ヴェルスタ。

基点はコンギおよびメンゲ川の合流点の狩猟家屋が採用されている。

頂点の位置は以下のように定められる：

「a」 北に7.5ヴェルスタ，西に3ヴェルスタ
「b」 南に5ヴェルスタ，西に3ヴェルスタ
「c」 南に5ヴェルスタ，西に11ヴェルスタ
「d」 北に7.5ヴェルスタ，西に11ヴェルスタ

第10区域―チャクレ・ナンピ・チャムグ

区域の規模は100平方ヴェルスタ。

基点はチャクレ川河口。

頂点の位置は以下のように定められる：

「a」 北に9.2ヴェルスタ，西に2ヴェルスタ
「b」 南に5ヴェルスタ，東に1.5ヴェルスタ
「c」 南に5ヴェルスタ，西に2ヴェルスタ
「d」 西に2ヴェルスタ
「e」 西に7ヴェルスタ
「f」 北に3.5ヴェルスタ，西に7ヴェルスタ
「g」 北に3.5ヴェルスタ，西に12ヴェルスタ
「h」 北に9.2ヴェルスタ，西に12ヴェルスタ

第11区域―ヴェングリ・ポリシャヤフジ

区域の規模は100平方ヴェルスタ。

頂点の正確な位置は定められていない。

この区域の正確な境界は本協定第2条にしたがってコンセッション会社によって定められる。

この区域は北のヴェングリ川と南のポリシャヤフジ川の間にある15ヴェルスタのオホーツク海沿岸地帯の範囲内でコンセッション会社によって定められる。

注：第2区域のエハビの境界は，エハビ・コンセッションが592デシャチーナの規模で入っており，その区域は除外されるという状況を考慮して定められる。

第8区域のカタングリ・ノグリキの境界は，ヌイウォ，ウイグレクトゥイ，カタングリのコンセッションが総面積1479.92デシャチーナで入っており，その区域が除外されるという状況を考慮して定められる。

第5条

本協定には北サハリンの10平方ヴェルスタの地図(1914年，地質委員会出版)が，11の

区域を記載して添付される。
　地図は政府とコンセッション会社との全権によって署名される。
　本協定および地図は1925年12月14日付コンセッション契約の不可分の一部である。
第6条
　本協定はコンセッション会社によって一般印紙税1ルーブリ65カペイキを支払われる。
第7条
　本協定はソ連人民委員会議の全権およびしかるべき全権を与えられたコンセッション会社の全権の名における調印により効力を発生する。
第8条
　協定の原本はソ連人民委員会議総務部に保管される。コンセッション会社に対してはソ連人民委員会議によって認証された写しが与えられる。

1927年2月15日付決定(議定書第203号第11項)にしたがってソ連人民委員会議の全権として
　　最高国民経済会議議長
　　　　V. クイブィシェフ
翻訳：
北サハリン石油企業組合の法的相続人である北樺太石油株式会社の全権として
　　　成 富 道 正
翻訳者：小西増太郎
1927年2月15日付決定(議定書第203号第11項)にしたがってソ連人民委員会議の全権として，本協定を認証する。
　　外務人民委員部副議長
　　　　M. リトヴィーノフ
原本に対し印紙税1ルーブリ65カペイキが支払われた。
　　　原本に相違なし。
　　　　ソ連人民委員会議書記代理
　　　　　　L. フォチエヴァ
〔出所〕РГАЭ, ф. 7733, оп. 3, д. 744, лл. 49-51. 本史料はロシアの文書館に残っている日本語で書かれた史料を利用。一部読みやすくするために表記を統一した〕

12 日ソ基本条約附属議定書(乙)及交換公文所載ノ期間延長ニ関スル告示

(大正14年11月13日外務省告示第88号)

今般帝国政府ト「ソヴィエト」社会主義共和国連邦政府トノ間ニ日本国及「ソヴィエト」社会主義共和国連邦間ノ関係ヲ律スル基本的法則ニ関スル条約附属ノ議定書(乙)及交換公文所載ノ5月ノ期間ヲ1月半延長スルコトニ関スル協定成立セリ

〔出所〕外務省条約局編『「ソ」連邦諸外国間条約集』外務省条約局, 1939年, 1245頁〕

13 北樺太石油株式会社定款

第1章 総則

第1条 本会社ハ大正15年勅令第9号ニ依リ設立シ北樺太石油株式会社ト称ス

第2条 本会社ハ左ノ事業ヲ営ムヲ以テ目的トス
1, 石油其他ノ鉱物ノ採取, 精製及売買
2, 前号ノ業務ニ関係アル化学工業
3, 前各号ニ掲グルモノニ附帯スル業務
4, 前各号ノ為メニスル施設ヲ利用スル業務

第3条 本会社ハ本店ヲ東京市ニ置ク

第4条 本会社ノ資本金ハ1000万円トス

第5条 本会社ノ公告ハ所轄区裁判所ノ登記事項ヲ公告スル新聞紙ニ之ヲ掲載ス

第2章 株式

第6条 本会社ノ株式ハ記名式トシ帝国臣民又ハ帝国法令ニ依リ設立シタル法人ニシテ其議決権ノ過半数カ外国人若クハ外国法人ニ属セサルモノニ限リ之ヲ所有スルコトヲ得

第7条　株主タル帝国法人ニシテ議決権ノ過半数カ外国人又ハ外国法人ニ属スルニ至ルヘキトキハ該法人ハ遅滞ナク其旨本会社ニ通知シ且其所有スル本会社ノ株式ヲ他ニ譲渡スルコトヲ要ス

前項ノ場合ニ於テ株式ヲ譲渡セサルトキハ本会社之ヲ売却ス売却ニ依リテ得タル金額ノ売却費用ヲ控除シ其残額ヲ当該法人ニ交付ス

前2項ノ規定ニ依リ譲渡セラレタル株式ニ付テハ名義書換停止期間中ト雖モ名義ノ書換ヲ為スコトヲ得

第8条　本会社ノ株式ハ20万株トシ1株ノ金額ヲ50円トス

第9条　株券ハ1株券，10株券，50株券，及100株券ノ4種トス

第10条　株金払込ノ期日，金額及方法ハ取締役会ノ決議ヲ以テ之ヲ定ム

第11条　株金ノ払込ヲ怠リタル株主ハ其払込期限ノ翌日ヨリ払込当日ニ至ル迄100円ニ付1日4銭ノ割合ノ遅延利息ヲ支払ヒ且遅延ニヨリ生シタル費用及損害ヲ弁償スヘシ

第12条　株主ハ住所及印鑑ヲ届出ツヘシ，之ヲ変更シタルトキ亦同シ

外国居住ノ株主ハ予メ日本国内ニ仮住所ヲ定メ届出ツヘシ，之ヲ変更シタルトキ亦同シ

第13条　株式ヲ取得シタル為又ハ株券記載ノ氏名其他ニ変更ヲ生シタル為株券ノ書換ヲ請求セントスル者ハ株券裏面ニ記名捺印シ之ニ請求書ヲ添ヘテ差出スヘシ

株式譲渡ノ場合ハ譲渡人及譲受人連署ヲ以テ其旨ヲ申出テ其ノ他ノ場合ニハ本会社ノ適当ト認ムル証明書ヲ差出スヘシ

第14条　毎年5月1日ヨリ定時株主総会終了ノ日マテ及臨時株主総会開会ノ日ニ限リ株券ノ名義書換ヲ停止ス

但シ予メ公告シテ臨時株主総会開会前相当ノ期間名義書換ヲ停止スルコトアルヘシ

第15条　株主其株券ノ交換ヲ要スルトキハ請求ニ依リ旧券引換ニ新券ヲ交附ス若シ株券ヲ失ヒタルトキハ其理由ヲ詳記シ本会社ノ適当ト認ムル保証人2名以上ノ連署ヲ以テ新券ノ交附ヲ請求スヘシ，本会社ハ本人ノ費用ヲ以テ其旨ヲ公告シ30日ヲ経過スルモ株券ヲ発見セス又ハ故障ヲ申立ツル者ナキトキハ新券ヲ交附シ爾後旧券ヲ無効トス

第13条ノ株券書換又ハ前項ノ新券交附ニハ本会社所定ノ手数料ヲ要ス

第3章　株主総会

第16条　定時株主総会ハ毎年5月之ヲ招集ス

第17条　株主カ代理人ヲ以テ議決権ヲ行使セントスルトキハ其代理人ハ本会社ノ株主タルコトヲ要ス

第18条　総会ノ議長ハ社長之ニ任ス社長支障アルトキハ他ノ取締役之ニ任ス

第19条　総会ノ決議事項ニ対スル意見ニシテ可否同数ナルトキハ議長之ヲ決ス

第20条　総会ノ議事ハ其要領ヲ決議録ニ記載シ議長及出席ノ監査役之ニ記名捺印シテ保存ス

第4章 役員

第21条 取締役10名以内監査役5名以内ヲ置ク取締役及監査役ハ本会社株式200株以上ノ所有者ヨリ株主総会ニ於テ之ヲ選任ス

第22条 取締役ハ互選ヲ以テ社長1名ヲ置キ且専務取締役並常務取締役若干名ヲ置クコトヲ得

第23条 取締役及監査役ノ任期ハ就任後第2回ノ定時株主総会終結ノトキヲ以テ終了ス

補欠ニ因リ選任セラレタル取締役又ハ監査役ノ任期ハ前任者ノ残任期ニ依ル

第24条 取締役会ノ議事ハ出席取締役ノ過半数ヲ以テ之ヲ決シ可否同数ナルトキハ議長之ヲ決ス

第18条ノ規定ハ之ヲ取締役会ニ準用ス

第25条 取締役又ハ監査役ニ欠員ヲ生シタル場合ト雖モ法定数ヲ欠カス且業務ニ支障ナキトキハ補欠選挙ヲ行ハサルコトアルヘシ

第26条 取締役ハ其所有ニ係ル本会社株式200株ヲ監査役ニ供託スヘシ

第5章 計算

第27条 本会社ノ営業年度ハ毎年4月1日ヨリ翌年3月31日迄トス

第28条 本会社ノ営業年度ニ於ケル総収入金額ヨリ諸経費，損失，鉱業権其他ノ財産ノ償却金，政府財産譲受代金及法定積立金ヲ控除シタル残額ヲ配当シ得ヘキ利益金額トス

第29条 本会社ノ営業年度ニ於ケル配当シ得ヘキ利益金額カ払込資本金額ニ対シ1年100分ノ15ノ割合ヲ超過スルトキハ該超過金額ノ2分ノ1ヲ政府ニ納入スルモノトス，但シ当該営業年度ヲ除キ其前3年ニ包含セラルル営業年度ニ於ケル配当シ得ヘキ利益金額(該利益金額中政府ニ納入シタル金額アルトキハ之ヲ控除ス)ヲ通算シ払込資本金額ニ対シ1年100分ノ15ノ割合ニ達セサルトキハ其不足額ヲ当該営業年度ニ於ケル配当シ得ヘキ利益金額ヨリ控除シ其残額カ払込資本金額ニ対シ1年100分ノ15ノ割合ヲ超過スル場合ニ限リ該超過額ノ2分ノ1ヲ政府ニ納付スルモノトス

附則

第30条 本会社ノ負担ニ帰スヘキ設立費用ハ5万円以内トス

〔出所〕『北樺太石油株式会社決算報告書』附属資料〕

14　日ソ中立条約および共同声明

日本国及ソヴィエト連邦間中立条約

昭和16年4月13日「モスコー」ニ於テ署名
昭和16年4月25日両国批准

大日本帝国及ソヴィエト連邦ハ両国間ノ平和及友好ノ関係ヲ強固ナラシムルノ希望ニ促サレ中立条約ヲ締結スルコトニ決シ左ノ如ク協定セリ

第1条　両締約国ハ両国間ニ平和及友好ノ関係ヲ維持シ且相互ニ他方締約国ノ領土ノ保全及不可侵ヲ尊重スヘキコトヲ約ス

第2条　締約国ノ一方カ1又2以上ノ第三国ヨリ軍事行動ノ対象ト為ル場合ニハ他方締約国ハ該紛争ノ全期間中中立ヲ守ルヘシ

第3条　本条約ハ両締約国ニ於テ其ノ批准ヲ了シタル日ヨリ実施セラルヘク且5年ノ期間効力ヲ有スヘシ両締約国ノ何レノ一方モ右期間満了ノ1年前ニ本条約ノ廃棄ヲ通告セサルトキハ本条約ハ次ノ5年間自動的ニ延長セラレタルモノト認メラレルヘシ

第4条　本条約ハ成ルヘク速ニ批准セラルヘシ批准書ノ交換ハ東京ニ於テ成ルヘク速ニ行ハルヘシ

　　声　明　書

大日本帝国政府及「ソヴィエト」社会主義共和国連邦政府ハ1941年4月13日大日本帝国及「ソヴィエト」社会主義共和国連邦間ニ締結セラレタル中立条約ノ精神ニ基キ両国間ノ平和及友好ノ関係ヲ保障スル為大日本帝国カ蒙古人民共和国ノ領土ノ保全及不可侵ヲ尊重スルコトヲ約スル旨又「ソヴィエト」社会主義共和国連邦カ満州帝国ノ領土ノ保全及不可侵ヲ尊重スルコトヲ約スル旨厳粛ニ声明ス

　　　　　　　　　　　大日本帝国政府ノ為
　　　　　　　　　　　　　　　松岡　洋右
　　　　　　　　　　　　　　　建川　美次
　　　「ソヴィエト」社会主義共和国連邦政府ノ委任ニ依リ
　　　　　　　　　　　　　　ヴェー・モロトフ

松岡大臣「モロトフ」委員間往復半公信(仮訳文)

拝啓陳者本日署名セラレタル中立条約ニ関連シ予ハ通商協定及漁業条約カ極メテ速ニ締結セラルヘキコトヲ期待シ且希望スルモノナルコト並ニ最モ速カナル機会ニ閣下及予ニ於テ両国間ノ友好的関係ノ維持ニ資セサル有ラユル問題ヲ除去スル為1925年12月14日

「モスコー」ニ於テ署名セラレタル契約ニ基ク北樺太ニ於ケル利権ノ整理ニ関スル問題ヲ数ヶ月内ニ解決スル様和解及相互融和ノ精神ヲ以テ努力スヘキコトヲ閣下ニ陳述スルノ光栄ヲ有シ候
同様ノ精神ヲ以テ予ハ又国境問題ヲ解決シ且国境ニ於ケル紛争及事件ヲ処理スルノ目的ヲ以テ関係国ノ共同委員会及(又ハ)混合委員会ヲ最近ノ期日ニ於テ設置スル方途ヲ発見スルコトカ貴我両国並ニ満州国及外蒙古ニトリ適当ナルコトヲ指通致度候
〔出所〕 茂田宏・末沢昌二編著『日ソ基本文書・資料集――一八五五年――一九八八年』世界の動き社、1988年、34-35頁〕

15 北樺太利権移譲議定書(北「サガレン」ニ於ケル日本国ノ石油及石炭利権ノ移譲ニ関スル議定書)

　大日本帝国政府及「ソヴィエト」社会主義共和国連邦政府ハ1941年4月13日ノ中立条約ニ関連シ両国政府間ニ成立セル北「サガレン」ニ於ケル日本国ノ石油及石炭利権ノ解消ニ関スル了解ヲ実現スルノ目的ヲ以テ為サレタル商議ノ結果トシテ左ノ通協定セリ
第1条　日本国政府ハ北「サガレン」ニ於ケル日本国ノ石油及石炭利権ニ関スル一切ノ権利ヲ本議定書及之ニ附属スル本議定書適用条件ノ定ムル所ニ従ヒ「ソヴィエト」社会主義共和国連邦政府ニ移譲スヘシ
　一方「ソヴィエト」社会主義共和国連邦政府ト他方日本国利権者トノ間ニ1925年12月14日締結セラレタル利権契約並ニ其ノ後締結セラレタル追加契約及取極ハ本議定書ニ依リ廃止セラルルモノトス
第2条　日本国利権者カ北「サガレン」ニ於テ所有スル一切ノ財産(施設, 設備, 材料, 予備品, 食料品等)ハ本議定書及之ニ附属スル本議定書適用条件ニ別段ノ規定ナキ限リ現在ノ状態ニ於テ「ソヴィエト」社会主義共和国連邦政府ノ所有ニ移サルヘキモノトス
第3条　前2条ノ規定ニ関連シ「ソヴィエト」社会主義共和国連邦政府ハ本議定書ニ附属スル本議定書適用条件ノ規定ニ従ヒ500万(5,000,000)「ルーブル」ノ額ヲ日本国政府ニ支払フコトヲ約ス
　「ソヴィエト」社会主義共和国連邦政府ハ又日本国政府ニ対シ「オハ」油田ニ於テ採取セラルル石油ヲ通常ノ商業条件ニ依リ現在ノ戦争終了ノ時ヨリ引続キ5年間5万(50,000)メートル, トン供給スルコトヲ約ス

第4条　「ソヴィエト」社会主義共和国連邦政府ハ日本国政府ニ対シ本議定書ニ附属スル本議定書適用条件ノ規定ニ従ヒ日本国利権者ノ貯蔵シ及所有スル石油及石炭ノ利権地ヨリノ支障ナキ且無税ノ搬出ヲ保障ス
第5条　本議定書ハ署名ノ日ヨリ実施セラルヘシ
　本議定書ハ日本文及露西亜文ヲ以テ作成セラレ両本文ハ同等ノ効力ヲ有ス
　右証拠トシテ下名ハ各本国政府ヨリ正当ノ委任ヲ受ケ本議定書ニ署名調印セリ
　　　　　　　　　　　（佐藤大使，「ロゾフスキー」外務人民委員代理署名）
　　　〔出所〕外務省編『日本外交年表並主要文書』下，原書房，1966年，599-600頁〕

16　移譲議定書適用条件

1，議定書第1条ニ付
　(1)利権企業ニ従事スル日本国臣民タル職員及労働者ノ日本国ヘノ引揚ケニ際シテハ「ソヴィエト」社会主義共和国連邦政府ハ何等ノ税金，課金又ハ手数料ヲ徴スルコトナカルヘク又ソノ北「サガレン」ヨリノ出国ニ必要ナル一切ノ便宜及援助ヲ供与スヘシ
　　前記職員及労働者ノ北「サガレン」ヨリノ出発ハ1944年ノ航海開始後遅滞ナク行ハルヘシ出発ニ至ルマテ右職員及労働者ハ其ノ現ニ占有スル住居及右住居使用ノタメ必要ナル附属地区ノ無償使用ヲ許サルヘク又「ソヴィエト」社会主義共和国連邦ノ地方官憲ハ右職員及労働者ノ生活条件ヲ従前ノ程度ニ於テ維持スルタメ必要ナル一切ノ便宜及援助ヲ供与スヘシ
　(2)日本国ノ石油及石炭利権ニ関スル権利ノ「ソヴィエト」社会主義共和国連邦政府ヘノ移譲ニ関連シ日本国政府ハ日本国臣民タル職員及労働者ニ対スル退職手当ヲ支払フヘク同様ニ「ソヴィエト」社会主義共和国連邦政府ハ「ソヴィエト」社会主義共和国連邦人民タル職員及労働者ニ対スル退職手当ヲ支払フヘシ
2，議定書第2条ニ付
　(1)「ソヴィエト」社会主義共和国連邦政府ハ日本国利権者カ日本国領域内ニ於テ所有スル一切ノ財産ニ対シ何等ノ請求ヲ為ササルヘシ
　(2)「ソヴィエト」社会主義共和国連邦政府ハ日本国利権者ニ依ル其ノ所属利権企業ノ

経営ニ関連シ同政府カ日本国利権者ニ対シ有スル裁判上及金銭上ノ一切ノ請求ヲ放棄スルモノトス
　(3)日本国利権者ノ現地ニ於テ現ニ所有スル現金及銀行預金ハ右利権者ノ為留保セラルヘシ
　　本条ノ規定ニ従ヒ「ソヴィエト」社会主義共和国連邦政府ニ引渡サルヘキ財産中食料品及生活必需品ハ利権企業ニ従事スル日本国臣民タル職員及労働者ノ現在ノ生活程度ヲ維持スル為必要ナル範囲ニ於テ右職員及労働者ノ北「サガレン」ヨリノ出発ニ至ル迄ノ全期間中其ノ無償使用ニ提供セラルヘシ
3, 議定書第3条ニ付
　　本条ノ規定ニ従ヒ「ソヴィエト」社会主義共和国連邦政府ニ依リ日本国政府ニ対シ「ルーブル」ニテ支払ハルヘキ金額ハ議定書実施ノ日ヨリ1週間以内ニ「モスコー」市ニ於ケル「ソヴィエト」社会主義共和国連邦国立銀行内日本国政府ノ特別勘定ニ「ルーブル」ニテ払込マルヘキモノトス
　　「ソヴィエト」社会主義共和国連邦政府ハ日本国政府ノ要請アリタルトキハ右特別勘定ニ計上セラレタル「ルーブル」ヲ純金量1グラムニ付5.96396「ルーブル」ノ価格ヲ以テ金塊ニ替ヘ之ヲ日本国政府ノ処分ノ為満州里駅ニ於テ日本国政府ノ代表者ニ引渡スコトヲ約ス
　　「ルーブル」ヲ金ニ替フルニ当リ「ソヴィエト」社会主義共和国連邦政府ハ日本国政府ニ対シ金ヲ世界市場ニ輸送シ且売却スル費用トシテ100分ノ5ノ率ニ於テ金ヲ以テ追加的ニ支払フモノトス
4, 議定書第4条ニ付
　　本条ノ規定ニ従ヒ搬出セラルヘキ貯油及貯炭ノ量ハ両国代表者ノ共同調査及計量ニ基キ議定書第2条ニ規定セラレタル財産ノ引渡シニ際シ確定セラルヘシ
　　日本国政府ノ要請アリタルトキハ「ソヴィエト」社会主義共和国連邦政府ハ前記貯油及貯炭ノ搬出ノ為日本国政府ノ派遣スヘキ船舶ニ対シ北「サガレン」諸港ヘノ入港ヲ直ニ許可スヘシ但シ貯油及貯炭ノ搬出ハ1944年ノ航海開始ノ日ヨリ4月以内ニ行ハルヘキモノトス
　　「ソヴィエト」社会主義共和国連邦政府ハ前記貯油及貯炭ノ所定期間内ニ於ケル北「サガレン」ヨリノ搬出ニ至ル迄之カ保全ノ責ニ任スヘク且右貯油及貯炭ノ船舶ヘノ積込ニ必要ナル労働者ノ確保ヲ含ム一切ノ便宜及援助ヲ供与スヘシ
　　前記貯油及貯炭ノ船舶ヘノ積込ノ為「ソヴィエト」社会主義共和国連邦側ヨリ提供セラルヘキ労働者ニ対スル支払ハ現在「ソヴィエト」社会主義共和国連邦ノ当該企業ニ於テ行ハルル賃金率ニ従ヒ日本側ニ依リ行ハルルモノトス

〔出所〕外務省編『日本外交年表並主要文書』下、原書房、1966年、600-601頁）

17 石油製品輸入契約書

1928年9月5日　東京市

一方ノ当事者タルソヴィエト社会主義共和国連邦ネフチシンヂカート(以下「シンヂカート」ト称ス)取締役会ハシンヂカート取締役会ニ依リテ発行セラレ且ツ1928年2月22日附第2号モスクワ国営公証役場ニ於テ第15460号ヲ以テ証明セラレタル委任状ニ基キシンヂカート取締役会ノ名義ノ下ニ其委任ニ依リ行動スル駐日ソヴィエト社会主義共和国連邦通商代表代理イワン, エフセエウィチ, トレチャコフヲ通シ他方当事者タル北樺太石油株式会社(以下「会社」ト称ス)ハ其法定代表者タル取締役社長中里重次ヲ通シ左ノ通リ本契約ヲ締結ス

第1条　契約ノ目的物

シンヂカートハサハリンネフチトレスト(以下「トレスト」ト称ス)オハ鉱場ニ於テ採取セラルヘキ原油6万5000(65000)仏噸(以下仏噸ヲ用ユ)ヲ会社ニ譲渡シ会社ハ之ヲ受入ルルヘキコトヲ契約セリ

右原油ハ本契約締結ノ日付ヨリ向フ3ヶ月間ニ各月ノ純産出額ニ対スル70%ノ割合ヲ以テ譲渡サルヘキモノトス而シテシンヂカートハ各月純産出量ノ70パーセントヨリモ多量ニ之ヲ引渡スコトヲ得此場合ニ於テ会社ハシンヂカートノ申出ニ係ル全油量ヲ本契約ノ条件ニ従ヒ受入ルルモノトス純産出額トハ鉱場需要ニ依リ消費セラルヘキ原油ヲ控除セル全産出額ナリト解スヘキモノトス

備考1, 本条ニ記載セラレタル原油6万5000仏噸ハ本契約ノ有効期間即チ3ヶ年間内ニ引渡サルルモノトス而シテ各年度引渡原油予定数量ヲ左記ノ通リ定ム

第1年度(1928年10月1日ヨリ向フ1ヶ年間即チ1929年9月30日迄)

引渡数量　1万仏噸以上

第2年度(1929年10月1日ヨリ向フ1ヶ年間即チ1930年9月30日迄)

引渡数量　2万5000仏噸以上

第3年度(1930年10月1日ヨリ本契約期間終了即チ本契約締結ノ日付ヨリ3ヶ年ヲ経過シタルトキ迄)

引渡数量　6万5000仏噸ヨリ前記引渡数量ヲ控除シタル残額数量

1ヶ年間ノ受渡数量カ原油3万仏噸ヲ超過スルトキハ会社ハシンヂカートニ対シ其超過数量ヲトレストタンクニ於テ無料貯蔵シ且ツ会社ノ危険負担ノ下ニ該タンクヲ其貯蔵原油ト共ニ完全ニ会社ノ保管ニ移スコトニ依リ其受入ヲ承諾スヘシ

備考2, 前項ノ無料保管ノ期限ハ若シ3万仏噸以上ヲ超過スル数量カ航海季節前ニ会社ニ

引渡サレタル場合ニハ航海季節開始ノ日ヨリ1ヶ月間ヲ限度トス
若シ又右超過数量カ航海季節中ニ会社ニ引渡サレタルトキハ其引渡ニ関シトレストヨリ通知シタル日ヨリ1ヶ月間無料保管セラルルモノトス
右期限経過後ノタンクノ使用料金ニ関シテハ当事者間ニ於テ別ニ取極メ置クモノトス

第2条　価　　格

販売セラレタル原油ニ対スル価格ハ北樺太オハ鉱区ニ於ケル会社ノタンク渡1仏噸ニ対シ23円10銭ト定ム但シンヂカートカ本契約第4条ニ依リ会社ヨリ受ケタル前渡金100万円及其利息ヲ完済シタル後ハ約定数量6万5000仏噸ヨリ既ニ引渡ヲ了セル数量ヲ控除セル残量ニ対シ1仏噸ニ付44志〔シリング〕ヲ以テ其販売値段ト定ム
備考　本条ニ定メタル志値段ハ本契約第4条ニ拠リ原油受渡翌月7日迄ニ行フ概算当日ニ於ケル横浜正金銀行建値倫敦宛電信為替売相場ニ拠リ日本円貨ニ換算シテ支払フモノトス
注意　本契約中売買値段及前渡金ニ対スル金利ハ一切外部ニ発表セサルコトニ当事者間ニ於テ申合済

第3条　原油ノ引渡及受入

原油引渡ハ会社ノオハ鉱場中ノ会社タンク所在地ニ於テ引渡前後ニ双方立会ノ下ニ会社タンクノ計量ヲ行ヒ1回1500仏噸乃至2000仏噸ノ分量ヲ以テ行ハルヘキモノトス但会社ハシンヂカートカ原油ノ定時分量ヲ引渡シ得ルコトニ付通知セルトキヨリ1週間ノ期間ヲ遅レスシテ受入ルルコトヲ要ス
タンクノ容量ニ就テハ両当事者ハ予メ各相手方ニ対シ必要ナル資料ヲ提出シ之ニ就キ両当事者ノ代表間ニ完全ナル了解ヲ遂クルモノトス而シテ受渡ノ都度双方立会検査ノ上夾雑物及泥水分ヲ決定控除スルモノトス
トレスト鉱場内デイリバリータンクヨリ会社側リシービングタンクヘノ送油並ニ右送油費ハトレストノ噸筒及タンクニ会社側カ適当ノ送油管ヲ連結スルコトヲ条件トシテシンヂカート之ヲ負担ス
備考　本項ノリシービングタンクハ会社側第15号鉱区所在ノ2000噸タンクトシトレスト側噸筒ハ之ニ最モ接近セル地点ニ据付ケ其間ノ距離約150米突間ノ送油管ハ会社側ニ於テ之ヲ布設ス
而シテ本条記載ノ手続ニ依リ原油受入後シンヂカート及会社ノ代表者ハ受入油量ヲ記載セル調書ニ署名スルモノトス本調書ハ最終的ノモノニシテシンヂカート及会社ハ之ニ対シ如何ナル論議ヲモ為シ得サルモノトス
原油ノ受入及引渡ノ際シンヂカート及会社ノ代表者間ニ異論アル場合ニハ該異論ハオハニ於テシンヂカート及会社ニ依リ選ハレタル各1名宛ノ委員ニ依リ原油引渡地ニテ解決セラルヘキモノトス若シ両委員間ニ於テ協定ニ至ラサルトキハ両委員ハ1名ノ第三委員ヲ選定シ其第三委員ノナシタル決定ヲ以テ最終的ノモノトス若シ又両委員カ第三委員ノ選定ニ関シ意見一致セサルトキハ両委員ノ指示スル各1名宛ノ候補者間ノ抽籤ニ依リ之ヲ選定ス

ルモノトス斯クシテ選定セラレタル第三委員カ与フル決定ヲ以テ最終的ノモノトナス

第4条　交互計算ノ条件及手続

A，会社ハ本契約署名ト同時ニ本契約第1条ニ拠リシンヂカートニ依リ譲渡セラルヘキ原油6万5000仏噸ニ対スル代金支払勘定トシテ日本円100万円ノ前渡金ヲ支払フヘシ

シンヂカートハ各年度予定原油数量(第1条備考(1)記載)ノ引渡ニ対シ責任ヲ負ヒ若シ原油ノ引渡数量カ右数量ニ達セサルトキハシンヂカートハ不足数量ニ該当スル価額ニ対シ当該年度後直ニ現金ヲ以テ前渡金並ニ利息ヲ償還スルノ義務ヲ負フモノトス但第1年度分量ニ限リ受渡不足数量ハ之ヲ翌年度内ニ会計ニ引渡スコトヲ得

シンヂカートハ前渡金(及前渡金元本ニ組入レタル利息)ニ対シ其完済スル迄会社ニ対シ年7分ノ利息ヲ支払フモノトシ利息ハ3ヶ月毎ニ計算シ之ヲ前渡金元本ニ組入レ何レモ共ニ原油ヲ以テ償還セラルルモノトス

会社ニ引渡サレタル原油ニ対スル概算ハ原油引渡後翌月7日迄ニ之ヲ行ヒ最後ノ精算ハ引渡翌月末ヲ以テ之ヲ行フ

B，トレストカ原油ヲ徴発セラレタルトキハシンヂカートハ会社ニ対シ会社ヨリ受ケタル前渡金ヲ償還スル為メ本契約第2条ニ拠ル価格ヲ以テ其徴発セラレタル原油数量ノ代金ヲ現金ヲ以テ遅滞ナク支払フモノトス

第5条　輸送権ノ制限

本契約ニ依リ取得スヘキ原油ハ会社ハ之ヲ単ニ日本――南満州租借地及南洋日本管理地方ヲモ含ム――ニノミ輸送スル権利ヲ有シ日本以外ノ何レノ他国ニモ之ヲ輸送スルノ権利ヲ有セス且又直接間接又ハ第三者ヲ介シテ該原油ヲ他国ニ於テ販売又ハ処分スル為メ提言スルノ権利ナキモノトス同時ニシンヂカートハ直接間接又ハ第三者ヲ介シテトレストノオハ鉱区ニ於テ採取セル原油ヲ日本ニ搬出シ且日本ニ於テ販売セサルノ義務アルモノトス

第6条　不可抗力

各当事者ハ若シ不可抗力ノ状態ニ依リ余儀ナクセラルル場合ニハ本契約ノ不履行若クハ履行遅延ニ対スル責任ヲ免ルルモノトス

若シ不可抗力ノ状態カ6ヶ月以内ニ於テノミ継続スル場合ニハ本契約条件ノ儘不可抗力ノ継続期間丈ケ本契約期間ヲ延長スルモノトス但其期間ハ6ヶ月ヲ超ユルコトヲ得ス

不可抗力ノ状態カ引続キ6ヶ月以上継続スルモ両当事者間ニ意見一致スルトキハ不可抗力ノ状態除去セラレタル場合ニ於テ前項ニ準シ本契約期間ノ延長ヲナスモノトス但前二場合ニ於テ不可抗力継続中ト雖モ前渡金ニ対スル約定利息ノ支払ヲ中止セス不可抗力終了後各年度期間終了ニ至ルモシンヂカートカ原油約定数量ヲ引渡スコト能ハサリシ場合ニハ其引渡不足数量ノ引渡ハ翌年ニ廻ハスモノトス但本契約期間ト併セテ3年6ヶ月以上ヲ超ユルコトヲ得ス

若シ3年6ヶ月後ニ至リ尚不足数量アルトキハ本契約第4条A項ニ依リ遅滞ナク現金ヲ

以テ未償還前渡金及利息ヲ償還スルモノトス

不可抗力ノ状態カ引続キ6ヶ月以上継続シタル場合当事者ノ一方カ不可抗力ノ状態ノ去ルコト困難ナリト認メタルトキハ直ニ本契約ヲ解除スルコトヲ得此場合ニ於テハ左記ニ従ヒ未償還前渡金及同利息ノ外解約後実際支払フニ至ル迄ノ期間ニ対スル約定利率ニ依ル利息ヲモ加算シ現金ヲ以テ支払フモノトス

本契約効力発生後ノ第1ヶ年度内ニ不可抗力ノ為メ契約解除ノ場合前渡金及利息ノ支払期ハ解約後1年6ヶ月以内トス

本契約効力発生後ノ第2ヶ年度内ニ契約解除ノ場合前渡金及利息ノ支払期ハ解約後1ヶ年以内トス

本契約最後ノ第3ヶ年度内ニ契約解除ノ場合前渡金及利息ノ支払期ハ其締結ノ日ヨリ3ヶ年間以内トス

備考　シンヂカートトレスト及会社ノ経済的事情及採算上ノ理由ハ之ヲ不可抗力ト看做サス

第7条　金銭的給付履行場所

本契約ニ定メタル金銭的給付ノ履行場所ハ会社ノ東京本社営業所トス

備考　金銭的給付トハ前渡金ノ受渡同償還利子ノ収受及原油代金ノ支払等ヲ包含ス

第8条　法律的所在地

両当事者ノ法律的所在地

　　シンヂカート　モスクワ　ミヤスニツカヤ　20
　　但普通通信授受ノ便宜上シンヂカートハ後日会社ニ対シ尚別ノ自己ノ所在地ヲ通知スヘシ
　　会社　東京市麹町区有楽町1丁目1番地

第9条　準拠法律

本契約ノ成立及効力ニ関シテハ日本帝国法律ニ拠ルモノトス

第10条　争議ノ解決

本契約ノ解釈若クハ履行ニ関シテ起リ得ヘキ総テノ争議及誤解ニ関シテハ当事者ノ内一方ノ申出ニ依リ3名ノ仲裁人ニ依リテ行ハルル仲裁手続ニ依リ東京ニ於テ審理解決セラルヘキモノトシ内1名ハシンヂカートニ依リ他ノ1名ハ会社ニ依リ選出セラレ第三ノ仲裁人ハ選出セラレタル2名ノ仲裁人ニ依リ彼等相互ノ協定ニ依リ選定セラルヘキモノトス若シ仲裁人間ニ1週間以内ニ第三仲裁人ノ選出ニ関スル協定ヲ遂ケ得サルトキハ第三仲裁人ハ当事者一方ノ申出ニ依リ日露協会ニ其選任方ヲ委任スルモノトス

仲裁手続ニ於ケル各判断ハ其委員ノ多数決ニ依リ決定セラレ最終的ニシテシンヂカート及会社ハ之ニ対シ服従ノ義務ヲ負ヒ且ツ遅滞ナク之ヲ履行スルモノトス

仲裁手続ニ関スル管轄裁判所ハ東京地方裁判所トス
本契約ニ依リ起リ得ヘキ総ヘテノ異議ハ会社ハ単ニ之ヲシンヂカートニ対シテノミ提起シ得ヘキモノニシテ如何ナル異議ト雖モ国家ソヴィエト社会主義共和国連邦内外商業人民委員部，ソヴィエト社会主義共和国連邦最高人民経済会議及其他ソヴィエト社会主義共和国連邦内ノ如何ナル官衙ニ対シテモ之ヲ提起スルコトヲ得ス

第11条　免　　税

会社ハ本契約ノ締結及履行ニ関シ契約締結ノ当事者トシ又ハ北樺太石油企業ニ関スル利権者トシテノ何レノ場合タルヲ問ハスソヴィエト社会主義共和国連邦ノ如何ナル国税若クハ地方税手数又ハ公課ヲ負ハサルモノトス会社ハシンヂカートノ引渡セル原油ヲ北樺太ヨリ全然支障ナク如何ナル関税若クハ其他如何ナル手数料ヲモ支払ハスシテ搬出スルノ権利ヲ有ス若シ之等ノ存在スルトキハ其支払ハ一切シンヂカート之ヲ負担ス

第12条　保　　証

シンヂカートハ受取リタル前渡金及利息ニ対スル本契約規定ニ依ル適時且正確ナル支払ノ保証トシテソヴィエト社会主義共和国連邦国立銀行ノ保証状(別紙第1号)ヲ本契約締結ト同時ニ会社ニ交付ス但シンヂカートハ右保証状ニ関シ駐日ソヴィエト社会主義共和国連邦通商代表部ニ依リ其真正ナルコトノ確証(別紙第2号)ヲ得タル上之ヲ会社ニ交付スヘシ

第13条

本契約ハ其署名後シンヂカートカ会社ニ本契約第12条ニ定メタルソヴィエト社会主義共和国連邦国立銀行ノ保証状ヲ交付シ会社ヨリ100万円ノ前渡金ヲ受ケタル後効力ヲ発生スルモノニシテ之カ授受ニ関シテハ当事者ノ双方カ本契約ニ適当ナル裏書ヲ為スモノトス
右保証状面ノ金額ハシンヂカートカ原油若クハ現金ニテ会社ニ金額ヲ支払ヒタル都度書替フルコトナク当然変更セラルルモノトス

第14条

本契約締結ト同時ニトレスト本社ハ別紙第3号ニ拠ル書面ヲ会社ニ提出スルモノトス
本契約書ハ日露両文ヲ以テ作成シ各正文トシ各当事者ハ各文1通宛ヲ保管ス

ソヴィエト社会主義共和国連邦ネフチシンヂカート取締役会ノ委任ニ拠リ
　　　　　　　　　　　　　　　駐日ソヴィエト社会主義共和国連邦通商代表代理
　　　　　　　　　　　　　　　　　イワン，エフセエウィチ，トレチャコフ
　　　　　　　　　　　　　　　北樺太石油株式会社
　　　　　　　　　　　　　　　　　取締役社長　中里重次

〔出所〕外務省外交史料館『帝国ノ対露利権問題関係雑件　北樺太石油会社関係』1928年1～12月〕

引用・参考文献

1. 未公刊史料

外務省外交史料館『帝国ノ対露利権問題関係雑件　北樺太石油会社関係』1926〜1943年

外務省外交史料館『一九四四年北「サガレン」ニ於ケル日本国ノ石油石炭利権ノ移譲ニ関スル議定書及日・蘇漁業条約ノ五ヶ年間効力存続ニ関スル議定書及附属文書締結関係一件』

ロシア国家経済文書館 Российский государственный архив экономики（РГАЭ）
　РГАЭ, ф. 73С; ф. 413; ф. 1562; ф. 3429; ф. 4372; ф. 5240; ф. 7297; ф. 7237; ф. 7733; ф. 7734; ф. 7735; ф. 8627.

サハリン州国家文書館 Государственный архив Сахалинской области（ГАСО）
　ГАСО, ф. 2; ф. 14; ф. 217; ф. 302; ф. 442; ф. 646; ф. 8627.

サハリン現代史資料センター Сахалинский Центр документации новейшей истории（СЦДНИ）
　СЦДНИ, ф. 14; ф. 442.

2. 公刊資料

(1) 邦語文献

阿部聖「北樺太石油株式会社の設立とその活動について」上・下『常葉学園浜松大学経営情報学部論集』第7巻第1号, 1994年, 第8巻第1号, 1995年

安藤勝美・石田暁恵・矢谷通朗訳『国際石油・鉱物資源開発協定の傾向と特徴—UNIDO資料翻訳と文献紹介』経済協力シリーズ第105号, アジア経済研究所, 1982年

イズヴェスチア紙「ソヴェート石油と其競争者」『石油時報』1931年8月号

イーベル, R. 著, 奥田英雄訳『ソビエト圏の石油と天然ガス—その将来の輸出能力を予測する』石油評論社, 1971年

岩間徹編『ロシア史』世界各国史4, 山川出版社, 1955年

ヴィソーコフ, M. S. ほか著, 板橋正樹訳『サハリンの歴史—サハリンとクリル諸島の先史から現代まで』北海道撮影社, 2000年

ヴィソーコフ, ミハイル執筆, 松井憲明訳「サハリンと千島列島—編年史1945-49年」『釧路公立大学紀要—人文・自然科学研究』第13号, 2001年

ヴィソーコフ，ミハイル執筆，松井憲明訳「サハリンと千島列島―編年史 1950-55 年」『釧路公立大学紀要―人文・自然科学研究』第 14 号，2001 年
ヴィソーコフ，ミハイル著，松井憲明訳『サハリンと千島列島―編年史 1940-49 年』樺太豊原会機関紙『鈴谷』第 19 号別刷，2001 年
宇井丑之助『石油読本』千倉書房，1941 年
植村癸巳男「ソヴィエット連邦油の世界市場に於る活躍と其 5 ヶ年計画」『石油時報』1931 年 9 月号
大阪毎日新聞社編『北樺太―探検隊報告』大阪毎日新聞社，1925 年
太田三郎『日露樺太外交戦』興文社，1941 年
岡栄『北カラフト』興文社，1942 年
岡栄編『北樺太石油利権史』北樺太石油株式会社，1941 年 [非売品]
岡栄「利権契約交渉経過」城戸崎益隆ほか編『北樺太に石油を求めて』白樺会，1983 年 [非売品]
岡稔「外国貿易」野々村一雄・副島種典編『ソヴェト経済の分析』勁草書房，1954 年
岡稔・宮鍋幟・山内一男・竹浪祥一郎『社会主義経済論』経済学全集 31，筑摩書房，1976 年
岡田裕之『貨幣・企業・労賃論』社会主義経済研究 II，法政大学出版局，1979 年
奥田央『ソヴェト経済政策史―市場と営業』東京大学出版会，1979 年
奥田英雄・橋本啓子訳編『日本における戦争と石油―アメリカ合衆国戦略爆撃調査団・石油・化学部報告』石油評論社，1986 年
落合淳隆『石油と国際法』敬文堂，1997 年
カー，E. H. 著，宇高基輔訳『ボリシェヴィキ革命―ソヴェト・ロシア史 1917-1923』第 2，3 巻，みすず書房，1967，1971 年
海軍省編『北樺太東海岸産油田調査報告』海軍省，1926 年
海軍省編『北樺太東海岸産油地調査第二回報告』海軍省，1926 年
外務省欧亜局第一課編『日「ソ」交渉史』巌南堂書店，1969 年
外務省条約局編『「ソ」連邦諸外国間条約集』外務省条約局，1939 年
外務省調査部編『石油の問題』日本国際協会叢書第 189 輯，日本国際協会，1937 年
外務省編『日本外交年表並主要文書』下，原書房，1966 年
外務省編『日本外交文書』大正九年第一冊下～大正十五年第一冊，1972～1985 年
加賀谷寛「イランにおけるレザー・シャー政権の成立」『現代 2―第一次世界大戦直後』岩波講座世界歴史 25，岩波書店，1970 年
鹿島平和研究所編，西春彦監修『日ソ国交問題 1917-1945』日本外交史 15，鹿島研究所出版会，1970 年
鹿島平和研究所編，堀内謙介監修『日独伊同盟・日ソ中立条約』日本外交史 21，鹿島研究所出版会，1971 年
鹿島守之助『日本外交政策の史的考察』鹿島研究所，1959 年

片山範次「日・ソ労働者雇入」城戸崎益隆ほか編『北樺太に石油を求めて』白樺会，1983年［非売品］

門脇彰「ネップと利権問題」『ソビエト研究』第6号，1991年

上島武『ソビエト経済史序説―ネップをめぐる党内論争』青木書店，1977年

川端香男里・佐藤経明・中村喜和・和田春樹監修『ロシア・ソ連を知る辞典』平凡社，1989年

企画院編『海外石油事情調査』企画院，1939年

貴族院予算委員会答弁「国防用石油自給方法に就て」『石油時報』1927年3月号

城戸崎益隆・西宮博・海老名五郎・稲垣敏行編『北樺太に石油を求めて』白樺会，1983年［非売品］

北樺太鉱業株式会社編『対ソ帝国権益ノ危機』朝日新聞社，1939年

『北樺太石油株式会社決算報告書』初年度～第十八年度，1927～1944年

北樺太石油株式会社総務部外務課編『北樺太石油利権概説』北樺太石油株式会社，1942年

北樺太石油株式会社編『北樺太石油株式会社創立十周年記念写真帖』北樺太石油株式会社，1936年

『北樺太石油利権概要』商工省燃料局第二部資源課，1942年

木村雅則「ネップ期の市場」『ソビエト研究』第6号，1991年

木村雅則『ネップ期国営工業の構造と行動―ソ連邦1920年代前半の市場経済導入の試み』御茶の水書房，1995年

工藤美知尋『日ソ中立条約の研究』南窓社，1985年

クタコフ，エリ・エヌ著，ソビエト外交研究会訳『日ソ外交関係史』第1，2巻，刀江書院，1965年，1967年

神代龍彦『嵐のサハリン脱出記』神代ゆかりの会，1988年

ケナン，ジョージ著，村上光彦訳『ソヴェト革命とアメリカ―第一次大戦と革命』現代史双書1，みすず書房，1958年

小林儀一郎「北樺太石油利権契約締結に就て」『石油時報』1926年2月号

小林久平『石油及其工業』上巻，丸善，1938年

小林幸男「日本の対ソ承認と経済問題―外交と経済との関連性について」日本国際政治学会編『日露・日ソ関係の展開』国際政治第31号，有斐閣，1966年

小林幸男『日ソ政治外交史―ロシア革命と治安維持法』有斐閣，1985年

斎藤鎮男『日本外交政策史論序説―外交教訓の史的研究』新有堂，1981年

笹川儀三郎『ソビエト工業管理史論』ミネルヴァ書房，1972年

サンプソン，アンソニ著，大原進・青木栄一訳『セブン・シスターズ―不死身の国際石油資本』日本経済新聞社，1976年

参謀本部第二部『北樺太石油研究ノ参考』1941年

塩川伸明『終焉の中のソ連史』朝日選書483，朝日新聞社，1993年

塩川伸明『「社会主義国家」と労働者階級―ソヴェト企業における労働者統轄，1929-1933年』岩波書店，1984 年

茂田宏・末沢昌二編著『日ソ基本文書・資料集――一八五五年--一九八八年』世界の動き社，1988 年

信夫淳平『大正外交十五年史』国際連盟協会，1927 年

信夫清三郎編『日本外交史 1853-1972』Ⅰ・Ⅱ，毎日新聞社，1974 年

シュワルツ，ソロモン M. 著，松井七郎訳『ソ連の労働階級と労働政策』巌松堂書店，1955 年

商工大臣官房統計課編「商工省統計表」第一次(大正十三年)～昭和六年，1926～1932 年

菅原渉「サハリン幽囚の記」城戸崎益隆ほか編『北樺太に石油を求めて』白樺会，1983 年［非売品］

ステファン，ジョン J. 著，安川一夫訳『サハリン』原書房，1973 年

スラビンスキー，ボリス著，高橋実・江沢和弘訳『日ソ中立条約』岩波書店，1995 年

スラビンスキー，ボリス著，加藤幸広訳『日ソ戦争への道』共同通信社，1999 年

千谷好之助・内田函二「北樺太東海岸の地質及地形に就て」『石油時報』1926 年 2 月号

千谷好之助「露国油田」『石油時報』1927 年 1 月号

ソ同盟共産党中央委員会付属マルクス゠エンゲルス゠レーニン研究所編，マルクス゠レーニン主義研究所訳『レーニン全集』第 18，20，22，25，27，31，32，33，35 巻，1953～1960 年

ソ同盟司法省全同盟法律学研究所編，山之内一郎訳『ソヴェト労働法』上巻，ソヴェト法律学体系 6，巌松堂書店，1954 年

ソビエト科学アカデミー編，江口朴郎・野原四郎・林基監訳『世界史』現代 3，東京図書，1960 年

拓殖大学創立百年史編纂室編『後藤新平―背骨のある国際人』拓殖大学，2001 年

田中陽児・倉持俊一・和田春樹編『ロシア史 3―20 世紀』世界歴史大系，山川出版社，1997 年

田中直吉「対ソ工作―太平洋戦争中における日ソ交渉」日本外交学会編，植田捷雄監修『太平洋戦争終結論』東京大学出版会，1958 年

朝鮮銀行京城総裁席調査課編『蘇聯油を繞る石油界の動向』調査 8 年，第 60 号，朝鮮銀行京城総裁席調査課，1933 年

帝石史資料収集小委員会『帝石史編纂資料』1960 年

寺島敏治「戦間期，北樺太の鉱業と資本」『史流』第 34 号，北海道教育大学史学会，1994 年

ドイッチャー，アイザック著，労働組合運動史研究会訳『ソヴィエト労働組合史 1900-1949』序章社，1974 年

東郷茂徳記念会編，東郷茂徳『時代の一面―東郷茂徳外交手記』外相東郷茂徳［Ⅰ］，原書房，1985 年

東郷茂徳記念会編，萩原延寿『東郷茂徳―伝記と解説』外相東郷茂徳［II］，原書房，1985年
外川継男『ロシアとソ連邦』講談社学術文庫，講談社，1991年
ドッブ，モーリス著，野々村一雄訳『ソヴェト経済史―1917年以後のソヴェト経済の発展』上，日本評論社，1974年
豊田穣『松岡洋右―悲劇の外交官』下，新潮社，1983年
鳥居龍蔵『黒龍江と北樺太』生活文化研究会，1943年
中川淳司「資源開発合意」『資源国有化紛争の法過程―新たな関係を築くために』国際書院，1990年
中里重次『回顧録』其の一，其二，中里重次，1936年，1937年［非売品］
中里重次「北樺太石油事業の現状並其将来」『石油時報』1927年1月号
中里重次「北樺太石油会社第一回定時株主総会に於ける演説」『石油時報』1927年6月号
中里重次「北樺太石油事業の近況に就て」『石油時報』1931年6月号
中里重次「北樺太石油利権会議に臨みて」『石油時報』1926年2月号
中野豊『戦時日本の石油業』日本工業新聞社，1942年
永原慶二監修，石上英一ほか編『岩波日本史辞典』岩波書店，1999年
中山弘正編著『ネップ経済の研究』御茶の水書房，1980年
中山弘正『帝政ロシアと外国資本』岩波書店，1988年
成富道正「北樺太に於ける壱千平方露里石油試掘地域交渉概況」『石油時報』1927年5月号
新谷寿三「油層採掘法(11)」『石油時報』1926年3月号
日露貿易通信社「外国貿易」「利権企業」『日露年鑑』1929年版
日露貿易通信社『日露年鑑』1929年版，1930年版，1931年版，1938年版，1939年版
日本石油株式会社・日本石油精製株式会社社史編纂室編『日本石油百年史』日本石油株式会社，1988年
日本石油史編集室編『日本石油史』日本石油株式会社，1958年
燃料懇話会編『日本海軍燃料史』上・下，原書房，1972年
バイコフ，アレクサンダー M.著，野々村一雄・岡稔訳『ソヴェート同盟の経済制度』上巻，東洋経済新報社，1954年
パイプス，リチャード著，西山克典訳『ロシア革命史』成文社，2000年
橋本圭三郎「北樺太利権契約成立に就て」『石油時報』1926年1月号
長谷川尚一『石油国策論集』長谷川事務所，1941年
原暉之『ウラジオストク物語―ロシアとアジアが交わる街』三省堂，1998年
原暉之『シベリア出兵―革命と干渉 1917-1922』筑摩書房，1989年
原暉之「ポーツマス条約から日ソ基本条約へ」原暉之ほか編『スラブと日本』講座スラブの世界⑧，弘文堂，1995年
平舘利雄『ソヴェト計画経済の展開』新評論，1968年

フィッシャー, ルイズ著, 荒畑寒村訳『石油帝国主義』新泉社, 1974年
藤本和貴夫「東アジアにおける日露関係と日ソ国交樹立」望月喜市ほか編著『太平洋新時代の日ソ経済』北海道新聞社, 1988年
ブローベル, I. M. 著, 茂木宏治訳『ソ連邦重工業史』新読書社出版部, 1955年
ベートゥレーム, シャルル著, 大崎平八郎訳『ソヴェト経済の構造』日本評論新社, 1954年
北辰会「北樺太石油利権契約重要事項」『石油時報』1926年1月号
細谷千博「三国同盟と日ソ中立条約(一九三九年〜一九四一年)」日本国際政治学会太平洋戦争原因研究部編『三国同盟・日ソ中立条約』太平洋戦争への道―開戦外交史5, 朝日新聞社, 1963年
細谷千博「日本とコルチャク政権承認問題」『法学研究』一橋大学, 3, 1962年
北海道総務部行政資料室編『樺太基本年表』北海道, 1971年
米田実『現代外交講話』白揚社出版, 1926年
南満州鉄道株式会社庶務部調査課編『露国に於ける私営事業及私有財産権』労農露国調査資料露文翻訳第17編, 南満州鉄道株式会社庶務部調査課, 1924年
南満州鉄道株式会社総務部調査課編『露西亜経済史』大阪毎日新聞社, 1930年
村上隆『旧ソ連アジア部におけるエネルギー生産の統計的分析 1860-1961年』近現代アジア比較数量経済分析シリーズ No 5, 法政大学比較経済研究所, 2000年
村教三『石油・天然ガスの資源契約―中東原油とシベリア天然ガスを中心に』大成出版社, 1975年
森喜一『日本労働者階級状態史』三一書房, 1961年
ヤーギン, ダニエル著, 日髙義樹・持田直武訳『石油の世紀―支配者たちの興亡』上, 日本放送出版協会, 1991年
山田栄三『湾岸の興亡―石油戦争の歴史』新潮社, 1991年
山本四郎『評伝原敬』下, 東京創元社, 1997年
芳沢謙吉『外交六十年』自由アジア社, 1958年
吉村道男『増補日本とロシア』日本経済評論社, 1991年
米川伸一『ロイアル・ダッチ=シェル―欧州石油資本八〇年の歩み』世界企業1, 東洋経済新報社, 1969年
ラチコフ, ボリス著, 滝沢一郎訳『ソ連から見た石油問題―石油をめぐる国際政治』サイマル出版会, 1976年
リヤシチェンコ, P. I. 著, 東健太郎訳『ロシア経済史』下巻, 慶応書房, 1941年
ロークシン, エ・ユ著, 野中昌夫訳『ソビエト工業史』I, 商工出版社, 1958年
和田春樹編『ロシア史』世界各国史22, 山川出版社, 2002年
和田春樹『ロシア・ソ連』地域からの世界史11, 朝日新聞社, 1993年

(2) 露 語 文 献

Абазов Н. С. (ред.) Технико-экономический обзор японских работ на нефтяных месторождениях восточного берега о. Сахалина. Л., 1927.

Аболтин В. Я. Восстановление советской власти на Северном Сахалине//Вопросы истории. 1966. No. 10.

Администрация Сахалинской области, Нефтегазовая вертикаль (ред.) Нефть и газ Сахалина. 1998.

Айхенвальд А. Советская экономика: экономика и экономическая политика СССР. М.-Л., 1929.

Активизация концестики СССР//Известия. 1928. 10. 7.

Атлас Сахалинской области. ч. 1-2. М., 1994.

Атлас СССР.-Главное управление геодезии и картографии при Совете Министров СССР. М., 1969.

Биллик В. И. В. И. Ленин о сущности и периодизации советской экономической политики в 1917-1921 гг. и о повороте к НЭПу//Сидоров А. Л. (ред.) Исторические записки. М., 1967.

Большая Советская энциклопедия. Прохоров А. М. (ред.) М., 1970.

Борьба советского народа за построение фундамента социализма в СССР 1921-1932 гг. (История СССР. т. 8.) М., 1967.

Борисов А. А. Декреты советской власти. т. 4.//Постановление совета народных комиссаров. М., 1968.

Виноградов В. А. (ред.) Экономическая история России 19-20 вв.: современный взгляд. 2000.

Вишневский Н. В. К вопросу истории организации транспортировки нефти с Сахалина//Краеведческий бюллетень. 1998. No. 2.

Внешняя политика Советского Союза в период Отечественной войны. т. 2 . М., 1946.

Внешняя торговля СССР за 1918-1940 гг.: статистический обзор. М., 1960.

Внешняя торговля СССР: итоги девятой пятилетки и перспективы. М., 1977.

Внешняя торговля СССР с капиталистическими странами. М., 1957.

Воронецкая А. А., Ивницкий А. А. Итоги борьбы за восстановление народного хозяйства СССР//Сидоров А. Л. (ред.) Исторические записки. М., 1954.

Всесоюзная перепись населения 1926 года. т. 6. М., 1928.

Гаджиев Б. А. Нефтяники Азнефти-60летию образования СССР//Нефтяное хозяйство. 1982, No. 12.

Ганелин Р. Ш. Западные предприниматели и российская политическая действительность 1917 г.//Россия во внешнеэкономических отношениях, уроки истории и современность. М., 1993.

Ганелин Р. Ш. Россия и США, 1914-1917. Л., 1969.

Гвишиани Л. Советская Россия и США (1917-1920). М., 1970.

Геологический комитет, Сахалинская горно-геологическая экспедиция 1925 года. Л., 1927.

Гладков И. А. (ред.) Национализация промышленности в СССР.: сборник документов и материалов 1917-1920 гг. М., 1954.

Гладков И. А. Очерки советской экономики 1917-1920. М., 1956.

Гонионский С. А. История дипломатии. т. 4. М., 1975.

Громыко А. А., Пономарев Б. Н. (ред.) История внешней политики СССР 1917-1985. т. 1. М., 1986.

Губернаторы Сахалина. Южно-Сахалинск, 2000.

Декреты Советской власти. т. 4., т. 8., т. 13. М., 1968, 1976, 1989.

Десять лет монополии внешней торговли//Экономическая жизнь. 1928. 4. 22.

Документы внешней политики СССР. т. 1-9. М., 1957-1964.

Документы по истории монополистического капитализма в России. Сидоров. А. Л. (ред.) М., 1959.

Дробижев В. З. Борьба русской буржуазии против национализации промышленности в 1917-1920 гг.//Сидоров А. Л. (ред.) Исторические записки. 1961. No. 68.

Дьяконова И. А. Нефть и уголь в энергетике царской России в международных сопоставлениях. М., 1999.

Ефимов Г. В., Дубинский А. М. Международные отношения на Дальнем Востоке. кн. 2. 1917-1945 гг. М., 1973.

Жибарев П. Б. Индустриализация СССР — великий подвиг советского народа. М., 1969.

Журавлев В. В. Декреты Советской власти 1917-1920 гг. как исторический источник. М., 1979.

Индустриализация СССР 1926-1928 гг. (История индустриализации СССР 1926-1941 гг.). М., 1969.

Иностранные инвестиции в России: современное состояние и перспективы. М., 1995.

История внешней политики СССР. т. 1. Туров В. З. (ред.) Берлин, 1928.

История Сахалинской области с древнейших времен до наших дней. Южно-Сахалинск, 1995.

История СССР: эпоха социализма (1917-1961 гг.): учебник. М., 1964.

Касьяненко В. И., Морозов Л. Ф., Шкаренков Л. К. Из истории концессионной политики советского государства//История СССР. 1959. No. 4.

Квиринг Э. И., Середа С. П., Гинзбург А. М. Промышленность и народное хозяйство. М., 1927.

Ковалевский В. И. (ред.) Россия в конце 19 века. С.-Петербург, 1900.

Крушанов А. И. (ред.) Империалистическая интервенция на Советском Дальнем Востоке

(1918-1922 гг.). Владивосток, 1988.

Куйбышев В. В. О второй пятилетке//XVII Конференция Всесоюзной коммунистической партии (б) : стенографический отчет. М., 1932.

Кутаков Л. Н. История Советско-японских дипломатических отношений. М., 1962.

Лельчук В. С. Социалистическая индустриализация СССР и ее освещение в Советской историографии. М., 1975.

Ленин В. И. Полное собрание сочинений. Изд. 5. М., 1970.

Ленин В. И. Сочинения. т. 23-27, 32-42, 50, 52. М., 1949.

Лисичкин С. М. Очерки развития нефтедобывающей промышленности СССР. М., 1958.

Локшин Э. Ю. Очерк истории промышленности СССР (1917-1940). М., 1956.

Лютов Л. Н. Государственная промышленность в годы НЭПа (1921-1929). Саратов, 1996.

Лютов Л. Н. Частная промышленность в годы НЭПа (1921-1929). Саратов, 1994.

Лященко П. И. История народного хозяйства СССР. т. 2. Капитализм. М., 1948.

Лященко П. И. История народного хозяйства СССР. т. 3. Социализм. М., 1956.

Мальцев Н. А., Игревский В. И., Вадецкий Ю. В. Нефтяная промышленность России в послевоенные годы. М., 1996.

Материалы по геологии и полезным ископаемым Дальнего Востока. 1927. No. 50.

Материалы по истории СССР. т. 5. М, 1959.

Международные отношения на Дальнем Востоке. М., No. 2. 1973.

Мишустин Д. Д. Внешняя торговля и индустриализация СССР. М., 1938.

Мунчаев Ш. М. История России. М., 1993.

На путях к рыночным отношениям. В. И. Ленин о НЭПе. М., 1991.

НЭП: взгляд со стороны. М., 1991.

О'коннор Т. Э. Георгий Чичерин и советская внешняя политика 1918-1930. М., 1991.

Орлов В. И. Концессионная практика СССР//Социалистическое хозяйство. 1923. No. 6-8.

Пензин И. Д. Хабаровский край: население, города, культура. Хабаровск, 1988.

Переход к НЭПу: восстановление народного хозяйства СССР 1921-1925 гг. М., 1976.

Победа Советской власти на Северном Сахалине (1917-1925 гг.): сборник документов и материалов. Южно-Сахалинск, 1959.

Полевой П. И. Нефтеносный район Северного Сахалина в 1926 году.

Политбюро ЦК РКП (б) — ВКП (б). Повестки дня заседаний. т. 2. 1930-1939. Каталог. М., 2001.

Поляков Ю. А., Митрофанова А. Б. Советская страна накануне перехода к новой экономической политике//Исторические записки. Сидоров А. Л. (ред.) М., 1954.

Ремизовский В. И. К вопросу об объеме добытой нефти//Вестник Сахалинского музея. 2000. No. 7.

Ремизовский В. И. Кита Карафуто Секию Кабусики Кайша. Хабаровск, 2000.

Ремизовский В. И. Хроника Сахалинской нефти. ч. 1. 1878-1940 гг. Хабаровск, 1999.

Решения партии и правительства по хозяйственным вопросам. т. 1. 1917-1928 годы. М., 1967.

Россия во внешнеэкономических отношениях: уроки истории и современность. М., 1993.

Ростовский Ю. Кризис НЭПа и современное положение в России. Новый Садъ. 1923.

Рыбаковский Л. Л. Население Дальнего Востока за 150 лет. М., 1990.

Сенченко И. А. Сахалинский вопрос в международных отношениях после русско-японской войны. 1906-1917 гг.//Краеведческий бюллетень. 1991. No. 4.

Сидоров А. Л. Документы по истории монополистического капитализма в России. М., 1959.

Сидоров А. Л. Экономическое положение России в годы первой мировой войны. М., 1973.

Славинский Н. Б. Пакт о нейтралитете между СССР и Японией: дипломатическая история 1941-1945 гг. М., 1995.

Слетов П. На Сахалине: очерки. М., 1933.

Совершенно секретно. Из истории Северного Сахалина во второй половине 20-х — первой половине 30-х годов 20 столетия//Краеведческий бюллетень. 1994. No. 4.

Советская экономика в 1917-1920 гг. М., 1976.

Советско-германские отношения от переговоров в Брест-Литовске до подписания Раппальского договора. т. 2. 1919-1922 гг. М., 1971.

Создание фундамента социалистической экономики в СССР 1926-1932 гг. М., 1977.

Сорокина И. П. Открытие сахалинской нефти, история одной семьи//Краеведческий бюллетень. 1993. No. 1

Социалистическое строительство на Сахалине (1925-1945 гг.): сборник документов и материалов. Южно-Сахалинск, 1967.

СССР в период восстановления народного хозяйства 1921-1925 гг.: исторические очерки. М., 1955.

Стефан Д. Сахалин. История годы перемен и возмущений 1905-1925//Краеведческий бюллетень. 1992. No. 3.

Фураев В. К. Советско-американские отношения 1917-1939. М., 1964.

Цветков Г. Н. Шестнадцать лет непризнания: политика США в отношении Советского государства в 1917-1933 гг. Киев, 1971.

Шалкус Г. А. Из истории деятельности японской нефтяной концессии на Северном Сахалине//Краеведческий бюллетень. 1998. No. 2.

Шалкус Г. А. Промышленность Северного Сахалина в 1925-1945 годах//Краеведческий бюллетень. 1996. No. 1.

Шубина О. А. Археологические исследования в зоне нефтегазопоисковых работ на севере о. Сахалина в 1995 году//Краеведческий бюллетень. 1996. No. 3.

Шубина М. И. Документы Сахалинского центра документации новейшей истории по истории японских концессий на Северном Сахалине//Краеведческий бюллетень. 1995. No. 2.
Экономическая жизнь СССР: хроника событий и фактов 1917-1965. кн. 1. М., 1967.
Экономическое положение России накануне Великой Октябрьской социалистической революции: документы и материалы. Март-октябрь 1917 г. ч. 1. М., 1957.
Энциклопедия Русского экспорта. т. 1. Берлин, 1924.
Энциклопедия Советского экспорта. т. 1. Берлин, 1928.
Югов А. Народное хозяйство Советской России и его проблемы. Берлин, 1929.

(3) 英語文献

Carr, E. H., *The Bolshevik Revolution, 1917-1923*, vol. 2-3, London, 1952-1953.
Dobb, Maurice, *Soviet Economic Development Since 1917*, London, 1948.
Yakhontoff, Victor A., *Russia and the Soviet Union in the Far East*, London, 1932.

あ と が き

　旧ソ連・東欧諸国との貿易促進団体のソ連東欧貿易会に勤めてから 23 年間，初期の頃はモスクワにおける国際見本市の日本側参加者の組織づくりに従事し，およばずながら日ソ貿易の拡大に貢献してきた。貿易拡大の基礎となるソ連の経済調査に携わるようになったのは，それから 5 年後のことである。以来，日ソ貿易を拡大させるにはどうしたらよいかという潜在意識をもちながらソ連の産業・貿易の基礎調査に専念してきた。その後，1994 年からは縁があって，北海道大学スラブ研究センターで研究生活を送ることとなった。この間の共通した問題意識は日ソ・日ロ経済関係の発展である。

　ソ連の広大な領土，膨大な天然資源，我国に隣接するシベリア・極東，1億 5000 万の人口，豊富なソ連の原燃料輸出余力と質の高い日本からの工業製品・消費財供給の相互補完関係，これらは日本との経済交流拡大の潜在性の高いポジティブな要因として，常に語られてきた。1970 年代のシベリア開発協力プロジェクトの開花は将来の日ソ経済交流の発展を約束させるに十分なインパクトを与えるものであった。しかしながら，1980 年代のソ連の後進的な産業構造と石油価格の低迷による経済不振は日本との貿易拡大を抑制し，その後のソ連崩壊，ロシアの再生の道は日本との貿易拡大を阻害する要因になり続けた。近年，やっと世界的な高値の石油価格の影響を受けてロシア経済は立ち直りの気配を示している。

　筆者は，長い間のソ連との実務的な付き合いの経験からソ連およびその後のロシアの経済を活性化させるには外国投資，とりわけ石油・天然ガス分野における外国投資が鍵を握っていると考えている。外国投資を活かしきれなかったこと，言い換えれば外国投資家にとって魅力的な投資環境を整備できなかったことで，経済基盤を強化できなかった。本書でも検討したように，ネップ期においては例外的にコンセッションによる外資導入に踏み切ったが，

石油部門への外資の自由な活動は制限され，外国投資家に魅力ある条件を提供できなかった。その後，ソ連はかたくなに外資導入を拒んできたが，1987年になってやっと合弁企業の受け入れを認めたものの，資源開発のような大型投資には不向きな外資導入の条件しか提示できなかったために，石油・天然ガス部門の合弁企業はごく限られたものとなった。そして，現在，サハリン大陸棚石油・天然ガス開発で最も注目されている生産物分与形態による外資導入が石油・天然ガス生産増強の切り札として登場した。しかしながら，生産物分与法と呼ばれる生産物分与による外資導入を誘致する法律が制定されてから，すでに8年を経過している今日，なお，みるべき成果をあげていない。

　ソ連およびロシアの時代を通じて外国資本による石油・天然ガス開発は成功していないのであり，その最大の原因は，社会主義経済体制下における外国資本の受け入れに関する制度上の問題にあり，外国投資に対する国民の拒否反応が強く，経済活性化の臨時的手段としてやむを得ず外資を受け入れているという伝統が生き続けていることにある。外資との競争で国内石油・天然ガス企業に活力を与えるという考え方は希薄であり，資源を保有していることが資源のない国に勝るという意識が強いために，外資導入は外国企業にのみ利するといった資源搾取に映るのである。

　筆者はその姿がソ連時代の外資導入，とりわけ戦間・戦中期の北樺太石油コンセッションの悲劇に似ていることにある種の懸念を抱いている。北樺太石油コンセッションの設立から運営，そして解消に至る実態を解明すれば，将来外国投資を検討する場合，どこに問題があるかが予測でき，外国投資家に何らかの示唆を与えることができるのではないかと思っている。本書が貢献できるとすれば，過去の教訓を提示することである。

　本書の執筆の動機は以上のような問題意識にあった。ちょうど時期を同じくして，ある研究会で共に仕事をしたことのあるクマシロ設計の神代方雅氏がスラブ研究センター長室を訪ねてきて，是非北樺太石油コンセッションのことをまとめて欲しいとの依頼を受けた。神代氏はサハリンとは縁の深い人物であり，叔父にあたる成富道正氏は北樺太石油との関係が深く，オハ鉱業

所長も務めた人物である。

　戦間・戦中期の一企業の運命を扱うには，関連史料をどの程度入手できるかが重要な要素である。日本側の外務省史料では日ソ外交の視点からある程度の分析が行われてきたが，ソ連側から企業経営を明らかにする史料は入手できていなかった。幸い，一橋大学経済研究所の西村可明教授を中心に進められていたロシア国家経済文書館とのプロジェクトに参加した機会に，この文書館に散在する北樺太石油コンセッションに関する史料の存在が出版の可能性を現実のものにしてくれたのであった。

　このような経緯から本書の出版に取り掛かることとなったが，順調に進むかにみえた執筆作業も予想さえしなかったことで，つまずくこととなった。個人的なことでここに記してよいものかどうか迷ったが，本書の執筆に深くかかわりのあることなので許していただきたい。膵臓がんの告知である。2002年7月，人間ドックでリンパ節の異常が指摘され，その後の精密検査で原因が膵臓にあることが発見されたのである。札幌幌南病院での抗がん剤治療も十分な成果を得られず，国立札幌病院の25回の放射線治療も受けたが，しばらく経過を観測するしかないという診断であった。本年1月25日の，遅くとも1年以内の生存告知はショックであったが，いまやりたいことを優先させなさいという医師の言葉に励まされ，限りある貴重な時間とエネルギーを与えられた。本書はほとんど治療中に執筆したものである。他方，他に延命策はないのかという妻の努力も心を打たれるものがある。たまたま，東札幌病院の坂牧純夫院長の講演「抗がん剤と免疫療法」に出かけた妻は，親切な指導を受け，私は現在この病院で治療を受けている。看護の仕事は外からみても大変そうだが，病院長，黒岩巌志医師をはじめ看護師の皆さんのホスピタリティは他の病院では経験したことのないものである。願わくば，北海道のような広大な自然に囲まれた地域に，医師，看護師，患者，自然の一体となった施設が誕生すれば，すばらしいと思う。

　がん患者の体験談が物語っているように，くよくよせずに前向きに考えようとか，いつも笑顔を忘れずにという助言は日常的になっている。家の居間の壁には妻が書いてくれた「和顔施」の文字が，常にしかめっ面の筆者を睨

みつけている。当人にしてみればそうありたいし，そうできるときがあるとしても，常に心がけることは難しく，あるときはひどく落ち込むものである。何故いつも安定した平穏な心理状況を維持できないのか。さる高名な僧が死の直前に「死にとうない」と言ったというが，修業を重ねた僧ですらと思うと，なぜかほっとするのである。

　正直のところ，原稿書きという商売は体調の悪いときには好ましくない職業である。いらいらがつのり，集中力，持久力が極度に落ち，史料を読んでいてもいつしか字面を追うだけということがしばしば起こる。何もしないよりは目標をもって一歩一歩近づくしかないと自らに課するしかなかったのである。

　外部からみて大変な病気も，実は悪い面ばかりではない。筆者は原稿書きという仕事はわがままでなければできない仕事だとかねてから考えている。普通の身体状況のときには，長く付き合ってきた妻ですら嫌な奴と思われるが，ひとたび深刻な病気に罹っているとなると周囲はおそろしく寛大になるものである。病気をいいことにすっかり甘えられる，自分の言い分が通る，わがままに自分のやりたいことに時間が割ける，これらは最高の贈り物である。大学の先生には世間でみる以上に雑務が多く，ろくに研究もできないのが昨今の姿であるが，同僚たちは見事に筆者から雑務を取り上げてくれた。研究と教育だけすればよいというのである。何かあっても，「あの……ちょっと都合が……」で全てを理解してくれる。

　そんなわがままな生活をはらはらして見ていながら，何も言い出せない妻の立場はおそらく最もつらいものであろう。病気の苦痛の程度がわからないだけに，亭主の一挙一動に過剰に反応し，言動のもつ意味を解釈しようとする。しかも，亭主に気づかれないように。

　幸い，病気のおかげで自分の時間がもてた。腹部の圧迫感，長い時間同じ姿勢で机に向かっていられないことを除けば，何とか耐えられる苦痛であった。こうした状況があるにしろ，むしろ，出版のあかつきの喜びを夢見て，史料をあさり，パソコンに向かっていた方が気が晴れたのである。

　このようなわがままなことを許してくれた周囲の協力と寛大さに感謝して

いる。とりわけスラブ研究センターの田畑伸一郎センター長には本書作製にあたっても強い支援を受けた。また，同僚の原暉之氏の専門家としての意見は大いに参考となった。センター内部の専任研究員セミナーにおける筆者の報告に対する，出席の皆さんの研究者としての厳しいコメントは執筆意欲を奮い立たせ，草稿を推敲する上で貴重な助言となった。この他，モスクワのロシア国家経済文書館のチューリナ館長およびスタッフの皆さん，サハリン州国家文書館の副館長には長期にわたって史料講読の便宜を図っていただき，感謝の言葉もない。とくに，一橋大学の西村可明教授の配慮がなければ，経済文書館との親密な関係を構築できなかったろう。また，本書の執筆計画を支援し，勧めてくれたのは北海道大学図書刊行会の前田次郎氏であり，緻密な校正を行ってくれた円子幸男氏，大学院生のビクトリアさんをはじめ，吉川和枝さんほか多くの人たちの協力のおかげで短期間で出版に漕ぎ着けられた。定年を前にして研究者として，ひとつの区切りをつけたい筆者にとって，大きな喜びである。

　最後に，本書は全文書き下ろしであり，その執筆中に筆者の所属するスラブ研究センターは21世紀COEプログラムに選定され，「スラブ・ユーラシア学の構築」を課題に，シベリア・極東のような中域圏構想と地球化を掲げている。本書は，こうした問題を考える上で，ケーススタディーとして歴史的教訓を提供していると考えている。本書の発刊にあたっては，日本学術振興会科学研究費補助金「中央アジア・コーカサスにおける経済発展と安定化問題」(研究代表者・西村可明)および独立行政法人日本学術振興会平成16年度科学研究費補助金(研究成果公開促進費)を得た。このような補助金がなければ日の目をみるのは難しかったであろう。改めてここに感謝の意をあらわすと共に，本書が研究者のみならず，ロシアへの投資を検討している企業の皆さんの参考になれば，この上ない喜びである。

　　　2004年6月　病床にて

　　　　　　　　　　　　　　　　　　　　　　　　　　　　村　上　　隆

索　引

ア　行

アーカート　15, 17
秋田石油　120
亜港　→アレクサンドロフスク
浅野総一郎　124
旭石油　124, 137
アズネフチ　37, 39, 43-46, 48, 202, 231
アスファルト製造装置　274
アゼルバイジャン　33, 202, 212-214, 233, 240
アネルト　57, 74
アバゾフ　73, 239, 241
阿部直太郎　135
阿部信行　331-332
尼瀬油田　121
荒城二郎　135
アラメリコ　26
アルコス　4, 24
アルタイ　15, 26
アルマヴィル　26
アルミニウム・コンセッション　19
アレクサンドロフスク　54, 63, 66-68, 112, 117, 221, 232, 294-295, 303, 313, 318, 320, 323, 330, 355, 373, 377
暗灰色頁岩層　71, 74-75
アングロ・ペルシャン石油　125
アングロ・マイコップ会社　31
アングロ・ルシアン・マクシモフ　31
アントノフ　89
石川貞治　116
石坂周造　121
移譲議定書　342-343, 394-396
イタリア　11, 84
井出謙治　119
井戸元　137, 268, 372
稲石正雄　131, 135, 174
井上一次　64
イワノフ　53, 71
イワン・スタヘーエフ商会　66-70, 79-80

ヴァンダーリップ　14, 26
ウイグレクトゥイ　75, 77-78, 102, 109, 131, 187-188, 256, 357-358, 365, 367, 383, 388
ヴィトチェンコ　281
ウイニイ　71, 117, 131, 189, 387
植田謙吉　283
上野幸作　135
植村武治　135
ヴェルサイユ条約　10-12
ヴェングリ・ボリシャヤフジ　178, 185-186, 194
ヴォストークネフチ　213
ヴォルガ　26, 30
ヴォログダ　81
請負契約　40, 239, 266
ウスーリスク　54
内田康哉　59, 81, 92-93, 211
ウファ　49
ウラジオストク　24, 54, 58, 63, 79, 84, 89, 91-92, 98, 150, 201, 203-205, 209, 216-218, 220-221, 243, 272, 278, 286, 295, 306, 329, 371-373, 376, 380, 384
ウラジオ派遣軍　85-86
浦塩丸　287, 302
ウラル　3, 15, 26, 49, 80, 213
ウラル・ヴォルガ　vii, 10, 213, 240, 247
ウラル・エンバ油田　33
ウラル・クズネツクコンビナート計画　49
ウルクト　71, 74, 131, 189
英国　4-6, 11, 15-17, 19-20, 25-27, 30-31, 36, 40, 55, 66, 84, 333
英国海軍　115
英国・ソヴィエト通商協定　4-5, 24
$A+B+C_1$ 確認埋蔵量　255, 259
エニセイ川　3
エハビ　57, 70-71, 74-75, 102, 109, 117, 131, 152-153, 166-173, 177-178, 180, 184-186, 189, 193, 195, 197, 230, 245, 250, 259-260, 289, 292, 302-303, 310-312, 314, 316, 328,

357-358, 363, 366, 382-383, 386, 388
沿海州森林コンセッション　200
エンバ　　　vii, 38, 41, 45-46, 48, 80, 261
エンバネフチ　43
オヴェリャンスク　49
大隈重信　66
大倉鉱業　68-69, 131-132, 137
大蔵省　127-129, 194
大阪商事　137
大島健一　66
大泊　294
大村一蔵　135
岡和　132
小川重太郎　135
小倉石油　125, 134
長部松三郎　137
押川方義　66, 132, 136
オスソイ　131
落石　294
オドプト　57, 131
オヒンカ　159
オホーツク海　ⅰ, 240, 242, 388
オホーツク砂金金鉱コンセッション　200
オムスク政府　67, 81, 117
オランダ　17, 31, 36
オルスク　49

カ　行

カイガン　261
海軍　　→帝国海軍
海軍省　　67, 80, 83, 92, 105, 117-119, 128-129, 133, 135-136, 340
海軍製油所　115, 127
外国資本　　ⅰ-ⅲ, ⅴ, ⅸ, 2, 8, 13-14, 20-23, 25, 29-31, 37, 42-43, 58, 67, 272-273, 279-280, 283, 416
外国資本家　　ⅵ, 1, 11, 22
外国投資　ⅴ, 415
外国投資家　　ⅰ, ⅴ, 22, 29, 415-416
外国貿易権　270
外国貿易人民委員　1, 4
外国貿易人民委員部　234, 278, 318
外務省　　59, 83, 92, 94, 117, 129, 184, 188, 191, 196-197, 229, 231, 263, 269, 275, 278, 334, 336, 338, 340, 346, 351, 353, 355, 357-360,
381, 385, 390, 395-396, 402, 417
外務人民委員　　81, 91, 105, 201, 208, 235, 361, 377, 395
火技監　294, 320
革新倶楽部　92
カザフスタン(カザフ共和国)　15, 49, 240
上総掘り　　71-72, 74-79, 122, 155, 174, 364-365
カスピ海　30, 38-39, 41, 48
カスピ会社　30
カスピ・黒海会社　31
カスピ・黒海石油会社　30
ガゾアキュムリャートル　23
片山清次　135, 314, 324, 344
カタングリ　　55, 71, 75, 77-78, 102, 109, 117, 131, 144, 146-147, 149, 152-153, 161, 165-173, 177-180, 182, 184-189, 193-197, 226, 230, 245, 250, 255-258, 263, 287-289, 292, 302, 304, 306, 316, 318, 320, 326-328, 358, 365, 367, 383, 387-388
加藤高明　98, 104
加藤友三郎　90-91, 93, 115, 121, 127
門野重九郎　69
カフカース　4, 31, 33, 48, 64, 276-278
カーボンブラック　48
カマト　38
カムチャツカ　14, 38-39, 214
カラハン　　64, 97-104, 110, 113-114, 190, 349, 352-353, 355, 357, 359-360
空募集申請　204, 232
カリフォルニア石油　110, 268-269
川上俊彦　93-96, 105
川上・ヨッフェ会談　93
艦船係留設備　139-140
艦船燃料　115
カンヌ会議　11
ガンネヴィク　25
管理・技術要員　200, 219, 376
汽罐場　282, 290, 318, 322, 326
技術監督官(技監)　　280-281, 291-292, 299, 301, 306-307, 309
季節労働者　　150, 204, 209, 218, 228, 231, 312, 329
北オハ　　146-147, 150, 152-153, 161, 165-173, 177-180, 183-189, 193, 195-197, 253, 308,

索　引

　　　314, 320, 326, 382-383, 386
北カフカース　218, 240
北樺太鉱業　22, 200
北樺太鉱業所　139
北樺太石炭コンセッション　230
北樺太石油株式会社南進隊　345
北樺太買収　94, 336
北樺太利権移譲関係擬聞擬答集　338
北サガレン石油企業組合　105, 133, 136, 239, 361
北ペルシャ　59, 65
北ボアタシン　152-153, 168-173, 177-178, 181, 184-188, 193, 195, 387
揮発油　121-125, 130
給油艦　139
給油船　128
漁業協定　81
漁業条約　92, 340-343, 346
極東共和国　59-62, 64, 84-90, 112
極東地方執行委員会　→クライイスポルコム
極東地方労働部　208, 243
キール池　76, 157
クイドゥイラニ　71, 75, 117, 152-153, 167-172, 178, 184-186, 193, 195, 197, 382-383, 386
日下部全隆　66
クズネツォフ　58
クズネツク　3
クタイシ　27
工藤美知尋　345
クドリャフツェフ　239-240
久原鉱業　ii, 66-70, 116, 121, 132, 137
久原房之助　66, 69
クバン・チョルノモール　38
クライイスポルコム　202-203, 205, 216-217, 231
クライプラン　203
クラーシン　1, 4-5, 24, 39
クラスノダール　247
クラッキング　24, 46, 48, 273
グラフエネルゴ　212, 231
グラフク　202
グラフゴルトプ　240
グラフストロイプロム　212, 231
グラフネフチ　212-214, 231, 257-258, 261

グラフマシュプロム　231
クラモノ油田　344-345
グーリエフ石油社　40
クルィシュコ　4
来栖三郎　333, 336
クルップ　15
クレイ　56, 58, 66
グレーヴィチ　105
黒川油田　121
グロズヌイ　vii, 32-36, 38-42, 45-48, 51, 205-206, 212, 214, 216-219, 223, 231-232, 240, 247
グロズネフチ　37, 41, 43-44, 46, 212, 231
クンスト・アルベルス商会　63
軍用石油需要　115, 127
軽質油　44, 76, 180-181, 277, 374
軽便鉄道　242
ケイマル　39
軽油　124-125
決算報告書　137, 151
ケナン　24
ケルチェン　38
憲政会　89, 92
小泉武三　135
鉱業所長　134-135
鉱山監督官（鉱監）　280, 288-290, 293-294, 296-298, 301, 307, 310-311, 316, 321, 324-325
鉱山監督署　160, 174, 179, 183-184, 187, 225-229, 234-235, 247, 257, 261, 280, 301, 368-370, 373-375
鉱山専門学校　299
鉱山労働組合　220-221, 223, 233-234
向斜層　70
鉱手　205-208, 231, 233
坑井櫓　291
合弁　v, 15, 24, 37, 66, 94-95, 239, 266
国策会社　104, 134
コークス工場　48
国立銀行　→ゴスバンク
コジェブニコフ　84
コスイギン　239-240
ゴスバンク　4, 61, 343, 372-373, 379-381, 376, 401
ゴスプラン　15, 19, 42, 51, 201, 240

国家計画委員会　　→ゴスプラン
国家資産省　　54
後藤新平　　91-93, 96
コトラス　　25
近衛文麿　　333
小林儀一朗　　131
小林幸男　　113
碁盤目状　　viii, 9, 25, 37-38, 238, 260, 265, 291
碁盤目方形　　109, 238, 356
小牧近江　　89
コムソモリスク　　273, 277
雇用比率　　vii, 111, 150, 210-211, 230
ゴルブノフ　　35
コンギ　　71, 117, 152-153, 167, 169-171, 184, 195, 288, 388
コンスタンチノフスク工場　　46
コンセッション委員会　　15, 38
コンセッション委員会本部　　16, 18, 41, 79, 191, 201-202, 208, 211, 213, 217, 227, 287, 297, 305, 311, 321

サ　行

最高国民経済会議　　2-3, 13, 25, 32-33, 35-36, 41, 47, 64, 183-184, 213, 229-230, 239-240, 261, 298, 361, 385
最低賃金　　111, 221, 223-224, 233
斎藤浩介　　132, 136, 351
西戸崎製油所　　124, 127
財務人民委員部　　→ナルコムフィン
ザカスピ　　38
ザカフカージエ　　38-39
ザカフカース　　212, 218
砂岩礫岩層　　76
桜井彦一郎　　66, 69, 297, 329
左近司政三　　135, 149-152, 192-193, 382
砂質頁岩層　　76
佐藤正三郎　　135
佐藤尚武　　341-342, 395
サハリン・アムール鉱山工業シンジケート　　56
サマラ　　218
サマルカンド　　49
サユーズネフチ　　247, 261
サリスク　　14, 24
3対2の矩形　　187

C_1埋蔵量　　259
ジェノヴァ会議　　11-12, 89, 94
シェル　　31, 35
試掘期間　　vii, 103, 109, 130, 177, 190-192, 194, 197, 229, 232, 239
試掘助成金　　152, 192-194
試掘ミニマム　　184
四国協商　　334-335, 337, 345
幣原喜重郎　　98, 114, 116
自動車用木炭ガス発生炉　　130
支那事変　　332
支那石油会社　　56, 58, 71, 76
自噴井　　32, 110, 259, 370-371
シベリア艦隊　　79
シベリア出兵　　82, 84, 89, 91
シベリア撤兵　　82, 89
島村金治郎　　69, 132, 136, 351
社会主義憲法　　2
社会保険料　　110-111
社債　　141-143, 151-152, 193
重慶政権　　331-332
重工業人民委員部　　177, 184, 188, 192, 201-203, 208-209, 212-216, 226, 229-231, 257-258, 261-262, 288, 382, 384
重油　　115, 122-128, 131
シュテンベリ　　240
シュミット半島　　57
潤滑油　　43-45, 121, 124, 126, 131
蒋介石　　332
松花江　　85
蒸気ボイラー　　78
商業コンセッション　　21-22
商業人民委員部　　225-226
商工省　　116, 129-130, 134-136, 194, 197
商工審議会　　129
消防技士　　→火技監
蒸留装置　　45-46
食糧コンセッション　　10
シンガポール攻撃　　337
シンクレア　　39, 51, 58-65, 79, 95, 101, 117, 190
人造石油事業法　　130
深部掘削　　77, 155, 252, 277
人民委員会議　　5, 16, 19, 27, 33-34, 36-38, 42, 201-203, 209, 212-214, 227, 230, 233, 270,

索 引   425

277, 300, 306-307, 381-382, 385, 389
人民裁判所   303, 330
森林・漁業コンセッション   94
森林コンセッション   10, 200
スイズラニ   49
ズヴァンカ   25
末延道成   105, 136
鈴木商店   59, 69, 117, 132
スタハーノフ運動   248-250, 262
スターリン   viii, 34, 255, 281, 302, 338
スタンダード石油   35-36, 42-43, 59, 64-65, 266
ストウ・ノルマ   282, 328
住友銀行   151
住友信託株式会社   151
スメターニン   339-340
スラヴィンスキー   338
スラハヌィ層   44
製油所   ix, 29-30, 32, 43-48, 50, 123-125, 127, 265, 268-269, 271-273, 276-278
瀬尾喜兵衛   137
赤化宣伝   211, 232
石炭液化   129
石炭調査委員   126
石炭低温乾溜   130
石油化学   124
石油官営   127-129
石油関税   130
石油掘削用鋼管   121
石油工業労働組合   →石油労働組合
石油合成   129
石油砂岩   180-182
石油試掘地域確定会議   110
石油資源開発法   130
石油製品   122, 125-126, 131
石油製品化率   277
石油労働組合   201, 223-224
ゼネラル石油   125
セバストポリ   79
セメント注入   74, 293
セメントモルタル   72
瀬山靖次郎   283
セレブロフスキー   43
セレンガ川   84
全ソ石油・地質学者会議   213

センチュリー・トラスト   40-41
ゾートフ   54-56, 58, 71, 79
ソ連復興資金   94
ソロク   25
損益計算書   137-138

タ 行

第一銀行   151
第1次5カ年計画   v, 43, 48, 213, 245, 247, 262, 273, 279
耐火耐震建築様式   290
第三紀層   70
第3次5カ年計画   49, 278
貸借対照表   137, 141
大正デモクラシー   136
ダイナモ   19
第2次5カ年計画   49, 273, 276
対日石油供給停止   122
第2バクー   vii, 49, 241, 247
大日本石油鉱業   120
高田商会   69
高町   121
宝田石油   68-69, 116, 132
財部彪   128
ダギ   131, 153, 170-171, 189, 195, 288-289, 314, 316, 382
辰馬悦蔵   137
建川美次   333, 335-337, 339, 393
田中次郎   69, 132, 351
田中都吉   109, 119, 278
田辺勉吉   69, 132, 351
タマンスキー半島   38
ダリクライトゥルド   →極東地方労働部
タンカー   30, 115, 127
タンクローリー   277
団体協約   111, 211, 220-221, 223-226, 228, 233-235, 299
ダンペロフ   240
炭油混焼   126
チアトゥラ   27
チェチェノ・イングーシ   212, 214-215
チェメルニ・ダギ   39, 178, 185-186, 189, 194, 387
チェレケン   38-39, 48
地下資源保護規則   160

426

チタ政府　84-90
チチェリン　11, 25, 64, 91, 93, 105
チフ　58
チホノヴィチ　57, 74
チャイウォ　55-56, 67, 75, 102, 109, 116-117, 195, 230, 288, 295, 306, 357-358, 364, 367, 377
チャクレ・ナンピ・チャムグ　178, 186, 194, 388
中国　58-59, 91, 230, 272-273
駐日ソ連大使館　301
駐日ソ連通商代表(部)　225-227, 234-235, 270, 284, 289, 295-298, 318, 320, 373
張鼓峰　331
朝鮮人　112, 220, 230
貯蔵タンク　139
貯油所　260, 287
貯油能力　274
貯留層　175
散江　67
通訳　66, 205-208
ツェントロサユース　1, 4, 23, 278
津下紋太郎　69, 132, 136, 351
綱式掘削　67, 72, 75, 77, 122, 153, 155, 174, 364-365
ツロンツ　131, 189
帝国海軍　iv, vi, 59, 67-70, 104, 108, 115-117, 119-121, 126-131, 133-134, 191, 194, 197, 267, 284-285, 295, 335, 344
帝国石油　120, 125, 345
帝国燃料興業会社法　130
ディーゼル機関　126
ティーポット・ドーム　51, 65
デカストリ湾　83
テチューヘ　19, 22, 26
鉄管工(暖房工)　231
鉄道建設コンセッション　19, 328
手配所建物火災　301
手掘り　29, 75-76, 78-79, 154-155, 174
寺内正毅　127
デルトラ　14, 26
デルメタル　26
デルルフト　14, 26
出羽石油　120
ドイツ　3-4, 6, 12-17, 20, 22, 24, 26-27, 33, 40, 58, 331, 333-334, 336-337, 340, 345
ドイッチェ・バンク　40
トゥアプセ　40, 42, 47-48
ドゥヴィナ　26
ドゥヴィノレス　17, 22, 26
東郷茂徳　191, 331-334, 345
東支鉄道　81
灯油　46, 122, 124-126, 132
トゥリチンスキー　57, 74
徳山燃料廠　128, 284
栃内曾次郎　116
ドッソル　38-39, 41, 48
ドネツ　3, 262
富岡徴兵保険　137
ドミトリエフ　241
トラクター　7, 10, 19, 206-207
トラスコン工　205-208, 231
トラスコン方式　290, 304
トラップ　158, 161, 175, 248, 251
虎の門事件　97
トルクメニスタン　240
トルクメン製油所　49-50
ドルザグ　17, 22, 26
ドン　15
トンプソン　2, 24

ナ　行

内藤梅太郎　66
内務人民委員部　216
中里重次　iv, 104-105, 108, 114, 134-135, 147, 153, 174, 190-191, 211, 239, 261, 268, 270, 278, 361, 381, 397, 402
中野貫一　136-137
中野興業　137
長野石炭油会社　121
中野鉄平　69, 314, 328, 351
7時間制労働　300
ナビリ　55-57, 66, 117, 170, 189, 255-256, 288-289, 314
成富道正　66-69, 80, 135, 278, 385, 389, 416
ナルコムヴォド　288
ナルコムフィン　33, 214
南進政策　334
南方油田　344
南北石油　124

新津油田　121
新谷寿三　135
尼港　→ニコラエフスク
尼港事件　iv, vi, 67, 82-84, 86-88, 90-97, 99, 101, 113, 145, 211, 348-349
ニコラエフスク　iv, 53, 62, 67-68, 70, 79, 81-83, 90-91, 97, 116, 232, 242, 275-276, 349, 377
西ヌトウォ　153
西春彦　59, 339
西山油田　121
日独防共協定　viii, 150-151, 195, 224, 255, 257, 281, 288, 331, 334
日米通商航海条約　130, 331
日露協会　91
日露戦争　115
日光丸　54
日清戦争　126
日ソ基本条約(北京条約)　ii, iv, vi, 64, 98-99, 113, 136, 200, 230, 232, 332-333, 348, 351
日ソ基本条約附属議定書(乙)　99-101, 104-107, 109-111, 133, 136, 223, 230, 238, 261, 340, 348, 355, 357, 390
日蘇国交調整要綱案　334-335
日ソ中立条約　ix, 332-334, 336, 339-340, 345, 348, 393
日ソ通商協定　331, 340
日ソ通商条約　96-97
日ソ不可侵条約　211, 232, 331-332, 334-335, 345
日本鉱業　137
日本興業銀行　151
日本石油(日石)　68-69, 116, 125, 132, 134, 137
仁寿生命　137
ヌイウォ　67, 71, 102, 109, 117, 131, 187-189, 255-256, 288, 357-358, 365, 367, 388
ヌトウォ　56, 58, 70-71, 75-76, 102, 109, 117, 131, 146, 153, 165-173, 304, 306, 357-358, 364, 366
ネップ　ii, v, 24, 279, 415
ネフチシンジケート　270-271, 278
燃料酒精　129-130
燃料政策調査委員会　128-129
燃料調査委員会　129

ノーヴァヤ・アルダ　40
ノヴォロシースク　40, 42, 48
農業コンセッション　17
農商務省　83, 117, 128
ノギン　4
野口栄三郎　135
ノグリキ　55-57, 69-70, 75, 77-78, 131, 189, 255, 357, 387-388
ノーベル　29-31, 35, 50
野村吉三郎　332
ノモンハン　331, 333
ノルウェー　18, 84

ハ　行

バイカル湾　189, 242, 268, 274, 304
背斜軸　71, 74, 76-77
パイプライン　19, 30, 36, 40-42, 47, 140, 149-150, 165-166, 168-169, 206-207, 218, 256-260, 268, 274, 276, 278, 284, 286-287, 292, 330, 374, 378
パヴロフ　53
バクー　vii, 3, 29-42, 44, 46-48, 50-51, 65, 205-206, 212-218, 231-232, 240, 247, 345
ハーグ会議　12, 36
バクー石油産業復興計画　34
バクニット工場　46
バシキール　49, 213
橋本圭三郎　69, 104-105, 132, 351
バツェヴィチ　54-55, 74
発動機船　125
発動艇　285
バトゥミ　30, 33, 41-42, 47-48, 51
ハバロフスク　ix, 49, 54, 112, 203, 220, 223, 234, 271-274, 276-278, 290-291, 302, 304-307, 309-311
パプトワイヤー槽　293
林幾太郎　69, 132, 136, 351
早山製油所　134
パラシュコフスキー　30
原敬　81, 346
バラック　229
パラフィン工場　45, 51
ハリマン　18-19, 22, 27
バルンスドール　39
東山油田　121

ビビ・エイバト 50
ヒューズ 63-64, 89
評価争議委員会 303
ピリトゥン 57, 67, 70-71, 75-76, 102, 109, 117, 131, 288, 357-358, 364, 366, 386
ビリング 2
フォード 19
フォーマイト室 293
フォール 65
フォレマン 41
福田秀穂 131
フジャコフ 239-240, 265-267, 270
撫順頁岩油 130
舟大工 205-208, 231
ブラゴヴェシチェンスク 274
フランス 11-12, 16-17, 19-20, 30, 36, 40-41, 84
プリアムーリエ 54
プリゴロフスキー 239
プリネル・クズネツォフ会社 58
プリンキポ 10
古沢覚本 135
ブレスト・リトフスク条約 3, 24-25, 33
ブロンスキー 3
ブンゲ 30
米国 vi, 2-3, 6, 11, 13-20, 24-27, 36, 39-41, 46, 58-60, 62, 65, 79, 82-84, 89, 92, 118-119, 190, 238, 241-242, 261, 270, 283, 290, 331-335, 371-372
米国国務省 3, 65, 79
米国商務省 5
米国赤十字委員会 2
北京 60, 64, 100, 349, 351, 353-355, 357, 359-361
北京条約(日ソ基本条約) 19, 65, 108, 191, 295, 299, 363
ペテルブルグ 54, 57
ペテルブルグ・サハリン石油工業・石炭会社 58
ペトログラード 2, 5, 27, 81
ペトロフ 86-88, 113
ベリケイスク 38
ベリャカン 159
ペルミ 213
ベルリン 337

ボアタシン 56-58, 68-71, 75, 77, 117, 357
防火監督官(防火監) 292, 318-320
鳳山丸 92
ポギビ 63
北辰会 ii, 66-71, 73-76, 80, 104, 108-119, 133, 137-138, 145, 153, 155, 160, 165, 174, 237, 348-349, 351
北成丸 285
補助金 129, 147, 151-152, 192
ポチ 51
ポーツマス条約 97, 345, 352
ポムリ 54
ボリシェヴィキ 24, 26, 33, 35
ボリショイ・ゴロマイ川 153
ボリショイ・セヴェル電信会社 14, 26
ボリソフ 25
ボーリングパイプ 73
ボルネオ 284
ボルネオ産原油 124, 127
ポレヴォイ 57, 240
ポロマイ 70-71, 75, 117, 146, 152, 166-173, 177-178, 181, 184-186, 193, 195-196, 304, 389
ポンピングパワー 282, 290-291, 294, 307, 314, 326
ポンプ工 212

マ 行

マイコップ 31, 48
マイネフチ 212, 231
マカト 38-39, 41, 48
牧田環 132, 136
正木昭蔵 89
マーチ 131
松井慶四郎 64
松岡書簡 iv, 338-340
松岡洋右 ix, 333-334, 336-340, 393
松方幸次郎 136
松沢伝太郎 135
松島肇 85-88, 113
マッド 244
松村松二郎 134-135
松村政男 135
間宮海峡 83
マールイ・ゴロマイ川 76

索　引　429

マルガリートフ　54
満州　112
マンタシェフ　30
三井銀行　151
三井鉱山　69, 117, 132, 137
三井信託株式会社　151
三井物産　125, 134
三菱銀行　151
三菱鉱業　68-69, 116, 132
三菱合資会社　137
三菱財閥　125
三菱信託株式会社　151
南ボアタシン　152-153, 168-172, 177-178, 181, 185-186, 193, 195, 387
宮内商店　137
ミルゾエフ　31
ミルレル　241, 251, 261, 267-268, 270
ミロノフ　239, 341
ミンドフ　55, 58
メキシコ湾　110
メルクロフ　89
メンゲ・コンギ　178, 185-186, 388
綿紡績コンセッション　19
モスエネルゴ　212, 231
モスカリウォ　189, 242, 259, 274-276
モスクワ　5, 62, 65, 111, 120, 183, 192, 205-206, 209, 212, 214, 216-218, 221, 223-224, 231, 240, 272, 280, 287, 293, 295, 300, 310, 325, 337-338, 342-343, 361, 381-382, 385, 393-394, 396-397, 400
モロゴレス　23, 27
モロトフ　332-338, 342, 393

ヤ　行

冶金コンセッション　19
柳原博光　129
弥彦丸　298
山川均　90
山口鋭　127
山田文慈　135-136
山本唯三郎　116
山本権兵衛　97
湯川寛吉　136
ユゴフ　20
ユーリン　85
ユンケロ　22
芳沢謙吉　64, 97-103, 190, 352-353, 355, 357-360
吉村道男　131
ヨッフェ　90-96, 105
米内光政　332-333

ラ・ワ　行

ライジングサン石油　124, 127, 132
ラデック　3, 14, 24
ラパロ条約　12, 14
ラーリン　14, 26
ランガリイ　131
ランドマン　22
リアノゾフ・コンツェルン　30
陸軍省　128-129, 335
リッベントロップ　336
リトヴィーノフ　12-13, 25, 381, 389
リャシェンコ　30
林業コンセッション　17, 22
リンデバウム　54
ルスゴランドレス　17, 26
ルスノルヴェゴレス　17, 22, 26
ルヒーモヴィチ　192
ルーベク　281
ルンスコエ　117
レオ　22
レナ・ゴールドフィールズ　19, 22-23, 26
レーニン　1, 2, 8, 10-11, 13-15, 21, 32, 34-35, 238
レニングラード　216, 337
レポラ・ヴード　22
連合国　10-13, 81
ロイド・ジョージ　4, 11
ロイヤル・ダッチ・シェル　35-36, 56, 59
労働監督官(労監)　280, 290-292, 298, 300, 306, 314-315, 328
労働組合　23, 111-112, 216, 220-221, 223-224, 228, 230, 286
労働・国防会議　15-16, 237, 328
労働人民委員部　201, 204, 209, 212, 227, 229-230, 234, 300, 328
労働力募集規制委員会　201-203, 212, 216, 231, 233
ロシア・アジア統合会社　15

ロシア・グロズヌイ・スタンダード　31
ロシア国家経済文書館　iii, 245, 417, 419
ロシア・ジェネラル石油会社　30-31
ロシア石油工業会社　31
ロスチャイルド　30
ロゾフスキー　4, 341-342, 395
ロータリー式(掘削法)　72-78, 121, 153, 174, 244, 250, 262, 363-365, 386

ロバート　29
ロビンス　2
ロモフ　2, 24
ワシントン会議　65, 79, 89
渡辺理恵　135
ワッツ　59
ワール　131

村上　隆（むらかみ　たかし）

北海道大学スラブ研究センター教授。1942年長野県生まれ。上智大学外国語学部ロシア語科卒業。㈳ソ連東欧貿易会ソ連東欧経済研究所調査部長を経て，1994年4月から現職。2000年4月から2002年3月までスラブ研究センター長。専門分野は旧ソ連のエネルギー経済，ロシア極東経済，日ロ経済関係。
著書・論文には，『めざめるソ連極東』〈共著〉（日本経済評論社，1991年），『ソ連崩壊・どうなるエネルギー戦略』〈共著〉（PHP研究所，1992年），「ロシア石油・天然ガス輸出市場の形成」西村可明編著『旧ソ連・東欧における国際経済関係の新展開』（日本評論社，2000年），「サハリン大陸棚石油・ガス開発にともなう環境問題」（『ロシア研究』日本国際問題研究所，2001年），『サハリン大陸棚石油・ガス開発と環境保全』〈編著〉（北海道大学図書刊行会，2003年）など多数。

北樺太石油コンセッション 1925-1944
2004年7月25日　第1刷発行

　　　　　著　者　　村　上　　隆
　　　　　発行者　　佐　伯　　浩
　　　　発行所　北海道大学図書刊行会
　札幌市北区北9条西8丁目北海道大学構内（〒060-0809）
　tel.011(747)2308・fax.011(736)8605・http://www.hup.gr.jp/

㈱アイワード／石田製本　　　　　　　Ⓒ 2004　村上　隆

ISBN4-8329-6471-2

サハリン大陸棚石油・ガス開発と環境保全	村上　隆 編著	B5・448頁 定価16000円
北 海 道 金 鉱 山 史 研 究	浅田　政広 著	A5・486頁 定価8200円
北 海 道 産 業 史	大沼　盛男 編著	A5・354頁 定価3200円
ニュージャージー・スタンダード石油会社の史的研究—1920年代初頭から60年代末まで	伊藤　孝 著	A5・490頁 定価9500円

〈定価は消費税含まず〉

━━北海道大学図書刊行会━━